世纪英才中职示范校建设课改系列规划教材(机电类)

# 铣　工

李德富　刘迎久　主　编
朱爱浒　张　斌　张世祥　副主编
尹述军　主　审

人民邮电出版社
北　京

**图书在版编目（CIP）数据**

铣工 / 李德富，刘迎久主编. -- 北京 : 人民邮电出版社，2012.4
世纪英才中职示范校建设课改系列规划教材. 机电类
ISBN 978-7-115-27056-6

Ⅰ. ①铣… Ⅱ. ①李… ②刘… Ⅲ. ①铣削—中等专业学校—教材 Ⅳ. ①TG54

中国版本图书馆CIP数据核字(2011)第273834号

## 内容提要

本书是根据国家职业标准中级铣工（国家职业资格四级）规定的知识要求和技能要求，结合中等职业学校及技工学校的教学特点，在广泛吸取了一线教师的教学经验以及毕业生反馈信息的基础上组织编写的。

本书分为基础篇和项目篇，主要内容包括：铣削加工基本知识，平面与连接面的铣削，台阶、沟槽的铣削与切断，T形槽、V形槽和燕尾槽的铣削，万能分度头与回转工作台的应用，外花键和牙嵌离合器的铣削，圆柱孔与椭圆孔的加工，齿轮和齿条的铣削，成型面和凸轮的铣削。本书着重培养学生的动手能力和创新能力，融实践于生产实际，充分体现科学性、基础性、直观性和实用性，强调“在做中教、在做中学”，教、学、做一体化。

本书可作为中等职业学校机械加工专业教材，也可作为企业培训部门、职业技能鉴定培训机构、再就业和农民工培训机构的岗位培训教材。

世纪英才中职示范校建设课改系列规划教材（机电类）

**铣　工**

◆ 主　　编　李德富　刘迎久
　副 主 编　朱爱浒　张　斌　张世祥
　主　　审　尹述军
　责任编辑　丁金炎
　执行编辑　郝彩红

◆ 人民邮电出版社出版发行　　北京市崇文区夕照寺街14号
　邮编　100061　　电子邮件　315@ptpress.com.cn
　网址　http://www.ptpress.com.cn
　北京昌平百善印刷厂印刷

◆ 开本：787×1092　1/16
　印张：14
　字数：350千字　　　2012年4月第1版
　印数：1-3 000册　　2012年4月北京第1次印刷

ISBN 978-7-115-27056-6

定价：29.00元

**读者服务热线：(010)67132746　印装质量热线：(010)67129223**

**反盗版热线：(010)67171154**

**广告经营许可证：京崇工商广字第0021号**

# 前言

*Forword*

本书是根据国家职业标准中级铣工(国家职业资格四级)规定的知识要求和技能要求,结合中等职业学校及技工学校的教学特点,在广泛吸取了一线教师的教学经验以及毕业生反馈信息的基础上组织编写的。

本书在编写的过程中,始终坚持了以下几个原则。

一、以就业为导向、以学生为主体、以企业用人为依据,着眼于学生职业生涯发展。在专业知识的安排上,紧密联系培养目标的特征,坚持够用、实用的原则,摒弃"繁难偏旧"的理论知识。同时,进一步加强技能训练的力度,特别是加强基本技能与核心技能的训练。

二、在考虑办学条件的前提下,力求反映机械行业发展的现状和趋势,尽可能多地引入新技术、新工艺、新方法、新材料,使教材富有时代感。同时,采用最新的国家技术标准,使教材更加科学和规范。

三、遵从学生的认知规律,与现代教学法相适应,力求教学内容为学生"乐学"和"能学"。在结构安排和表达方式上,做到由浅入深,循序渐进,强调师生互动和学生自主学习,并通过大量生产中的案例和图文并茂的表现形式,使学生能够比较轻松地学习。

四、突出技能,以技能为主线,理论为技能服务,使理论知识和操作技能结合起来,并有机地融于一体。同时以实践问题为纽带实现理论、实践与情感态度的有机整合。

在本课程的教学过程中,应充分利用现代多媒体技术,利用数字化教学资源作为辅助教学,与各种教学要素和教学环节有机结合,创建符合个性化学习并加强实践能力培养的教学环境,提高教学的效率和质量,并推动教学模式和教学方法的变革。

本书由李德富、刘迎久任主编,朱爱浒、张斌、张世祥任副主编,由尹述军主审。

在编写过程中参阅了大量文献资料,对有关著作者深表感谢。由于作者水平有限,加之时间仓促,书中难免存在不当之处,恳请读者提出宝贵意见。作者电子邮箱:jzli2007@163.com。

编　者

# 目录

*Contents*

# 第一篇　基　础　篇

## 绪　论

铣工是指在铣床（或铣镗床）上利用铣刀和镗刀等刀具进行切削加工，使工件获得图样所要求的精度（包括尺寸、形状和位置精度）和表面质量的一个工种。

**1. 铣工教学要求**

① 了解铣工教学的特点。

② 了解铣工教学的任务。

③ 了解铣工加工的工作内容。

④ 了解安全文明生产。

**2. 铣工教学的特点**

铣工教学是中等职业学校教学活动的主要组成部分，它与文化、技术理论课教学相比有以下特点。

① 铣工教学是学生在教师的指导下，运用文化、技术理论知识，使用生产设备，进行有目的、有组织、有计划地学习生产知识、操作技能、技巧的一门课程。

② 铣工教学过程中，教师通过讲解、示范，让学生观察、模仿、实际操作练习，再进行巡回辅导，使学生掌握基本操作技能和生产知识。

③ 铣工教学是结合生产实际进行的一门课程。努力做到在完成教学任务的前提下，完成一定的生产任务，创造一定的经济价值。

④ 铣工教学主要是培养学生的动手能力，培养学生分析问题、解决问题的能力。通过科学化、系统化、规范化的基本训练，让学生全面地进行基本功练习。

**3. 铣工教学的任务**

培养学生熟练地掌握本工种的基本操作技能，完成本工种中级技术水平的作业，学会一定的先进工艺操作，熟练地使用和调整本工种的主要设备，正确地使用工、卡、量、刃具，培养遵守操作规范、安全生产、文明生产的习惯，具有良好的职业道德。

要完成铣工的教学任务，必须保证有铣工教学的场所，保证铣工教学的时间，建立正常的铣工教学秩序，按课堂化教学的形式组织铣工教学。在铣工教学过程中，培养和发展学生的智能与创造力，让学生全面进行本工种的基本功训练。学校还应创造条件，争取完成一两

个相近工种的基本操作内容训练，培养出符合生产需要的技能人才。

**4. 铣工加工的工作内容**

铣工的主要特点是用旋转的多刃刀具来进行切削，工作效率较高，加工范围广，如铣平面、台阶、沟槽、成型面、特形沟槽、齿轮、螺旋槽、牙嵌式离合器以及切断和镗孔等（如图 1-0-1 所示）。另外，铣工的加工精度也较高，其经济加工精度一般为 IT8 ~ IT9 级、表面粗糙度为 *Ra*1. 6μm ~ *Ra*12. 5μm。精细加工时精度可高达 IT5 级，表面粗糙度可达 *Ra*0. 2μm。因此，铣工是机械制造业中的主要工种之一。

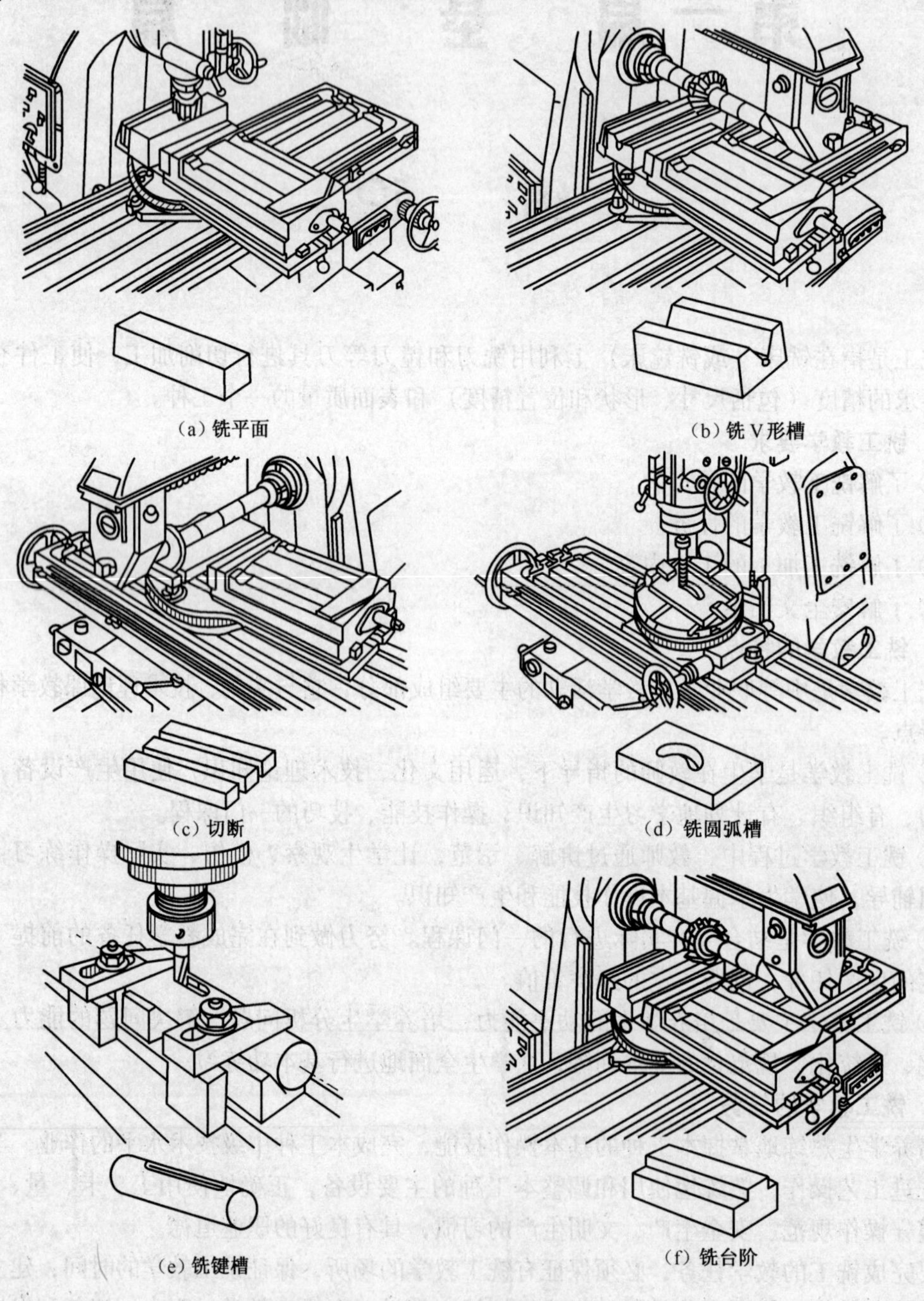

(a) 铣平面　(b) 铣 V 形槽　(c) 切断　(d) 铣圆弧槽　(e) 铣键槽　(f) 铣台阶

图 1-0-1　铣工加工的工作内容

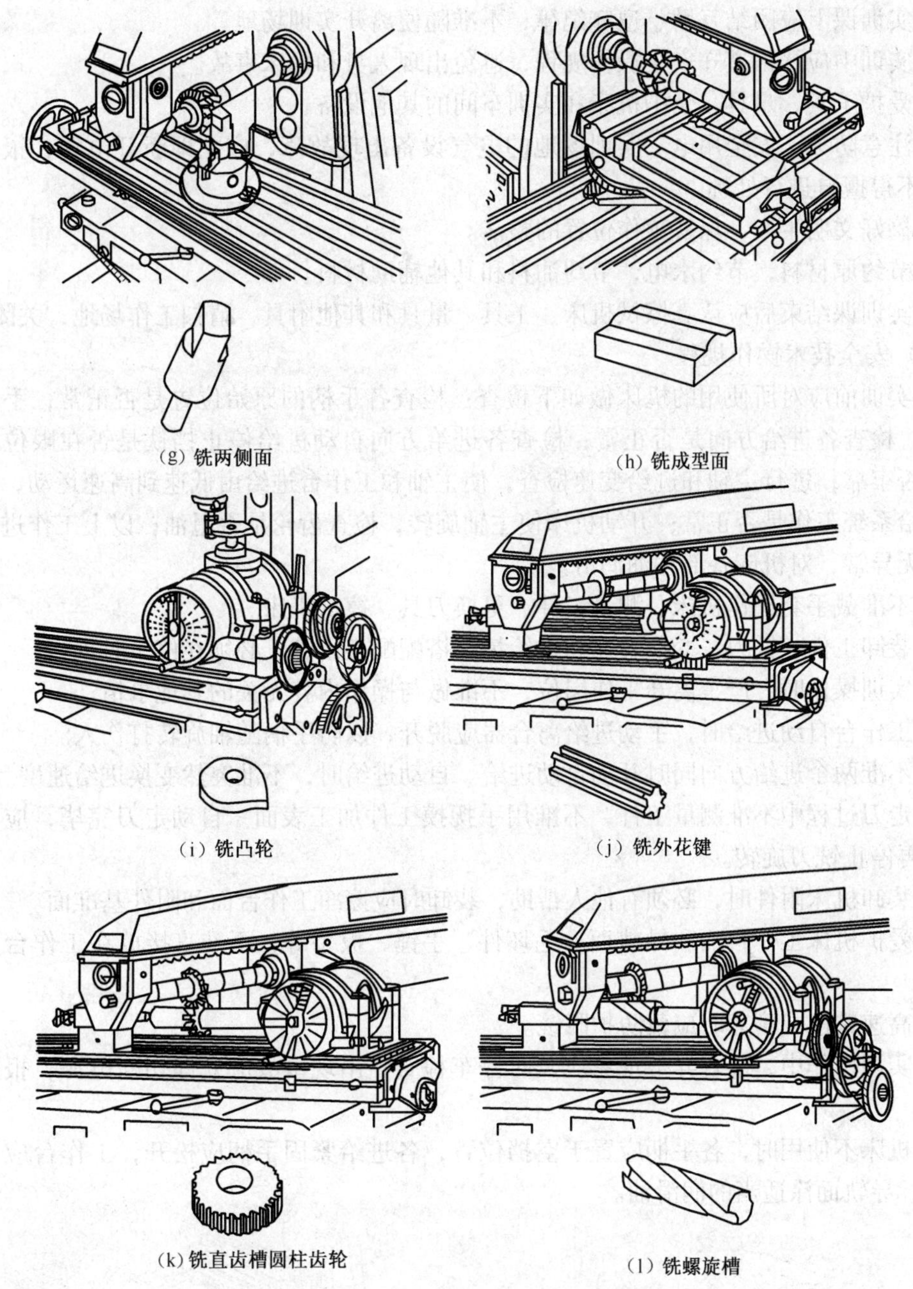

(g) 铣两侧面　(h) 铣成型面

(i) 铣凸轮　(j) 铣外花键

(k) 铣直齿槽圆柱齿轮　(l) 铣螺旋槽

**图 1-0-1　铣工加工的工作内容（续）**

### 5. 安全文明生产

安全文明生产是做好实训的重要内容之一，它直接涉及国家、工厂、个人的根本利益，影响着工厂的产品质量和经济效益，影响着设备的利用率和使用寿命，影响着工人的人身安全和物质利益。

（1）实训课守则

① 上下课有秩序地进出实训场地。

② 上课前穿好工作服，女生戴好工作帽，辫子盘在工作帽内。

③ 不准穿背心、拖鞋和戴围巾进入实训场地。

④ 实训课上应团结互助、遵守纪律，不准随便离开实训场地。

⑤ 实训中应严格遵守安全操作规程，避免出现人身和机床事故。

⑥ 爱护工具、量具，爱护机床和实训车间的其他设备。

⑦ 注意防火，安全用电。实训场地的电气设备出现故障，应立即断开电源，报告实训教师，不得擅自进行处理。

⑧ 搞好文明生产，保持工作位置的整洁。

⑨ 节约原材料，节约水电，节约油料和其他辅助材料。

⑩ 实训课结束后应认真擦拭机床、工具、量具和其他附具，清扫工作场地，关闭电源。

（2）安全技术操作规程

① 实训前应对所使用的机床做如下检查：检查各手柄的原始位置是否正常；手摇各进给手柄，检查各进给方向是否正常；检查各进给方向自动进给停止挡铁是否在限位柱范围内，是否牢靠；进行主轴和进给变速检查，使主轴和工作台进给由低速到高速运动，检查主轴和进给系统工作是否正常；开动机床使主轴旋转，检查齿轮是否甩油；以上工作进行完毕后，若无异常，对机床各部注油润滑。

② 不准戴手套操作机床、测量工件、更换刀具、擦拭机床。

③ 装卸工件、铣刀，变换转速和进给量，搭配配换齿轮，必须在停车时进行。

④ 实训操作时，严禁离开工作岗位，不准做与操作内容无关的其他事情。

⑤ 工作台自动进给时，手动进给离合器应脱开，以防手柄随轴旋转打伤人。

⑥ 不准两个进给方向同时开动自动进给。自动进给时，不准突然变换进给速度。

⑦ 走刀过程中不准测量工件，不准用手抚摸工件加工表面。自动走刀完毕，应先停止进给，再停止铣刀旋转。

⑧ 装卸机床附件时，必须有他人帮助，装卸时应擦净工作台面和附件基准面。

⑨ 爱护机床工作台面和导轨面。毛坯件、手锤、扳手等，不准直接放在工作台面和导轨面上。

⑩ 高速铣削或磨刀时应戴防护眼镜。

⑪ 实训操作中，出现异常现象应及时停车检查；出现事故应立即切断电源，报告实训教师。

⑫ 机床不使用时，各手柄应置于空挡位置，各进给紧固手柄应松开，工作台应处于中间位置，导轨面涂适当的润滑油。

# 铣　工

## 基础知识一　铣削加工基本知识

### 一、常用铣床的种类

铣床的工作范围非常广，类型也很多，以下介绍几种有代表性的铣床。

1. 升降台式铣床

升降台式铣床的主要特征是带有升降台。工作台除沿纵、横向导轨做左右、前后运动外，还可沿升降导轨随升降台做上下运动。

升降台式铣床用途广泛，加工范围广，通用性强，是铣削加工的常用铣床。根据结构形式和使用特点，升降台式铣床又可分为卧式和立式两种。

(1) 卧式铣床

图 1-1-1 所示为 X6132 型卧式铣床外形。卧式铣床的主要特征是铣床主轴轴线与工作台台面平行。因主轴呈横卧位置，所以称做卧式铣床。铣削时将铣刀安装在与主轴相连接

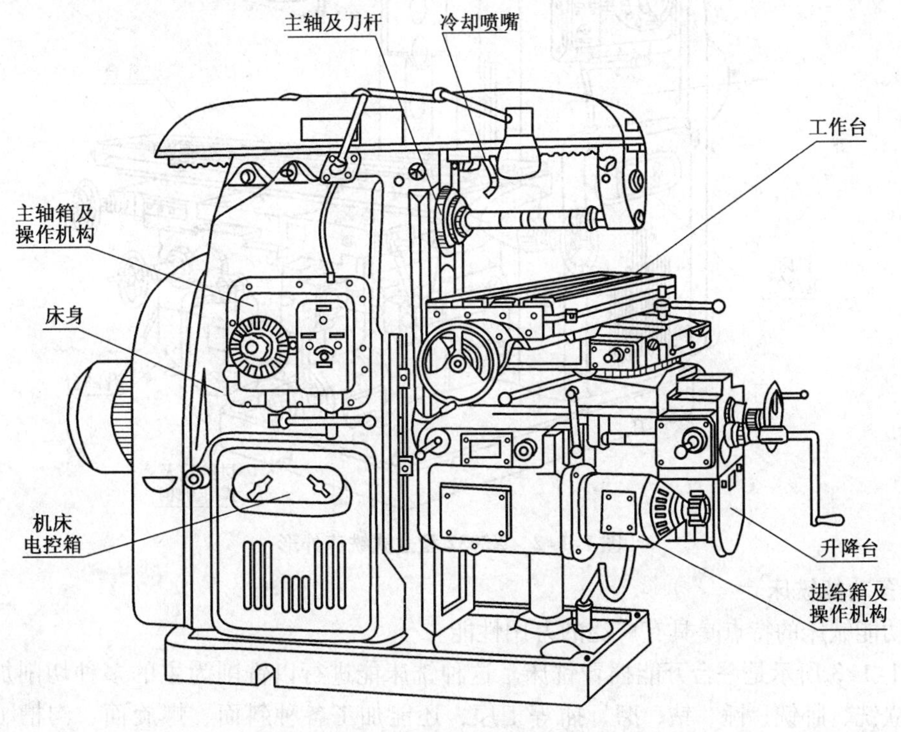


图 1-1-1　X6132 型卧式铣床外形

的刀杆上，随主轴做旋转运动，被切削工件装夹在工作台面上，对铣刀做相对进给运动，从而完成切削工作。

卧式铣床加工范围很广，可以加工沟槽、平面、成型面、螺旋槽等。

卧式铣床常用的型号有：X6030、X6120、XQ6125A、X6130、X6132。

（2）立式铣床

图 1-1-2 所示为 X5032 型立式铣床外形。立式铣床的主要特征是铣床主轴轴线与工作台台面垂直。因主轴呈竖立位置，所以称做立式铣床。铣削时，铣刀安装在与主轴相连接的刀轴上，绕主轴做旋转运动，被切削工件装夹在工作台上，对铣刀做相对运动，完成切削过程。

立式铣床加工范围很广。通常，在立铣上可以应用面铣刀、立铣刀、成形铣刀等，铣削各种沟槽、表面；另外，利用机床附件，如回转工作台、分度头，还可以加工圆弧、曲线外形、齿轮、螺旋槽、离合器等较复杂的零件；当生产批量较大时，在立铣上采用硬质合金刀具进行高速铣削，可以大大提高生产效率。

立式铣床常用的型号有 X5020B、X5025、X5030、X5032、X52A。

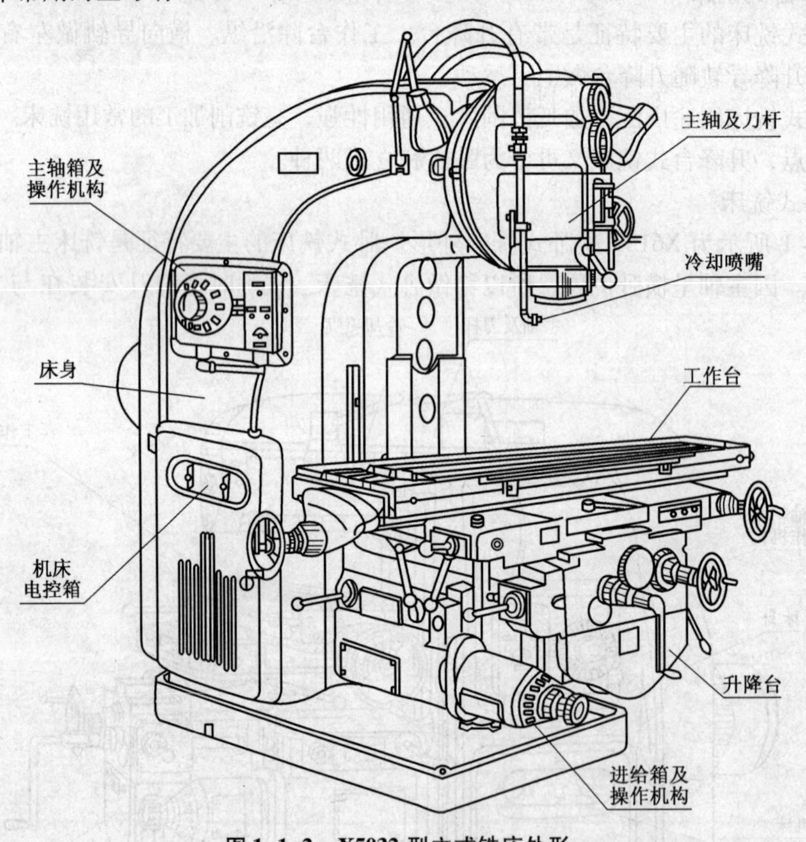


图 1-1-2　X5032 型立式铣床外形

## 2. 多功能铣床

多功能铣床的特点是具有广泛的万用性能。

图 1-1-3 所示是一台万能摇臂铣床。这种铣床能进行以铣削为主的多种切削加工，可以进行立铣、卧铣、锤、钻、磨、插等工序，还能加工各种斜面、螺旋面、沟槽、弧形槽等。多功能铣床适用于各种维修零件和产品加工，特别适用于各种工夹模具制造。该机床结

构紧凑，操作灵活，加工范围广，是一种典型的多功能铣床。

图 1-1-4 所示是 X8126 型万能工具铣床。该机床工作台不仅可以做 3 个方向平移，还可以做多方向回转，特别适用于加工刀、量具类较复杂的小型零件，具有附件配备齐全、用途广泛等特点。

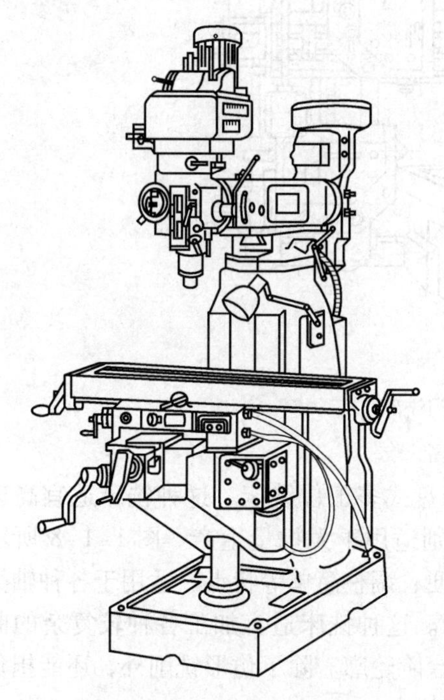

图 1-1-3　万能摇臂铣床

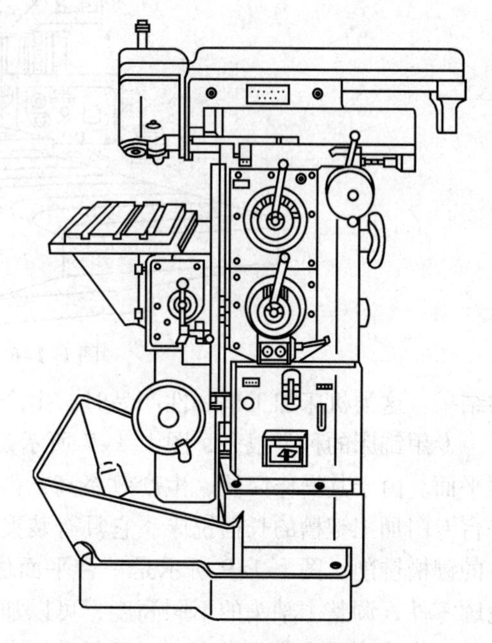

图 1-1-4　X8126 型万能工具铣床

3. 固定台座式铣床

固定台座式铣床的主要特征是没有升降台，如图1-1-5 所示。其工作台只能做左右、前后的移动，升降运动是由立铣头沿床身垂直导轨上下移动来实现的。这类铣床因为没有升降台，工作台的支座就是底座，所以结构坚固，刚性好，适宜进行强力铣削和高速铣削；由于其承载能力较大，还适用于加工大型、重型工件。

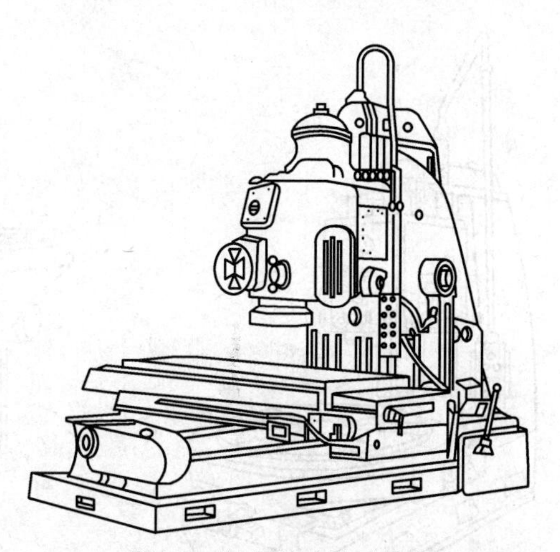

图 1-1-5　固定台座式铣床

4. 龙门铣床

龙门铣床也是无升降台铣床的一种类型，属于大型铣床。铣削动力头安装在龙门导轨上，可做横向和升降运动；工作台安装在固定床身上，仅做纵向移动。龙门铣床根据铣削动力头的数量分别有单轴、双轴、四轴等多种形式。图 1-1-6 所示是一台四轴龙门铣床。铣削时，若安装 4 把铣刀，可同时铣削工件的几个表面，工作效率高，适用于加工大型箱体类工件表面，如机床床身表面等。

5. 专用铣床

专用铣床的加工范围比较小，是专门加工某一种类工件的。它是通用机床向专一化发展

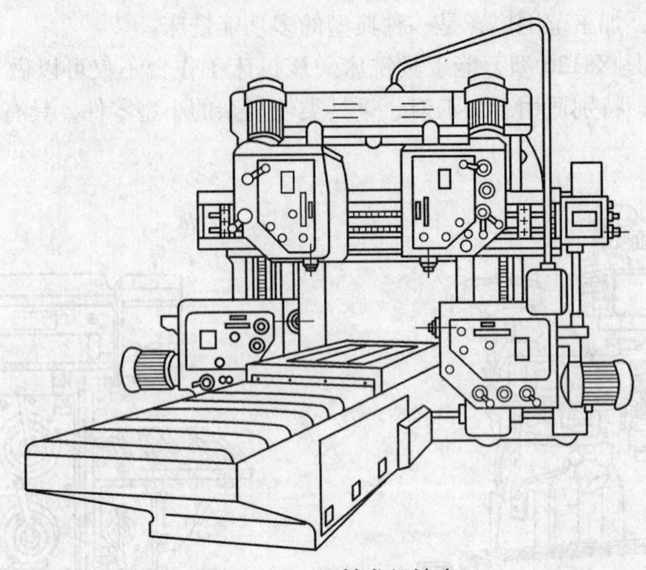

图 1-1-6 四轴龙门铣床

的结果。这类机床加工单一性产品时，生产效率很高。

专用铣床的种类很多，图 1-1-7 所示是一台转盘式多工位铣床。这种铣床适宜高速铣削平面。由于其操作简便、生产效率高，因此，特别适用于大批量生产。图 1-1-8 所示是一台专门加工键槽的长槽铣床。它具有装夹工件方便、调整简单等特点，适用于各种轴类零件的键槽铣削。图 1-1-9 所示是一台平面仿形铣床。这种铣床适宜加工各种较复杂的曲线轮廓零件，调整主轴头的不同高度，可以加工平面台阶轮廓。除了仿形铣削外，还能担负立铣的工作，为了适应成批生产，还可采用自动循环控制。

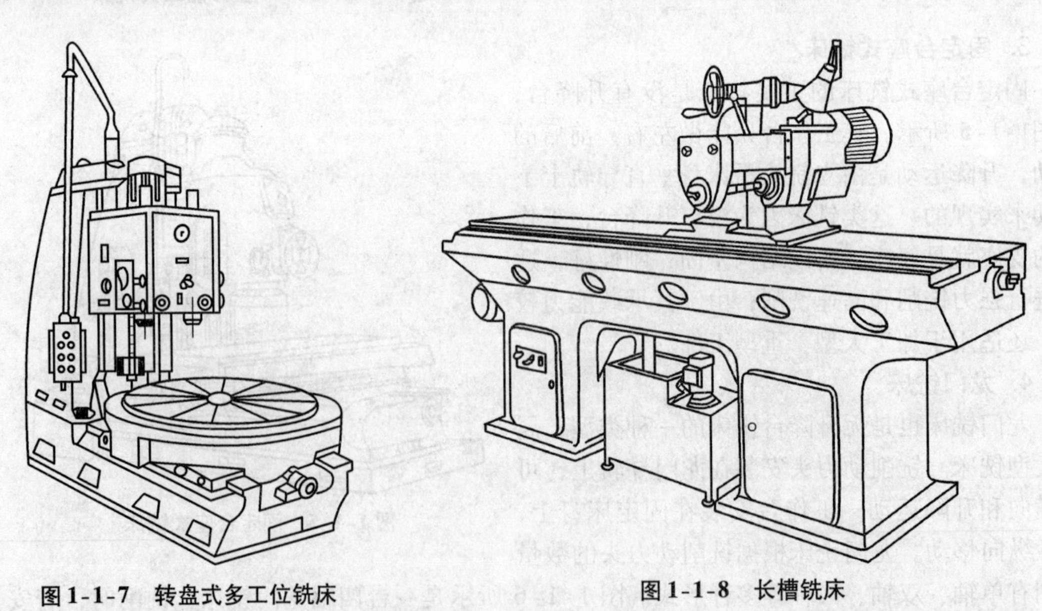

图 1-1-7 转盘式多工位铣床　　图 1-1-8 长槽铣床

## 二、常用铣刀的种类及其合理选用

### 1. 常用铣刀的种类

铣刀的种类很多，其分类方法也有很多，现介绍几种通常的分类方法和常用的铣刀种类。

（1）按铣刀切削部分的材料分类

① 高速钢铣刀。这类铣刀有整体的和镶齿的两种，一般形状较复杂的铣刀都是整体高速钢铣刀。

② 硬质合金铣刀。这类铣刀大都不是整体的，将硬质合金刀片以焊接或机械夹固的方式镶装在铣刀刀体上，如硬质合金立铣刀、三面刃铣刀等。

（2）按铣刀的用途分类

① 铣平面用铣刀，包括圆柱铣刀和面铣刀，如图 1-1-10 所示。

② 铣槽用铣刀，包括三面刃铣刀、立铣刀、键槽铣刀、盘形槽铣刀和锯片铣刀等，如图 1-1-11 所示。

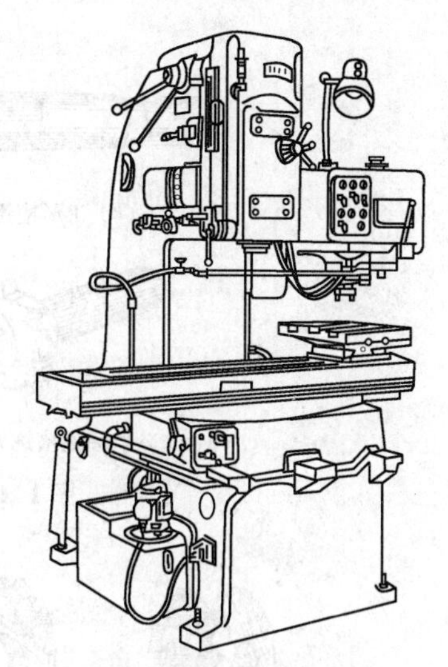

图 1-1-9　平面仿形铣床

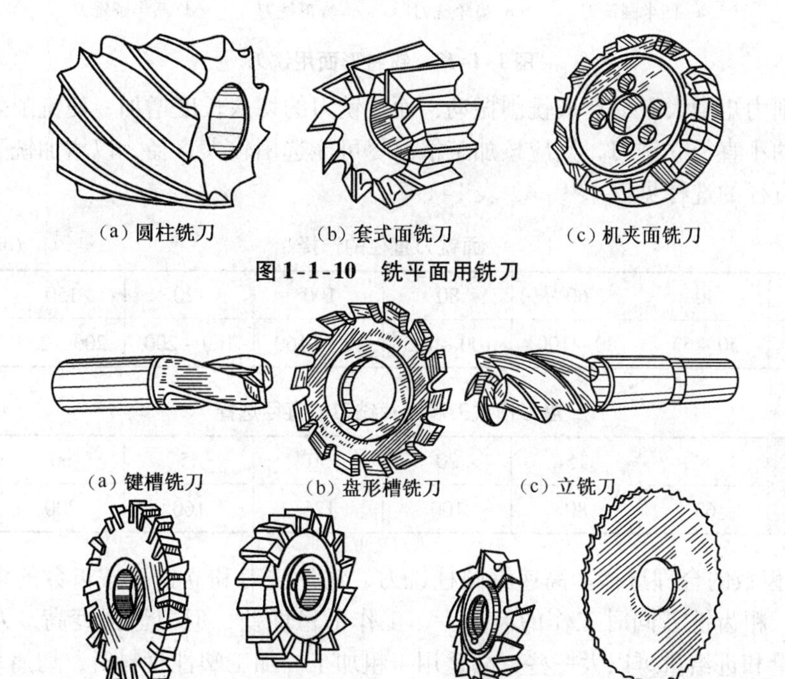

（a）圆柱铣刀　（b）套式面铣刀　（c）机夹面铣刀

图 1-1-10　铣平面用铣刀

（a）键槽铣刀　（b）盘形槽铣刀　（c）立铣刀

（d）镶齿三面刃铣刀　（e）三面刃铣刀　（f）错齿三面刃铣刀　（g）锯片铣刀

图 1-1-11　铣槽用铣刀

③ 铣特形沟槽用铣刀，包括 T 形槽铣刀、燕尾槽铣刀、半圆键槽铣刀和角度铣刀等，如图 1-1-12 所示。

④ 铣特形面用铣刀，包括凸半圆铣刀、凹半圆铣刀、特形铣刀、齿轮铣刀等，如图 1-1-13 所示。

**2. 铣刀的合理选用**

（1）铣刀主要结构参数的合理选择

① 铣刀直径的合理选择。一般情况下，尽可能选用较小直径规格的铣刀，因为铣刀的

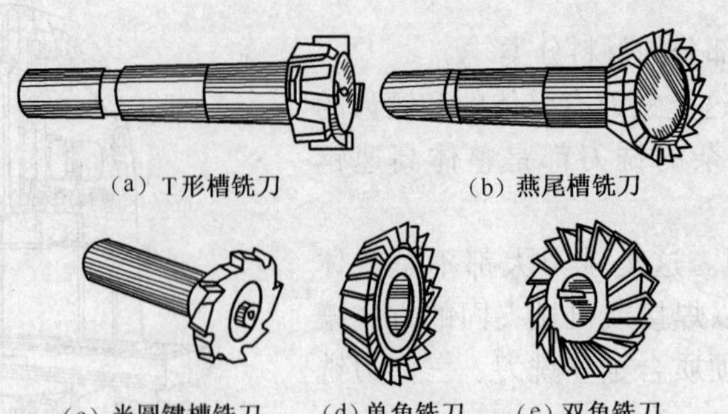

（a）T形槽铣刀　（b）燕尾槽铣刀

（c）半圆键槽铣刀　（d）单角铣刀　（e）双角铣刀

**图 1-1-12　铣特形沟槽用铣刀**

（a）凹半圆铣刀

（b）齿轮铣刀

（c）特形铣刀

（d）凸半圆铣刀

**图 1-1-13　铣特形面用铣刀**

直径大，铣削力矩增大，易造成铣削振动，而且铣刀的切入长度增加，使铣削效率下降；对于刚性较差的小直径立铣刀，则应按加工情况尽可能选用较大直径，以增加铣刀的刚性。各种常用铣刀直径的选择见表 1-1-1、表 1-1-2。

**表 1-1-1　面铣刀直径的选择**　（单位：mm）

| 铣削宽度 $a_e$ | 40 | 60 | 80 | 100 | 120 | 150 | 200 |
|---|---|---|---|---|---|---|---|
| 铣刀直径 $d_0$ | 50 ~ 63 | 80 ~ 100 | 100 ~ 125 | 125 ~ 160 | 160 ~ 200 | 200 ~ 250 | 250 ~ 315 |

**表 1-1-2　盘形槽铣刀和锯片铣刀的直径选择**　（单位：mm）

| 铣削宽度 $a_e <$ | 8 | 15 | 20 | 30 | 45 | 60 | 80 |
|---|---|---|---|---|---|---|---|
| 铣刀直径 $d_0$ | 63 | 80 | 100 | 125 | 160 | 200 | 250 |

② 铣刀齿数的合理选择。高速钢圆柱铣刀、锯片铣刀和立铣刀按齿数的多少分为粗齿和细齿两种。粗齿铣刀同时工作的齿数少，工作平稳性差，但刀齿强度高，刀齿的容屑槽大，背吃刀量和进给量可以大一些，故适用于粗加工。加工塑性材料时，切屑呈带状，需要较大的容屑空间，也可采用粗齿铣刀。细齿铣刀的特点与粗齿铣刀相反，仅适用于半精加工和精加工。

硬质合金面铣刀的齿数有粗齿、中齿和细齿之分，见表 1-1-3。粗齿面铣刀适用于钢件的粗铣；中齿面铣刀适用于铣削带有断续表面的铸铁件或对钢件的连续表面进行粗铣或精铣；细齿面铣刀适用于机床功率足够的情况下对铸铁进行粗铣或精铣。

（2）铣刀几何参数的合理选择

在保证铣削质量和铣刀经济寿命的前提下，能够满足提高生产效率、降低成本的铣刀几何角度称为铣刀合理角度。若铣刀的几何角度选择合理，就能充分发挥铣刀的切削性能。

表 1-1-3 硬质合金面铣刀的齿数选择

| 铣刀直径 $d_0$/mm | | 50 | 63 | 80 | 100 | 125 | 160 | 200 | 250 | 315 | 400 | 500 |
|---|---|---|---|---|---|---|---|---|---|---|---|---|
| 齿数 | 粗齿 | | 3 | 4 | 5 | 6 | 8 | 10 | 12 | 16 | 20 | 26 |
| | 中齿 | 3 | 4 | 5 | 6 | 8 | 10 | 12 | 16 | 20 | 26 | 34 |
| | 细齿 | | | 6 | 8 | 10 | 14 | 18 | 22 | 28 | 36 | 44 |

① 前角的选择

a. 根据不同的工件材料，选择合理的前角数值。

b. 不同的铣刀切削部分材料，加工相同材料的工件，铣刀的前角也不应相同。高速钢铣刀可取较大前角，硬质合金应取较小前角。

c. 粗铣时一般取较小前角，精铣时取较大前角。

d. 工艺系统刚性较差和铣床功率较低时，宜采用较大的前角，以减小铣削力和铣削功率，并减少铣削振动。

e. 对数控机床、自动机床和自动线用铣刀，为保证铣刀工作的稳定性（不发生崩刃及主切削刃破损），应选用较小的前角。

铣刀前角的选择可参考表 1-1-4。

表 1-1-4 铣刀前角选择参考数值

| 工件材料 / 铣刀材料 | 钢料 | | | 铸铁 | | 铝镁合金 |
|---|---|---|---|---|---|---|
| | $\sigma_b$ < 560MPa | $\sigma_b$ = 560 ~ 980MPa | $\sigma_b$ = 980MPa | 硬度≤150HBS | 硬度 > 150HBS | |
| 高速钢 | 20° | 15° | 10° ~ 12° | 5° ~ 15° | 5° ~ 10° | 15° ~ 35° |
| 硬质合金 | 15° | −5° ~ 5° | −15° ~ −10° | 5° | −5° | 20° ~ 30° |

注：正前角硬质合金铣刀应有负倒棱。

② 后角的选择

a. 工件材料的硬度、强度较高时，为了保证切削刃的强度，宜采用较小的后角；工件材料塑性大或弹性大及易产生加工硬化时，应增大后角。加工脆性材料时，铣削力集中在主切削刃附近，为增强主切削刃强度，应选用较小的后角。

b. 工艺系统刚度差、容易产生振动时，应采用较小的后角。

c. 粗加工时，铣刀承受的铣削力比较大，为了保证刃口的强度，可选取较小的后角；精加工时，切削力较小，为了减少摩擦，提高工件表面质量，可选取较大的后角。但当已采用负前角时，刃口的强度已得到加强，为提高表面质量，也可采用较大的后角。

d. 高速钢铣刀的后角可比硬质合金铣刀的后角大 2° ~ 3°。

e. 尺寸精度要求较高的铣刀，应选用较小的后角。

铣刀后角的选择可参考表 1-1-5。

③ 刃倾角的选择

a. 铣削硬度较高的工件时，对刀尖强度和散热条件要求较高，可选取绝对值较大的负刃倾角。

表 1-1-5　　铣刀后角选择参考数值

| 铣刀类型 | 高速钢铣刀 | | 硬质合金铣刀 | | 高速钢锯片铣刀 | 键槽铣刀 |
|---|---|---|---|---|---|---|
| | 粗齿 | 细齿 | 粗铣 | 精铣 | | |
| 后角 $\alpha_0$ | 12° | 16° | 6°～8° | 12°～15°（也有用 8°） | 20° | 8° |

b. 粗加工时，为增强刀尖的抗冲击能力，宜取负刃倾角；精加工时，切屑较薄，可取正刃倾角。

c. 工艺系统刚度不足时，不宜取负刃倾角，以免增大纵向铣削力而引起铣削振动。

d. 为了使圆柱铣刀和立铣刀切削平稳轻快，切屑容易从铣刀容屑槽中排出，提高铣刀寿命和生产率，减小已加工表面的粗糙度值，可选取较大的螺旋角（正刃倾角）。

铣刀刃倾角或螺旋角的选择可参考表 1-1-6。

表 1-1-6　　铣刀刃倾角或螺旋角选择参考数值

| 铣刀类型 | | $\beta$ | 面铣刀（包括铣削条件） | | $\lambda_s$ |
|---|---|---|---|---|---|
| 带螺旋角的圆柱铣刀 | 细齿 | 25°～30° | 铣削钢料等 | 工艺系统刚度中等时 | 4°～6° |
| | 粗齿 | 45°～60° | | 工艺系统刚度较好时 | 10°～15° |
| 立铣刀 | | 30°～45° | 粗铣铸铁等 | | -7° |
| 盘铣刀 | | 25°～30° | 铣削高温合金 | | 45° |

④ 主偏角的选择

a. 当工艺系统刚度足够时，应尽可能采用较小的主偏角，以提高铣刀的寿命。当工艺系统刚度不足时，为避免铣削振动加大，应采用较小的主偏角。

b. 加工高强度、高硬度的材料时，应取较小的主偏角，以提高刀尖部分的强度和散热条件。加工一般材料时，主偏角可取稍大些。

c. 为增强刀尖强度，提高刀具寿命，面铣刀常磨出过渡刃，如图 1-1-14 所示。

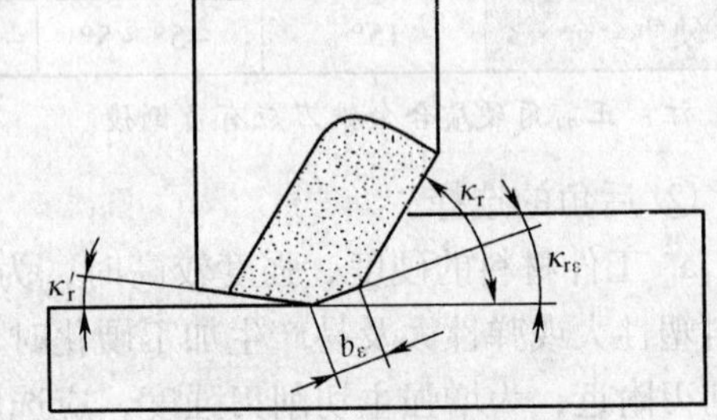

图 1-1-14　面铣刀的过渡刃

面铣刀的主偏角、过渡刃偏角和副偏角的选择可参考表 1-1-7。

⑤ 副偏角的选择

a. 精铣时，副偏角应取小些，以使表面粗糙度值较小。

b. 铣削高强度、高硬度的材料时，应取较小的副偏角，以提高刀尖部分的强度。

c. 对锯片铣刀和槽铣刀等，为了保证刀尖强度和重磨后铣刀宽度变化较小，只能取 0.5°～2°的副偏角。

d. 为避免铣削振动，可适当加大副偏角。

副偏角的选择可参考表 1-1-7。

**3. 铣刀的维护与保养**

铣刀是一种精度较高的金属切削刀具，铣刀切削部分的材料价格和制造成本都比较高，

表 1-1-7 铣刀的主偏角、过渡刃偏角和副偏角选择参考数值

| 铣刀类型 | 铣刀特征 | 主偏角 $k_r$ | 过渡刃偏角 $k_{r}\varepsilon$ | 副偏角 $k'_r$ |
|---|---|---|---|---|
| 面铣刀 | | 30°~90° | 15°~45° | 1°~2° |
| 双面刃和三面刃盘铣刀 | | | | 1°~2° |
| 铣槽铣刀 | $d_0$ = 40~60mm<br>$L$ = 0.6~0.8mm<br>$L$ > 0.8mm | | | <br>0°15′<br>0°30′ |
| | $d_0$ = 75mm<br>$L$ = 1~3mm<br>$L$ > 3mm | | | <br>0°30′<br>1°30′ |
| 锯片铣刀 | $d_0$ = 75~110mm<br>$L$ = 1~2mm<br>$L$ > 2mm | | | <br>0°30′<br>1° |
| | $d_0$ > 110~200mm<br>$L$ = 2~3mm<br>$L$ > 3mm | | | <br>0°15′<br>0°30′ |

注：面铣刀主偏角 $k_r$ 主要按工艺系统刚度选取。系统刚度较好，铣削较小余量时，取 $k_r$ = 30°~45°；中等刚度而余量较大时，取 $k_r$ = 60°~75°。加工相互垂直表面的面铣刀和盘铣刀，取 $k_r$ = 90°。

因此，合理地维护和保养铣刀，是铣刀合理使用不可缺少的环节。使用和存放铣刀应注意以下事项。

① 铣刀切削刃的锋利完整，是构成铣刀形状精度的几何要素。在放置、搬运和安装拆卸中，应注意保护铣刀切削刃精度，即使是使用后送磨的铣刀，也要注意保护切削刃的精度。

② 铣刀装夹部位的精度比较高，套式铣刀的基准孔和装夹平面，如果有毛刺和凸起，会直接影响安装精度。而且铣刀有较高的硬度，修复比较困难，在安装、拆卸和放置、运送过程中，应注意保护。

③ 对使用后送磨的铣刀应注意清洁，使用过切削液的铣刀应及时清理残留的切削液和切屑，以防止铣刀表面氧化生锈影响精度。

④ 在铣刀放置时，应避免切削刃与金属物接触。在库房存放时，应设置专用的器具，使铣刀之间有一定的间距，避免切削刃之间相互损伤。如需要叠放的，可在铣刀之间衬垫较厚的纸片。柄式铣刀一般应用一定间距的带孔板架，将铣刀柄部插入孔中。

⑤ 对长期不用的刀具，或比较潮湿的工作环境，应注意涂抹防锈油加以保护。

⑥ 可转位铣刀的刀片应安排专用的包装进行保管，以免损坏切削刃、搞错型号等。对成套的齿轮铣刀，应按规格放置，加工后不进行修磨的应注意齿槽清洁，以免氧化生锈影响铣刀形状和尺寸精度。

⑦ 专用铣刀必须按工艺要求进行保管和使用，在铣刀颈部等其他不影响安装精度的部位刻写刀具编号。

⑧ 具有端部内螺纹的锥柄铣刀和刀体，应注意检查和维护内螺纹的精度，以免使用过程中发生事故。

## 三、常用铣床夹具和工具

### 1. 铣床夹具

铣床夹具根据应用范围可分为通用夹具和专用夹具。铣工所用的通用夹具主要有机用平口钳、回转工作台、万能分度头等。它们一般无须调整或稍加调整就可以用于装夹不同工件。

专用夹具是专为某一工件的某一工序而专门设计的，使用时既方便又准确，生产效率高。

(1) 机用平口钳

机用平口钳如图 1-1-15 所示，其规格见表 1-1-8。

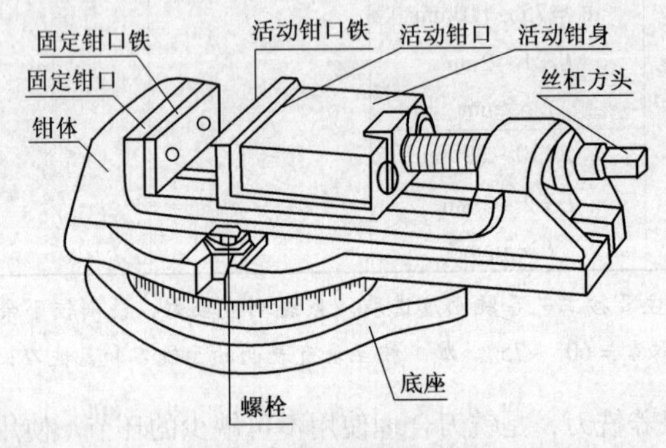


图 1-1-15　机用平口钳

表 1-1-8　机用平口钳的规格　(单位：mm)

| 参　数 | 规　格 | | | | | | | |
|---|---|---|---|---|---|---|---|---|
| | 60 | 80 | 100 | 125 | 136 | 160 | 200 | 250 |
| 钳口宽度 *B* | 60 | 80 | 100 | 125 | 136 | 160 | 200 | 250 |
| 钳口最大张开度 *A* | 50 | 60 | 80 | 100 | 110 | 125 | 160 | 200 |
| 钳口高度 *h* | 30 | 34 | 38 | 44 | 36 | 50（44） | 60（56） | 56（60） |
| 定位键宽度 *b* | 10 | 10 | 14 | 14 | 12 | 18（14） | 18 | 18 |
| 回转角度 | 360° | | | | | | | |

注：规格 60、80 的机用平口钳为精密机用平口钳，适用于工具磨床、平面磨床和坐标镗床。

在用机用平口钳装夹不同形状的工件时，可设计几种特殊钳口，只要更换不同形式的钳口，即可适应各种形状的工件，以扩大机用平口钳的使用范围。图 1-1-16 所示为几种特殊钳口。

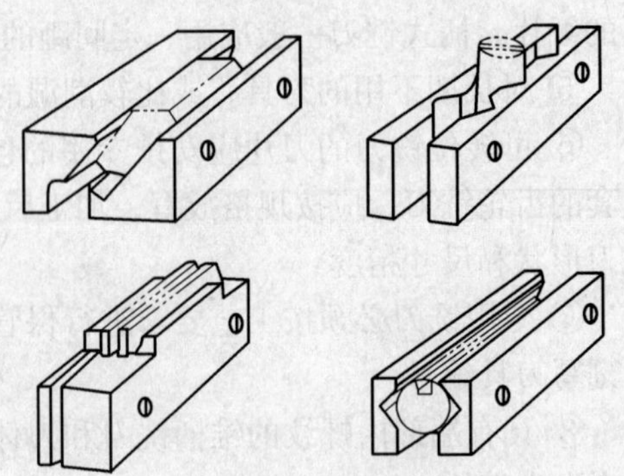

图 1-1-16　特殊钳口

(2) 回转工作台

回转工作台简称转台，又称圆转台，其主要功用是铣圆弧曲线外形和沟槽、平面螺旋槽（面）和分度。回转工作台有好几种，常用的是立轴式手动回转工作台（如图 1-1-17 所示）和机动回转工作台（又称机动手动两用回转工作台，如图 1-1-18 所示）。

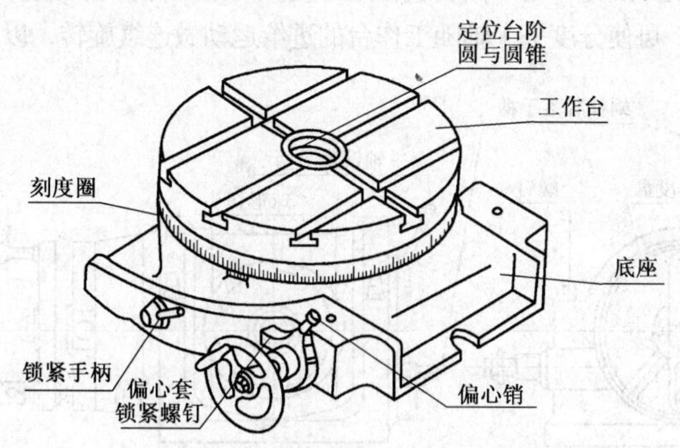


**图 1-1-17　立轴式手动回转工作台**

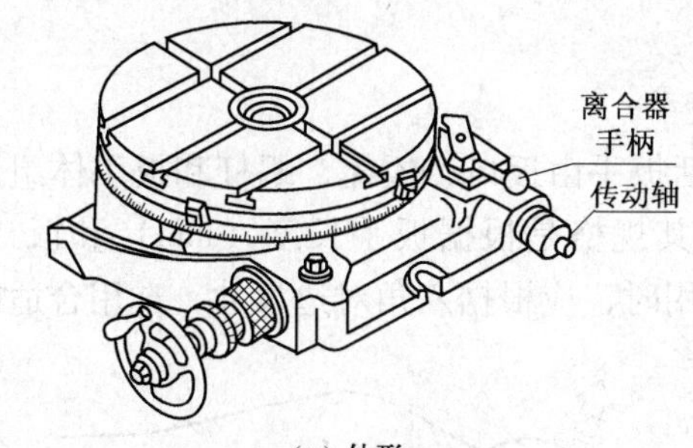


（a）外形

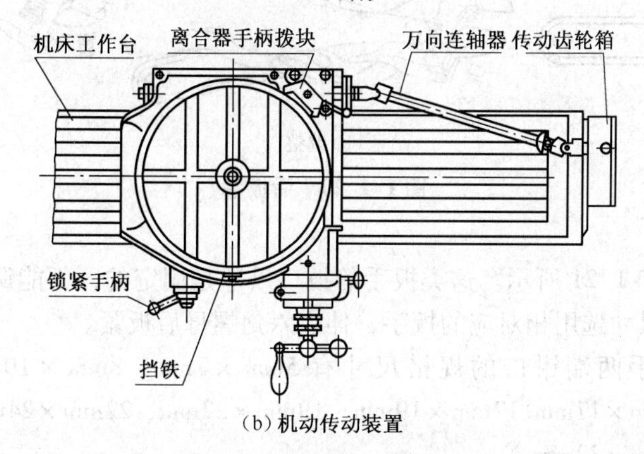


（b）机动传动装置

**图 1-1-18　机动回转工作台**

手动回转工作台在对工件做直线部分加工时，可扳紧手柄，使转台锁紧后进行切削。如松开内六角螺钉，拔出偏心销插入另一条槽内，使蜗轮蜗杆脱开，此时可直接用手推动转台旋转至所需位置。

机动回转工作台的外形如图 1-1-18（a）所示。与手动回转工作台的区别主要是能利用万向连轴器，由机床传动装置带动传动轴，而使转台旋转。不需机动时，将离合器手柄处于中间位置，直接摇动手轮作手动用，其结构如图 1-1-18（b）所示。

（3）万能分度头

在铣床上铣削六角、八角等正多边形柱体，以及均等分布或互成一定夹角的沟槽和齿槽时，一般都利用分度头进行分度，其中万能分度头（如图 1-1-19 所示）使用最普遍。万能分度头除

能将工件做任意的圆周分度外，还可做直线移距分度；可把工件轴线装置成水平、垂直或倾斜的位置；通过交换齿轮，可使分度头主轴随工作台的进给运动做连续旋转，以加工螺旋面。

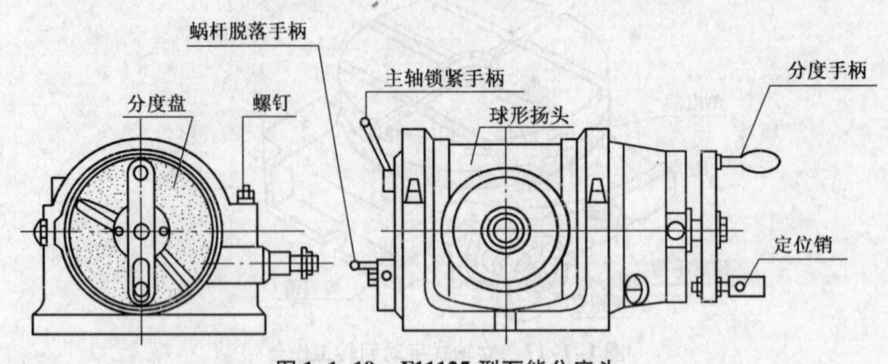


图 1-1-19　F11125 型万能分度头

2. 常用工具

（1）活扳手（活络扳手）

如图 1-1-20 所示，活扳手由扳口、扳体、蜗杆和扳手体组成。它是用于扳紧六角、四方形螺钉和螺母的工具，其规格是根据扳手长度（mm）和扳口张开尺寸（mm）表示的，如 300mm × 36mm 等。使用时，应根据六角对边尺寸，选用合适的活扳手。

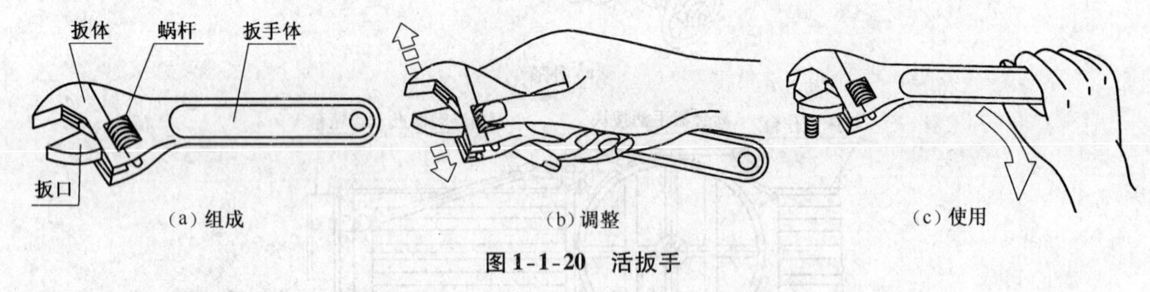


图 1-1-20　活扳手

（2）双头扳手

双头扳手如图 1-1-21 所示。这类扳手的扳口尺寸是固定的，不能调节。使用时根据螺母和螺钉六角对边尺寸选用相对应的扳手，伸入六角螺母后扳紧。

常用的双头扳手两端钳口的规格尺寸有 5mm × 7mm、8mm × 10mm、9mm × 11mm、12mm × 14mm、14mm × 17mm、17mm × 19mm、19mm × 22mm、22mm × 24mm、24mm × 27mm、27mm × 30mm、30mm × 32mm 等。

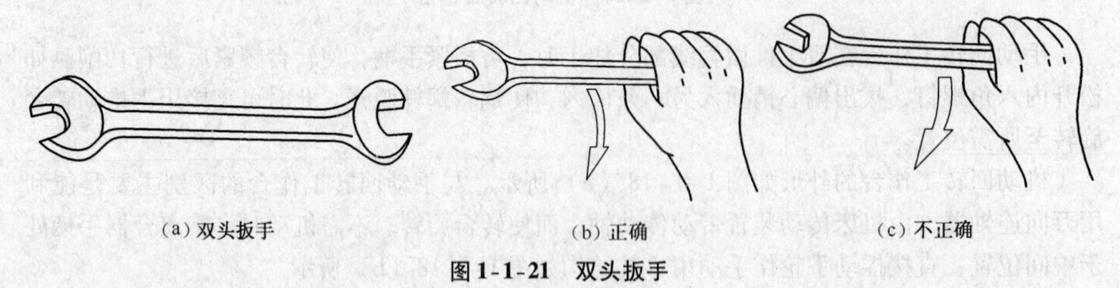


图 1-1-21　双头扳手

（3）内六角扳手

内六角扳手如图 1-1-22 所示。它用于紧固内六角螺钉，其规格以内六角对边尺寸表示，常用的有 3mm、4mm、5mm、6mm、8mm、10mm、12mm、14mm、17mm 等。使用时，选用相应的内六角扳手，手握扳手长的一端，将扳手短的一端插入内六角孔中，用力将螺钉旋紧或松开。

（4）可逆式棘轮扳手

可逆式棘轮扳手如图 1-1-23 所示。它由四方传动六角套筒、扳体和方榫组成。当六角螺钉埋在孔中无法用活扳手时，则采用这种扳手。它有顺逆两个方向，只要将扳体反转 180°后插入六角套筒，即可改变扳紧或扳松的方向。

可逆式棘轮扳手的规格是以六角套筒的对边尺寸来表示的，一般有 10mm、12mm、14mm、17 mm、19 mm、22mm、24mm 等规格。使用时，选用与六角对边相适应的六角套筒与扳体配合。

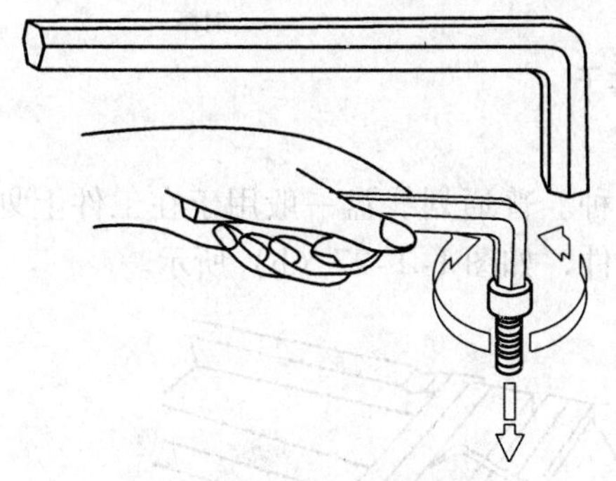

图 1-1-22　内六角扳手

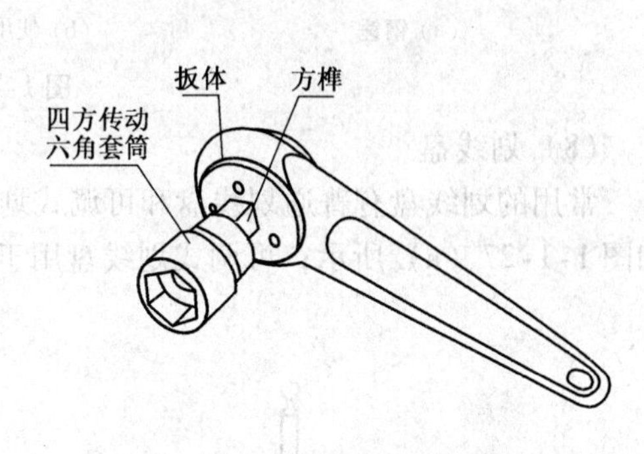


图 1-1-23　可逆式棘轮扳手

（5）柱销钩形扳手

柱销钩形扳手如图 1-1-24 所示。其作用是用来紧固带槽或带孔圆螺母，其规格是以所紧固螺母直径表示。使用时，根据螺母直径选用，如螺母直径为 $\phi$ 100mm，选用 100 ~ 110mm 的柱销钩形扳手，然后手握扳手柄部，将扳手的柱销勾入螺母的槽中或孔中，扳手的内圆卡在螺母外圆上，用力将螺母扳紧或旋松。

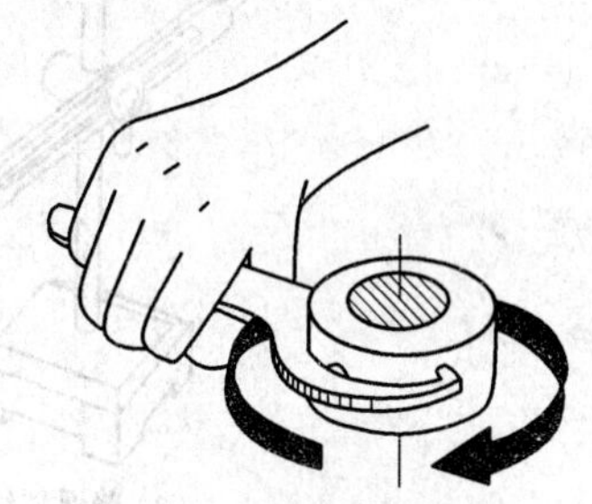

图 1-1-24　柱销钩形扳手

（6）一字和十字旋具（螺丝刀或起子）

螺钉旋具如图 1-1-25 所示。它用于旋紧带槽螺钉，使用时，根据螺钉头部槽形，选用一字槽或十字槽旋具旋紧螺钉。

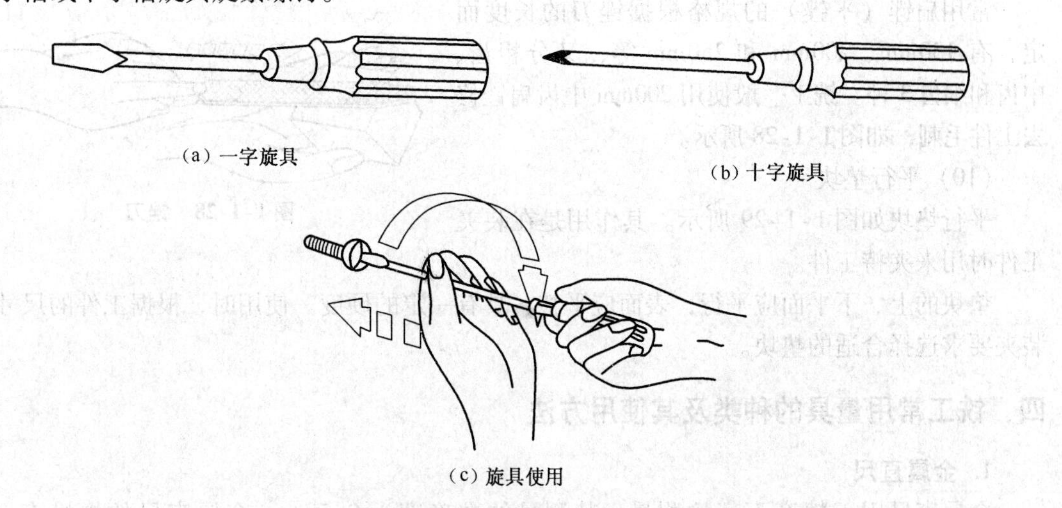


图 1-1-25　螺钉旋具

(7) 锤子

锤子如图 1-1-26 所示。根据锤头的材料不同，锤子分为钢锤和铜锤（或铜棒）等。其中，铜锤用于敲击已加工面。锤子的规格以锤头的质量来表示，有 500g、1000g、1500g 等。

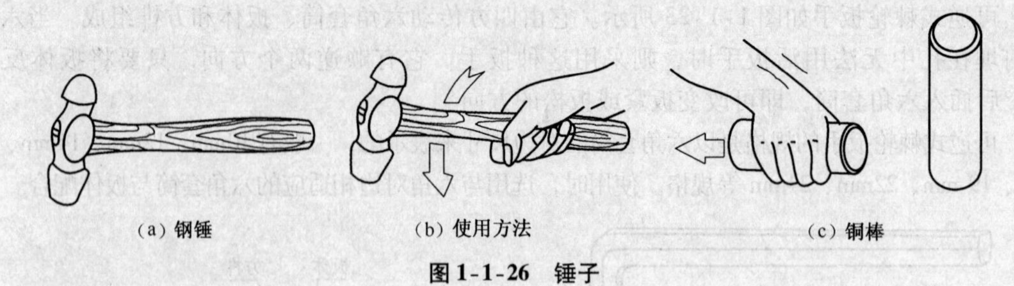

(a) 钢锤　(b) 使用方法　(c) 铜棒

图 1-1-26　锤子

(8) 划线盘

常用的划线盘有普通划线盘和可调式划线盘两种。普通划线盘一般用于在工件上划线，如图 1-1-27（a）所示；可调式划线盘用于找正工件，如图 1-1-27（b）所示。

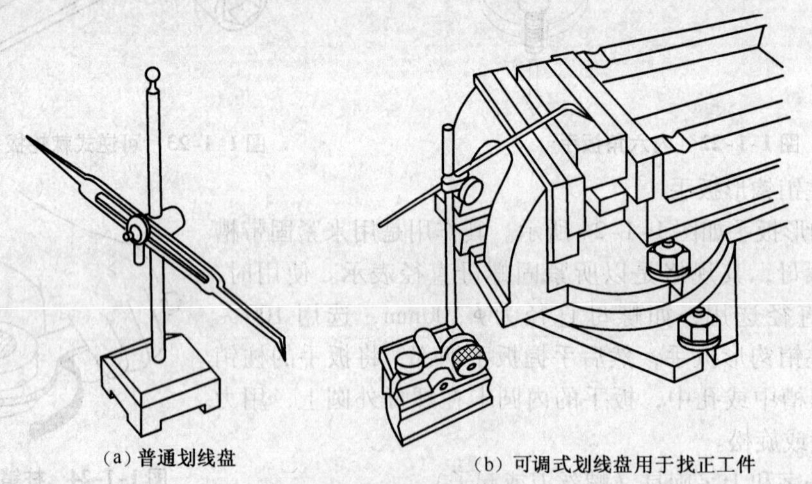

(a) 普通划线盘　(b) 可调式划线盘用于找正工件

图 1-1-27　划线盘

(9) 锉刀

常用扁锉（平锉）的规格根据锉刀的长度而定，有 150mm、200mm 和 250mm 等，又分粗齿、中齿和细齿 3 种。铣工一般使用 200mm 中齿扁锉修去工件毛刺，如图 1-1-28 所示。

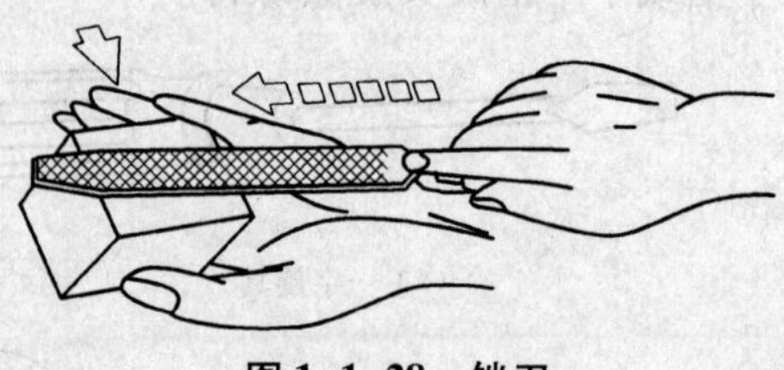

图 1-1-28　锉刀

(10) 平行垫块

平行垫块如图 1-1-29 所示。其作用是在装夹工件时用来夹持工件。

垫块的上、下平面应平行，表面应平整，具有一定的硬度。使用时，根据工件的尺寸和装夹要求选择合适的垫块。

## 四、铣工常用量具的种类及其使用方法

### 1. 金属直尺

金属直尺用于精度不高的测量，其测量的准确度为 0.5mm。金属直尺的规格有 0 ~

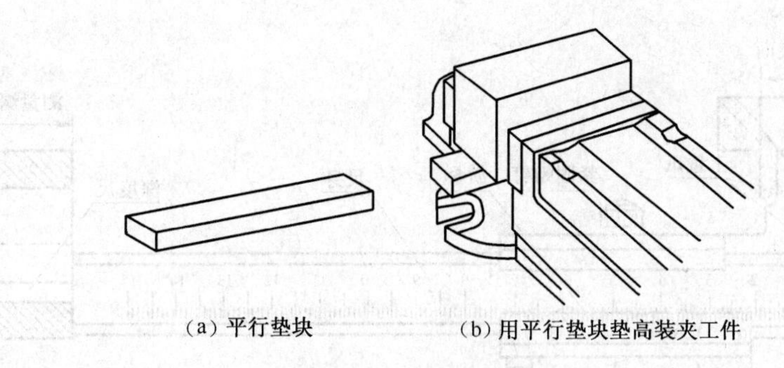

（a）平行垫块　（b）用平行垫块垫高装夹工件

**图 1-1-29　平行垫块**

150mm、0～300mm、0～500mm、0～1000mm 等。金属直尺可用来测量零件的外形尺寸、台阶的宽度和深度等，如图 1-1-30 所示。

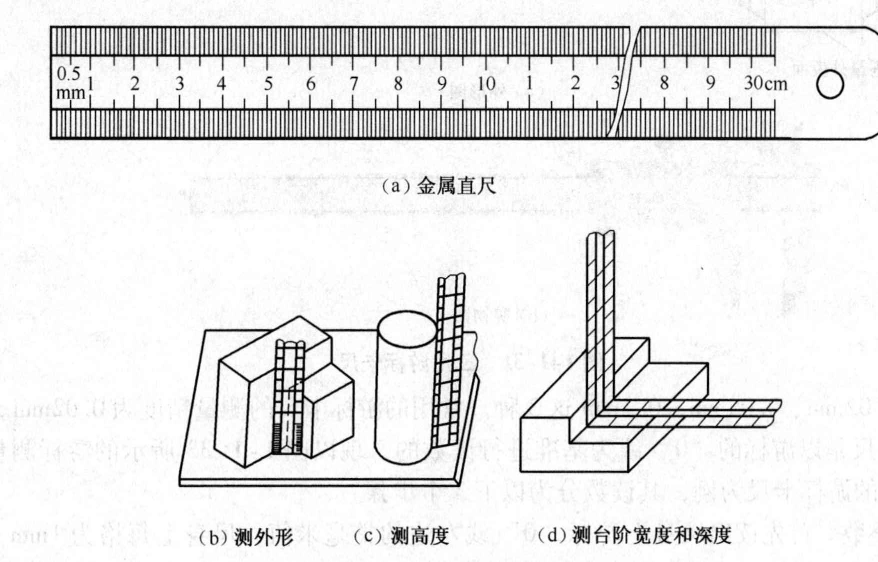


（a）金属直尺

（b）测外形　（c）测高度　（d）测台阶宽度和深度

**图 1-1-30　金属直尺及其使用**

**2. 游标卡尺**

游标卡尺是铣工常用的量具，它能测量零件的长度、宽度、高度、外径、内径、台阶或沟槽的深度。按式样不同，游标卡尺可分为三用游标卡尺和双面游标卡尺。

（1）游标卡尺的结构

① 三用游标卡尺的结构形状如图 1-1-31 所示，主要由尺身和游标等组成。使用时，旋松固定游标用的紧固螺钉即可测量。下量爪用来测量工件的外径和长度，上量爪用来测量孔径和槽宽，深度尺用来测量工件的深度和台阶长度。测量时，移动游标使量爪与工件接触，取得尺寸后，最好把紧固螺钉旋紧后再读数，以防尺寸变动。

② 双面游标卡尺的结构形状如图 1-1-32 所示，为了调整尺寸方便和测量准确，在游标上增加了微调装置。旋紧固定微调装置的紧固螺钉，再松开紧固螺钉，用手指转动滚花螺母，通过小螺杆即可微调游标。其上量爪用来测量沟槽直径和孔距，下量爪用来测量工件的外径。测量孔径时，游标卡尺的读数值必须加下量爪的厚度 $b$（$b$ 一般为 10mm）。

（2）游标卡尺的读数方法

游标卡尺的测量范围分别为 0～125mm、0～150mm、0～200mm、0～300mm 等。其测

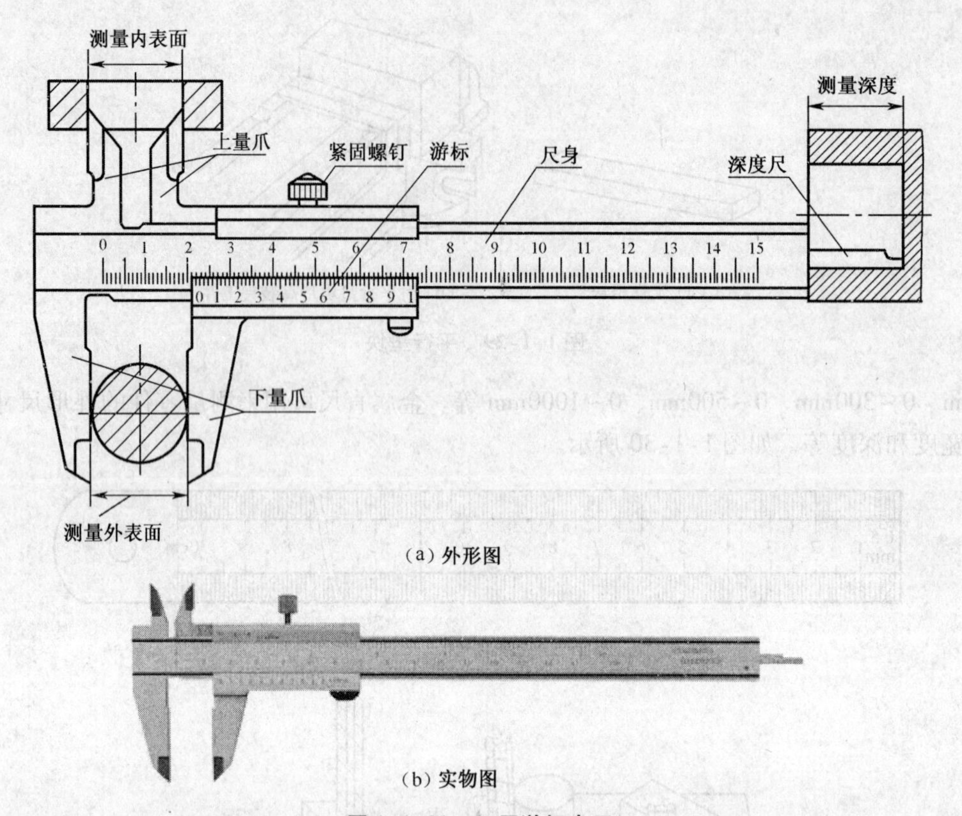

(a) 外形图

(b) 实物图

图 1-1-31 三用游标卡尺

量精度有 0.02mm、0.05mm、0.1mm 这 3 种。常用的游标卡尺的测量精度为 0.02mm。

游标卡尺是以游标的“0”线为基准进行读数的，现以图 1-1-33 所示的游标测量精度为 0.02mm 的游标卡尺为例，其读数分为以下 3 个步骤。

① 读整数。首先读出尺身上游标“0”线左边的整毫米值，尺身上每格为 1mm，即读出整数值为 90mm。

② 读小数。用与尺身上某刻线对齐的游标上的刻线格数，乘以游标卡尺的测量精度值，得到小数毫米值，即读出小数部分为 21 ×0.02mm =0.42 mm。

③ 整数加小数。最后将两项读数相加，即为被测表面的尺寸；即 90mm +0.42 mm = 90.42 mm。

(3) 游标卡尺的使用方法

① 测量外形尺寸。测量外形尺寸小的工件时，左手拿工件，右手握尺，量爪张开尺寸略大于被测工件尺寸，然后用右手拇指慢慢推动游标量爪，使两个量爪轻轻地与被测零件表面接触，读出尺寸数值，如图 1-1-34 所示。

测量外形尺寸大的工件时，把工件放在平板或工作台面上，两手操作卡尺，左手握住主尺量爪，右手握住主尺并推动游标量爪靠近被测零件表面（主尺与被测零件表面垂直），旋紧微调紧固螺钉，右手拇指转动滚花螺母，让两个量爪与被测零件表面接触，读出数值，如图 1-1-35 所示。

用游标卡尺测量外形尺寸时，应避免尺体歪斜影响测量数值的准确度，如图 1-1-36 所示。使用卡尺时，不允许把尺寸固定进行测量，以免损坏量爪，如图 1-1-37 所示。

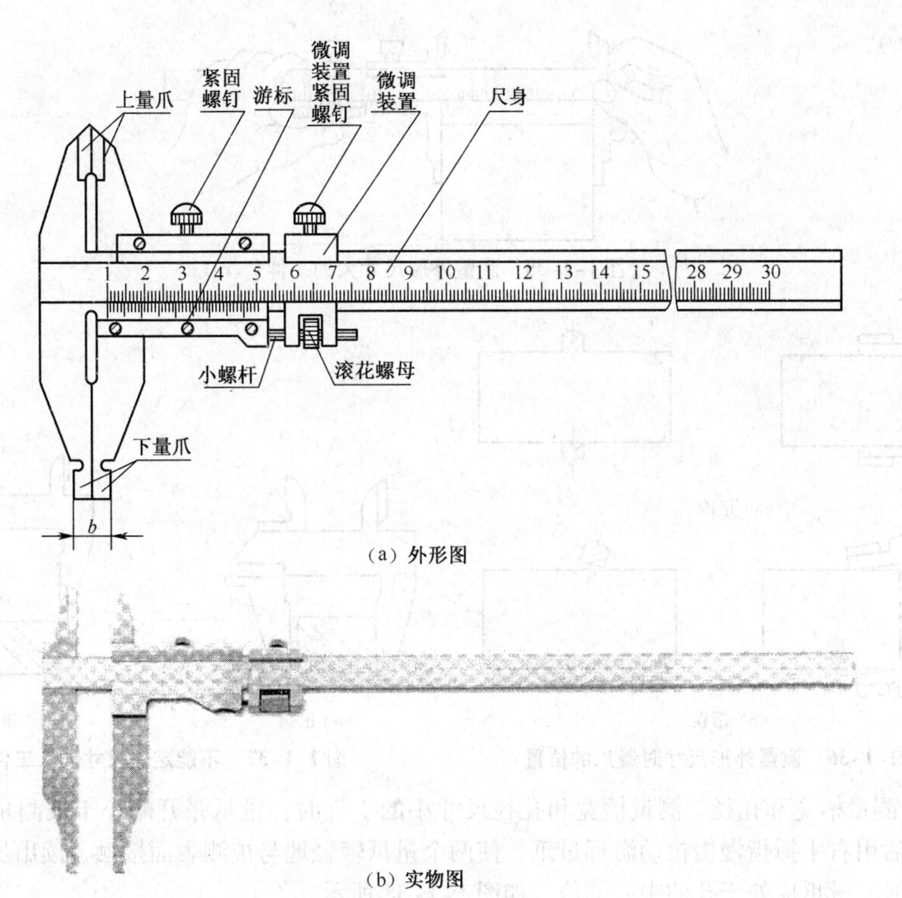


（a）外形图

（b）实物图

**图 1-1-32　双面游标卡尺**

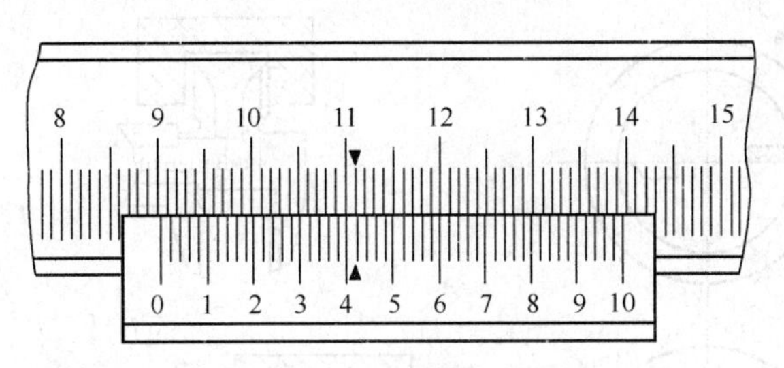


**图 1-1-33　游标卡尺的读数**

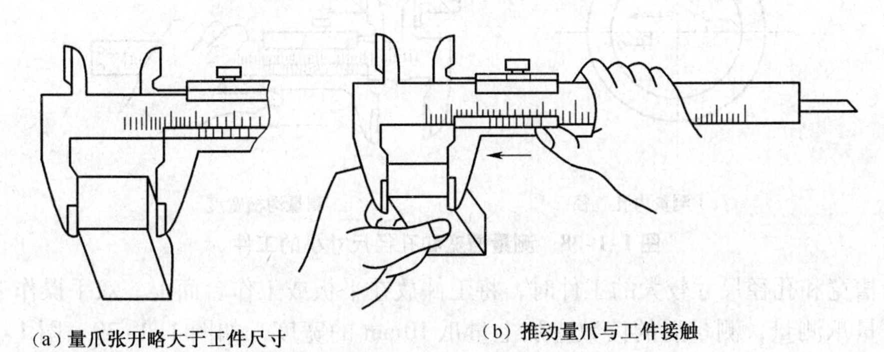

（a）量爪张开略大于工件尺寸　　（b）推动量爪与工件接触

**图 1-1-34　测外形尺寸小的工件**

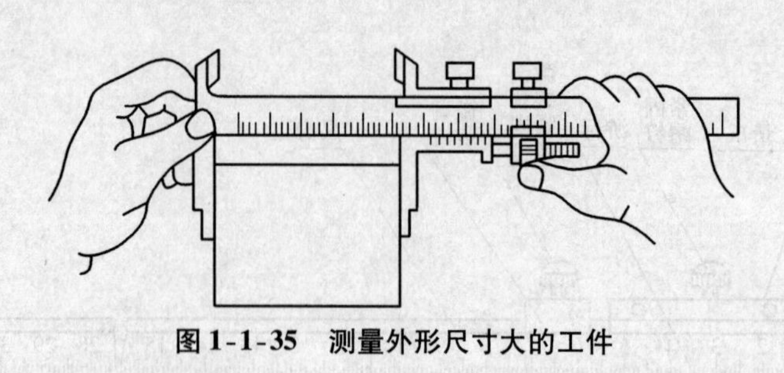

图 1-1-35 测量外形尺寸大的工件

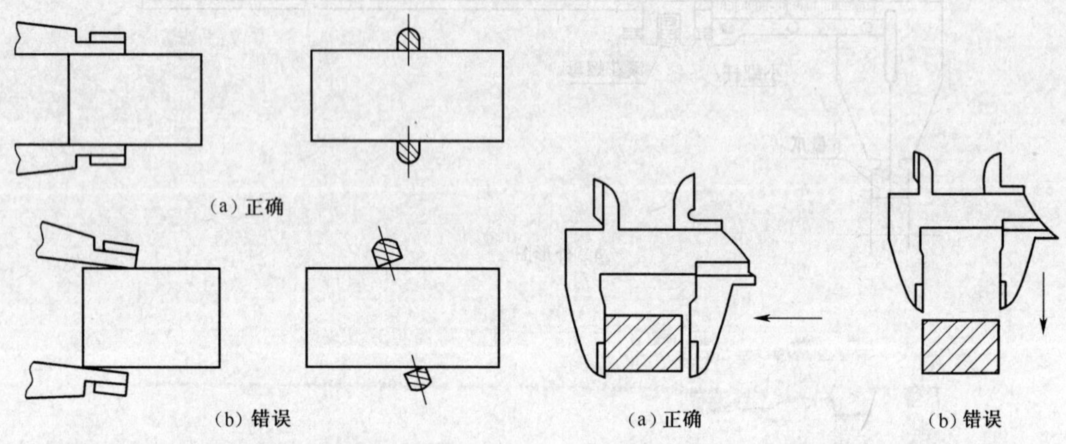


图 1-1-36 测量外形尺寸时量爪的位置

图 1-1-37 不能定住尺寸卡入工件

② 测量槽宽和孔径。测量槽宽和孔径尺寸小的工件时，量爪张开略小于被测量工件尺寸，然后用右手拇指慢慢拉动游标量爪，使两个量爪轻轻地与被测表面接触，读出尺寸。测量孔径时，量爪应处于孔的中心部位，如图 1-1-38 所示。

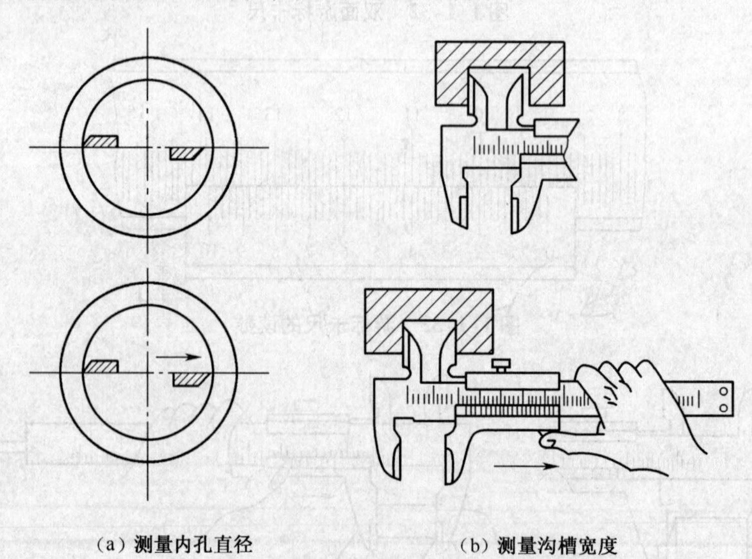


图 1-1-38 测量槽宽和孔径尺寸小的工件

测量槽宽和孔径尺寸较大的工件时，将工件放在平板或工作台面上，双手操作卡尺，用卡尺的下量爪测量，测量后的读数应加上量爪 10mm 的宽度，如图 1-1-39、图 1-1-40 所示。测量时，尺体应垂直于被测表面，用右手拉动游标量爪，接近零件被测表面时，旋紧微调紧固螺钉，右手拇指转动滚花螺母，使量爪与被测表面接触，轻轻摆动一下尺体，使量爪处于槽的宽度和孔的直径部位，读出数值。

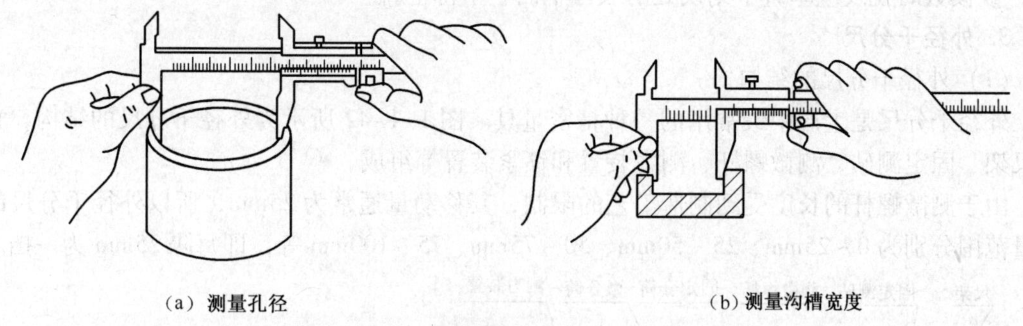


图 1-1-39　测量槽宽和孔径尺寸大的工件

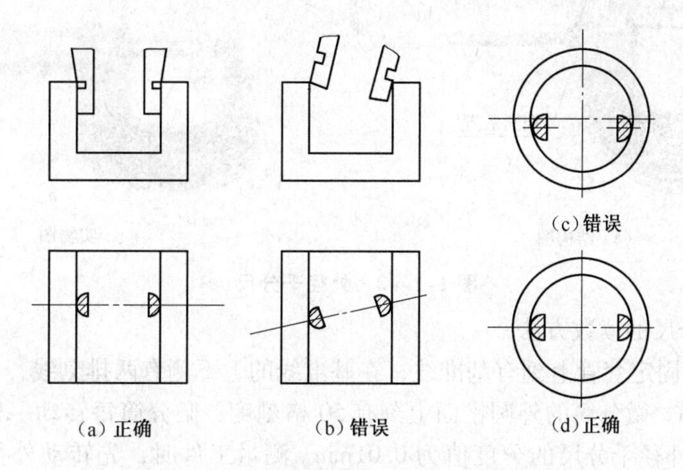


图 1-1-40　测量槽宽和孔径时卡爪的位置

③ 测量深度。测量孔深和槽深时，尺体应垂直于被测部位，不可前后、左右倾斜，尺体端部靠在基准面上，用手拉动游标量爪，带动深度尺测出尺寸，如图 1-1-41 所示。

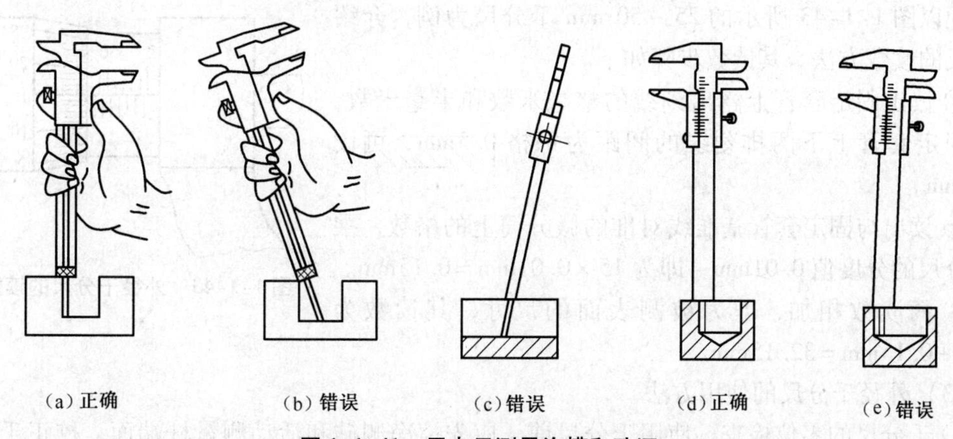


图 1-1-41　用卡尺测量沟槽和孔深

(4) 游标卡尺使用时的注意事项

① 测量前应先擦净两个量爪的测量面，合拢量爪，检查游标零线是否与主尺零线对正。

② 测量时应擦净零件被测量表面。

③ 不准用卡尺测量毛坯表面。

④ 读数时视线应垂直于刻线处的尺体平面，不得歪斜。

**3. 外径千分尺**

(1) 外径千分尺的结构

外径千分尺是生产中最常用的一种精密量具。图 1-1-42 所示为外径千分尺的结构，它由尺架、固定测砧、测微螺杆、测力装置和锁紧装置等组成。

由于测微螺杆的长度受到制造工艺的限制，其移动量通常为 25mm，所以外径千分尺的测量范围分别为 0～25mm、25～50mm、50～75mm、75～100mm 等，即每隔 25mm 为一挡。

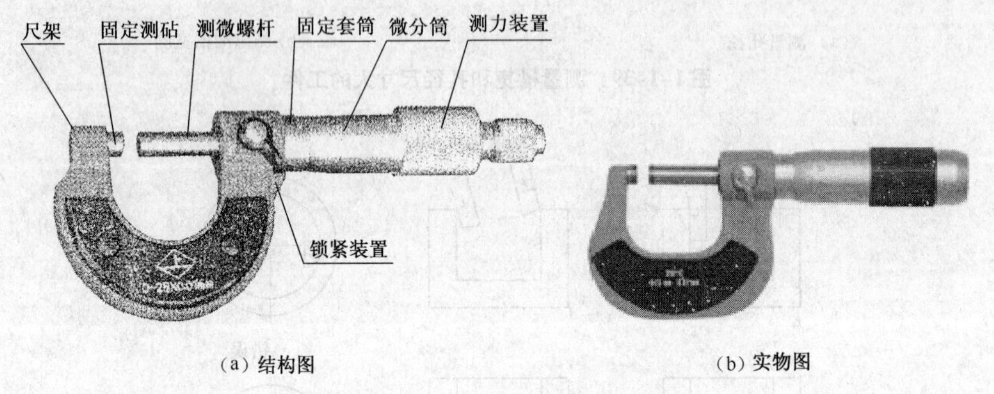


(a) 结构图　　(b) 实物图

**图 1-1-42　外径千分尺**

(2) 外径千分尺的读数方法

外径千分尺的固定套管上刻有基准线，在基准线的上下侧有两排刻线，上下两条相邻刻线的间距为 0.5mm。微分筒的外圆锥面上刻有 50 格刻度，微分筒每转动一格，测微螺杆移动 0.01mm，所以外径千分尺的分度值为 0.01mm。测量工件时，先转动外径千分尺的微分筒，待测微螺杆的测量面接近工件被测表面时，再转动测力装置，使测微螺杆的测量面接触工件表面，当听到两三声“咔咔”声响后即可停止转动，读取工件尺寸。为了防止尺寸变动，可转动锁紧装置，锁紧测微螺杆。

现以图 1-1-43 所示的 25～50 mm 千分尺为例，介绍千分尺的读数方法。其读数步骤如下。

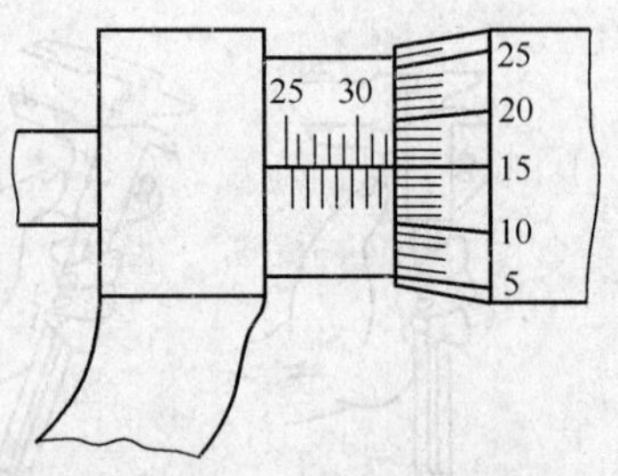


**图 1-1-43　外径千分尺的读数**

① 读出固定套管上露出刻线的整毫米数和半毫米数。注意固定套管上下两排刻线的间距为每格 0.5mm，可读出 32mm。

② 读出与固定套管基准线对准的微分筒上的格数，乘以千分尺的分度值 0.01mm，即为 15×0.01mm＝0.15mm。

③ 两读数相加，即为被测表面的尺寸，其读数为

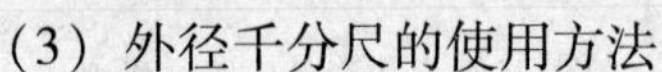

32mm＋0.15mm＝32.15mm。

(3) 外径千分尺的使用方法

① 千分尺的零位检查。使用千分尺前，应先擦净测砧和活动测量杆端面，校正千分尺零位的正确性。0～25mm 的千分尺，可拧动转帽，使测砧端面和活动测量杆端面贴平，当棘轮发出响声后，停止拧动转帽，观察活动套管的零线和固定套管的基线是否对正，决定尺子零位是否正确。25～50mm、50～75mm、75～100mm 的千分尺，可通过标准样柱进行检测，如图 1-1-44 所示。

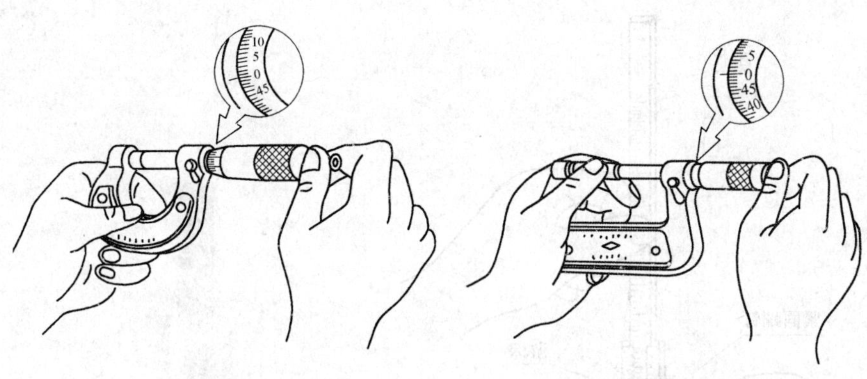


(a) 0～25mm 的千分尺检测　　(b) 更大的千分尺检测

图 1-1-44　外径千分尺的零位检查

② 使用方法。测量工件时，擦净工件的被测表面和尺子的测量杆平面，左手握尺架，右手转动活动套管，使测量杆端面和被测工件表面接近，再用手转动转帽，使测量杆端面和工件被测表面接触，直到棘轮打滑，发出响声为止，读出数值。测量外径时，测量杆轴线应通过工件中心，如图 1-1-45 所示。测量尺寸较大的平面时，为了保证测量的准确度，应多测量几个部位，如图 1-1-46 所示。

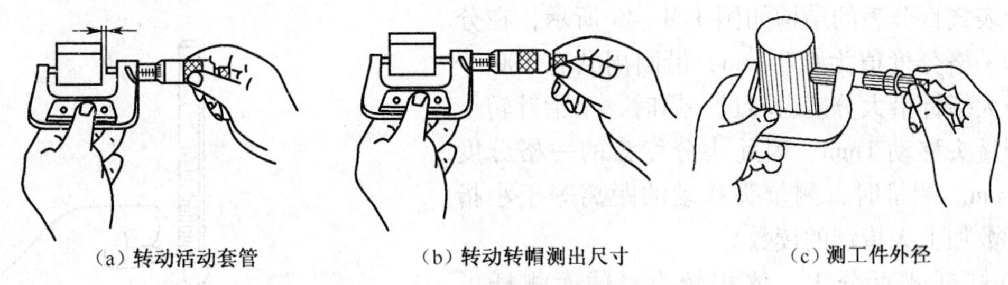

(a) 转动活动套管　　(b) 转动转帽测出尺寸　　(c) 测工件外径

图 1-1-45　用外径千分尺测量工件

(4) 外径千分尺使用时的注意事项

① 测量前应校正尺子零位的正确性。

② 测量时应先转动活动套管，使测量杆端面靠近被测表面，再转动转帽，直到棘轮发出响声为止。退出尺子时，应反转活动套管，使测量杆端面离开被测量表面后将尺子退出。

③ 不准用千分尺测量粗糙表面。

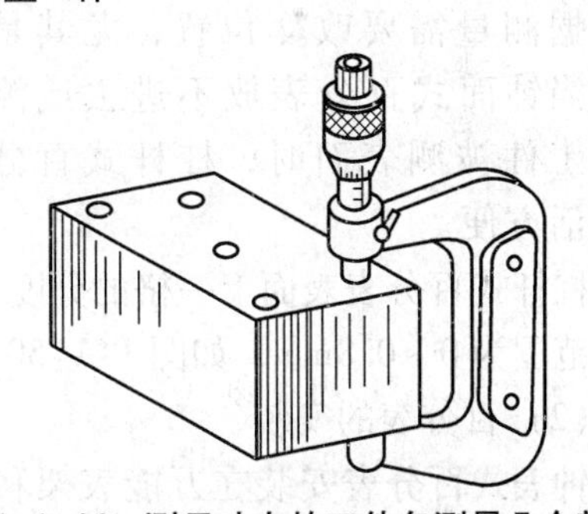

图 1-1-46　测尺寸大的工件多测量几个部位

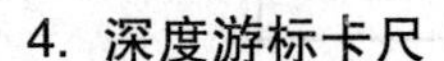

4. 深度游标卡尺

深度游标卡尺用来测量沟槽、台阶及孔的深度。其读数方法与游标卡尺相同。使用尺子时，擦净尺架基准面和工件的测量基准面，左手握尺架，把尺架基准面贴在工件基准面上，右手将主尺插到沟槽或台阶的底部，旋紧紧固螺钉，读出测量尺寸，如图 1-1-47、图 1-1-48 所示。

5. 百分表

(1) 百分表

常用的百分表有钟表式和杠杆式两种，如图1-1-49、图 1-1-50 所示。

① 钟表式百分表，表面上一格的分度值为 0.01mm，测量范围为 0 ~ 3mm、0 ~ 5mm、0 ~ 10mm。

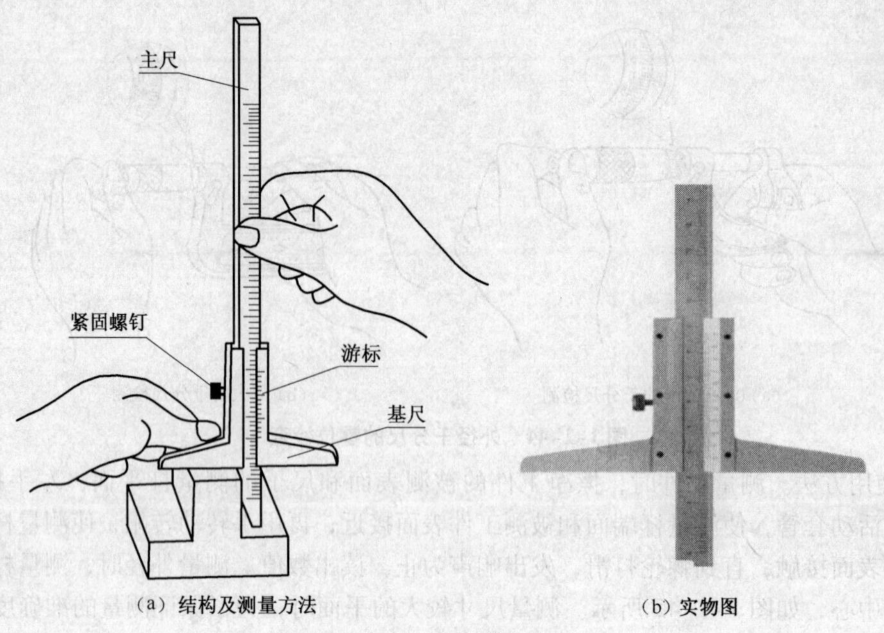


（a）结构及测量方法　　（b）实物图

**图 1-1-47　深度游标卡尺**

钟表式百分表的结构如图 1-1-49 所示，在分度盘的一格分度值为 0.01mm，沿圆周共有 100 个格。当大指针沿大分度盘转过一周时，小指针转一格，测量头移动 1mm，因此小分度盘的一格分度值为 1mm。测量时，测量头移动的距离等于小指针的读数加上大指针的读数。

② 杠杆式百分表，体积较小，球面测杆可以根据测量需要改变位置，尤其是对小孔的测量或当钟面式百分表放不进去或测量杆无法垂直于工件被测表面时，杠杆式百分表就显得十分灵活方便。

杠杆式百分表表面上一格的分度值为 0.01mm，测量范围为 0 ~ 0.8mm，如图 1-1-50 所示。

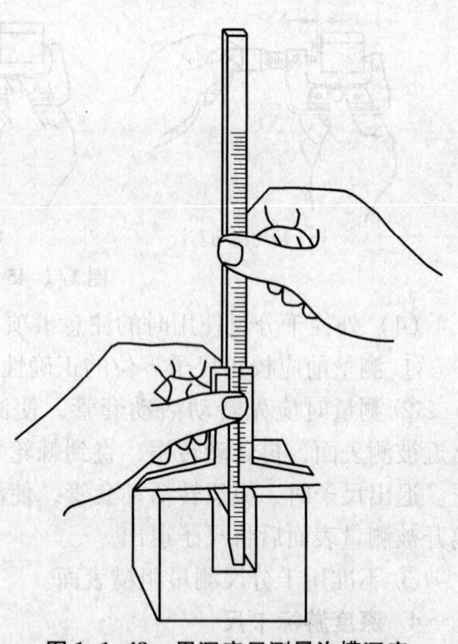

**图 1-1-48　用深度尺测量沟槽深度**

（2）百分表的安装

钟表式百分表安装在万能表架和磁性表架上，杠杆式百分表安装在专用表架上，如图1-1-51所示。以上表架装夹百分表时可靠，并且都有调节装置，通过调整，可使百分表处于任何方向和任何位置，以便在不同的情况下进行测量。其中磁性表架，具有吸力，可固定在任何空间位置的平面上，使用更加方便。

（3）用百分表测量工件

图 1-1-52 所示是用百分表检测工件的尺寸和平行度。检测时，将表架置于平板平面上，安装好表后，选择一标准样块，置于表的测量杆下，调整表的测量杆与样块平面垂直，使表的测量触头对样块平面有 0.5 ~ 1mm 的压入量，使指针对准零位，再慢慢抬起和放下活动测量杆，观察表的指针数值不变，即可测量工件。测量时，先用手慢慢抬起活动测量杆，

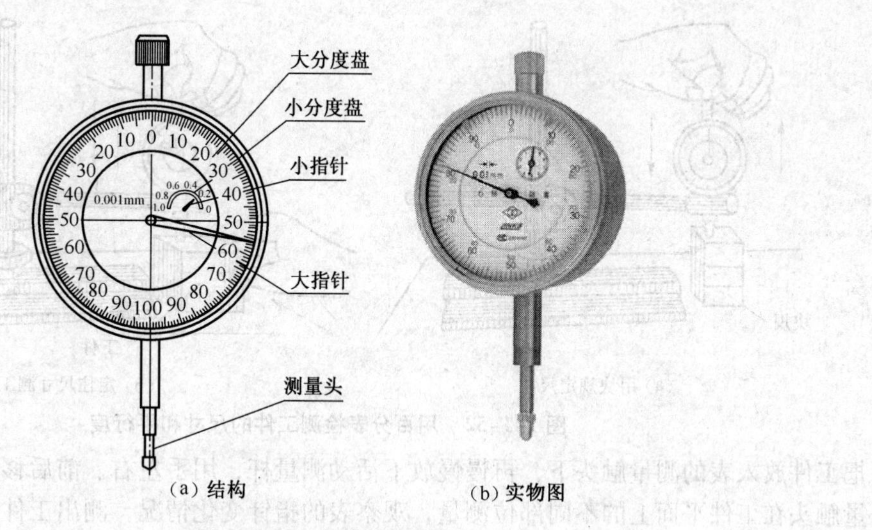


（a）结构　　（b）实物图

**图 1-1-49　钟表式百分表**

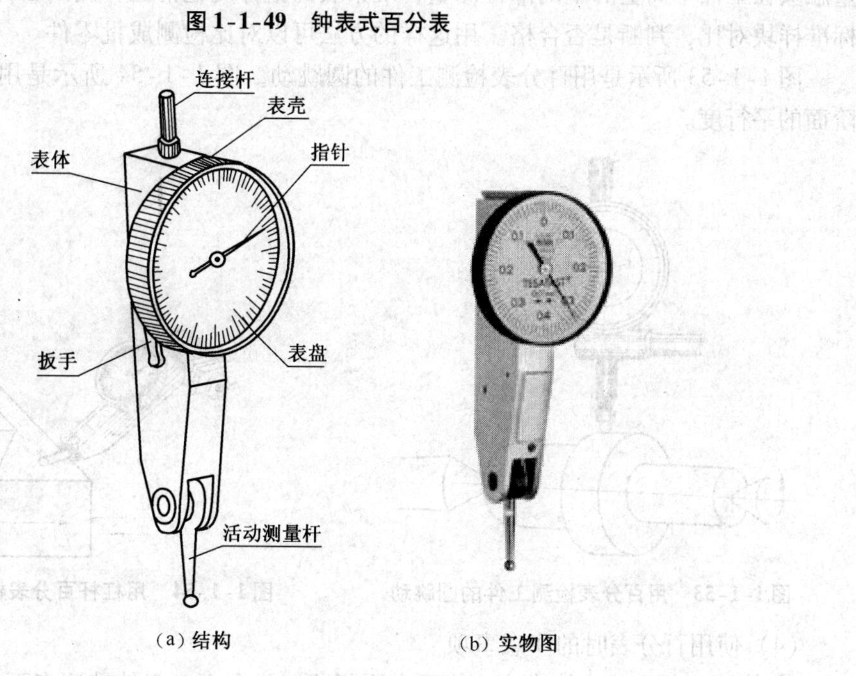


（a）结构　　（b）实物图

**图 1-1-50　杠杆式百分表**

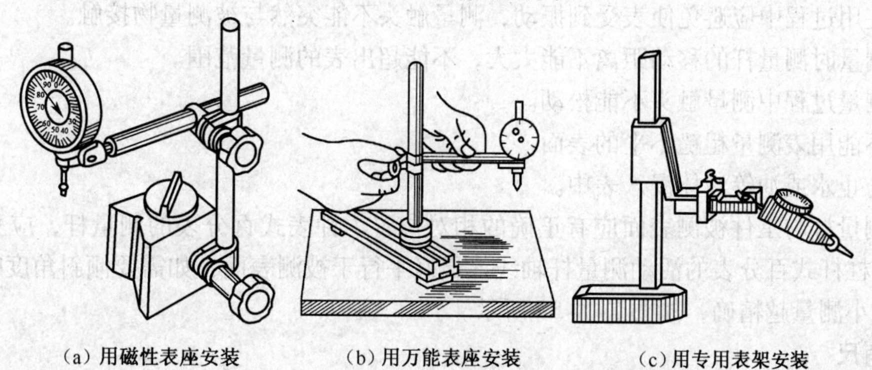

（a）用磁性表座安装　（b）用万能表座安装　（c）用专用表架安装

**图 1-1-51　百分表的安装**

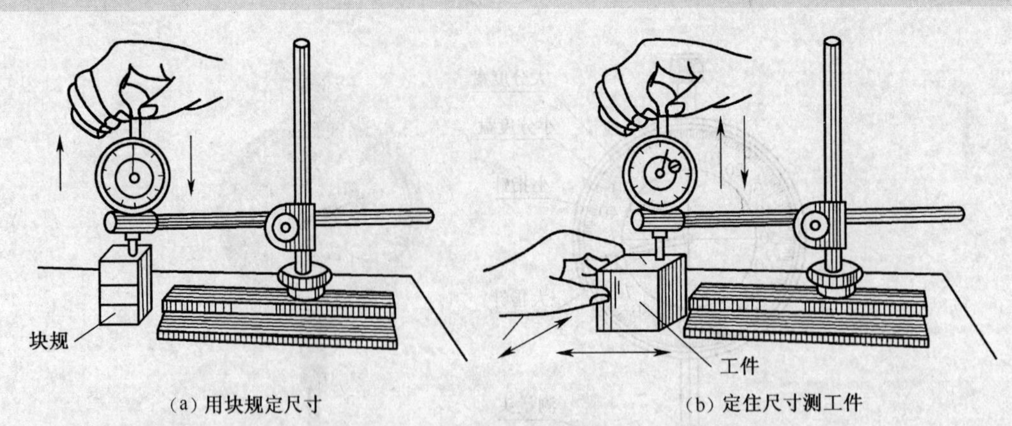


(a) 用块规定尺寸　　(b) 定住尺寸测工件

图 1-1-52　用百分表检测工件的尺寸和平行度

把工件放入表的测量触头下，再慢慢放下活动测量杆，用手左右、前后移动工件，使表的测量触头在工件平面上的不同部位测量，观察表的指针变化情况，测出工件尺寸和平行度，与标准样块对比，判断是否合格。用这样的方法可以对比检测成批零件。

图 1-1-53 所示是用百分表检测工件的圆跳动。图 1-1-54 所示是用杠杆百分表检测台阶面的平行度。

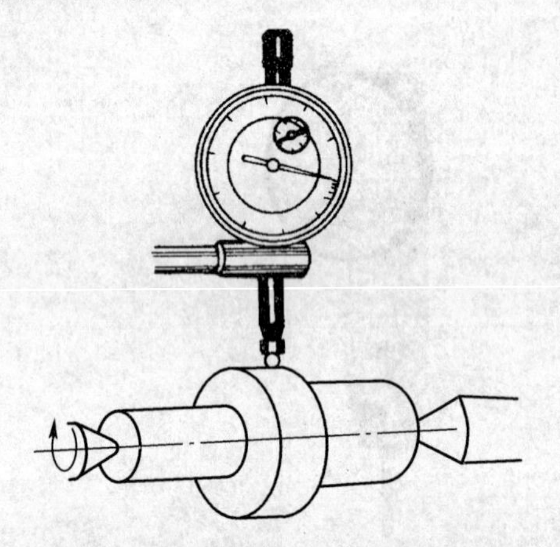

图 1-1-53　用百分表检测工件的圆跳动

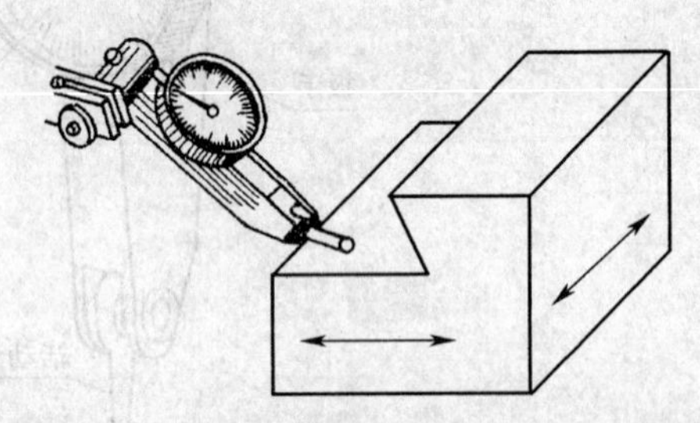

图 1-1-54　用杠杆百分表检测台阶面的平行度

(4) 使用百分表时的注意事项

① 使用百分表前应擦净表座底面、平板或工作台面、工件被测表面。

② 使用过程中应避免使表受到振动，测量触头不能突然与被测量物接触。

③ 测量时测量杆的移动距离不能太大，不能超出表的测量范围。

④ 测量过程中测量触头不能松动。

⑤ 不能用表测量粗糙不平的表面。

⑥ 防止水或油等液体浸入表中。

⑦ 测量杆与工件被测表面应有正确的相对位置。钟表式百分表的测量杆，应垂直于被测表面。杠杆式百分表的活动测量杆轴线，最好平行于被测表面，如需要倾斜角度时，倾斜的角度越小测量越精确，如图 1-1-55 所示。

**6. 角尺**

如图 1-1-56 所示，直角尺是用来检测零件相邻表面的垂直度。按其精度等级有 00、0、1、2 这 4 个等级。00 级用于量具检验；0 级和 1 级用于精密零件或工具检验；2 级用于一般零件检验。

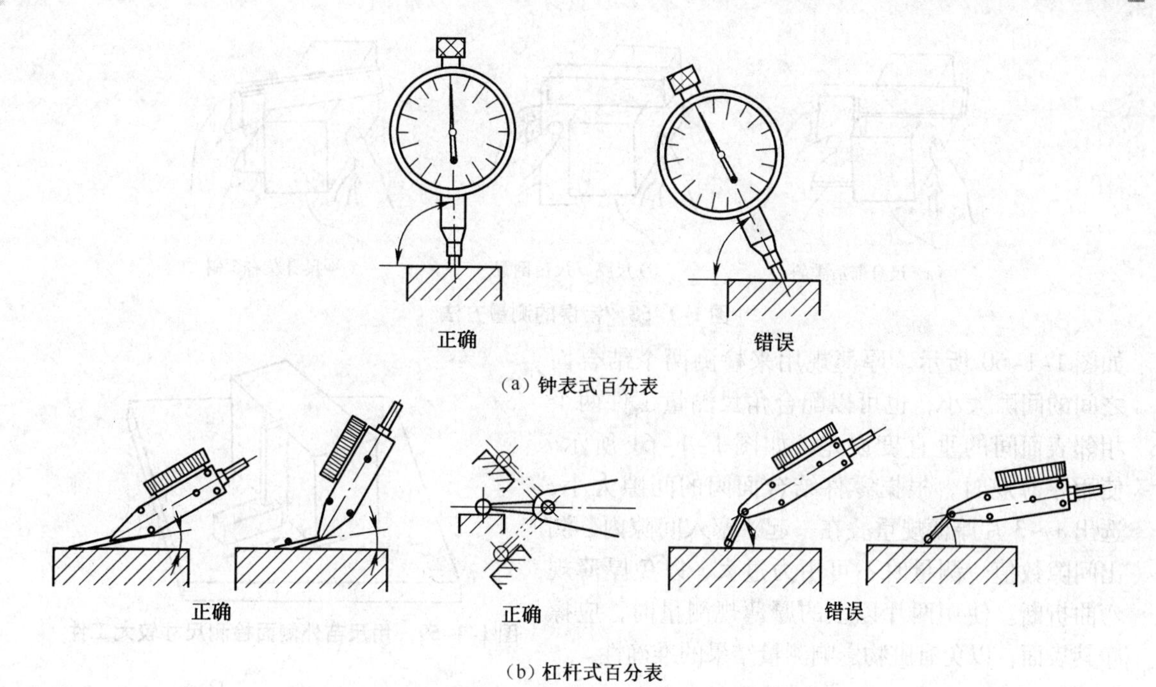


图 1-1-55　百分表的测量杆与被测表面的位置正误图

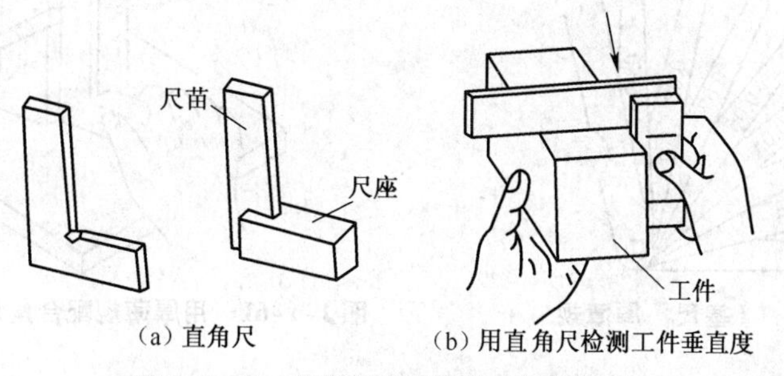


图 1-1-56　直角尺和用直角尺检测工件

检测小型工件时，左手拿工件，右手握尺座，使尺体垂直于工件被测表面，将尺座的内侧面紧贴在工件基准面上，垂直移动角尺，使尺苗的内侧面靠紧工件的被测表面。根据尺苗和工件被测表面间透光间隙的大小，判断工件相邻表面间的垂直度误差，如图 1-1-57 所示。测量过程中，角尺不能前后、左右歪斜，以免影响测量结果的准确性，如图 1-1-58 所示。测量尺寸较大的工件时，把工件放在平板或工作台面上，右手握尺座，用尺座或尺苗的内侧面测量；还可以用尺座或尺苗的外侧面测量，如图 1-1-59 所示。

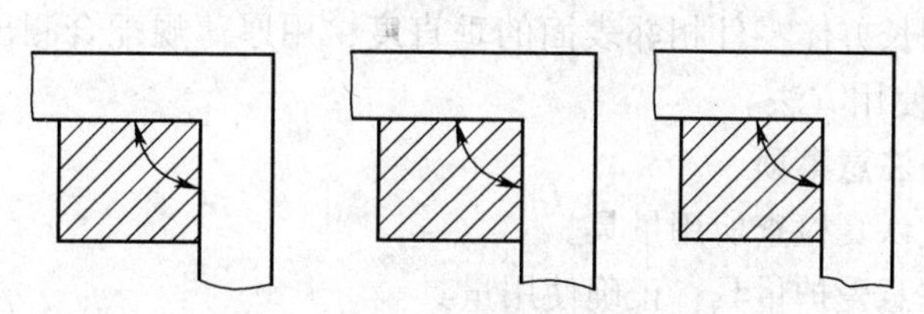

图 1-1-57　判断工件是否垂直

**7. 塞尺（厚薄规）**

塞尺（厚薄规）是由不同厚度的薄钢片组成一套的测量工具，每片上都标有厚度尺寸，

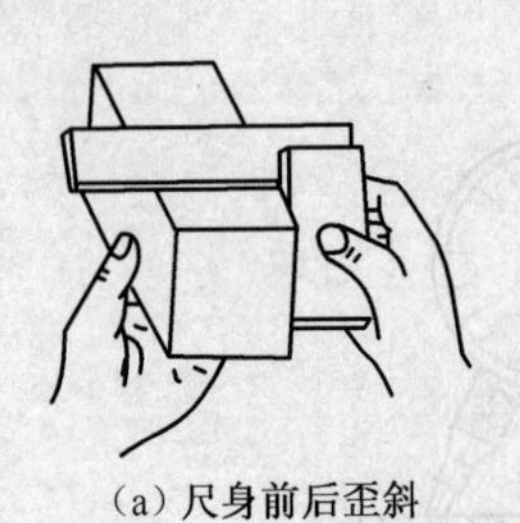

(a) 尺身前后歪斜

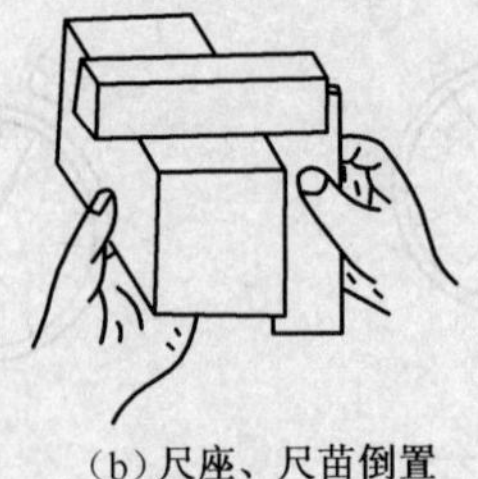

(b) 尺座、尺苗倒置

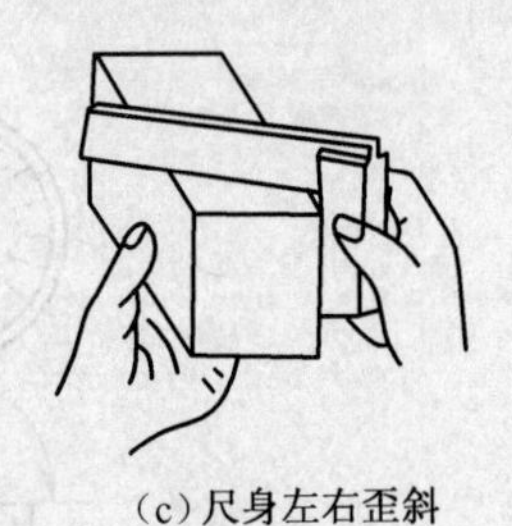

(c) 尺身左右歪斜

图 1-1-58 错误的测量方法

如图 1-1-60 所示。厚薄规用来检测两个结合面之间的间隙大小，也可以配合角尺测量工件两个相邻表面间的垂直度误差，如图 1-1-61 所示。使用厚薄规时，根据零件结合面间的间隙大小，选出 1 ~3 片厚薄规重叠在一起，塞入间隙内，测出间隙数值。测量时不可用力过大，以免厚薄规弯曲折断。使用两片以上的厚薄规测量时，应擦净其表面，以免有脏物影响测量结果的准确性。

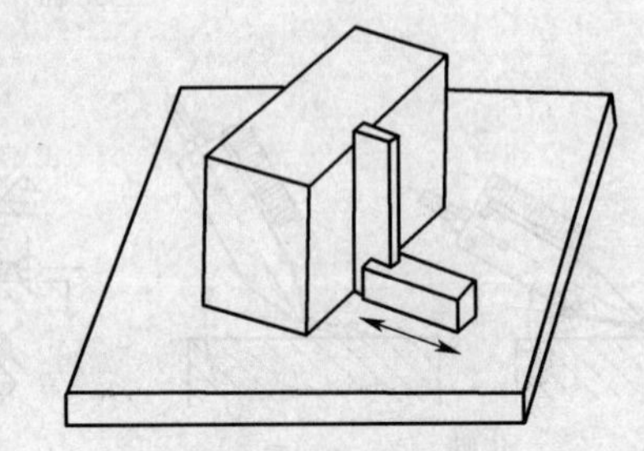

图 1-1-59 用尺苗外侧面检测尺寸较大工件

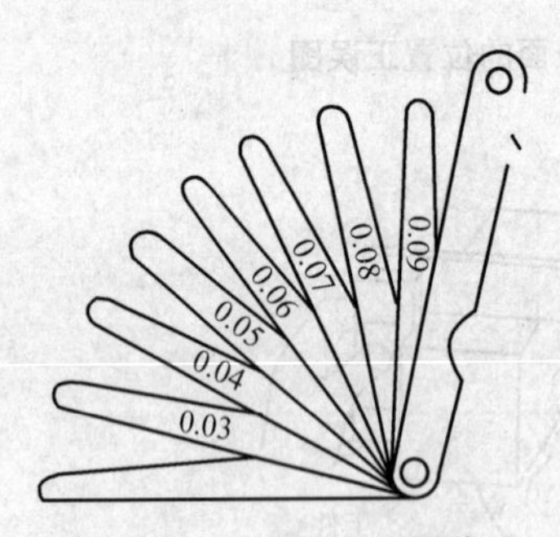


图 1-1-60 （塞尺）厚薄规

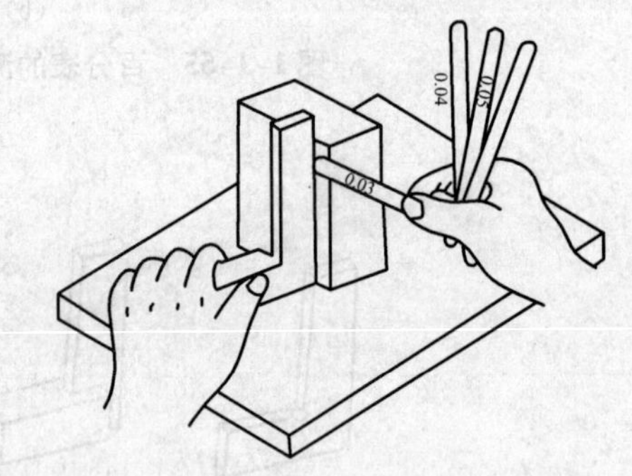


图 1-1-61 用厚薄规配合角尺检测工件垂直度误差

**8. 测量练习**

① 用精度 0.02mm 的游标卡尺测量长方体零件、沟槽零件、外圆和内孔，掌握正确的测量方法和读数方法，掌握测量的准确度。

② 用深度游标卡尺测量沟槽、台阶、孔的深度，掌握正确的测量方法和测量准确度。

③ 练习校对百分尺，掌握正确的校对方法。用百分尺测量长方体零件的外形尺寸，测量轴的外径，掌握正确的测量方法、读数方法和测量的准确度。

④ 在平板上用百分表检测零件的平行度，掌握百分表的使用方法。

⑤ 用直角尺检测长方体零件相邻表面的垂直度，用厚薄规配合测出垂直度误差。掌握角尺和厚薄规的正确使用方法。

**9. 测量练习时的注意事项**

① 测量练习前应认真检查所用量具。

② 测量练习中注意爱护量具，正确使用量具。

③ 量具不准与其他工具、零件堆放在一起，不准将量具靠近磁场和热源。

④ 测量练习中不准随便拆卸量具。

⑤ 测量练习完毕后将量具擦净，放入盒内。

# 基础知识二　平面与连接面的铣削

## 一、平面铣削

### 1. 平面铣削的技术要求

在各个方向上都成直线的面称为平面。平面是机械零件的基本表面之一。平面铣削的技术要求包括平面度和表面粗糙度，还常包括相关毛坯面加工余量的尺寸要求。

### 2. 用圆柱铣刀铣平面

用圆柱铣刀铣平面时，可在卧式铣床上用圆柱铣刀铣削，如图 1-2-1 所示。

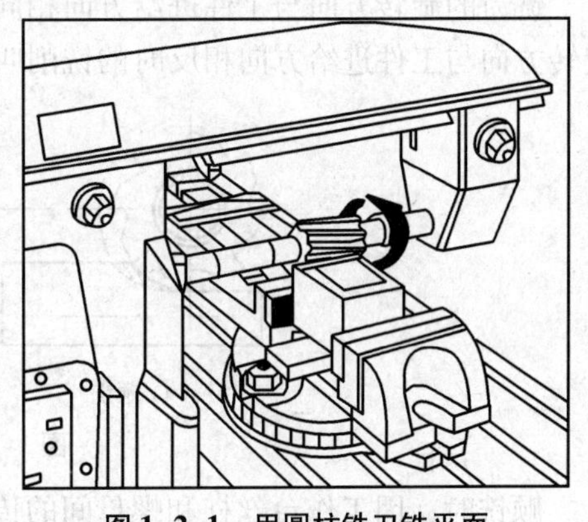

图 1-2-1　用圆柱铣刀铣平面

(1) 铣刀的选择和安装

① 铣刀的选择。用圆柱铣刀铣平面时，所选择的铣刀宽度应大于工件加工表面的宽度，这样可以在一次进给中铣出整个加工表面，如图 1-2-2 所示。粗加工平面时，切去的金属余量较多，工件加工表面的质量要求较低，可选用粗齿铣刀；精加工时，切去的金属余量较少，工件加工表面的质量要求较高，可选用细齿铣刀。

② 铣刀的安装。为了增加铣刀切削时的刚性，铣刀应尽量靠近床身安装，挂架尽量靠近铣刀安装。由于铣刀的前刀面形成切削，铣刀应向着前刀面的方向旋转切削工件，否则会因刀具不能正常切削而崩刀齿。

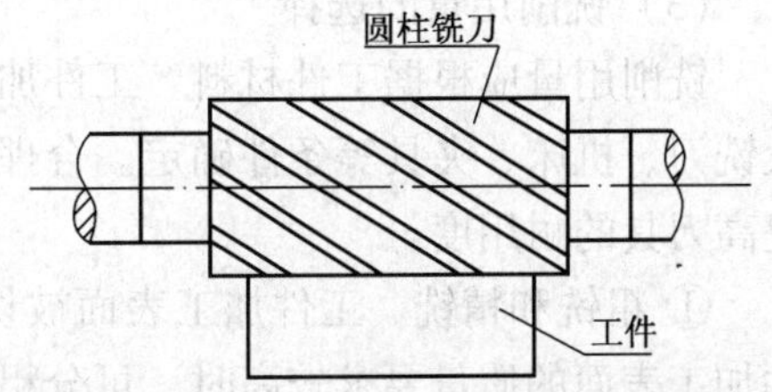


图 1-2-2　铣刀宽度应大于工件加工面宽度

铣刀切削一般的钢材或铸铁件时，切除的工件余量或切削的表面宽度不大时，铣刀的旋转方向应与刀轴紧刀螺母的旋紧方向相反，即从挂架一端观察，使用左旋铣刀或右旋铣刀，都使铣刀按逆时针方向旋转切削工件，如图 1-2-1 所示。

铣刀切削工件时，切除的工件余量较大，切削的表面较宽，或切削的工件材料硬度较高时，应在铣刀和刀轴间安装定位键，防止铣刀切削中产生松动现象，如图 1-2-3 所示。

为了克服轴向力的影响，从挂架一端观察，使用右旋铣刀时，应使铣刀按顺时针方向旋转切削工件，如图 1-2-4 (a) 所示；使用左旋铣刀时，应使铣刀按逆时针方向旋转切削工件，如图 1-2-4 (b) 所示，使轴向力指向铣床主轴，增加铣削工作的平稳性。

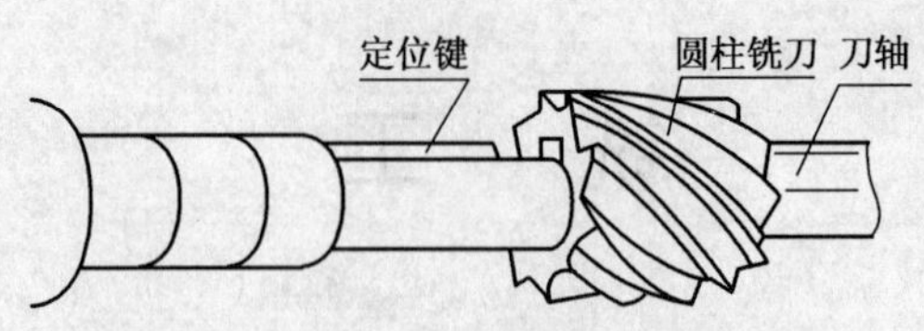


图 1-2-3　在铣刀和刀轴间安装定位键

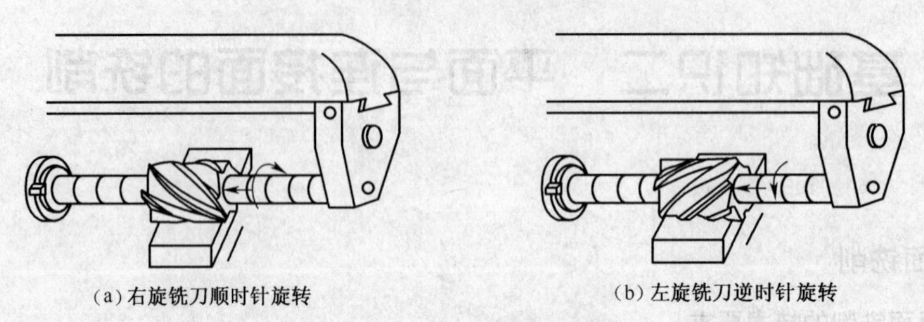


图 1-2-4　轴向力指向铣床主轴

(2) 顺铣和逆铣

铣刀的旋转方向与工件进给方向相同时的铣削叫顺铣，如图 1-2-5 (a) 所示；铣刀的旋转方向与工件进给方向相反时的铣削叫逆铣，如图 1-2-5 (b) 所示。

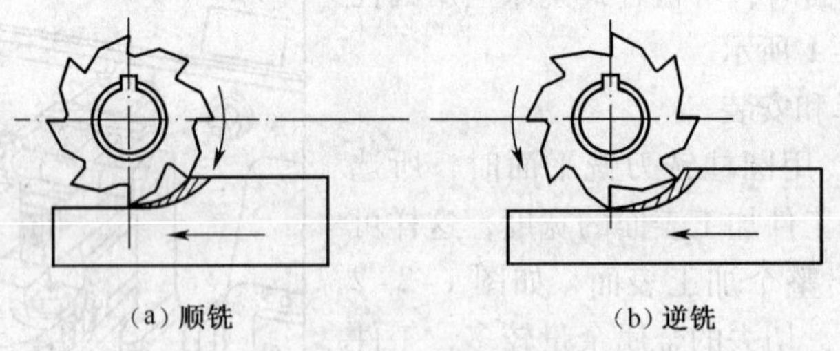


图 1-2-5　顺铣和逆铣

顺铣时，因工作台丝杠和螺母间的传动间隙，使工作台窜动，会啃伤工件、损坏刀具，所以一般情况下都采用逆铣。使用 X6132 机床工作时，由于工作台丝杠和螺母间有间隙补偿机构，精加工时可以采用顺铣。没有丝杠、螺母间隙补偿机构的机床，不准采用顺铣。

(3) 铣削用量的选择

铣削用量应根据工件材料、工件加工表面的余量大小，工件加工的表面粗糙度要求，以及铣刀、机床、夹具等条件确定。合理的铣削用量能提高生产效率，提高加工表面的质量，提高刀具的耐用度。

① 粗铣和精铣。工件加工表面被切除的余量较大，一次进给中不能全部切除，或者工件加工表面的质量要求较高时，可分粗铣和精铣两步完成。粗铣是为了去除工件加工表面的余量，为精铣做好准备工作，精铣是为了提高加工表面的质量。

② 粗铣时的切削用量。粗铣时，应选择较大的背吃刀量、较低的主轴转速和较大的进给量。

确定背吃刀量时，一般零件的加工表面，加工余量在 2 ~ 5mm 之间，可一次切除。

选择进给量时，应考虑刀齿的强度，机床、夹具的刚性等因素。加工钢件时，每齿进给量可取 0.05 ~ 0.15mm/$z$；加工铸铁件时，每齿进给量可取 0.07 ~ 0.2mm/$z$。

选择主轴转速时，应考虑铣刀的材料、工件的材料及切除的余量大小，所选择的主轴转速不能超出高速钢铣刀所允许的切削速度范围，即 20～30m/min；切削钢件时，主轴转速取高些，切削铸铁件时，或切削的材料强度、硬度较高时，主轴转速取低些。

**【例 1-1】** 使用直径φ80mm、齿数为 8 的圆柱铣刀，切削用量的选择如下：

粗铣一般钢材时，取进给速度 $v_f = 60 \sim 75$mm/min，主轴转速 $n = 95 \sim 118$r/min；

粗铣铸铁件时，取进给速度 $v_f = 60 \sim 75$mm/min，主轴转速 $n = 75 \sim 95$r/min。

③ 精铣时的切削用量。精铣时，应选择较小的背吃刀量、较高的主轴转速、较低的进给量。精铣时的背吃刀量可取 0.5～1mm。精铣时进给量的大小，应考虑能否达到加工的表面粗糙度要求，这时应以每转进给量为单位来选择，每转进给量可取 0.3～1mm/r。选择主轴转速时，应比粗铣时提高 30% 左右。

**【例 1-2】** 使用直径φ80mm、齿数为 10 的圆柱铣刀，切削用量的选择如下：

精铣一般钢件，背吃刀量 $a_p = 0.5$mm，主轴转速 $n = 150$r/min，进给速度 $v_f = 75$mm/min。

（4）对刀调整背吃刀量的方法

机床各部调整完毕，工件装夹校正后，需要进行对刀调整背吃刀量的操作，如图 1-2-6 所示。其具体步骤如下。

① 启动机床，使铣刀旋转。

② 手摇各个进给手柄，使工件处于旋转的铣刀下面，如图 1-2-6（a）所示。

③ 手摇垂直进给手柄上升工作台，使铣刀轻轻划着工件，如图 1-2-6（b）所示。

④ 手摇纵向进给手柄使工件退出铣刀，上升垂向进给调整好背吃刀量，将横向进给紧固，如图 1-2-6（c）所示。

⑤ 手摇纵向进给手柄使工件接近铣刀，扳动纵向机动进给手柄，机动进给铣去工件余量，如图 1-2-6（d）所示。

⑥ 进给完毕，停止主轴旋转，降落工作台，将工件退回原位并卸下。

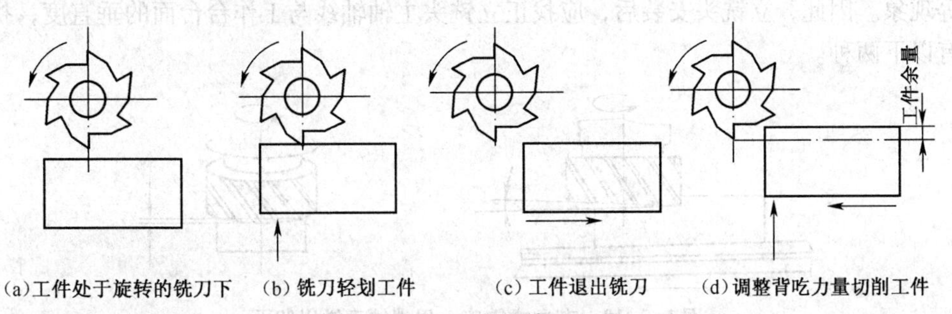


**图 1-2-6　对刀调整背吃刀量**

### 3. 用面铣刀铣平面

用面铣刀铣平面如图 1-2-7 所示。

（1）铣刀的选择

用面铣刀铣平面时，为了使加工平面在一次进给中铣成，铣刀的直径应等于被加工表面宽度的 1.2～1.5 倍，如图 1-2-8 所示。

（2）对称铣削与不对称铣削

工件的中心处于铣刀的中心时称为对称铣削，如图 1-2-9（a）所示。对称铣削时，一半为顺铣，一半为逆铣。当工件的加工表面宽度较宽，接近于铣刀直径时，应采用对称铣削。

工件的中心偏在铣刀中心的一侧时称为不对称铣削。不对称铣削时，也有顺铣和逆铣的区别。大部分为顺铣，少部分为逆铣，称为顺铣，如图 1-2-9（b）所示；大部分为逆铣，少部分为顺铣，称为逆铣，如图 1-2-9（c）所示。铣平面时，应尽量采用不对称逆铣，以减少铣削过程中工件的窜动。

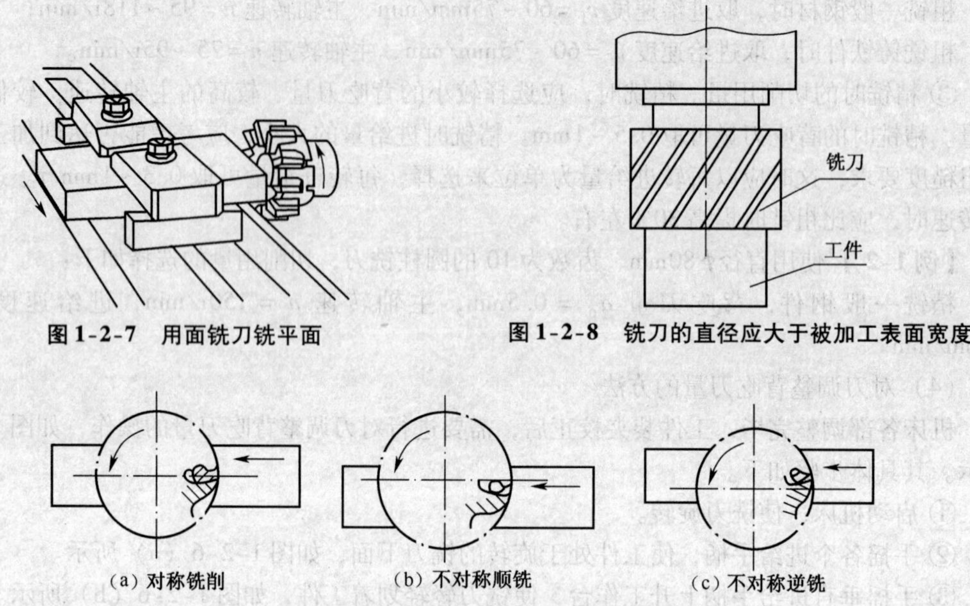


图 1-2-7　用面铣刀铣平面

图 1-2-8　铣刀的直径应大于被加工表面宽度

图 1-2-9　对称铣削和不对称铣削

（3）找正立铣头主轴轴线与工作台台面的垂直度

在 X6132 机床上安装万能立铣头，用面铣刀铣平面时，如果立铣头主轴轴线与工作台台面不垂直，用纵向进给铣削工件，会铣出一个凹面，如图 1-2-10 所示。影响加工表面的平面度。除此之外，在铣削沟槽、斜面等其他零件时，也会产生斜面不准、沟槽底面不平或倾斜等现象。因此，立铣头安装后，应找正立铣头主轴轴线与工作台台面的垂直度，找正的方法有以下两种。

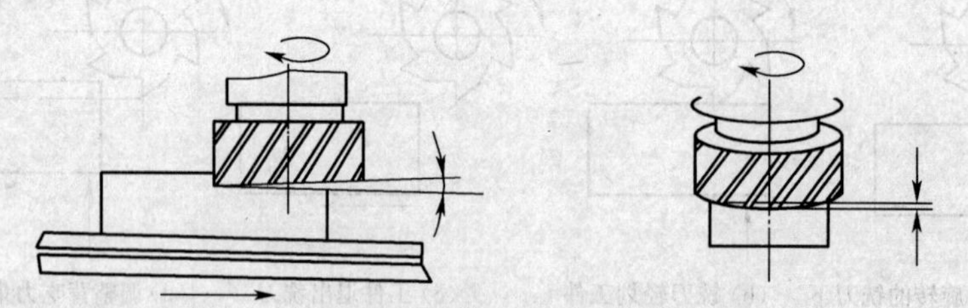

图 1-2-10　在立式铣床上用端铣刀铣出凹面

① 用角尺和锥度芯轴进行找正。找正时，取一锥度与立铣头主轴锥孔锥度相同的芯轴，插入立铣头主轴锥孔。轻轻用力将芯轴的锥柄插入立铣头主轴锥孔，将直角尺的尺座底面贴在工作台台面上，使直角尺尺苗的外侧面靠向芯轴的圆柱部分，用肉眼观察直角尺尺苗外侧面与芯轴圆柱面是否密合，确定立铣头主轴轴线是否与工作台台面垂直。检测时，应松开铣头壳体和主轴座体的紧固螺母，使直角尺的尺座分别在与纵向工作台行程方向平行和垂直的两个方向检测，如图 1-2-11 所示。

② 用百分表进行找正。找正时，将百分表的表杆通过芯轴夹持在立铣头主轴上，然后安装百分表，使表的测量触头与工作台台面接触，活动测量杆压缩 0.3～0.4mm，记下表的读数，将立铣头主轴回转一周，观察表的指针在 300mm 回转范围以内的变化情况，再适当

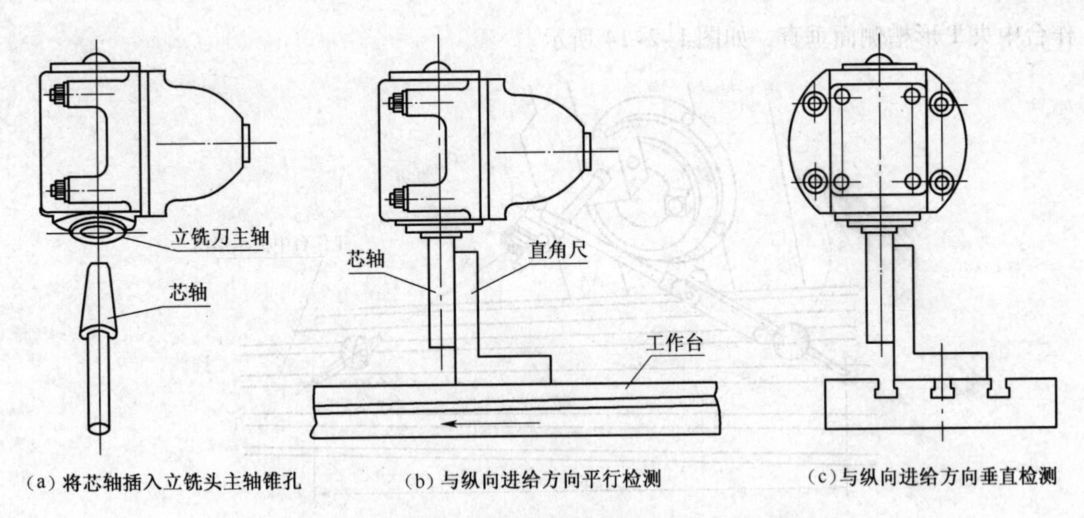


**图 1-2-11　用角尺找正立铣头主轴轴线与工作台台面垂直**

调整立铣头主轴的位置，使百分表回转一周以内的读数一致，立铣头主轴就与工作台台面垂直，如图 1-2-12 所示。

(4) 找正铣床主轴轴线与工作台中央 T 形槽侧面的垂直度

铣床的主轴轴线与工作台中央 T 形槽两侧不垂直称为工作台零位不准。在万能铣床的主轴锥孔内安装面铣刀铣平面时，因工作台零位不准，同样会铣出一个凹面，如图 1-2-13 所示。铣台阶、沟槽等零件时，用中央 T 形槽定位安装夹具、附件等也会产生不良影响，所以应找正工作台零位的准确性。找正的方法有以下两种。

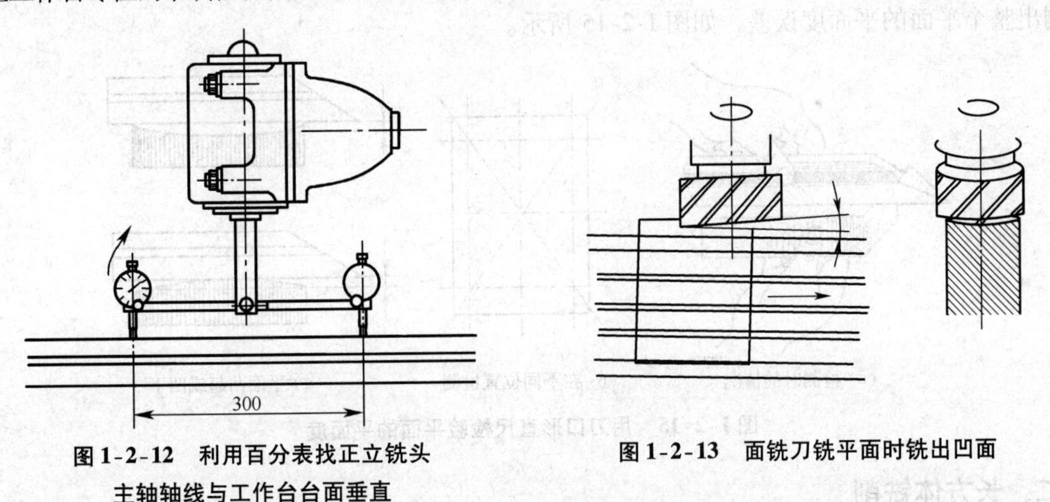


**图 1-2-12　利用百分表找正立铣头主轴轴线与工作台台面垂直**

**图 1-2-13　面铣刀铣平面时铣出凹面**

① 利用回转盘的刻度进行找正。在加工一般要求的工件时，只要使回转盘的“零”刻度对准床鞍上的基准线，工作台中央 T 形槽两侧就与铣床主轴轴线垂直。

② 用百分表进行找正。加工精度要求较高的零件时，可用百分表进行找正。找正时，把主轴变速手柄调至脱开位置，将磁性表座吸在主轴端部，安装杠杆百分表，使百分表的测量杆触头触到工作台中央 T 形槽侧面上，记下百分表的读数。用手转动主轴，使百分表的触头触到约 300mm 长的中央 T 形槽另一端的同一侧面，观察表的指针变化情况。再松开回转盘紧固螺钉，适当调整工作台，进行检测，使表的读数在两端一致。铣床主轴轴线就与工

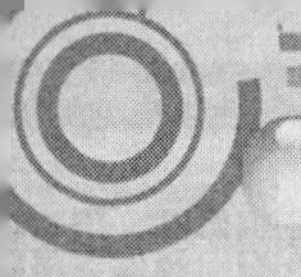


作台中央 T 形槽侧面垂直，如图 1-2-14 所示。

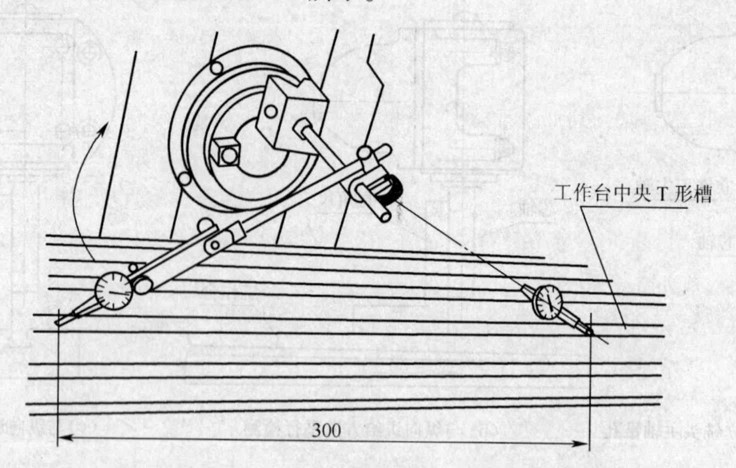


**图 1-2-14　用百分表检测中央 T 形槽主轴轴线垂直**

**4. 平面的检验**

（1）平面的表面粗糙度检验

用标准的表面粗糙度样块对比检验，或者凭经验用肉眼观察得出结论。

（2）平面的平面度检验

一般用刀口形直尺检验平面的平面度。检验时，手握刀口形直尺的尺体，向着光线强的地方，使尺子的刃口贴在工件被测表面上，用肉眼观察刀口与工件平面间的缝隙大小，确定平面是否平整。检测时，移动尺子，分别在工件的纵向、横向、对角线方向进行检测，最后测出整个平面的平面度误差，如图 1-2-15 所示。

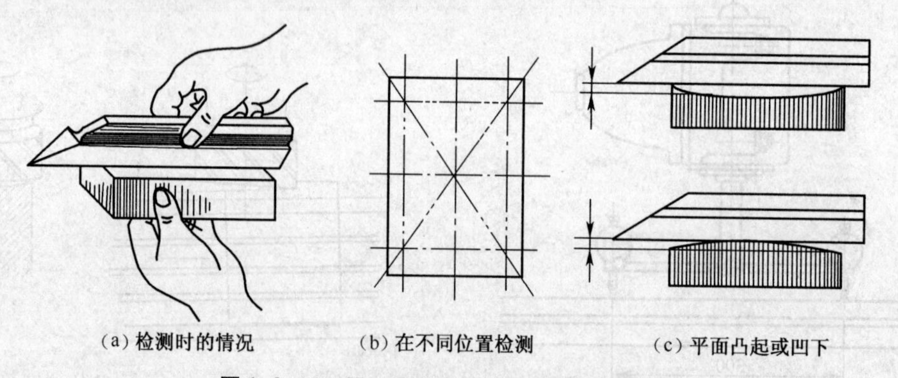


**图 1-2-15　用刀口形直尺检验平面的平面度**

## 二、长方体铣削

**1. 平行面和垂直面铣削的技术要求**

（1）平行面铣削的技术要求

与基准平面或直线平行的平面称为平行面。平行面铣削的技术要求包括平面度、平行度和表面粗糙度，还包括平行面与基准平面的尺寸精度要求。

（2）垂直面铣削的技术要求

与基准平面或直线垂直的平面称为垂直面。垂直面铣削的技术要求包括平面度、垂直度和表面粗糙度，还包括垂直面与其他基准平面（如对应表面的加工余量等）的尺寸精度要求。

**2. 长方体零件加工时的定位基准确定**

长方体零件加工时，应选一个较大的面，或图样上规定的设计基准作为定位基准面，这个面必须是第一个需要安排加工的面。加工其他各个表面时，都依照这个基准面为基准进行加工，加工过程中，始终将这个定位基准面靠向机用平口钳的固定钳口或钳体导轨面，以保证其他各个表面和这个基准面的垂直度和平行度要求。否则，就不可能加工出符合要求的长方体零件。

**3. 用三面刃铣刀铣平面**

(1) 三面刃铣刀的类型

常用的三面刃铣刀如图 1-2-16 所示。

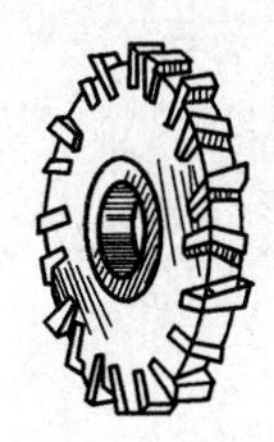

(a)镶齿三面刃铣刀 (b)直齿三面刃铣刀 (c)错齿三面刃铣刀

**图 1-2-16　三面刃铣刀**

(2) 常用三面刃铣刀的规格

常用三面刃铣刀的规格见表 1-2-1。

**表 1-2-1　常用三面刃铣刀的规格**　(单位：mm)

| 铣刀名称 | 外径 | 宽度 | 孔径 | 齿数 |
|---|---|---|---|---|
| 直齿三面刃铣刀 | 63 | 5<br>6<br>8<br>10<br>12<br>14<br>16 | 22 | 16 |
| | 80 | 6<br>8<br>10<br>12<br>14<br>16 | 27 | 18 |
| | 100 | 8<br>10<br>12<br>14<br>16<br>18<br>20 | 32 | 20 |

续表

| 铣刀名称 | 外径 | 宽度 | 孔径 | 齿数 |
|---|---|---|---|---|
| 错齿三面刃铣刀 | 63 | 6<br>8<br>10 | 22 | 14 |
| | | 12<br>14<br>16 | | 12 |
| | 80 | 8<br>10<br>12 | 27 | 16 |
| | | 14<br>16<br>18<br>20 | | 14 |
| | 100 | 10<br>12<br>14 | 32 | 18 |
| | | 16<br>18<br>20<br>25 | | 6 |
| 镶齿三面刃铣刀 | 80 | 12<br>14<br>16<br>18<br>20 | 22 | 10 |
| | 100 | 12<br>14<br>16<br>18 | 27 | 12 |
| | | 20<br>22<br>25 | | 10 |

续表

| 铣刀名称 | 外径 | 宽度 | 孔径 | 齿数 |
| --- | --- | --- | --- | --- |
| 镶齿三面刃铣刀 | 125 | 12<br>14<br>16<br>18 | 32 | 14 |
| | | 20<br>22<br>25 | | 12 |
| | 160 | 14<br>16<br>20 | 40 | 18 |
| | | 25<br>28 | | 16 |
| | 200 | 14 | 50 | 22 |
| | | 18<br>22 | | 20 |
| | | 28<br>32 | | 18 |
| | 250 | 16<br>20 | 50 | 24 |
| | | 25<br>28<br>32 | | 22 |
| | 315 | 20 | 50 | 26 |
| | | 25<br>32<br>36<br>40 | | 24 |

## 三、斜面铣削

### 1. 斜面的铣削方法

斜面是指与零件基准面成一定倾斜角度的平面。在铣床上铣斜面的方法有以下几种。

（1）把工件安装成要求的角度铣斜面

在一般的卧式铣床上，或者在立铣头不能转动角度的立式铣床上加工斜面时，可将工件安装成要求的角度铣出斜面，常用的方法有以下几种。

① 根据划线装夹工件铣斜面。单件生产时，先在工件上划出斜面的加工线，然后用机用平口钳装夹工件，用划针盘找正工件上所划的加工线与工作台台面平行，用圆柱铣刀或面铣刀铣出斜面，如图 1-2-17 所示。

② 用倾斜的垫铁装夹工件铣斜面。工件的生产数量较多时，可通过倾斜的垫铁将工件

安装在机用平口钳内，铣出要求的斜面，如图 1-2-18 所示。所选择的斜垫铁的宽度应小于工件夹紧部位的宽度。

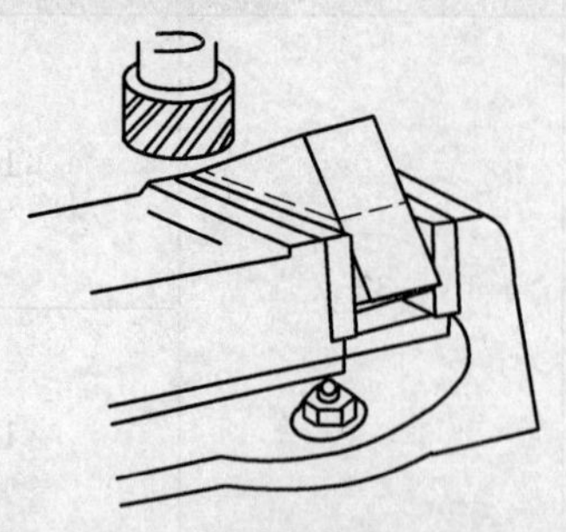

图 1-2-17　按划线装夹工件铣斜面

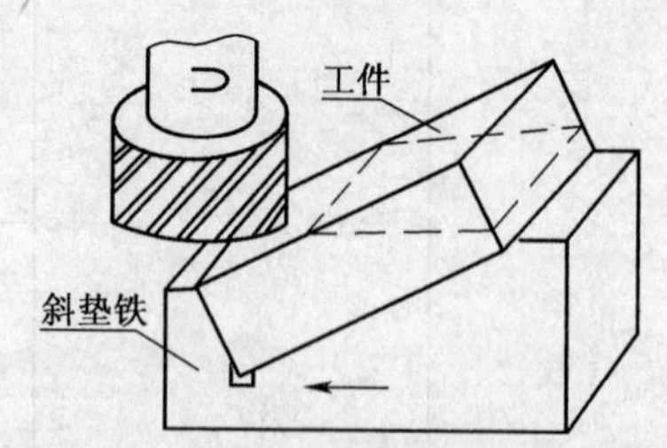


图 1-2-18　用倾斜的垫铁安装工件铣斜面

③ 用靠铁安装工件铣斜面。加工外形尺寸较大的工件时，应先在工作台面上安装一块倾斜的靠铁，将工件的一个侧面靠向靠铁的基准面，用压板夹紧工件，用面铣刀铣出要求的斜面，如图 1-2-19 所示。

④ 调整机用平口钳角度安装工件铣斜面。使用机用平口钳装夹工件时，应先找正机用平口钳的固定钳口与铣床主轴轴线垂直或平行后，通过钳座上的刻线将钳身调整到要求的角度，安装工件铣出要求的斜面，如图 1-2-20 所示。其中，图 1-2-20（a）所示是先找正固定钳口与铣床主轴轴线垂直，再调整钳体 $\alpha$ 角，用立铣刀铣出斜面；图 1-2-20（b）所示是先找正固定钳口与铣床主轴轴线平行，再调整钳体 $\alpha$ 角，用立铣刀或面铣刀铣出斜面。

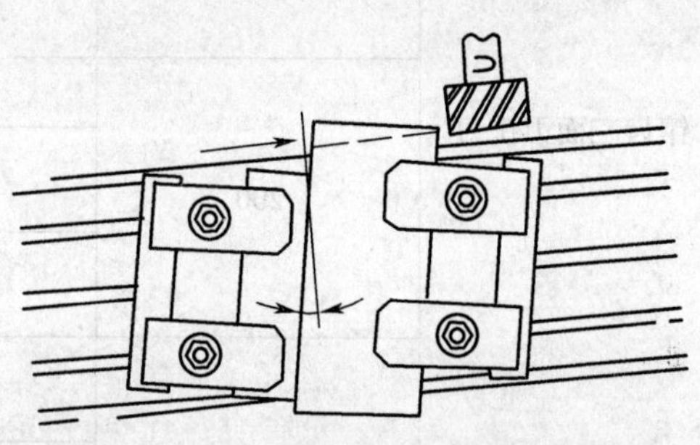

图 1-2-19　用靠铁安装工件铣斜面

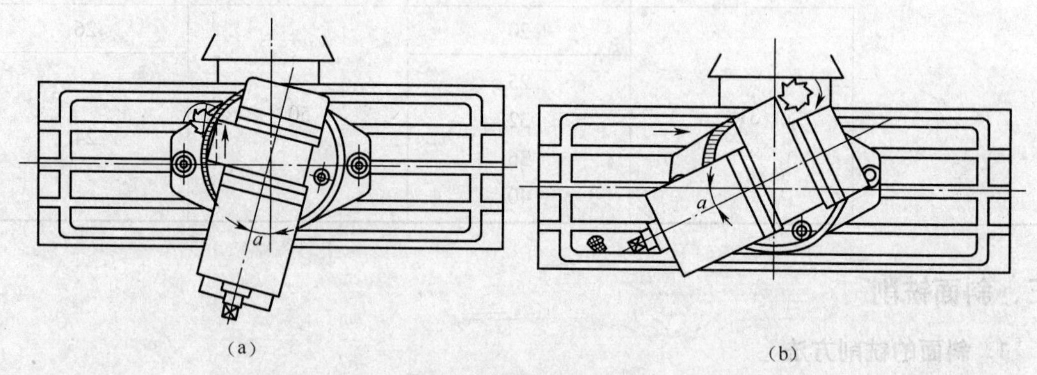


图 1-2-20　调整机用平口钳角度安装工件铣斜面

（2）把铣刀调成要求的角度铣斜面

在立铣头可转动的立式铣床上，安装立铣刀或面铣刀，倾斜立铣头主轴一定的角度，用机用平口钳或压板装夹工件，可以加工出要求的斜面。其中用机用平口钳装夹工件时，根据工件的安装情况和所用的刀具，加工时的方法有以下几种。

① 工件的基准面安装得与工作台台面平行。用立铣刀的圆周刃铣削工件时，立铣头应扳转的角度 $\alpha=90°-\theta$，如图 1-2-21 所示。用面铣刀或用立铣刀的圆周刃铣削时，立铣头应扳转的角度 $\alpha=\theta$，如图 1-2-22 所示。

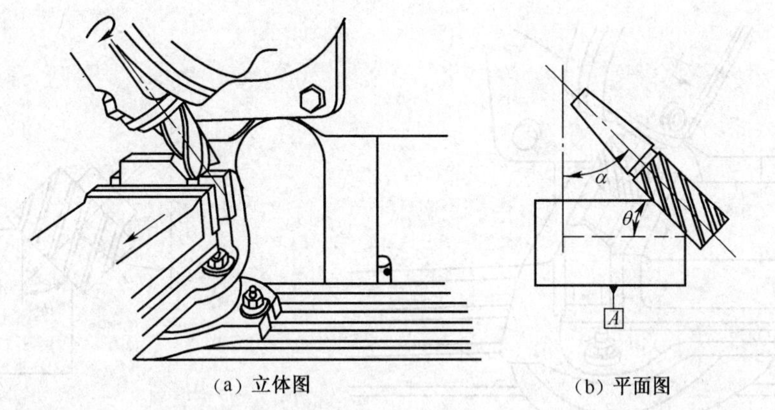


图 1-2-21　工件的基准面安装得与工作台面平行，用立铣刀圆周刃铣斜面

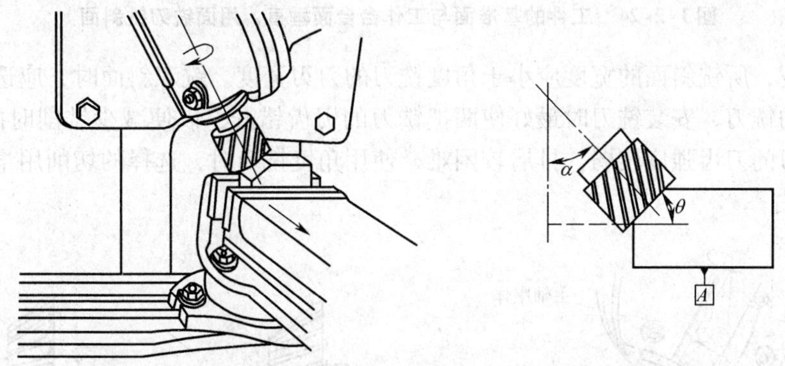


图 1-2-22　工件的基准面与工作台面平行，用面铣刀铣斜面

② 工件的基准面安装得与工作台台面垂直。用立铣刀圆周刃铣削时，立铣头应扳转的角度 $\alpha = \theta$，如图 1-2-23 所示。用面铣刀铣削，或用立铣刀的圆周刃铣削时，立铣头扳转的角度 $\alpha = 90° - \theta$，如图 1-2-24 所示。

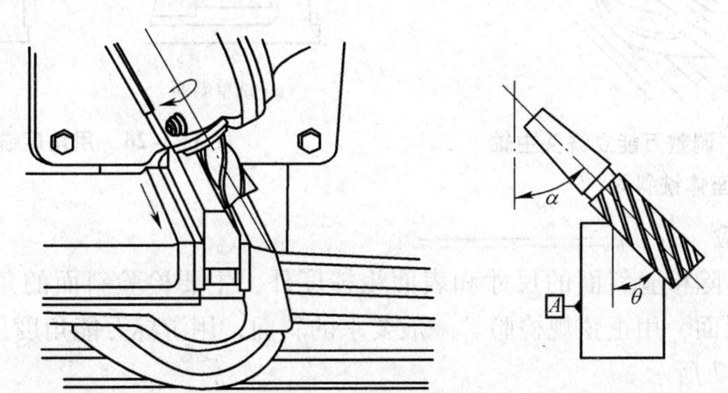


图 1-2-23　工件的基准面与工作台台面垂直，用立铣刀圆周刃铣斜面

③ 调整万能立铣头主轴座体铣斜面。在万能铣床上安装万能立铣头铣斜面时，一般情况下逆时针转动铣头壳体，调整立铣头角度铣斜面。根据加工时的情况，也可以转动立铣头主轴座体来调整立铣头主轴的角度，完成斜面的铣削加工，如图 1-2-25 所示。其调整角度的大小和方向，可根据工件的安装情况与前面相同。

(3) 用角度铣刀铣斜面

宽度较窄的斜面，可用角度铣刀铣削，如图 1-2-26 所示。选择铣刀的角度时应根据工

图 1-2-24　工件的基准面与工作台台面垂直，用面铣刀铣斜面

件斜面的角度，所铣斜面的宽度应小于角度铣刀的刀刃宽度。铣双斜面时，应选择两把直径和角度相同的铣刀，安装铣刀时最好使两把铣刀的刃齿错开，以便减少铣削时的力和振动。由于角度铣刀的刀齿强度较弱，排屑较困难，使用角度铣刀时，选择的切削用量应比圆柱铣刀低 20% 左右。

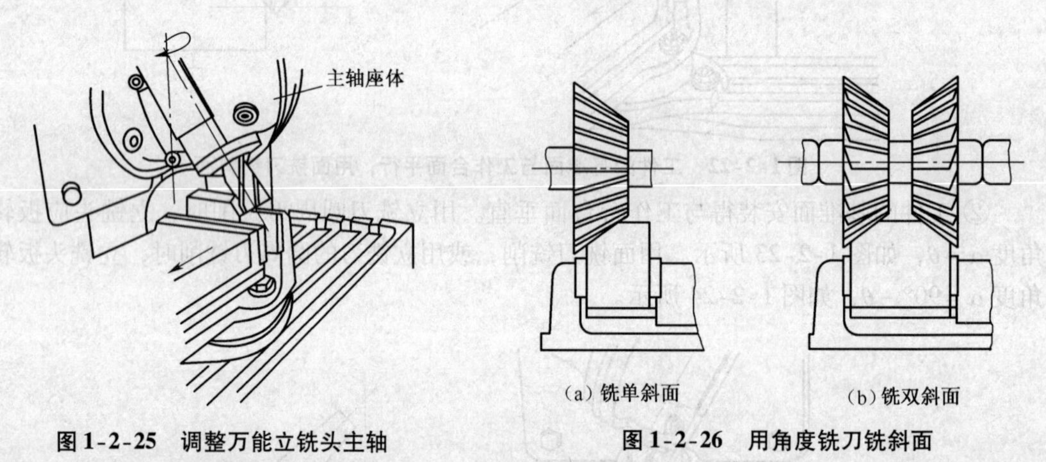


图 1-2-25　调整万能立铣头主轴座体铣斜面

图 1-2-26　用角度铣刀铣斜面

### 2. 斜面的检验

加工斜面时，除检验斜面的尺寸和表面粗糙度外，主要检验斜面的角度。精度要求较高，角度较小的斜面，用正弦规检验。一般要求的斜面，用游标万能角度尺检验。游标万能角度尺如图 1-2-27 所示。

使用游标万能角度尺检测工件斜面时，通过调整和安装角尺、直尺、扇形板，可以测量大小不同的角度。检测工件时，应将游标万能角度尺基尺的底边贴紧工件的基准面，然后调整角度尺，使直尺、角尺或扇形板的测量面贴紧工件的斜面，紧住制动器，读出数值，如图 1-2-28、图 1-2-29、图 1-2-30 所示。

## 四、高速铣平面

高速铣削是采用硬质合金刀具，用较高的铣削速度（$v = 60 \sim 200\text{m/min}$），以达到高生

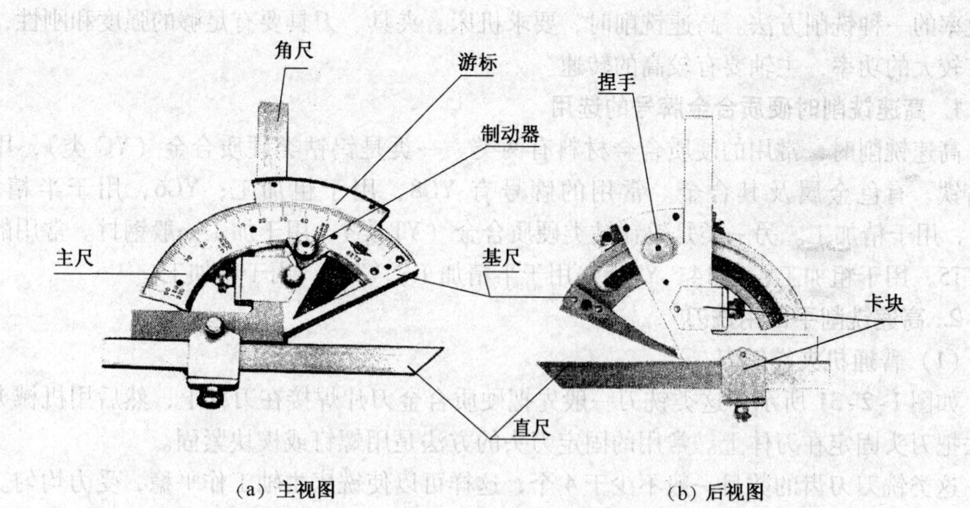


(a) 主视图　　(b) 后视图

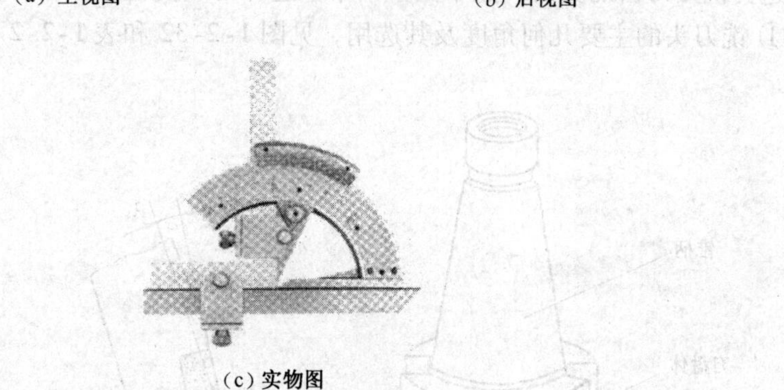

(c) 实物图

图 1-2-27　游标万能角度尺

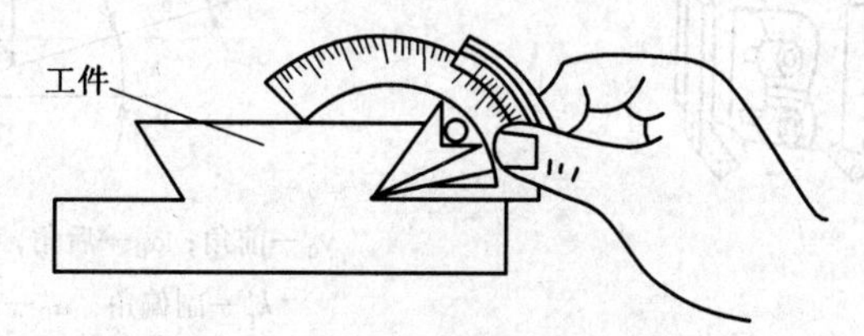


图 1-2-28　用扇形板配合基尺测量工件

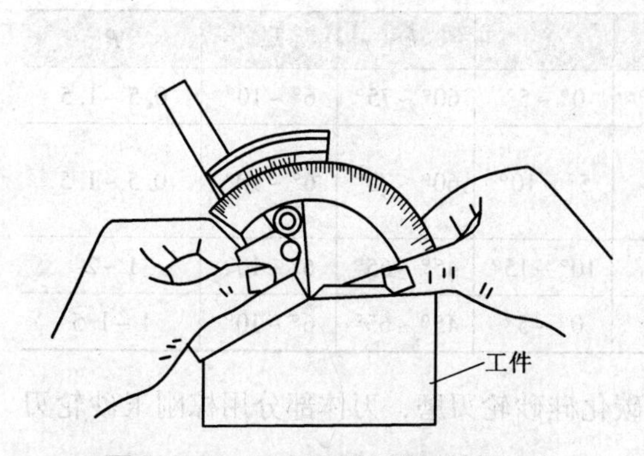


图 1-2-29　用角尺配合基尺测量工件

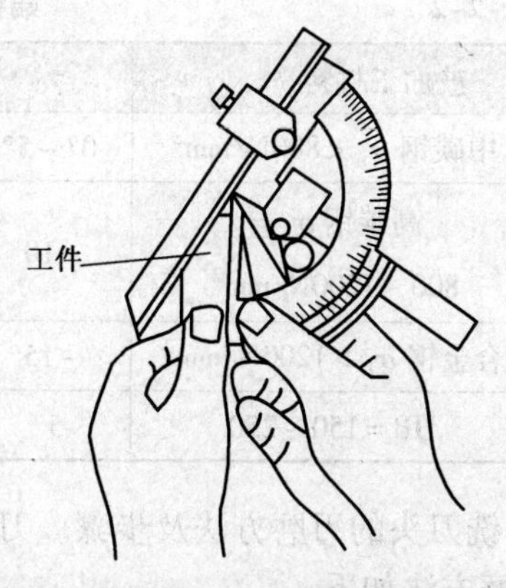


图 1-2-30　用角尺、直尺配合基尺测量工件

产效率的一种铣削方法。高速铣削时，要求机床、夹具、刀具要有足够的强度和刚性，机床要有较大的功率，主轴要有较高的转速。

**1. 高速铣削时硬质合金牌号的选用**

高速铣削时，常用的硬质合金材料有两类。一类是钨钴类硬质合金（YG 类），用于加工铸铁、有色金属及其合金。常用的牌号有 YG8，用于粗加工；YG6，用于半精加工；YG3，用于精加工。另一类是钨钛钴类硬质合金（YT 类），用于加工一般钢材。常用的牌号有 YT5，用于粗加工；YT14、YT15，用于半精加工；YT30，用于精加工。

**2. 高速铣削平面用铣刀**

（1）普通机夹端铣刀

如图 1-2-31 所示，这类铣刀一般先把硬质合金刀片焊接在刀杆上，然后用机械夹固的方法把刀头固定在刀体上。常用的固定刀头的方法是用螺钉或楔块紧固。

这类铣刀刀齿的数目一般不少于 4 个，这样可以使铣床主轴工作平稳，受力均匀。

① 铣刀头的主要几何角度及其选用，见图 1-2-32 和表 1-2-2。

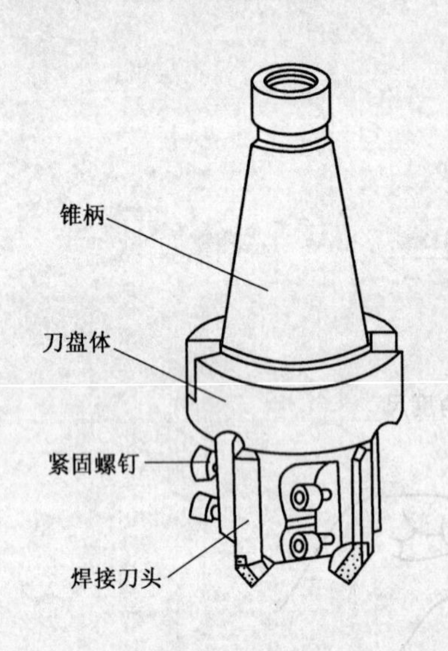


**图 1-2-31　普通机夹铣刀盘**

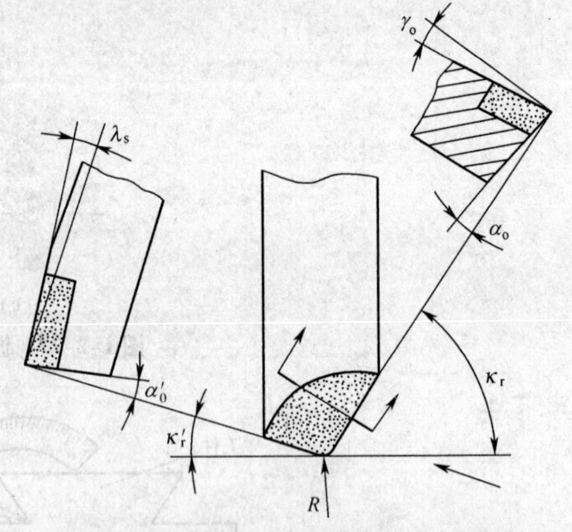


$\gamma_0$—前角；$\alpha_0$—后角；$\lambda_s$—刃倾角；$k_r$—主偏角；$k'_r$—副偏角；$\alpha'_0$—副后角；$R$—刀尖圆弧

**图 1-2-32　焊接铣刀头的主要几何角度**

**表 1-2-2　端铣刀头的几何角度选用**

| 被加工材料 | | $\gamma_0$ | $\alpha_0$ | $\lambda_s$ | $k_r$ | $k'_r$ | $R$ |
|---|---|---|---|---|---|---|---|
| 钢 | 中碳钢 $\sigma_b<800N/mm^2$ | 0°~5° | 8°~12° | 0°~5° | 60°~75° | 6°~10° | 0.5~1.5 |
| | 高碳钢 $\sigma_b=800\sim1200N/mm^2$ | -10° | 6°~8° | 5°~10° | 60°~75° | 6°~10° | 0.5~1.5 |
| | 合金钢 $\sigma_b>1200N/mm^2$ | -15° | 6°~8° | 10°~15° | 45°~65° | 6°~10° | 1~2 |
| 铸铁 | HB=150~250 | 5° | 8°~12° | 0°~5° | 45°~65° | 6°~10° | 1~1.5 |

② 铣刀头的刃磨方法及步骤。刀片部分用碳化硅砂轮刃磨，刀体部分用棕刚玉砂轮刃磨，刃磨方法如下。

第一，刃磨主后面。两手握刀，右手在前，左手在后，刀具前面向上，主刀刃与砂轮圆周面基本平行，刀体自然倾斜一个后角，适当用力使刀头的主后面与砂轮圆周面接触，再左、右移动刀具，刃磨出主后面，同时磨出主后角，如图 1-2-33（a）所示。

第二，刃磨副后面。两手握刀，左手在前，右手在后，刀具前面向上，使副刀刃与砂轮圆周面基本平行，刀体自然倾斜一个副后角，适当用力使刀头的副后面与砂轮圆周面接触，再左、右移动刀具，刃磨出副后面，同时磨出副后角，如图 1-2-33（b）所示。

第三，刃磨刀尖圆弧。两手握刀，左手在前，右手在后，刀具前面向上，刀体基本垂直于砂轮圆周面，并自然倾斜一个后角，使刀尖与砂轮圆周面接触，刀体适当左右回转，刃磨出刀尖圆弧，如图 1-2-33（c）所示。

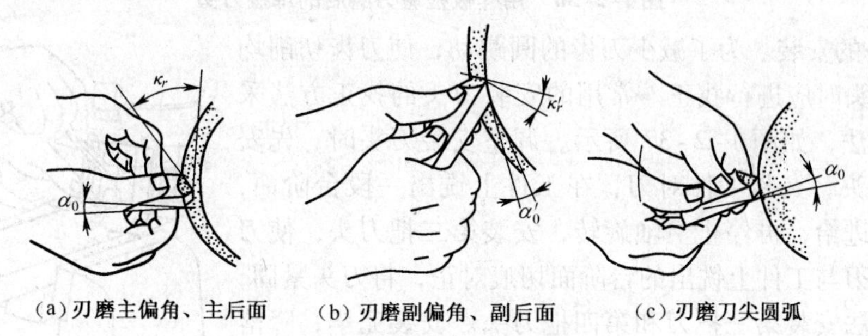


（a）刃磨主偏角、主后面　（b）刃磨副偏角、副后面　（c）刃磨刀尖圆弧

**图 1-2-33　焊接刀头的刃磨**

③ 用油石修整刃口、背刃。刀具刃磨后，应用碳化硅油石研磨刀具的切削部分。研磨时，油石应贴在刀具的后刀面上，来回轻轻地用力擦动刀具的刃口及后刀面。研磨时先研磨主刀刃、主后面，再研磨副刀刃、副后面，最后研磨刀尖圆弧，如图 1-2-34 所示。研磨背刃过程中，注意不要将刃口背塌，如图 1-2-35 所示。

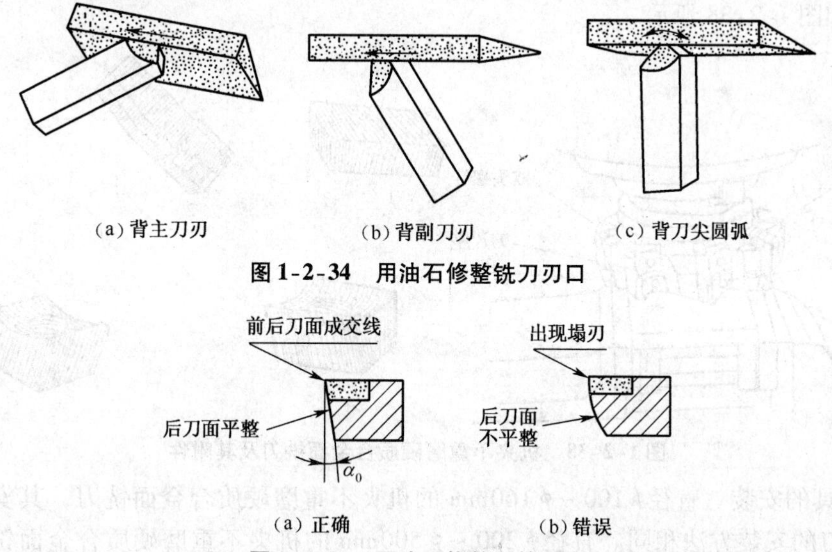


（a）背主刀刃　（b）背副刀刃　（c）背刀尖圆弧

**图 1-2-34　用油石修整铣刀刃口**

（a）正确　（b）错误

**图 1-2-35　用油石修整后的刃口**

④ 刀头刃磨后的检查。刃磨时为了获得要求的主偏角、副偏角、后角，应用样板对刀头进行检验，如图 1-2-36 所示。

⑤ 刃磨时的注意事项。刃磨刀头时，双手动作协调，用力适当；磨削余量过大时，应避免温度过高，引起刀片碎裂，刃磨出的后刀面应平整，不能出现塌刃，刃磨过程中严禁沾水冷却，以免刀片碎裂；刃磨时应戴防护眼镜。

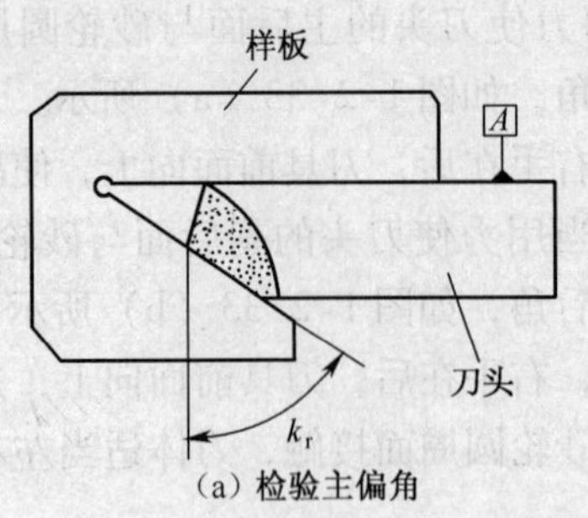

(a) 检验主偏角

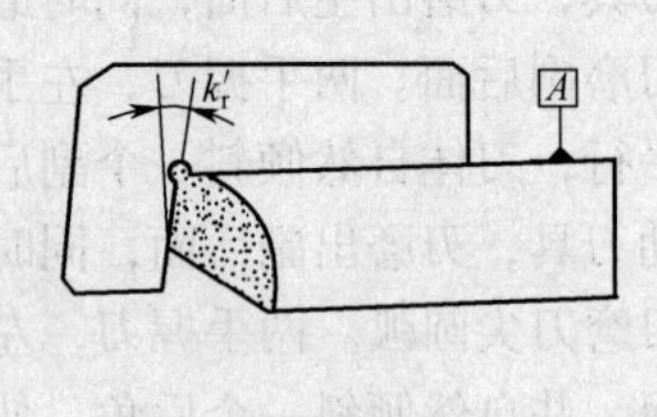

(b) 检验副偏角

图 1-2-36　用样板检验刃磨后的焊接刀头

⑥ 刀头的安装。为了减少刀齿的圆跳动，使刀齿切削均匀，安装刀头时应进行找正。常用的安装刀头的找正方法采用切痕调刀法，如图 1-2-37 所示。调整安装刀头时，先安装第一把刀头，夹紧工件对刀，在工件上铣出一段台阶面，停止工作台进给，再停止主轴旋转，安装第二把刀头，使刀头的主切削刃与工件上铣出的台阶面切痕对正，将刀头紧固，以同样的方法安装第三把刀和第四把刀头。安装完毕，降落工作台，开动机床，调整到原来的切削深度铣完第一刀，铣削过程中注意观察刀具的工作情况。

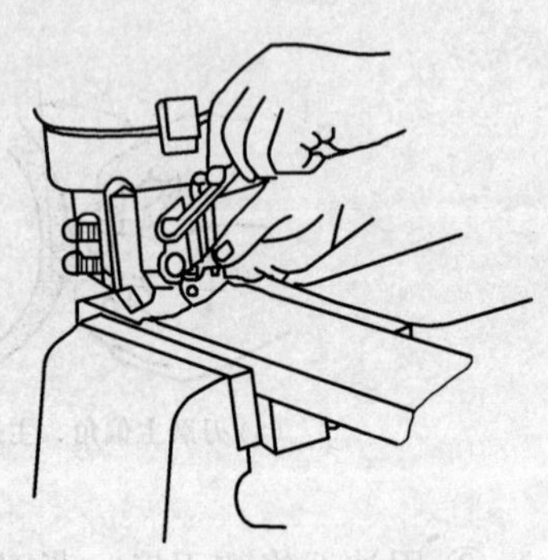
图 1-2-37　切痕对刀安装铣刀头

(2) 机夹不重磨硬质合金面铣刀

① 铣刀简介。这种铣刀，是把具有一定精度和合理几何角度的硬质合金多边形铣刀片，用螺钉、压板、楔块、刀片座等简单机械零件紧固在刀体上，用来加工平面或台阶面的高效率刀具，如图 1-2-38 所示。

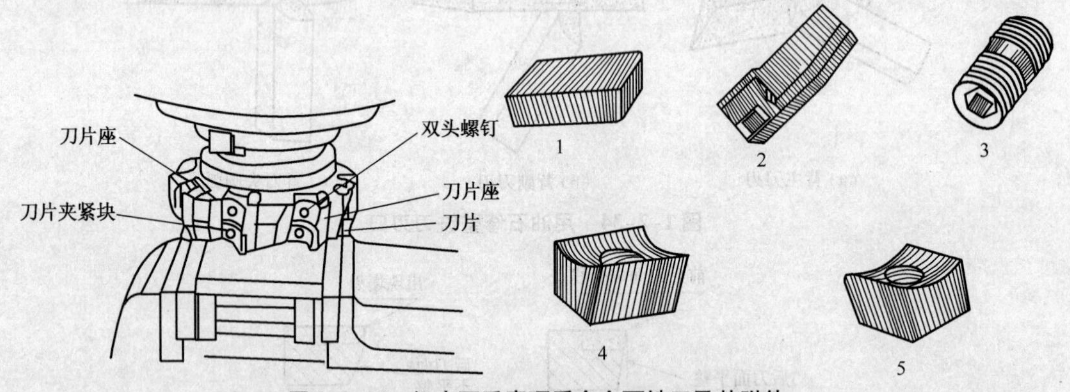

图 1-2-38　机夹不重磨硬质合金面铣刀及其附件

② 刀具的安装。直径$\phi 100 \sim \phi 160$mm 的机夹不重磨硬质合金面铣刀，其安装方法与套式端铣刀的安装方法相同。直径$\phi 200 \sim \phi 500$mm 的机夹不重磨硬质合金面铣刀的安装如图1-2-39所示。先将芯轴装入铣床主轴锥孔内对刀盘体定位，并使刀盘体上的槽和主轴端的定位键对正，再用4 个内六角螺钉，通过主轴端的 4 个螺孔，将刀盘体紧固在铣床主轴上。

③ 刀片的转位更换。这种铣刀不需要操作者刃磨，使用过程中，如果刀片切削刃用钝，只要用内六角扳手松开多边形刀片的夹紧块，把用钝的刀片转换一个位置，然后夹紧，就可继续使用，如图 1-2-40 所示。待多边形刀片的每一个切削刃都用钝后，再更换新刀片。为

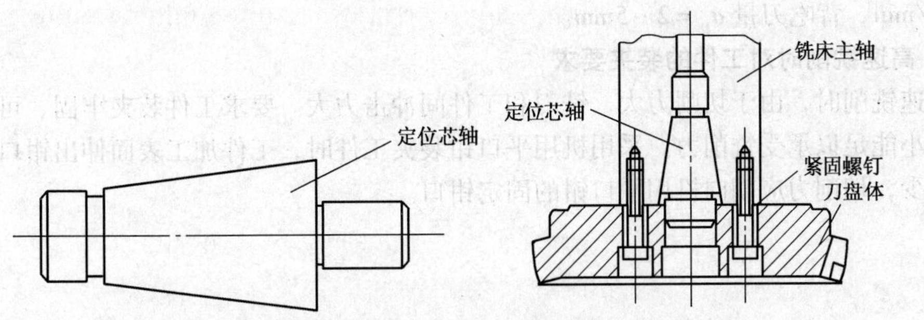


图 1-2-39　$\phi$200～$\phi$500mm 的机夹不重磨硬质合金面铣刀的安装

了保证刀片每次转位或更换后，都有正确的空间位置，刀片转位安装时，应与刀片座的定位点良好的接触，然后再用内六角扳手将刀片紧固。

④ 使用时的注意事项。使用机夹不重磨硬质合金面铣刀时，要求机床、夹具刚性好，机床功率大，工件装夹牢固，刀片牌号与加工工件的材料相适应，刀片用钝后及时转位更换。这种铣刀不能铣有白口或硬皮的工件。

（3）机夹不重磨立铣刀

机夹不重磨立铣刀是一种新型的、高效率的先进立铣刀，如图 1-2-41 所示。其特点和使用时的调整方法与机夹不重磨硬质合金端铣刀相同。

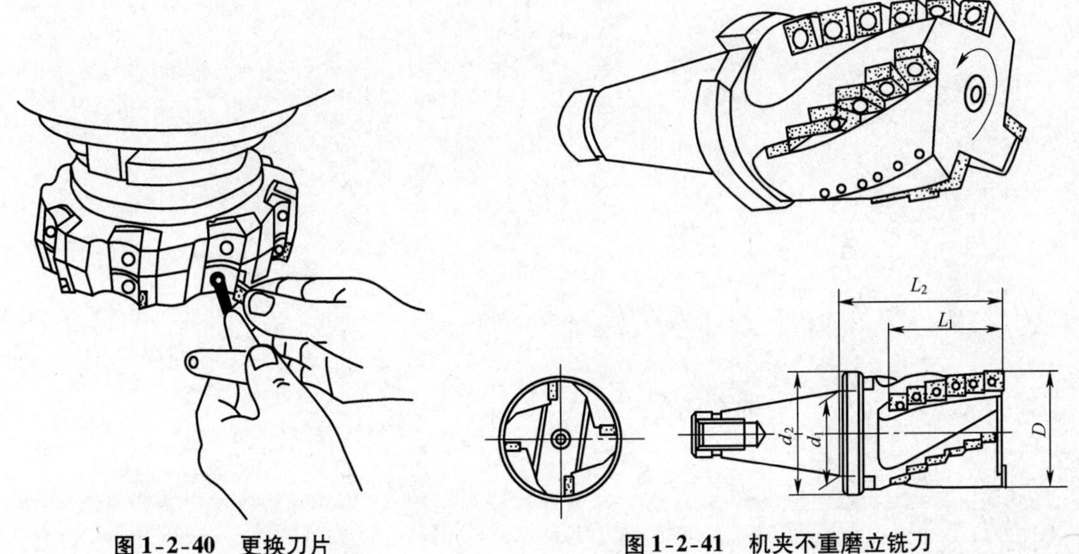


图 1-2-40　更换刀片　　　　图 1-2-41　机夹不重磨立铣刀

**3. 高速铣削时的切削用量**

高速铣削钢材时，切削速度取 $v=80\sim200$m/min；高速铣削铸铁时，切削速度取 $v=60\sim150$m/min。高速铣削也分粗铣和精铣。粗铣时采用较低的主轴转速，较高的每分钟进给量，较大的背吃刀量。精铣时，采用较高的主轴转速，较低的每分钟进给量，较小的背吃刀量。加工材料的强度、硬度较高时，切削用量取低些；加工材料的强度、硬度较低时，切削用量取高些。

**【例 1-3】**在 X5032 铣床上，使用直径 $\phi$100mm 的普通机夹硬质合金端铣刀切削中碳钢，取转速 $n=600\sim750$r/min，进给速度 $v_f=118\sim190$mm/min，背吃刀量 $a_p=2\sim4$mm。如果仍然使用以上直径的铣刀，切削 HT200，则取主轴转速 $n=300\sim475$r/min，进给速度 $v_f=95\sim$

150mm/min，背吃刀量 $a_p = 2 \sim 5$mm。

**4. 高速铣削时对工件的装夹要求**

高速铣削时，由于切削力大，铣刀和工件间冲击力大。要求工件装夹牢固、可靠，夹紧力的大小能足以承受铣削力。采用机用平口钳装夹工件时，工件加工表面伸出钳口的高度应尽量减少，切削力应朝向机用平口钳的固定钳口。

# 基础知识三　台阶、沟槽的铣削与切断

## 一、台阶面铣削

### 1. 一把三面刃铣刀铣台阶（如图1-3-1所示）

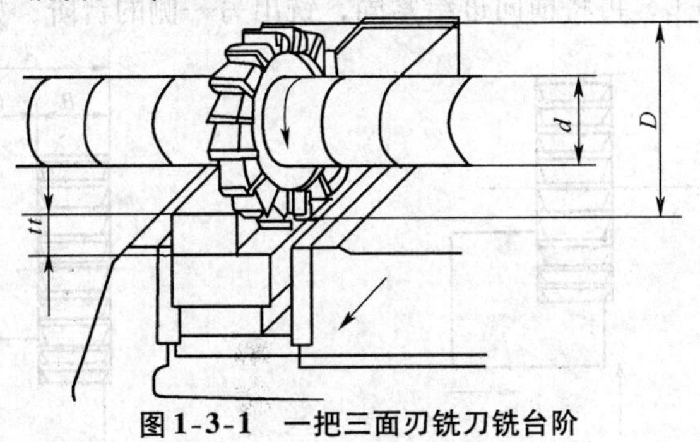


图1-3-1　一把三面刃铣刀铣台阶

（1）铣刀的选择

选择铣刀时，应使三面刃铣刀的宽度大于台阶的宽度，一次进给铣出台阶的宽度。铣削时，为了使工件的上平面能够在铣刀刀轴下通过，铣刀的直径按下式确定：

$$D > d + 2t \qquad (1\text{-}3\text{-}1)$$

式中，$D$——铣刀直径，mm；

$d$——刀轴垫圈直径，mm；

$t$——台阶的深度，mm。

（2）工件的安装和找正

采用机用平口钳装夹工件，安装机用平口钳时，应找正固定钳口与铣床主轴轴线垂直。安装工件时，应使工件的侧面靠向机用平口钳的固定钳口，工件的底面靠向钳体导轨平面，铣削的台阶底面应高出钳口上平面。

（3）铣削方法

安装找正工件后，摇动各进给手柄，使铣刀侧面划着台阶侧面，如图1-3-2（a）所示；然后降落垂直进给，如图1-3-2（b）所示；移动横向进给一个台阶宽度的距离，将横向进给紧固，上升工作台，使铣刀圆周刃轻轻划着工件，如图1-3-2（c）所示；摇动纵向进给手柄，使铣刀退出工件，上升工作台一个台阶深度，手摇纵向进给手柄使工件靠近铣刀，扳动自动进给手柄铣出台阶，如图1-3-2（d）所示。

（4）铣削较深的台阶

铣削较深的台阶时，台阶的侧面留0.5～1mm的余量，台阶的深度分数次铣到尺寸。最

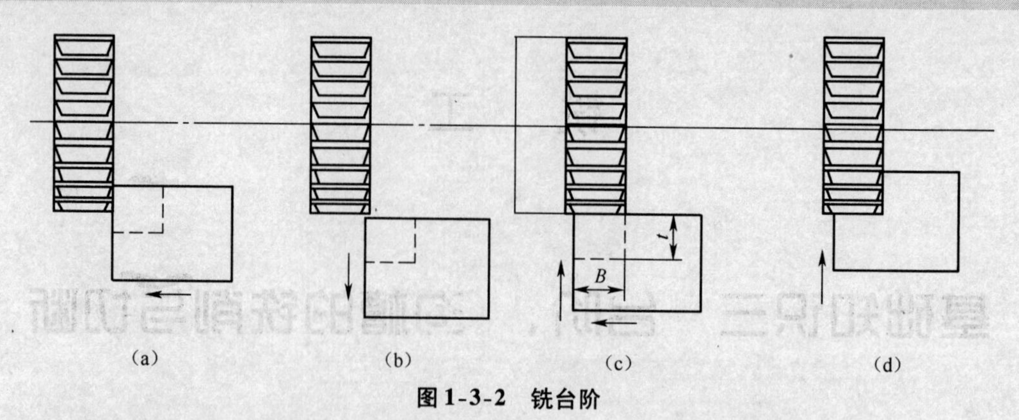


图 1-3-2　铣台阶

后一次走刀铣削时可将台阶的侧面和底面同时铣成，如图 1-3-3 所示。

（5）一把三面刃铣刀铣双面台阶

铣双面阶台时，先铣出一侧的台阶，并保证尺寸要求，然后使铣刀退出工件，移动横向工作台一个距离 $A = B + C$，再将横向进给紧固，铣出另一侧的台阶，如图 1-3-4 所示。

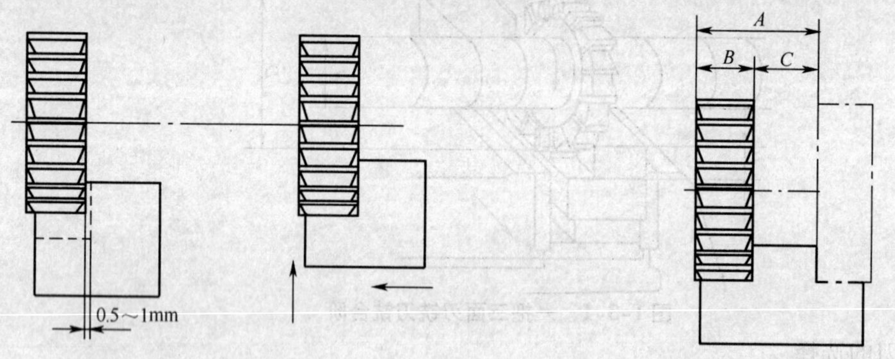


图 1-3-3　铣较深的台阶　　图 1-3-4　铣双面台阶

**2. 组合的三面刃铣刀铣台阶**

生产数量较多的双面台阶零件，可用组合的三面刃铣刀加工，如图 1-3-5 所示。铣削时，选择两把直径相同的三面刃铣刀，用薄垫圈适当调整两把三面刃铣刀内侧刃间的距离，并用卡尺进行测量，使其等于凸台的宽度，如图 1-3-6 所示。再用废料试铣检查凸台的尺寸，符合图样的尺寸要求后再进行加工。组合铣刀铣削时，试铣检查凸台的尺寸最好是图样要求的中间偏差或下偏差。

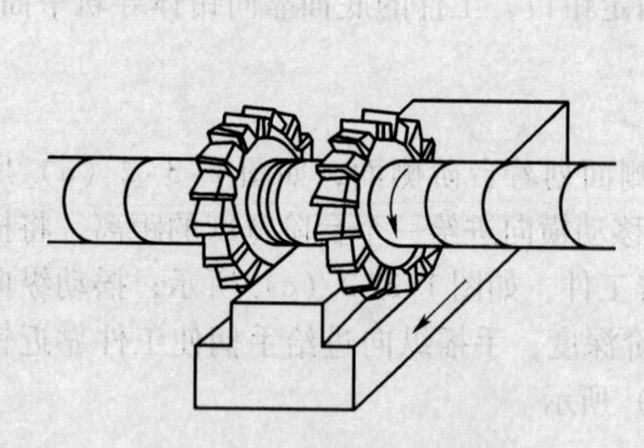

图 1-3-5　组合铣刀铣台阶

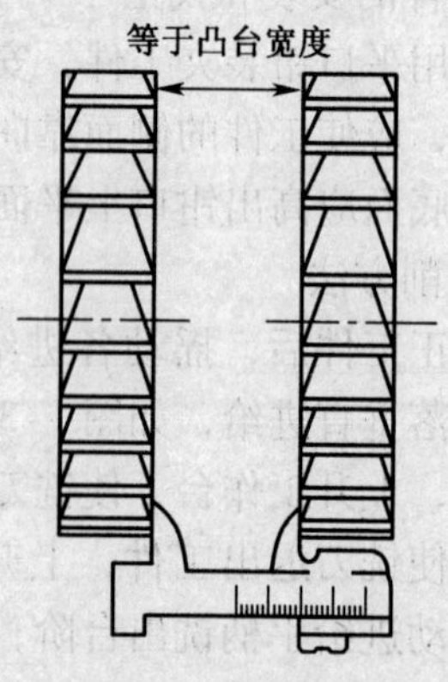


图 1-3-6　用卡尺测量铣刀内侧刃间距离

3. 面铣刀铣台阶

宽度较宽、深度较浅的台阶用面铣刀加工，如图 1-3-7 所示。工件可用机用平口钳装夹，也可用压板夹紧在工作台面上。铣削时所选择的面铣刀直径应大于台阶的宽度，以便在一次进给中铣出台阶。台阶的深度可分数次铣成。

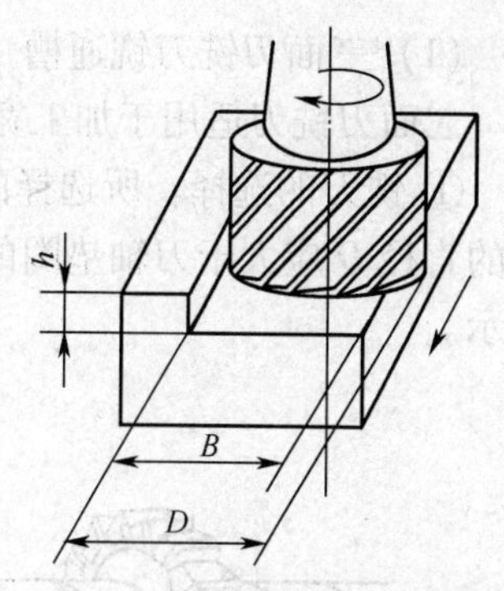

图 1-3-7　面铣刀铣台阶

4. 立铣刀铣台阶

深度较深的台阶用立铣刀铣削，如图 1-3-8 所示。用立铣刀圆周刃铣台阶时，先调整到要求的台阶深度，台阶的宽度可分数次铣成，如图 1-3-9 所示。由于立铣刀的强度较弱，允许的切削用量应比三面刃铣刀小。

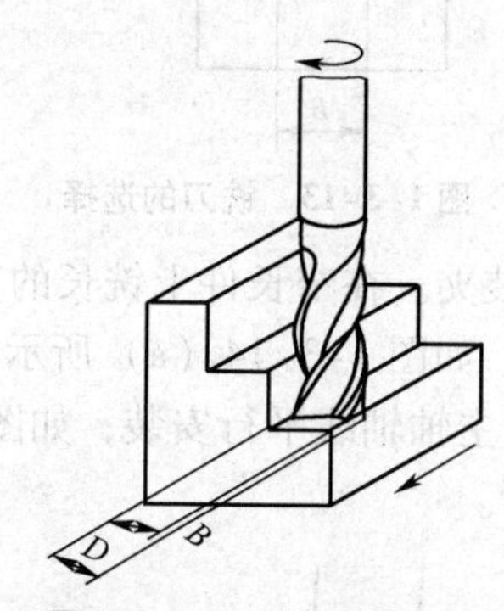

图 1-3-8　立铣刀铣台阶

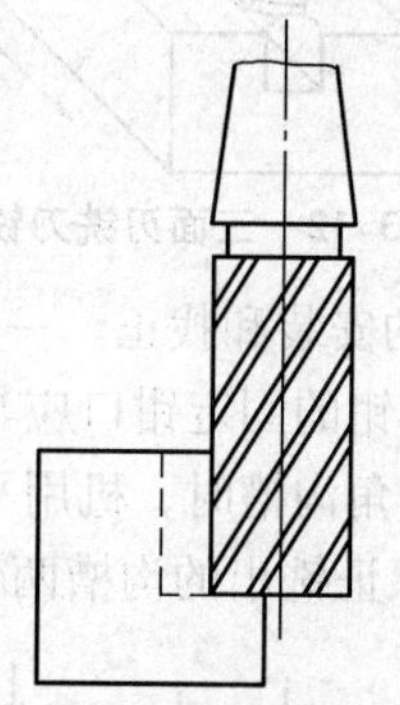
图 1-3-9　台阶宽度分数次铣成

5. 台阶的测量

台阶的宽度和深度可用游标卡尺或深度尺测量，两边对称的台阶，深度较深时用千分尺测量，深度较浅时，用千分尺测量不便，可用界限量规测量，如图 1-3-10 所示。

图 1-3-10　用界限量规测量台阶宽度

## 二、直角沟槽和键槽铣削

1. 直角沟槽的铣削

直角沟槽有通槽、半通槽、封闭槽等，如图 1-3-11 所示。通槽用三面刃铣刀或盘形槽铣刀加工，半通槽或封闭槽用立铣刀或键槽铣刀加工。

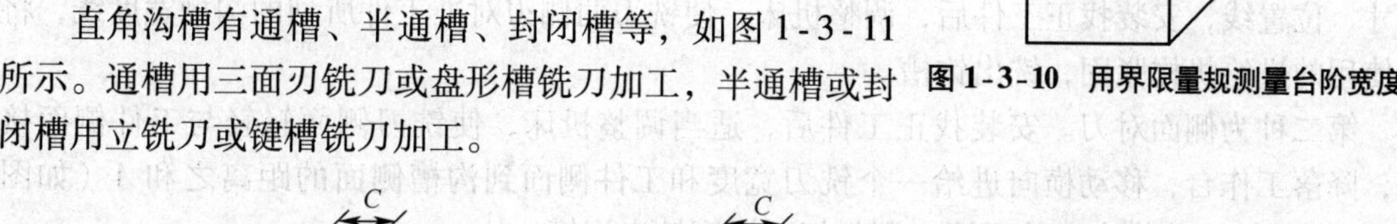

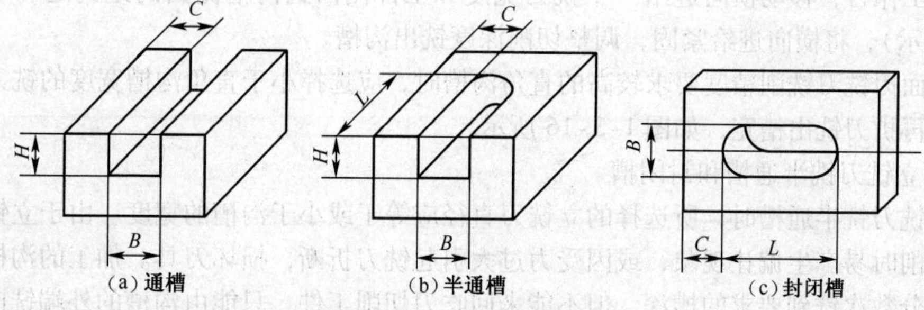

图 1-3-11　直角沟槽的种类

（1）三面刃铣刀铣通槽

三面刃铣刀适用于加工宽度较窄、深度较深的通槽，如图 1-3-12 所示。

① 铣刀的选择。所选择的三面刃铣刀的宽度 $B$ 应等于或小于所加工的沟槽宽度 $B'$；刀具的直径 $D$ 应大于刀轴垫圈的直径 $d$ 加两倍的构槽深度 $H$，（即 $D > d + 2H$），如图 1-3-13 所示。

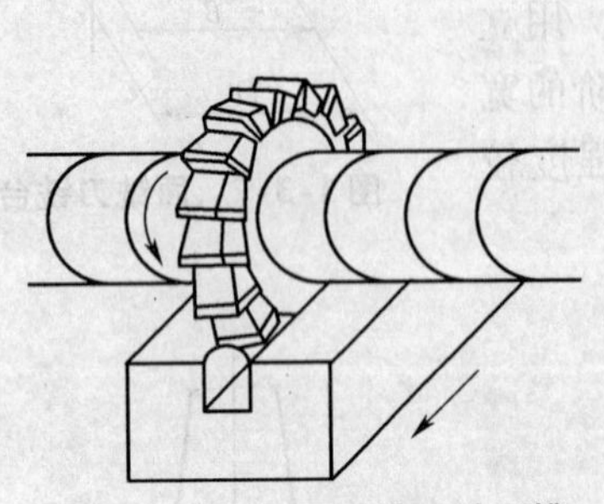

图 1-3-12　三面刃铣刀铣通槽

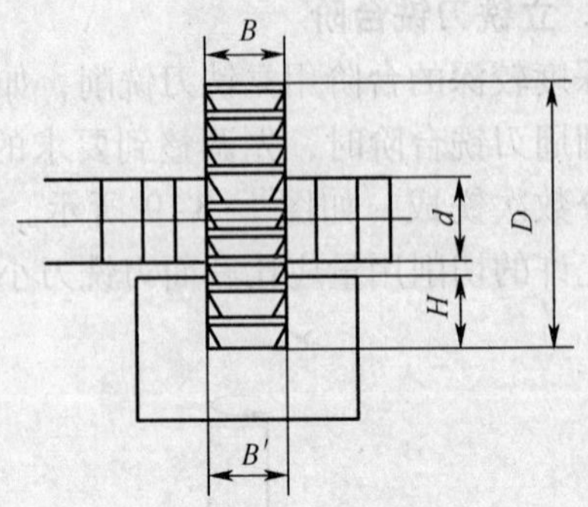


图 1-3-13　铣刀的选择

② 工件的安装和找正。一般的工件采用机用平口钳装夹。在窄长件上铣长的直角沟槽时，机用平口钳的固定钳口应与铣床主轴轴线垂直安装，如图 1-3-14（a）所示；在窄长件上铣短的直角沟槽时，机用平口钳的固定钳口应与铣床主轴轴线平行安装，如图 1-3-14（b）所示，保证铣出的沟槽两侧与工件基准面垂直或平行。

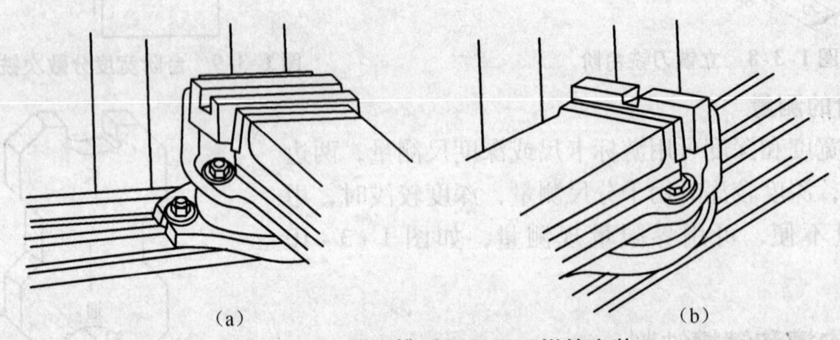


图 1-3-14　铣沟槽时机用平口钳的安装

③ 对刀方法。常用的对刀方法主要有两种。第一种是划线对刀。在工件上划出沟槽的尺寸、位置线，安装找正工件后，调整机床，使铣刀两侧刃对准工件所划的沟槽宽度线，将不使用的进给机构紧固，铣出钩槽。

第二种为侧面对刀。安装找正工件后，适当调整机床，使铣刀侧面轻轻与工件侧面接触，降落工作台，移动横向进给一个铣刀宽度和工件侧面到沟槽侧面的距离之和 $A$（如图 1-3-15所示），将横向进给紧固，调整切削深度铣出沟槽。

用三面刃铣刀铣削精度要求较高的直角沟槽时，应选择小于直角沟槽宽度的铣刀，先铣好槽深，再扩刀铣出槽宽，如图 1-3-16 所示。

（2）立铣刀铣半通槽和封闭槽

用立铣刀铣半通槽时，所选择的立铣刀直径应等于或小于沟槽的宽度。由于立铣刀刚性较差，铣削时易产生偏让现象，或因受力过大引起铣刀折断，损坏刀具。加工的沟槽深度较深时，应分数次铣到要求的槽深，但不能来回吃刀切削工件，只能由沟槽的外端铣向沟槽的里端，如图 1-3-17 所示。槽深铣好后，再扩铣沟槽两侧，扩铣时应避免顺铣，以免损坏刀具，啃伤工件。

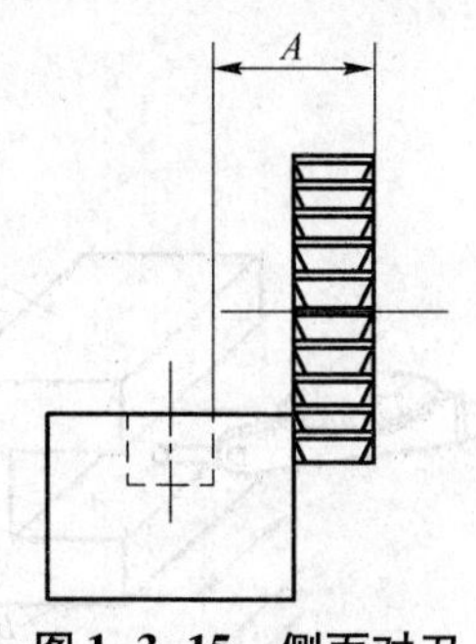


图 1-3-15　侧面对刀

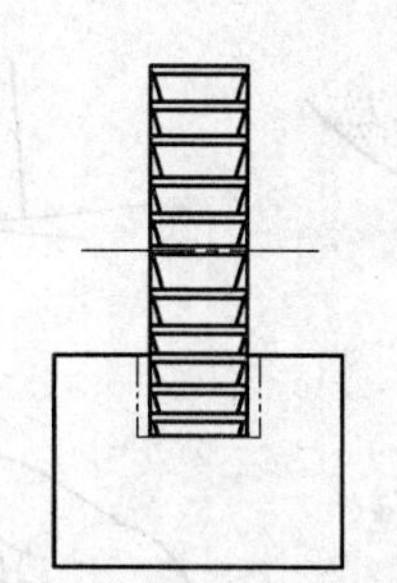

图 1-3-16　铣好槽深再扩铣槽宽两侧

用立铣刀铣穿通的封闭沟槽时，因为立铣刀的端面刀刃不能全部通过刀具中心，不能垂直进刀切削工件，所以铣削前应在工件上划出沟槽的尺寸位置线，并在所划沟槽长度线的一端预钻一个小于槽宽的落刀圆孔，以便由此孔落刀切削工件，如图 1-3-18 所示。铣削时应分数次进刀铣透工件，每次进刀都由落刀孔的一端铣向沟槽的另一端。沟槽铣透后，再铣够长度和两侧面。铣削中不使用的进给机构应紧固，扩铣两侧应注意避免顺铣。

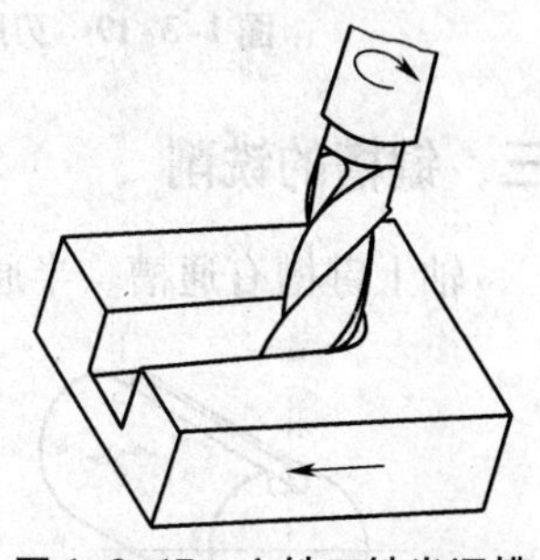

图 1-3-17　立铣刀铣半通槽

（3）键槽铣刀铣半通槽和封闭槽

加工精度较高、深度较浅的半通槽和封闭槽时用键槽铣刀。键槽铣刀的端面刀刃能垂直进刀切削工件，所以在加工封闭沟槽时，可不必预钻落刀圆孔，由沟槽的一端分数次吃深铣出沟槽。

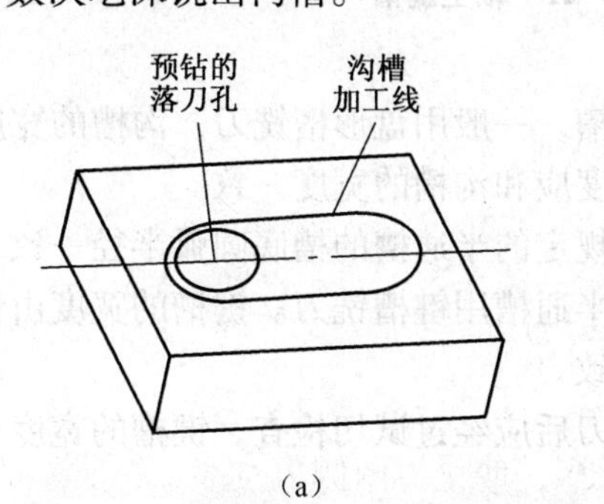


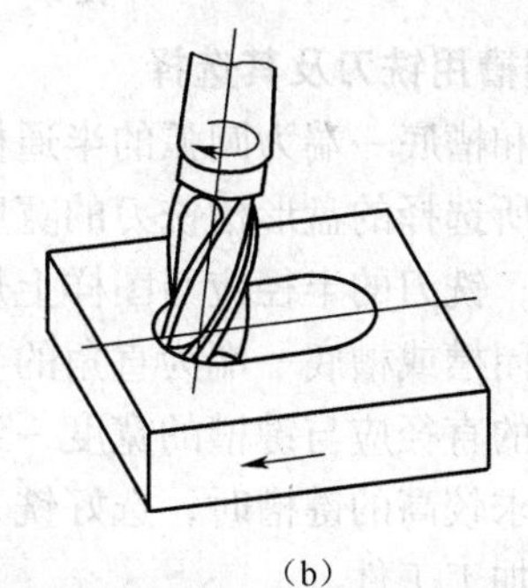


图 1-3-18　用立铣刀铣穿通的封闭沟槽

键槽铣刀用钝后可在普通的砂轮机上或在刀具磨床上刃磨，一般情况下只刃磨端面刃。刃磨时，右手在前握刀具切削部分，左手在后握刀具柄部，使刀体自然向下倾斜一个 $\alpha_0 = 8° \sim 10°$ 的后角，同时使刀体向右倾斜一个 $\varphi_0 \approx 2°$ 的向心角，使端面刀刃与砂轮的圆周面处于平行状态，双手轻轻用力使端面刃的后刀面与砂轮圆周面或端面接触，同时刃磨出后角和向心角，如图 1-3-19 所示。刃磨后的端面两刃口应处在同一回转平面内，以保证两刃口均匀地切削工件。

（4）直角沟槽的检验

直角沟槽的长度、宽度、深度可分别用游标卡尺、千分尺、深度尺检验；沟槽的对称度可用游标卡尺、千分尺或杠杆百分表检验。用杠杆百分表检验沟槽对称度时，将工件分别以 *A*、*B* 面为基准放在平板的平面上，使表的触头触在沟槽的侧面上，来回移动工件，观察表

的指针变化情况。若两次测得的数值一致，则沟槽两侧对称于工件中心，如图 1-3-20 所示。

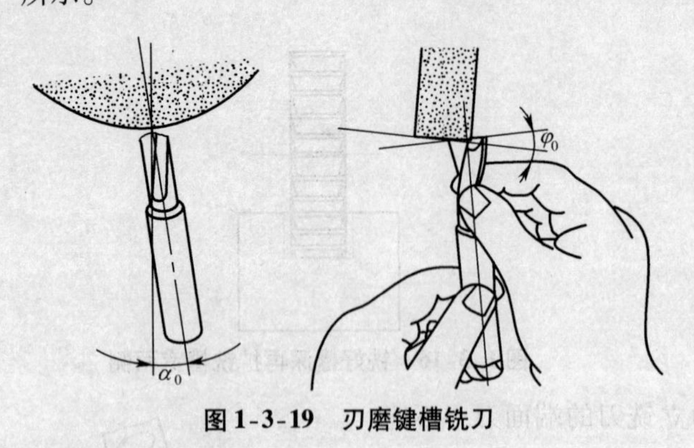


图 1-3-19　刃磨键槽铣刀　　　图 1-3-20　杠杆百分表检验沟槽对称度

## 三、键槽的铣削

轴上键槽有通槽、半通槽、封闭槽等，如图 1-3-21 所示。

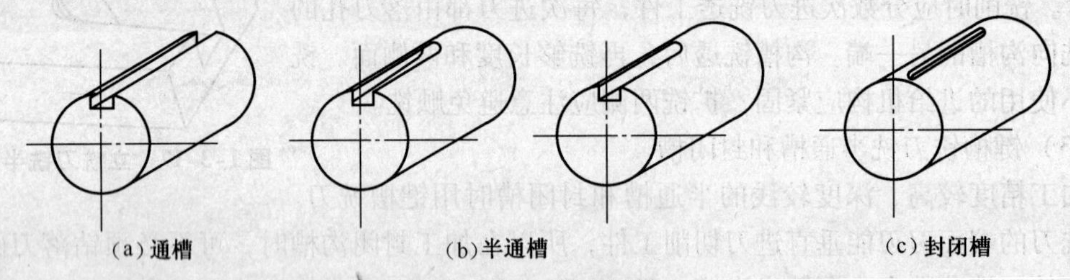


图 1-3-21　轴上键槽

### 1. 铣轴上键槽用铣刀及其选择

铣轴上通槽和槽底一端为圆弧的半通槽，一般用盘形槽铣刀，沟槽的宽度由铣刀的宽度来保证。因此，所选择的盘形槽铣刀的宽度应和沟槽的宽度一致。

铣半通槽时，铣刀的半径应与图样上规定的半通槽的槽底圆弧半径一致。

铣轴上的封闭槽或槽底一端为直角的半通槽用键槽铣刀。键槽的宽度由铣刀的直径来保证。因此，铣刀的直径应与键槽的宽度一致。

铣削精度要求较高的键槽时，选好铣刀后应经过试切检查，键槽的宽度尺寸符合图样规定要求，才可以加工工件。

### 2. 用机用平口钳装夹工件，用键槽铣刀铣轴上键槽

(1) 机用平口钳的安装和工件的找正

用机用平口钳装夹工件时，应找正固定钳口与铣床主轴轴线垂直。安装工件后，用划针找正工件上母线与工作台台面平行。保证铣出的键槽两侧面和键槽底面与工件的轴线平行。

(2) 对中心的方法

铣削轴上键槽时，通过对刀调整，应使键槽铣刀的回转中心线通过工件轴线，如图 1-3-22 所示。常用对中心的方法有以下 3 种。

① 切痕对中心法。安装找正工件后，适当调整机床，使键槽铣刀大致对准工件的中心，然后开动机床使铣刀旋转，让铣刀轻轻划着工件，并在工件上逐渐铣出一个宽度约等于铣刀直径的小平面，如图 1-3-23 所示；用肉眼观察，使铣刀的中心落在平面宽度中心上，再上升垂直进给，在平面两边铣出两个小台阶，并且使两边台阶高度一致，则铣刀中心通过了工

件中心，然后将横向进给机构紧固，如图 1-3-24 所示。

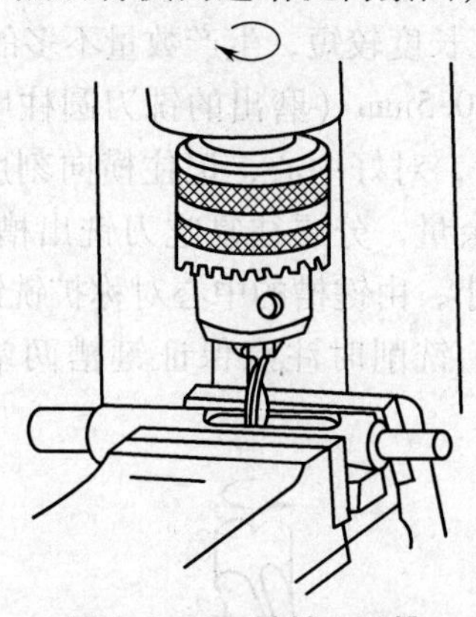

图 1-3-22　铣轴上键槽

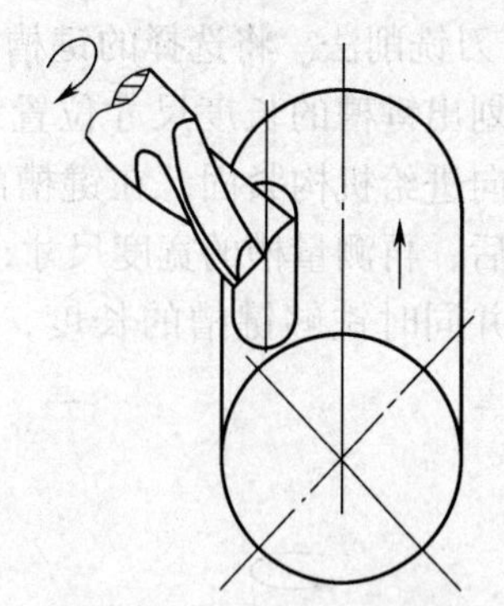

图 1-3-23　切痕对中心

② 用游标卡尺测量对中心。安装并且找正工件后，用钻夹头夹持与键槽铣刀直径相同的圆棒，适当调整工件与圆棒的相对正确位置，用游标卡尺测量圆棒圆周面与两钳口间的距离，若 $a = a'$，则对好了中心，如图 1-3-25 所示。中心对好后，将横向工作台紧固、试铣，检查无误后，开始加工工件。

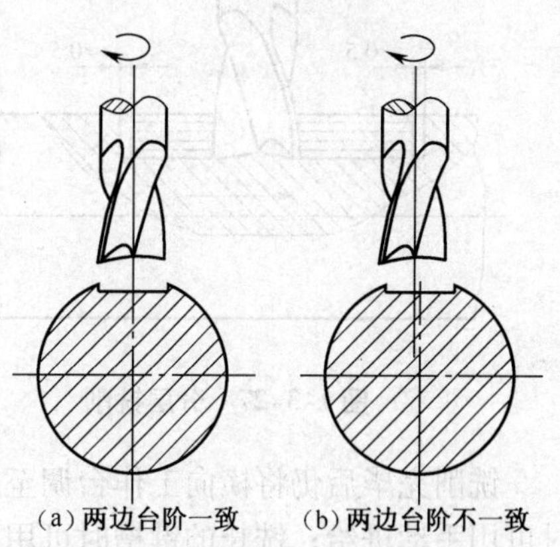


图 1-3-24　判断中心是否对准

③ 用杠杆百分表测量对中心。加工精度要求较高的轴上键槽时，可用杠杆百分表测量对中心。对中心时，先把工件轻轻用力夹紧在两钳口间，把杠杆百分表固定在立铣头主轴的下端，用手转动主轴，并且适当调整横向工作台，百分表的读数在钳口两内侧面一致，如图 1-3-26 所示。中心对准后，将横向进给机构紧固，再加工工件。

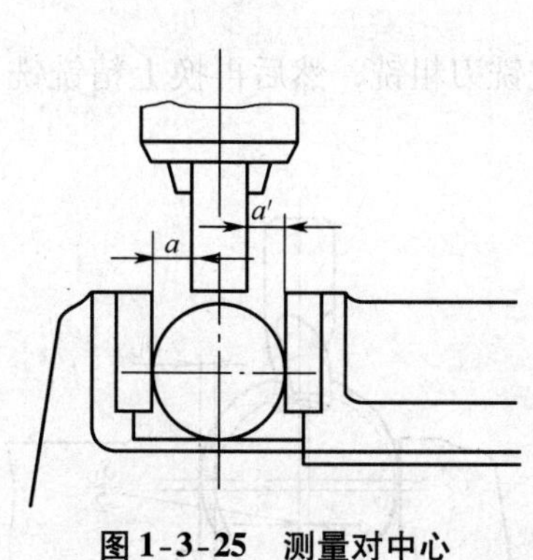


图 1-3-25　测量对中心

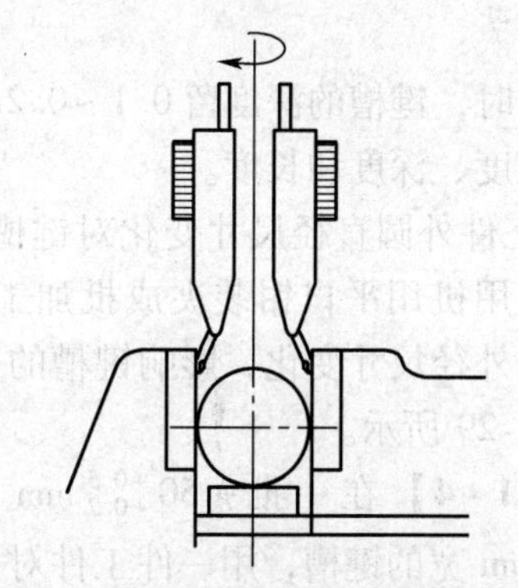

图 1-3-26　用杠杆百分表测量对中心

(3) 铣键槽的方法

① 分层铣削法。铣刀安装后，先在废料上试铣，检查所铣键槽的宽度尺寸符合图样要求后，再安装工件。先在工件上划出键槽的长度尺寸位置线，再安装找正工件，并且对中心。

铣削时，根据铣刀直径的大小，分别选择每次背吃刀量在 0.15 ~ 1mm，键槽的两端各留 0.5mm 的余量，手动进给由键槽的一端铣向另一端，然后以较快的速度手动将工件退至原位，再吃刀，仍由原来一端铣向另一端。逐次铣到键槽要求的深度尺寸后，再同时铣到要求的键槽长度，如图 1-3-27 所示。这种方法适用于加工长度较短，生产数量不多的键槽。

② 扩刀铣削法。将选择的键槽铣刀外径磨小 0.3 ~0.5mm（磨出的铣刀圆柱度要好）。在工件上划出键槽的长度尺寸位置线，安装找正工件后，对好中心，记住横向刻度盘的数值，将横向进给机构紧固，在键槽的两端各留 0.5mm 余量，分层往复吃刀铣出槽的深度。深度铣好后，再测量槽的宽度尺寸，确定宽度余量的大小，由键槽的中心对称扩铣键槽两侧到尺寸，并同时铣够键槽的长度，如图 1-3-28 所示。铣削时注意保证键槽两端圆弧的圆度。

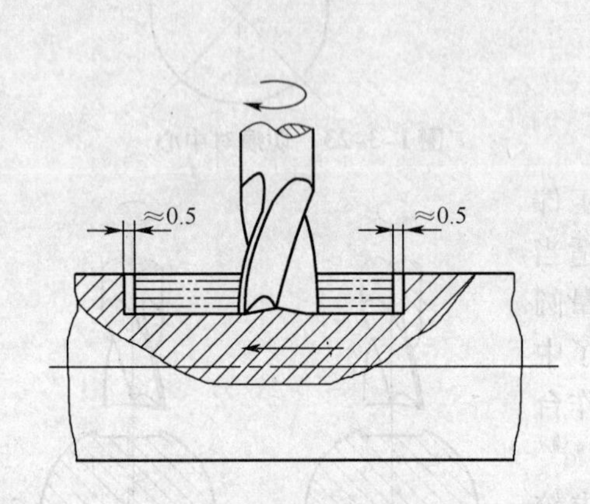

图 1-3-27　分层铣削

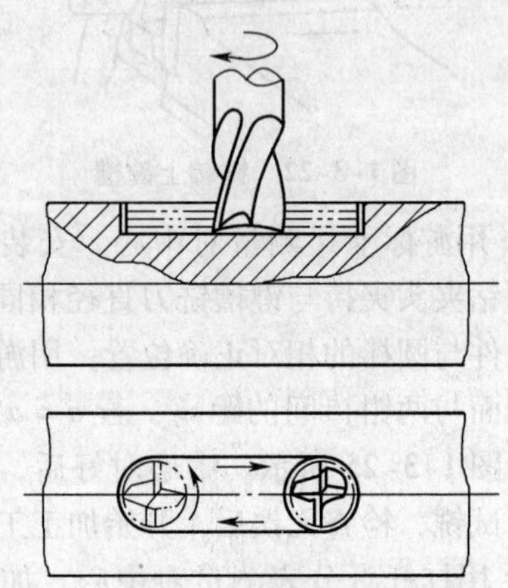
图 1-3-28　分层铣够深度再扩铣两侧

铣削完毕后仍将横向工作台调至原来的中心位置，按以上方法铣削另一件。铣短的键槽时可用手动进给；铣长的键槽时可用机动进给。

③ 粗精铣法。选择两把键槽铣刀，一把用于粗铣，另一把用于精铣。粗铣铣刀的直径要小于键槽宽度尺寸 0.3 ~1mm，精铣铣刀的尺寸要经过试切验证，符合所铣键槽宽度尺寸的要求。

铣削时，键槽的深度留 0.1 ~0.2mm 余量，用粗铣铣刀粗铣，然后再换上精铣铣刀，铣够槽的宽度、深度和长度。

④ 工件外圆直径尺寸变化对键槽中心位置的影响。用机用平口钳装夹成批加工轴上键槽时，工件外径尺寸变化，影响键槽的中心位置，如图 1-3-29 所示。

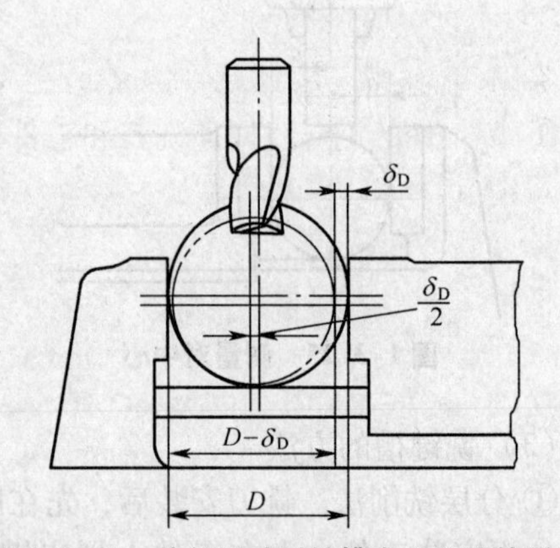

图 1-3-29　外径尺寸对键槽中心位置的影响

**【例 1-4】** 在一批 $\phi 50^{+0.5}_{+0.2}$ mm 的轴上铣 $12^{+0.033}_{0}$ mm 宽的键槽，用一件工件对好中心后，加工这一批工件时，因工件外圆直径的制造公差，当工件最大尺寸为 $\phi 50.5$mm 和最小尺寸为 $\phi 50.2$mm 时，键槽的中心位置偏移 0.15mm。因此，成批加工轴上键槽时，应先将工件的外径尺寸进行测量，按工件尺寸公差接近的状况分组，再适当按组调整刀具和工件的相对位置，加工出所有零件，从而避免因工件外圆直径的制造公差，使键槽两侧与工件轴线的对称度超差。

3. 用V形铁装夹工件铣轴上键槽

用V形铁装夹工件铣轴上键槽时，应选择两块等高的V形铁，由压板和螺栓配合将工件夹紧，如图1-3-30所示。

（1）V形铁的安装和找正

用底面上带凸键的V形铁装夹工件时，将两块V形铁的凸键置入工作台中央T形槽内，靠T形槽侧面定位安装V形铁。用一般的V形铁装夹工件时，可在T形槽内安放定位块，使V形铁的侧面靠在定位块的侧定位面上安装V形铁，如图1-3-31所示。

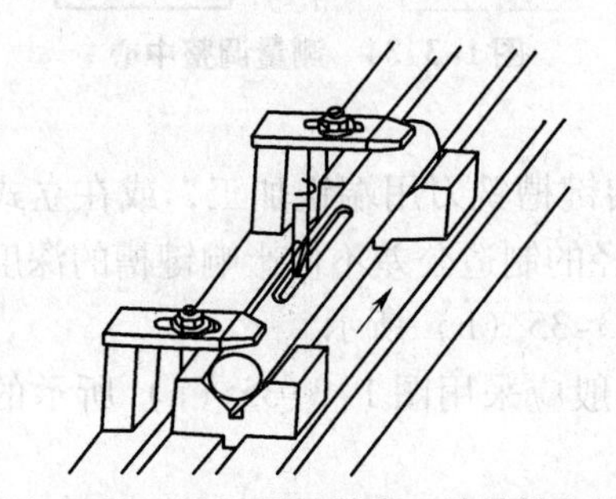

图1-3-30　用V形铁装夹工件铣轴上键槽

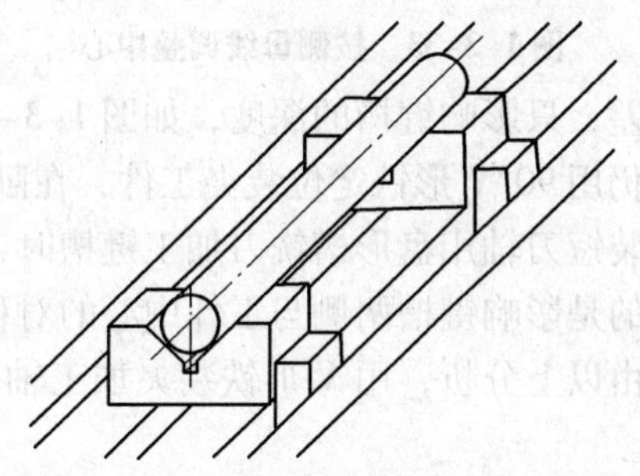

图1-3-31　用定位块定位安装V形铁

V形铁安装后，选择标准的圆棒或经检测直径公差符合要求的工件，放入两V形铁的V形面内，用百分表校正圆棒或工件的上母线与工作台台面平行；再找正圆棒或工件的侧母线与工作台纵向进给方向平行，如图1-3-32所示。这样可保证用V形铁定位安装的工件，铣出的键槽两侧或槽底与工件轴线平行。

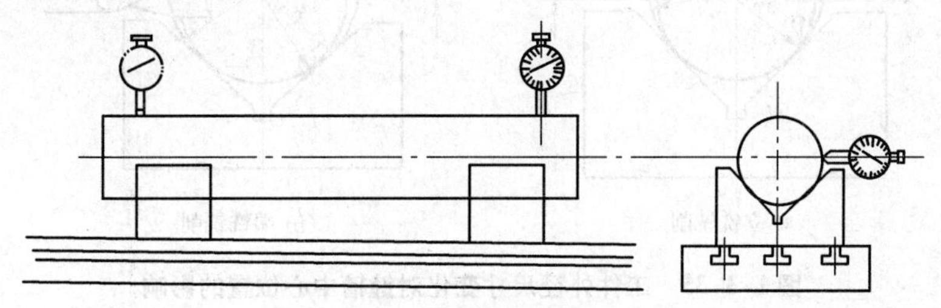

图1-3-32　用百分表找正V形铁

（2）对中心的方法

除采用前面所讲的切痕对中心方法外，还可以采用以下两种方法。

① 按工件的侧母线调整铣刀和工件的中心位置。工件安装后，使铣刀处于工件的侧母线处，用手转动铣刀，让铣刀的圆周刃刚刚划着工件的侧母线，降落工作台，将横向工作台向着铣刀的方向移动一个铣刀半径和工件半径之和的距离$A$，对好中心，如图1-3-33所示，然后将横向进给机构紧固。移动横向进给时，应注意消除工作台丝杠和螺母间隙对移动尺寸的影响。

② 测量对中心。装夹工件后，在钻夹头内夹持铣刀或圆棒，用角尺和游标卡尺测量工件侧母线至铣刀或圆棒圆周面间的距离，使工件两边相等（$A=A'$），即可对好中心（如图1-3-34所示），然后将横向进给机构紧固。

（3）工件外圆直径尺寸变化对键槽中心位置的影响

用90°V形铁定位装夹工件时，在卧式铣床上用盘形槽铣刀，或在立式铣床上用键槽铣刀铣轴上键槽，已经对好中心，则能保证键槽两侧和工件中心的对称度。工件外圆直径的制

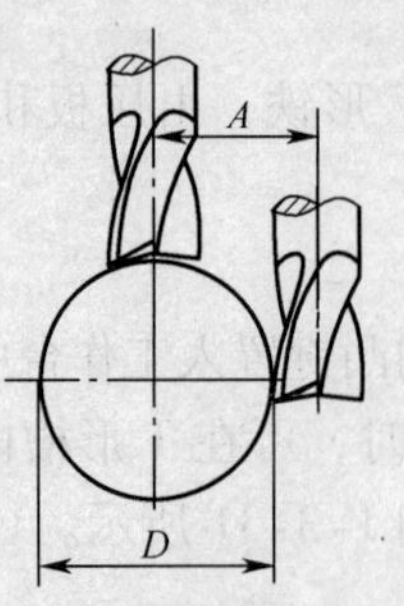


图 1-3-33　按侧母线调整中心

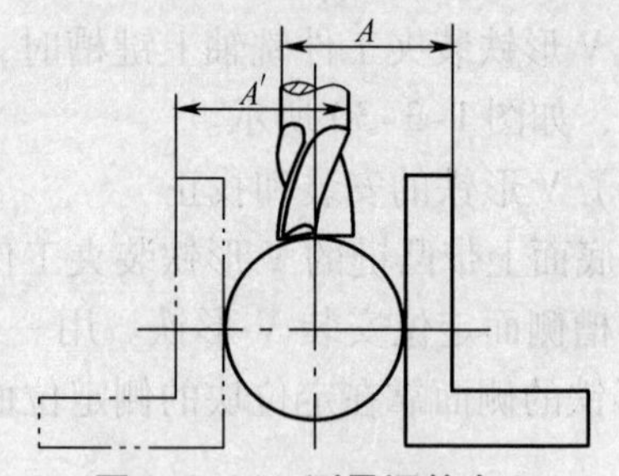


图 1-3-34　测量调整中心

造公差，只影响键槽的深度，如图 1-3-35（a）所示。

仍用 90°V 形铁定位装夹工件，在卧式铣床上安装键槽铣刀用端铣加工，或在立式铣床上安装短刀轴用盘形槽铣刀加工键槽时，工件外圆直径的制造公差不但影响键槽的深度，更重要的是影响键槽两侧与工件中心的对称度，如图 1-3-35（b）所示。

由以上分析，用 V 形铁装夹加工轴上键槽时，一般应采用图 1-3-35（a）所示的加工方法。

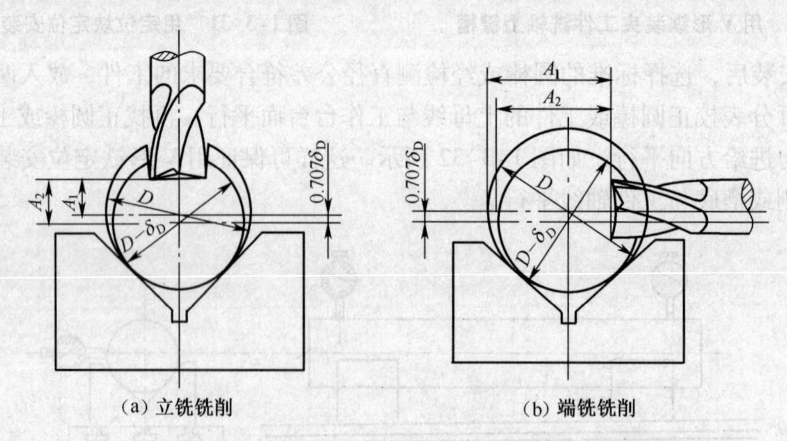


图 1-3-35　工件外径尺寸变化对键槽中心位置的影响

**4. 用盘形槽铣刀铣长轴上的键槽**

（1）工件的装夹方法

在$\phi 20 \sim \phi 60$mm 的长轴上铣长键槽时，可将工件用工作台中央 T 形槽的倒角定位，用压板夹紧在工作台台面上，用盘形槽铣刀加工。

（2）对中心的方法

为了使所铣键槽的两侧对称于工件中心，铣削时，应使盘形槽铣刀宽度的中心通过工件轴心。常用的对中心的方法有以下两种。

① 切痕对中心。工件装夹后，使铣刀宽度的中心大致处于工件的中心，开动机床，使铣刀旋转，在工件上母线处切出一个约等于键槽宽度的椭圆形小平面 $B$，用肉眼观察使铣刀两侧刃对准椭圆形小平面宽度的两边，则铣刀中心就落在工件中心上（如图 1-3-36 所示），然后将横向进给机构紧固。

② 测量对中心。工件装夹后，把角尺放在工作台面上，使角尺的尺苗分别靠向工件的两侧母线，用游标卡尺测量铣刀侧面与角尺尺苗内侧面间的距离 $A = A'$，即可对好中心（如图 1-3-37 所示），然后将横向进给机构紧固。

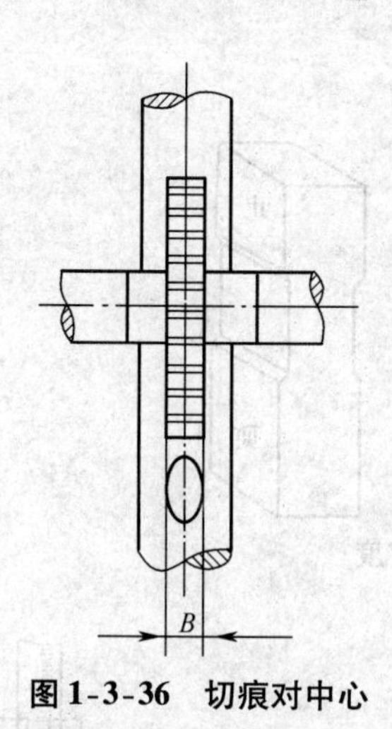


图 1-3-36 切痕对中心

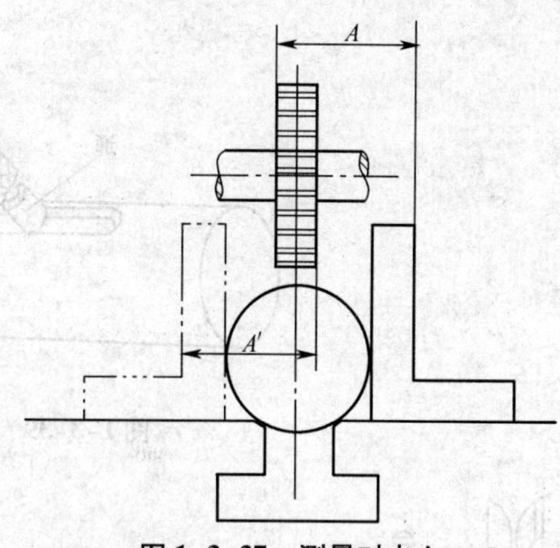


图 1-3-37 测量对中心

(3) 铣削方法

用盘形槽铣刀铣长轴上的键槽或半通槽时，深度一次铣成。铣削时，将压板压在距工件端部 60～100mm 处，由工件端部向里铣出一段槽，如图 1-3-38（a）所示。然后停止铣刀旋转和工作台进给，把压板移到靠近工件的端部，垫铜皮夹紧工件［如图 1-3-38（b）所示］，再开动机床使铣刀旋转，自动走刀铣出槽。

铣削中应注意压板的位置，铣刀不要碰损压板，较长的键槽可分数次移动压板及工件铣成。

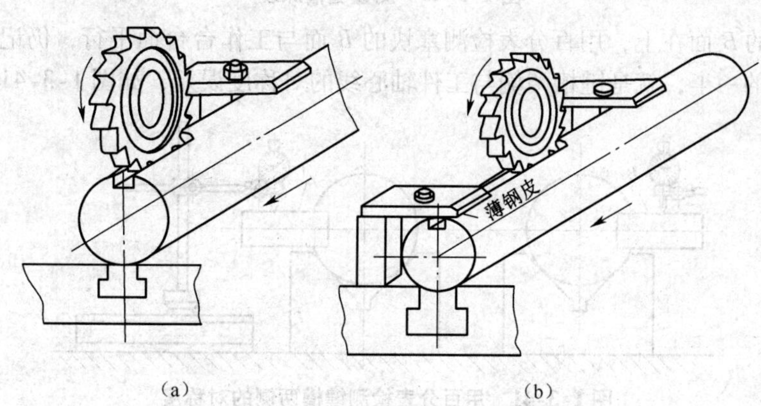


图 1-3-38 用盘形槽铣刀铣长轴上的键槽

**5. 轴上键槽的检测方法**

(1) 塞规检测键槽宽度

检测时，塞规的通端能够塞入槽中，而止端不能塞入槽中即为合格品，如图 1-3-39 所示。

(2) 游标卡尺、千分尺、深度尺检测键槽其他尺寸

键槽长度尺寸用游标卡尺检测；键槽深度尺寸可用游标卡尺、千分尺、深度尺检测，如图 1-3-40 所示。

(3) 百分表检测键槽两侧与工件轴线的对称度

检测时，选择两块等高 V 形铁，将 V 形铁放在平板或工作台面上，将工件置入 V 形铁的 V 形面内。选择一块与键槽宽度尺寸相同的塞块塞入键槽内，并使塞块的平面大致处于水平位置，用百分表检测塞块的 *A* 面与工作台台面平行，记住表的读数，然后将工件转动

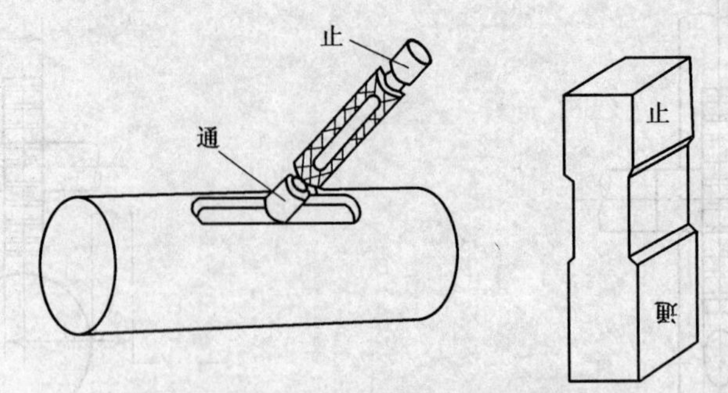


图 1-3-39　用塞规检测键槽宽度

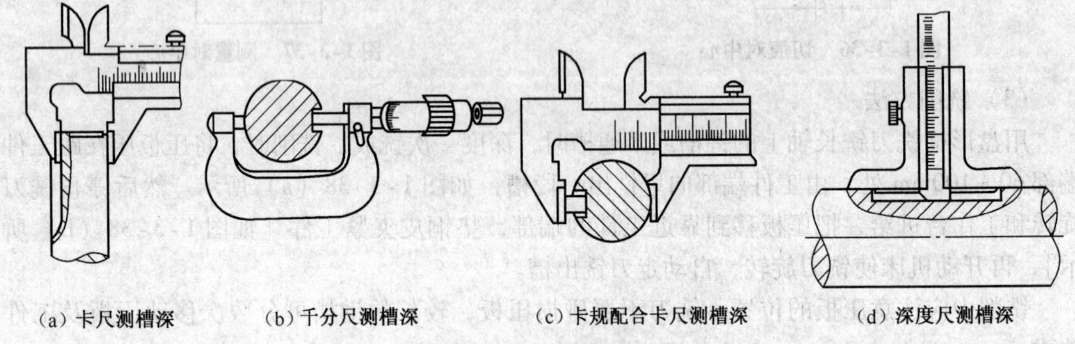


图 1-3-40　测量键槽深度

180°，使塞块的 $B$ 面在上，用百分表检测塞块的 $B$ 面与工作台台面平行，仍记住表的读数，两次读数差值的一半，就是键槽两侧与工件轴心线的对称度误差，如图 1-3-41 所示。

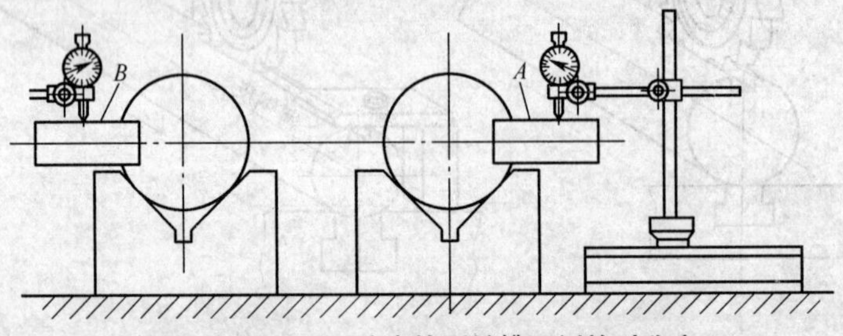


图 1-3-41　用百分表检测键槽两侧的对称度

## 四、切断和窄槽的铣削

为了节省材料，在铣床上切断工件时通常采用薄片圆盘形的锯片铣刀或窄槽（切口）铣刀。锯片铣刀的直径较大，一般用于切断工件；窄槽铣刀的直径比较小，齿也较密，用于铣削工件上切口和窄缝，或用于切断细小的或薄型的工件。这两种铣刀的结构基本相同，铣刀侧面无切削刃。为了减少铣刀侧面与切口之间的摩擦，铣刀的厚度自圆周向中心凸缘逐渐减薄，铣刀用钝后仅修磨外圆齿刃。

### 1. 切断时锯片铣刀的选择

在铣床上切断时用锯片铣刀，选择锯片铣刀时，主要是选择锯片铣刀的直径和厚度。在能够把工件切断的情况下，应尽量选择直径较小的锯片铣刀，如图 1-3-42 所示。

选择铣刀外径按下式确定：

$$D > d + 2t \tag{1-3-2}$$

式中，$D$——铣刀直径，mm；

$d$——刀杆垫圈外径，mm；

$t$——工件厚度，mm。

选择铣刀厚度按下式确定：

$$L < \frac{B_o - Bn}{n - 1} \tag{1-3-3}$$

式中，$L$——铣刀厚度，mm；

$B_o$——工件总长，mm；

$B$——每件长度，mm；

$n$——切断工件数。

一般情况下铣刀厚度取2～5mm，铣刀直径大时取较厚的铣刀，铣刀直径小时取较薄的铣刀。

### 2. 锯片铣刀的安装

铣刀厚度较薄，为避免铣刀受力过大而碎裂，安装锯片铣刀时，在刀轴和铣刀间不安装键，靠刀轴垫圈和铣刀两侧面间的摩擦力，带动铣刀旋转切削工件。为了防止刀轴紧刀螺母松动，可在靠近刀轴紧刀螺母的垫圈内安装键，如图1-3-43所示。

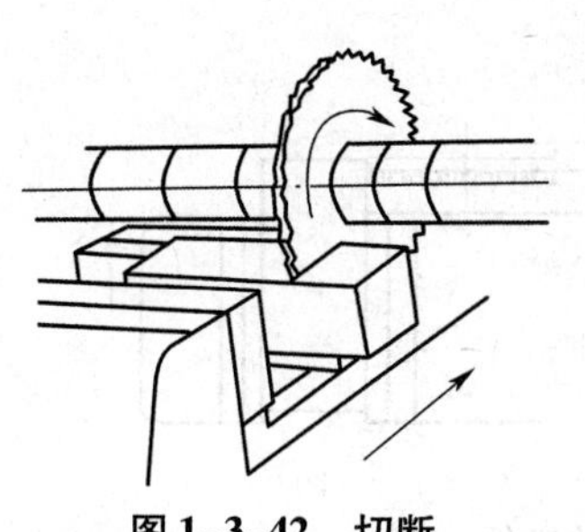

图1-3-42　切断

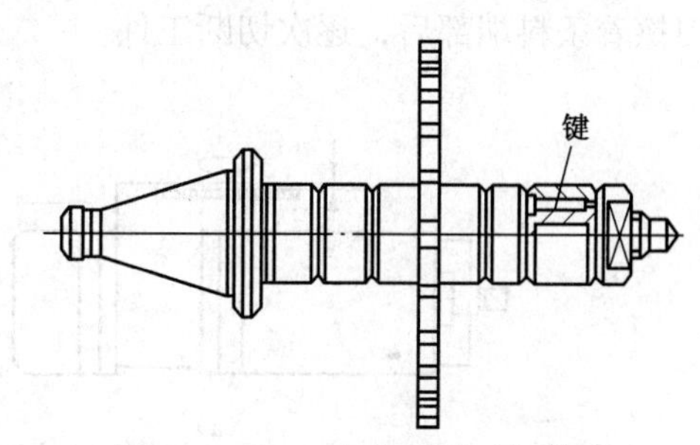


图1-3-43　刀杆螺母的防松措施

安装锯片铣刀时，铣刀应尽量靠近铣床主轴端部。安装挂架时，挂架应尽量靠近铣刀，以便增加刀轴的支持刚性。铣刀安装后，检查刀齿的圆跳动和端面跳动在要求的范围内，以免因圆跳动过大，使同时工作的齿数减少，切削不均匀，排屑不流畅，损坏刀齿；或因端面跳动过大，使刀具两侧面与工件切缝两侧的摩擦力增大，出现夹刀现象，损坏铣刀。

### 3. 工件的装夹

（1）机用平口钳装夹工件

用机用平口钳装夹工件时，固定钳口应与铣床主轴轴线平行，铣削力应朝向固定钳口。工件伸出钳口端长度应尽量短（以铣不着钳口端为宜），避免切断时产生振动。

（2）用压板装夹工件

切断板料时，可用压板将工件夹紧在工作台台面上，压板的夹紧点要尽量靠近铣刀，切缝置于工作台T形槽间，防止损伤工作台面。工件的端面和侧面应安装定位靠铁，以便工件定位和承受一定的铣削力，防止工件松动。

在X6132铣床上切断薄板料时，可以采用顺铣，如图1-3-44所示。应将工作台丝杠和螺母间隙调整在合理的范围内。

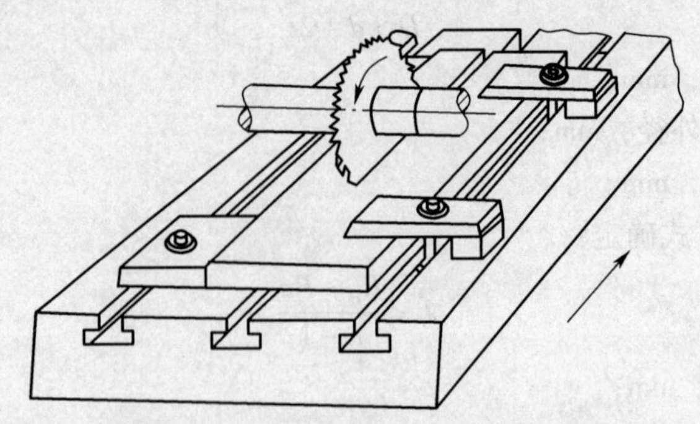

图 1-3-44　用压板装夹工件切断薄板料

**4. 机用平口钳装夹工件的切断方法**

用机用平口钳装夹工件切断时，可用手动进给或机动进给。使用机动进给时，应先手摇工作台手柄，使铣刀切入工件后，再扳动机动进给手柄，自动走刀切断工件。

（1）切断较薄的工件

切断的工件厚度较薄时，将条料的一端伸出钳口端 3 ~ 5 个工件的厚度尺寸，紧固工件，对刀调整，切去条料的毛坯端部，如图 1-3-45（a）所示。然后将工件退出铣刀，松开横向进给紧固手柄，移动横向工作台一个铣刀厚度和工件厚度之和，紧固横向进给，切断出第一件，如图 1-3-45（b）所示。以同样的方法切断出 3 ~ 5 件后，松开工件，重新装夹，使铣刀擦着条料端部后，逐次切断工件。

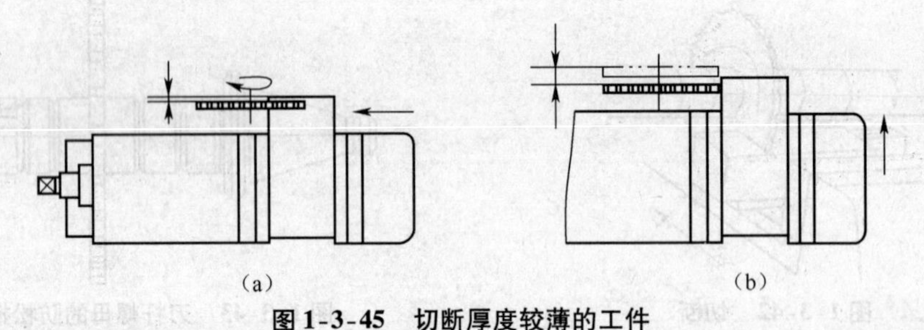


图 1-3-45　切断厚度较薄的工件

（2）切断较厚的工件

切断的工件厚度较厚时，将条料一端伸出钳口端部 10 ~ 15mm，切去条料的毛坯端部，如图 1-3-46（a）所示。然后退刀松开条料，再使条料伸出钳口端部一个工件厚度加 5 ~ 10mm 的长度，将工件夹紧，移动横向进给使铣刀擦着条料端部，退出工件，移动横向进给一个工件厚度和铣刀厚度距离之和，将横向进给紧固，切断工件，如图 1-3-46（b）所示。

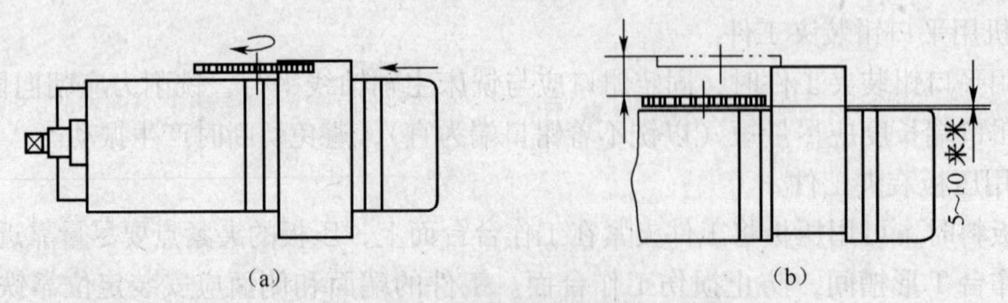


图 1-3-46　切断厚度较厚的工件

（3）铣刀的位置

为了使铣刀工作平稳，防止铣刀将工件抬出钳口、损坏铣刀，铣刀切断工件时，其圆周刃刚好与条料的底面相切为宜，如图 1-3-47 所示。

（4）切断较短的条料

条料切到最后，长度变短，装夹后钳口受力不均匀，活动钳口易歪斜，切断时工件易被刀具抬出钳口，损坏铣刀，啃伤工件。所以，条料切到最后，应在钳口的另一端垫上切成的工件或垫块，使钳口两端受力均匀（如图 1-3-48 所示），切到最后留下 20 ~ 30mm 长的料头，就不能再切了。

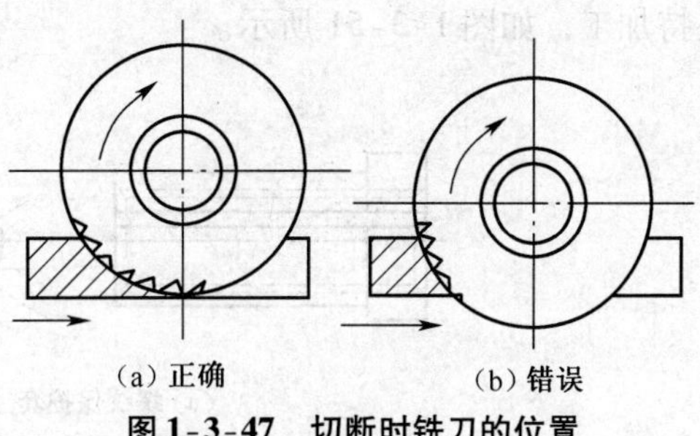

（a）正确　（b）错误

图 1-3-47　切断时铣刀的位置

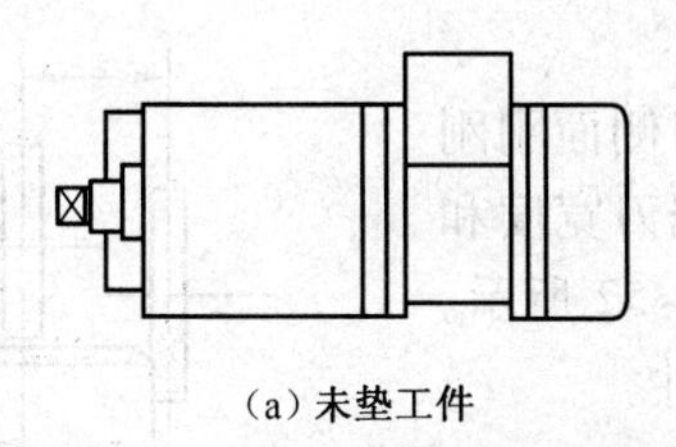

（a）未垫工件

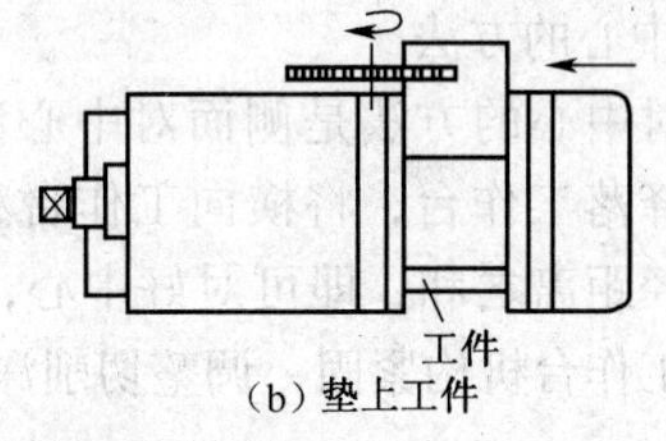


（b）垫上工件

图 1-3-48　垫工件或垫块使钳口受力均匀

（5）切断带孔工件

切断带孔工件时，仍将机用平口钳的固定钳口与铣床主轴轴线平行安装，夹持工件的两端面，将工件切透，如图 1-3-49 所示。

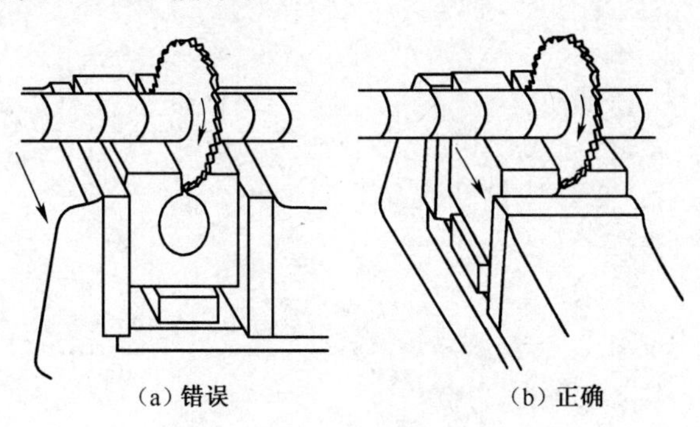

（a）错误　（b）正确

图 1-3-49　切断带孔工件

**5. 用开缝铣刀铣窄槽**

（1）工件的装夹方法

零件上较窄的直角沟槽（如开口螺钉），一般用开缝铣刀（切口铣刀）在铣床上加工。为了装卸工件方便，又不损伤工件的螺纹部分，可用对开螺母［如图 1-3-50（a）所示］、对开半圆孔夹紧块［如图 1-3-50（b）所示］、带橡胶 V 形夹紧块［如图 1-3-50（c）所

（a）对开螺母

（b）对开半圆孔夹紧块

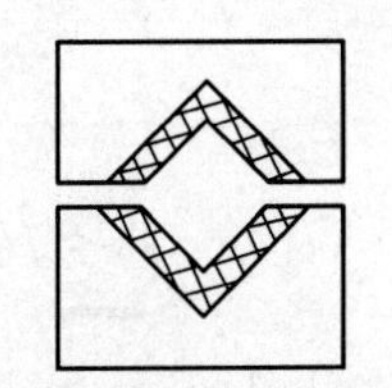

（c）带橡胶 V 形夹紧块

图 1-3-50　在机用平口钳上装夹铣开口螺钉用辅助夹具

示］在机用平口钳上装夹加工。还可以用开口的螺纹保护套或垫铜皮，将工件用三爪卡盘夹持加工，如图 1-3-51 所示。

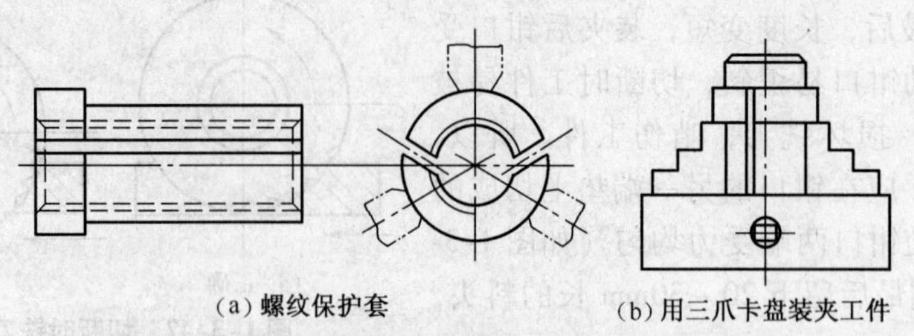
(a) 螺纹保护套　　(b) 用三爪卡盘装夹工件

**图 1-3-51　用开口螺纹保护套在三爪卡盘上装夹工件**

（2）对中心的方法

常用的对中心的方法是侧面对中心法。使铣刀侧面刚刚擦着工件，降落工作台，将横向工作台移动一个铣刀宽度和螺钉头部半径距离之和，即可对好中心，如图 1-3-52 所示。然后将横向工作台机构紧固，调整切削深度加工工件。

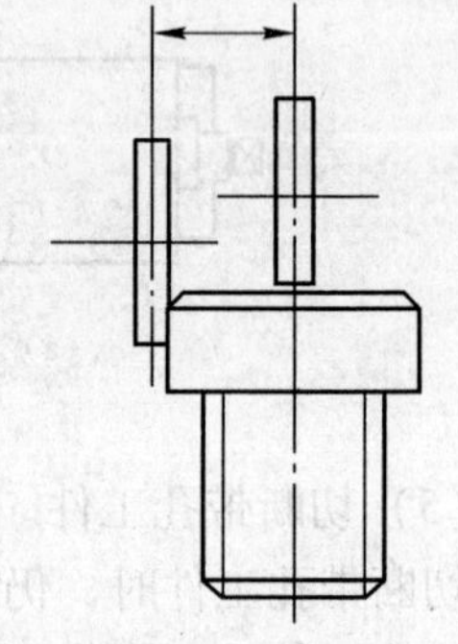

**图 1-3-52　侧面对中心**

# 基础知识四 T形槽、V形槽和燕尾槽的铣削

## 一、T形槽的铣削

### 1. T形槽的组成及用途

T形槽零件如图1-4-1所示。

T形槽主要用在机床工作台或夹具上，作为定位槽或用来安装T形螺钉夹紧工件。

T形槽由两部分组成：一是直角槽，直角槽又分为基准槽和固定槽（基准槽要求较高，现加工工件为固定槽）；二是底槽。

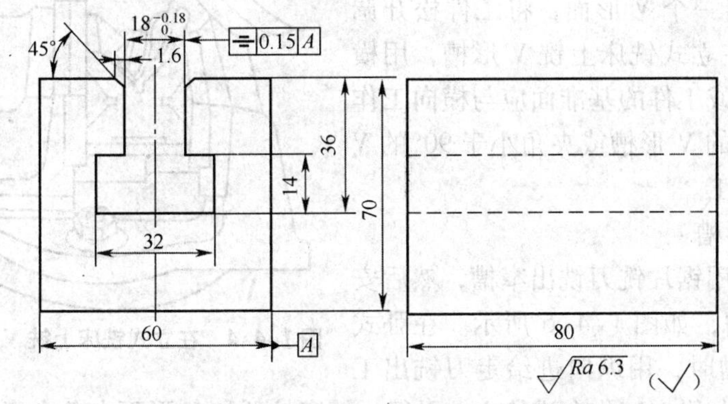

图1-4-1 T形槽零件

### 2. T形槽用的铣刀及其选择

T形槽铣刀是用来加工T形槽底槽的铣刀，其柄是锥形的，切削部分似盘铣刀，如图1-4-2所示。铣T形槽选择铣刀时，应按直槽的宽度选择铣刀颈部直径。

### 3. 一般T形槽的铣削方法

先在立式铣床上用立铣刀或在卧式铣床上用三面刃铣出直槽，然后在立式铣床上安装T形槽铣刀铣出T形槽，最后用角度铣刀在槽口倒角（如图1-4-3所示）。

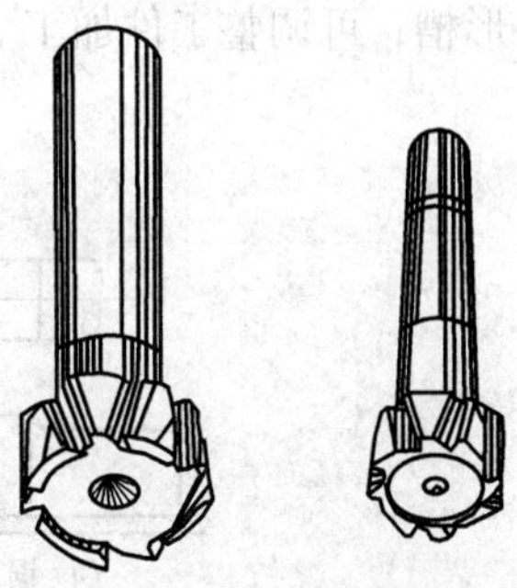

图1-4-2 T形槽铣刀

## 二、V形槽的铣削

### 1. V形槽的技术要求

① V形槽的夹角一般为90°或60°，其中以90°V形槽最为常用。

② V形槽的中心和窄槽的中心重合，一般情况下矩形工件两侧对称于V形槽中心。

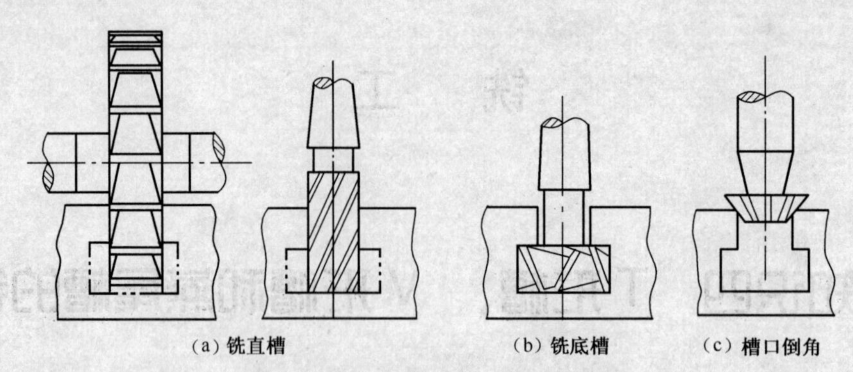


图 1-4-3　T 形槽的加工方法和步骤

③ V 形槽两 V 形面夹角的中心线垂直于工件基准面。

④ 窄槽略深于两 V 形面的交线。

**2. V 形槽的加工方法**

(1) 用立铣刀铣 V 形槽

夹角等于或大于 90°的 V 形槽，可调整立铣头角度用立铣刀加工，如图 1-4-4 所示。加工时先用短刀轴安装锯片铣刀铣出窄槽，然后调整立铣头角度，安装立铣刀铣 V 形槽。铣 V 形槽时，先铣出一个 V 形面，将工件松开调整 180°铣出另一 V 形面。在立式铣床上铣 V 形槽，用横向进给走刀铣出工件，夹具或工件的基准面应与横向工作台进给方向平行。尺寸较小的 V 形槽或夹角小于 90°的 V 形槽，可用对称双角铣刀加工。

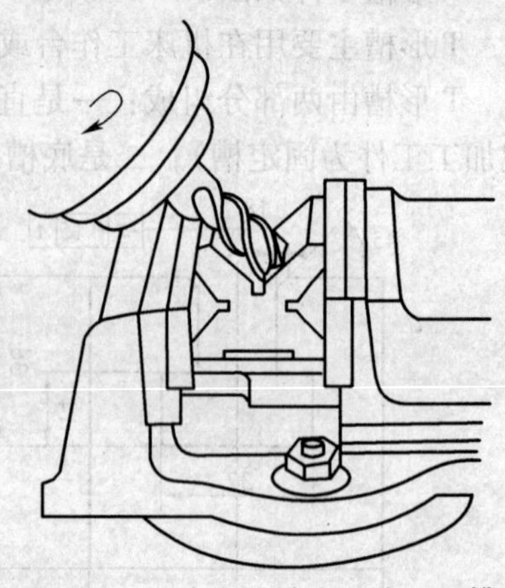

图 1-4-4　在立式铣床上铣 V 形槽

(2) 用双角铣刀铣 V 形槽

铣削时先在卧式铣床上用锯片铣刀铣出窄槽，然后安装对称双角铣刀铣出 V 形槽，如图 1-4-5 所示。在卧式铣床上用双角铣刀铣 V 形槽时，用纵向进给走刀铣出工件，夹具或工件的基准面应与纵向工作台进给方向平行。精度较低的 V 形面夹角大于 90°的 V 形槽，可调整工件加工。

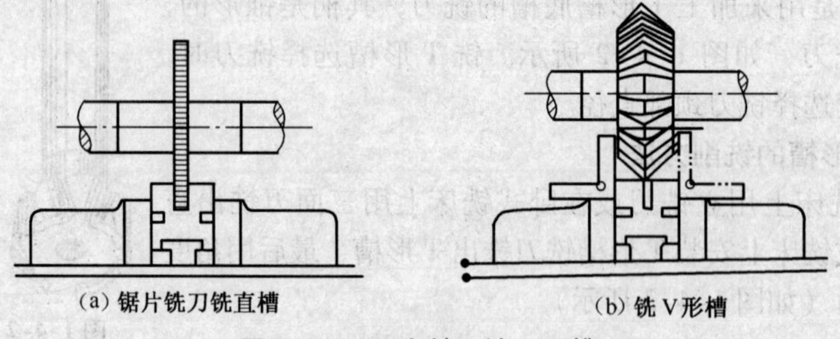


图 1-4-5　双角铣刀铣 V 形槽

(3) 调整工件铣 V 形槽

铣 90°V 形槽时，先安装锯片铣刀铣出窄槽。按划线再将 V 形槽的一个 V 形面找正，与工作台台面垂直或平行装夹，用三面刃铣刀或立铣刀，通过一次装夹加工出两个 V 形面。此种方法加工出的 V 形槽角度比较正确。大于 90°的 V 形槽，工件可分两次装夹找正，分别加工出两个 V 形面。

## 三、燕尾槽和燕尾块的铣削

燕尾槽与燕尾块配合使用，多用于机床导轨或其他导向零件，如铣床的垂直导轨和纵向工作台导轨等。燕尾槽的角度一般为 55°或 60°。

### 1. 铣燕尾槽用铣刀

铣燕尾槽用专用的燕尾槽铣刀，铣刀的切削部分的形状与单角铣刀相似。选择铣刀时根据燕尾槽的角度选择相同角度的铣刀，铣刀锥面的宽度应大于燕尾槽斜面的宽度。

### 2. 燕尾槽的铣削方法

燕尾槽的铣削方法分两个步骤，如图 1-4-6 所示。先在立式铣床上用立铣刀或端铣刀铣出直槽，再用燕尾槽铣刀铣出燕尾槽。铣带斜度的燕尾槽时，第一步先铣出不带斜度的一侧，第二步将工件按图样规定的方向和斜度调整至与工作台进给方向成一定斜度，铣出带斜度的一侧，如图 1-4-7 所示。

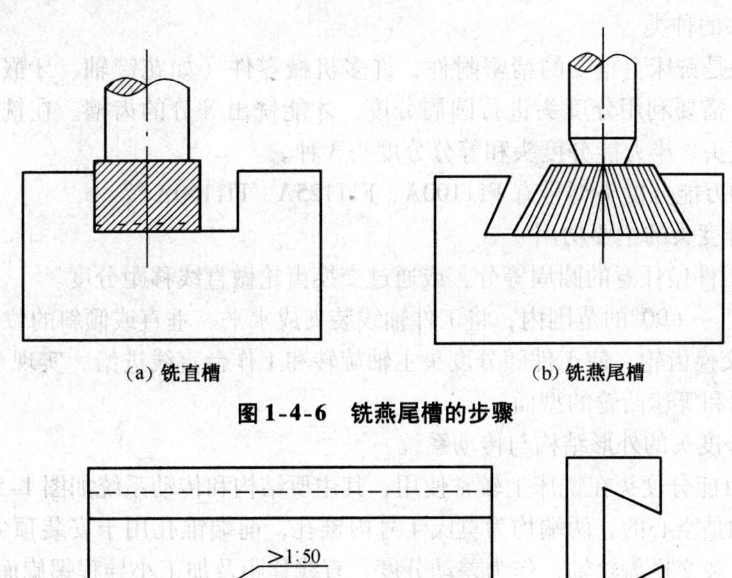


(a) 铣直槽　(b) 铣燕尾槽

图 1-4-6　铣燕尾槽的步骤

图 1-4-7　带斜度燕尾槽

# 基础知识五　万能分度头与回转工作台的应用

## 一、万能分度头与回转工作台及其附件

### 1. 万能分度头

（1）分度头的种类

万能分度头是铣床上重要的精密附件，许多机械零件（如花键轴、牙嵌离合器、齿轮等）在铣削时，需要利用分度头进行圆周分度，才能铣出等分的齿槽。在铣床上使用的分度头有万能分度头、半万能分度头和等分分度头3种。

目前常用的万能分度头型号有F11100A、F11125A、F11160A等。

（2）万能分度头的主要功用

① 能够将工件做任意的圆周等分，或通过交换齿轮做直线移距分度。

② 能在－6°～＋90°的范围内，将工件轴线装夹成水平、垂直或倾斜的位置。

③ 能通过交换齿轮，使工件随分度头主轴旋转和工作台直线进给，实现等速螺旋运动，用以铣削螺旋面和等速凸轮的型面。

（3）万能分度头的外形结构与传动系统

F11125型万能分度头在铣床上较常使用，其主要结构和传动系统如图1-5-1所示。

分度头主轴是空心的，两端均为莫氏4号内锥孔，前端锥孔用于安装顶尖或锥柄芯轴，后端锥孔用于安装交换齿轮轴，作为差动分度、直线移距及加工小导程螺旋面时安装交换齿轮之用。主轴的前端外部有一段定位锥体，用于三爪自定心卡盘连接盘的安装定位。

装有分度蜗轮的主轴安装在回转体内，可随回转体在分度头基座的环形导轨内转动。因此，主轴除安装成水平位置外，还可在－6°～＋90°范围内任意倾斜，调整角度前应松开基座上部靠主轴后端的两个螺母，调整之后再予以紧固。主轴的前端固定着刻度盘，可与主轴一起转动。刻度盘上有0°～360°的刻度，可作为分度之用。

孔盘（又称分度盘）上有数圈在圆周上均布的定位孔，在孔盘的左侧有一孔盘紧固螺钉，用以紧固孔盘或微量调整孔盘。在分度头的左侧有两个手柄：一个是主轴锁紧手柄，在分度时应先松开，分度完毕后再锁紧；另一个是蜗杆脱落手柄，它可使蜗杆和蜗轮脱开或啮合。蜗杆和蜗轮的啮合间隙可用偏心套调整。

在分度头右侧有一个分度手柄，转动分度手柄时，通过一对传动比1:1的斜齿圆柱齿轮及一对传动比为1:40的蜗杆副使主轴旋转。此外，分度盘右侧还有一根安装交换齿轮用的交换齿轮轴，它通过一对速比为1:1的交错轴斜齿轮副和空套在分度手柄轴上的分度盘相联系。

分度头基座下面的槽里装有两块定位键，可与铣床工作台面的T形槽直槽相配合，以

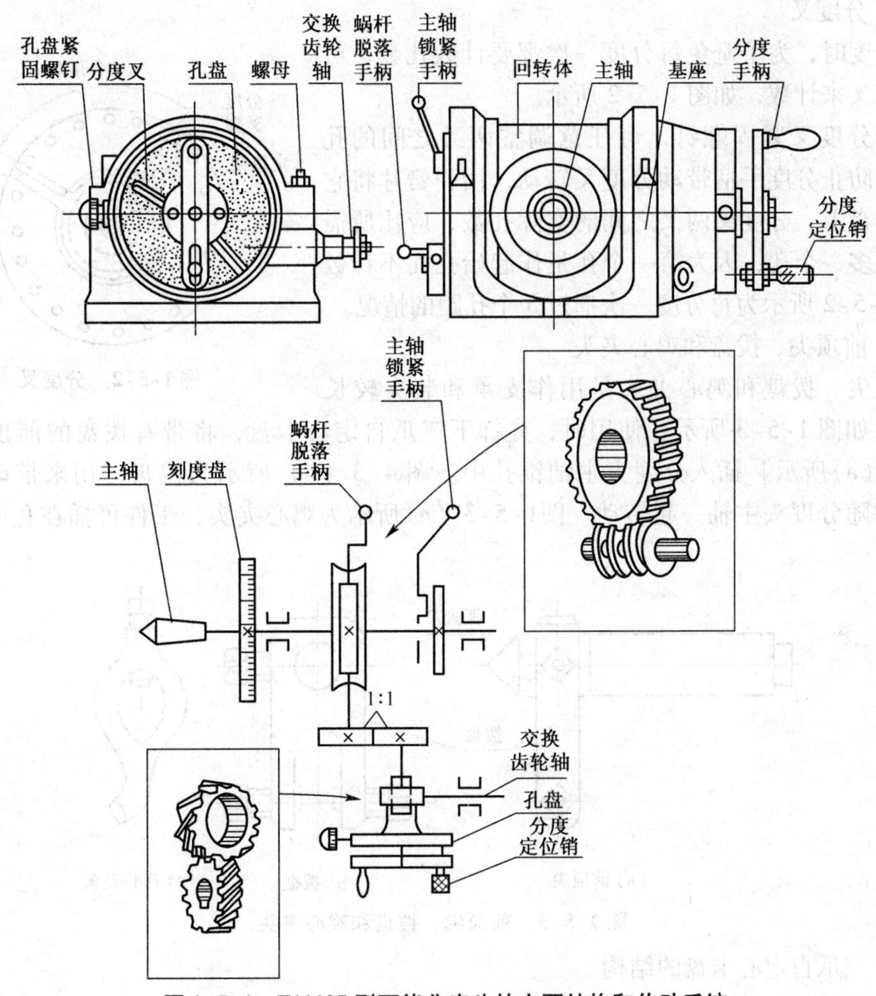


图 1-5-1　F11125 型万能分度头的主要结构和传动系统

便在安装分度头时，使主轴轴线准确地平行于工作台的纵向进给方向。

**2. 万能分度头的附件和功用**

（1）孔盘

F11125 型万能分度头备有两块孔盘，正、反面都有数圈均布的孔圈。常用孔盘的孔圈数见表 1-5-1。

**表 1-5-1　　孔盘的孔圈数**

| 盘块面 | 盘的孔圈数 |
|---|---|
| 第一块盘 | 正面：24、25、28、30、34、37、38、39、41、42、43<br>反面：46、47、49、51、53、54、57、58、59、62、66 |
| 带两块盘 | 第一块正面：24、25、28、30、34、37<br>反面：38、39、41、42、43<br>第二块正面：46、47、49、51、53、54<br>反面：57、58、59、62、66 |

使用孔盘可以解决分度手柄不是整转数的分度，进行一般的分度操作。

（2）分度叉

在分度时，为了避免每分度一次都要计数孔数，可利用分度叉来计数，如图 1-5-2 所示。

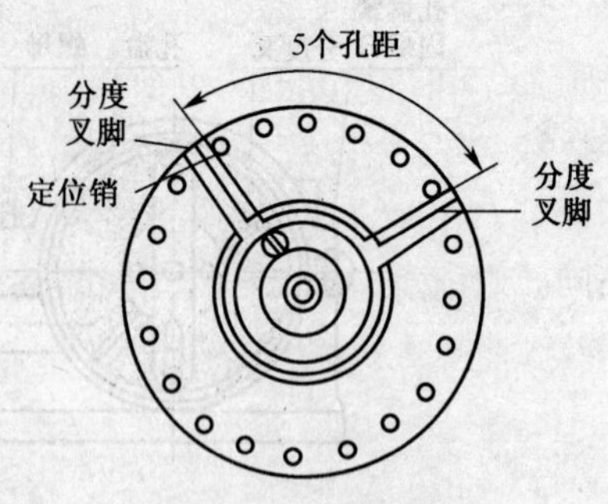

图 1-5-2　分度叉

松开分度叉紧固螺钉，可任意调整两叉之间的孔数，为了防止分度手柄带动分度叉转动，用弹簧片将它压紧在孔盘上。分度叉两叉之间的实际孔数，应比所需的孔距数多一个孔，因为第一个孔是作起始孔而不计数的。图 1-5-2 所示为每分度一次摇过 5 个孔距的情况。

（3）前顶尖、拨盘和鸡心夹头

前顶尖、拨盘和鸡心夹头是用作支承和装夹较长工件的，如图 1-5-3 所示。使用时，先卸下三爪自定心卡盘，将带有拨盘的前顶尖［如图1-5-3（a）所示］插入分度头主轴锥孔中。图 4-3（b）所示为拨盘，用来带动鸡心夹头和工件随分度头主轴一起转动。图1-5-3（c）所示为鸡心夹头，工件可插在孔中用螺钉紧固。

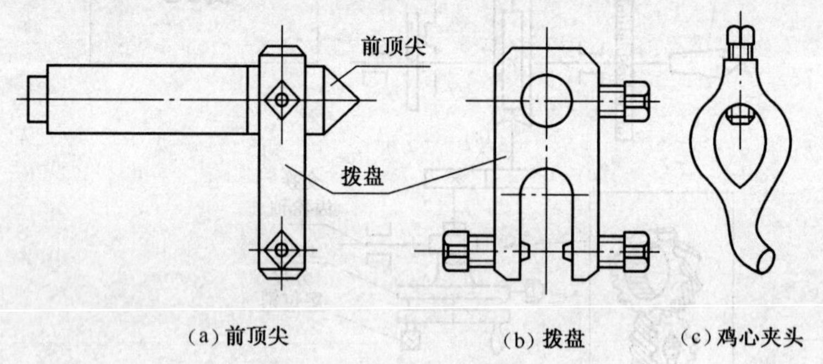

图 1-5-3　前顶尖、拨盘和鸡心夹头

（4）三爪自定心卡盘的结构

三爪自定心卡盘的结构如图 1-5-4 所示。它通过连接盘安装在分度头主轴上，用来装夹工件，当扳手方榫插入小锥齿轮的方孔内转动时，小锥齿轮就带动大锥齿轮转动。大锥齿轮的背面有一平面螺纹，与 3 个卡爪上的牙齿啮合。因此，当平面螺纹转动时，3 个爪就能同步进出移动。

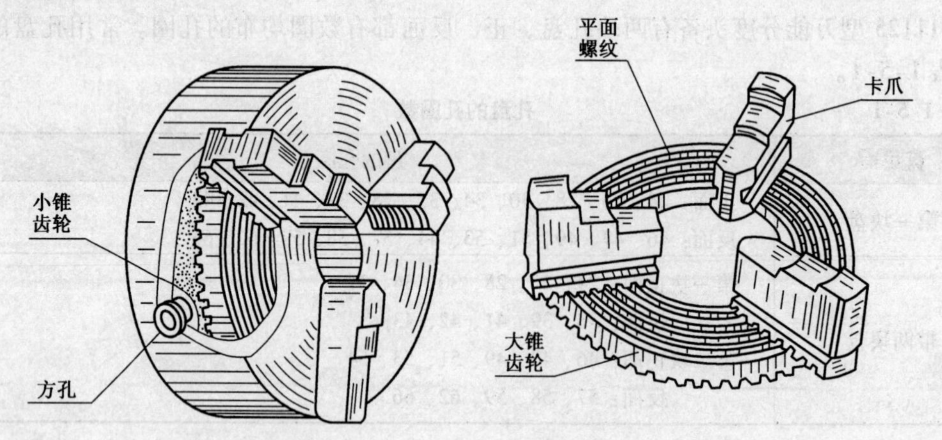

图 1-5-4　三爪自定心卡盘的结构

（5）尾座

尾座与分度头联合使用，一般用来支承较长的工件，如图 1-5-5 所示。在尾座上有一个顶尖，和装在分度头上前顶尖或三爪自定心卡盘一起支承工件或芯轴。转动尾座手轮，可使后顶尖进出移动，以便装卸工件。后顶尖可以倾斜一个不大的角度，同时顶尖的高低也可以调整。尾座下有两个定位键，用来保持后顶尖轴线与纵向进给方向一致，并和分度头轴线在同一直线上。

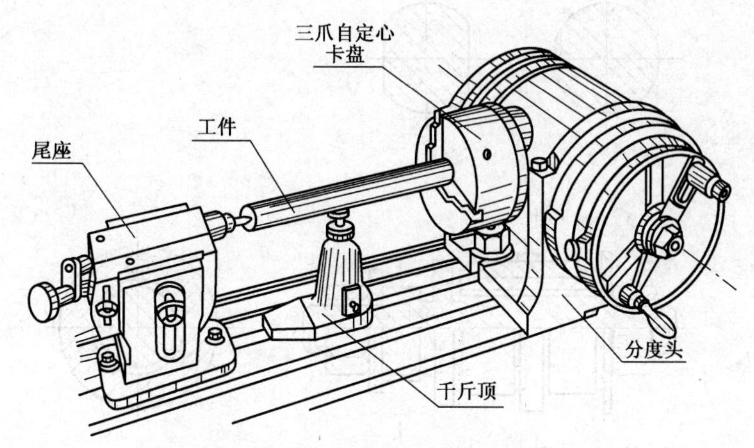


图 1-5-5　分度头及其附件装夹工件的方法

（6）千斤顶

为了使细长轴在加工时不发生弯曲、颤动，在工件下面可以支承千斤顶。分度头附件千斤顶的结构如图 1-5-6 所示。转动螺母可使螺杆上下移动。锁紧螺钉是用来紧固螺杆的。千斤顶座具有较大的支承底面，以保持千斤顶的稳定性。

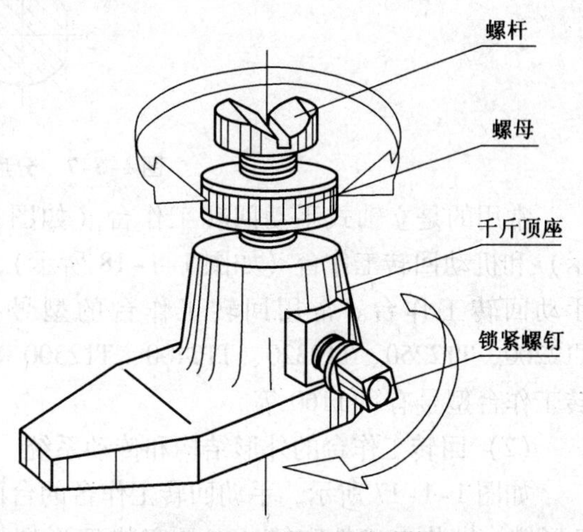


图 1-5-6　千斤顶的结构

（7）交换齿轮轴、交换齿轮架和交换齿轮

① 交换齿轮轴。装入分度头主轴孔内的交换齿轮轴如图 1-5-7（a）所示，装在交换齿轮架上的齿轮轴如图 1-5-7（b）所示。

② 交换齿轮架。安装于分度头侧轴上，用于安装交换齿轮轴及交换齿轮，如图1-5-8所示。

③ 交换齿轮。分度头上的交换齿轮，用来做直线移距、差动分度及铣削螺旋槽等工件。F11125 型万能分度头有一套 5 的倍数的交换齿轮，即齿数分别为 20、25、30、35、40、50、55、60、70、80、90、100，共 12 只齿轮。

**3. 回转工作台各部分名称及功用**

（1）回转工作台的种类

回转工作台简称转台，其主要功用是铣削圆弧曲线外形、平面螺旋槽和分度。回转工作台有机动回转工作台、手动回转工作台、立卧回转工作台、可倾回转工作台和万能回转工作台等多种类型。

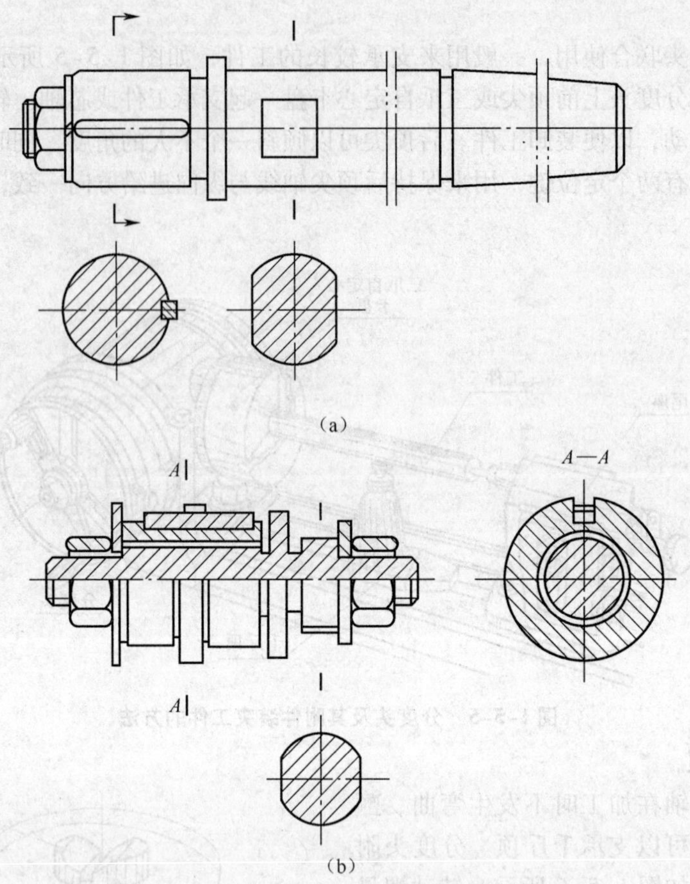


图 1-5-7 分度头交换齿轮轴

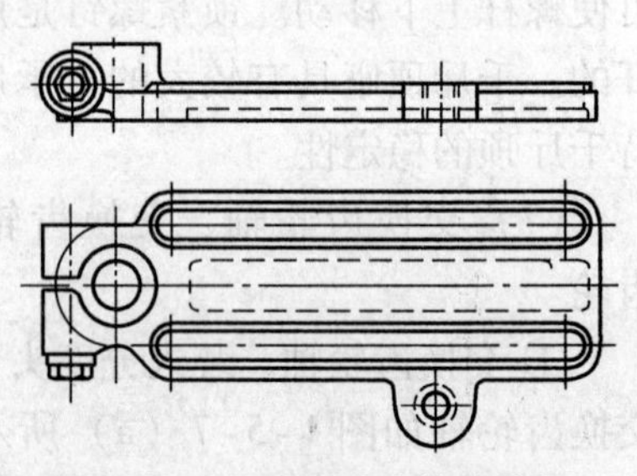

图 1-5-8 分度头交换齿轮架

常用的是立轴式手动回转工作台（如图 1-1-17 所示）和机动回转工作台（如图 1-1-18 所示），又称机动手动回转工作台。常用回转工作台的型号有 T12160、T12200、T12250、T12320、T12400、T12500 等。机动回转工作台型号有 T11160 等。

（2）回转工作台的外形结构和传动系统

如图 1-1-17 所示，手动回转工作台的台面上有数条 T 形槽，供装夹工件和辅助夹具穿装 T 形螺栓用，工作台的回转轴上端有定位圆台阶孔和锥孔，工作台的周边有 360°的刻度圈，在底座前面有 0 线刻度，供操作时观察工作台的回转角度。

底座前面左侧的手柄，可锁紧或松开回转工作台。使用机床工作台做直线进给铣削时，应锁紧回转工作台，使用回转工作台做圆周进给进行铣削或分度时，应松开回转工作台。

底座前面右侧的手轮与蜗杆同轴连接，转动手轮使蜗杆旋转，从而带动与回转工作台主轴连接的蜗轮旋转，以实现装夹在工作台上的工件做圆周进给和分度运动。手轮轴上装有刻度盘，若蜗轮是 90 齿，则刻度盘一周为 4°，每一格的示值为 $4°/n$，$n$ 为刻度盘的刻度格数。

偏心销与穿装蜗杆的偏心套连接，如松开偏心套锁紧螺钉，使偏心销插入蜗杆副啮合定位槽或脱开定位槽，可使蜗轮蜗杆处于啮合或脱开位置。当蜗轮蜗杆处于啮合位置时应锁紧偏心套，处于脱开位置时，可直接用手推动转台旋转至所需要位置。

机动回转工作台与手动回转台的结构基本相同，主要区别是能利用万向连轴器，由机床传动装置通过传动齿轮箱带动传动轴而使转台旋转，不需要机动时，将离合器手柄处于中间位置，直接转动手轮作手动操作；做机动操作时，逆时针扳动或顺时针扳动离合器手柄，可使回转工作台获得正、反方向的机动旋转。在回转工作台的圆周中部圈槽内装有机动挡铁，调节挡铁的位置，可利用挡铁推动拨块，使机动旋转自动停止，用以控制圆周进给的角位移行程位置。

**4. 分度方法与计算**

（1）简单分度法

简单分度法是分度中最常用的一种方法。分度时，先将分度盘固定，转动手柄使蜗杆带动蜗轮旋转，从而带动主轴和工件转过所需的度（转）数。由分度头的传动系统可知，分度手柄的转数 $n$ 和工件圆周等分数关系如下：

$$n=\frac{40}{z} \tag{1-5-1}$$

式中，$n$——分度手柄转数，r；

$z$——工件圆周等分数（齿数或边数）；

40——分度头定数。

（2）角度分度法

角度分度法实质上是简单分度法的另一种形式，从分度头结构可知，分度手柄摇 40r，分度头主轴带动工件转 1r，也就是转了 360°。因此，分度手柄转 1r 工件转过 9°，根据这一关系，可得出角度分度计算公式：

$$n=\frac{\theta^{\circ}}{9^{\circ}}=\frac{\theta'}{540'} \tag{1-5-2}$$

式中，$n$——分度手柄转数，r；

$\theta$——工件所需转过的角度，°。

（3）差动分度法

① 齿轮简单传动计算

单式轮系由一个主动轮、一个从动轮和若干个中间轮组成，如图 1-5-9（a）所示。

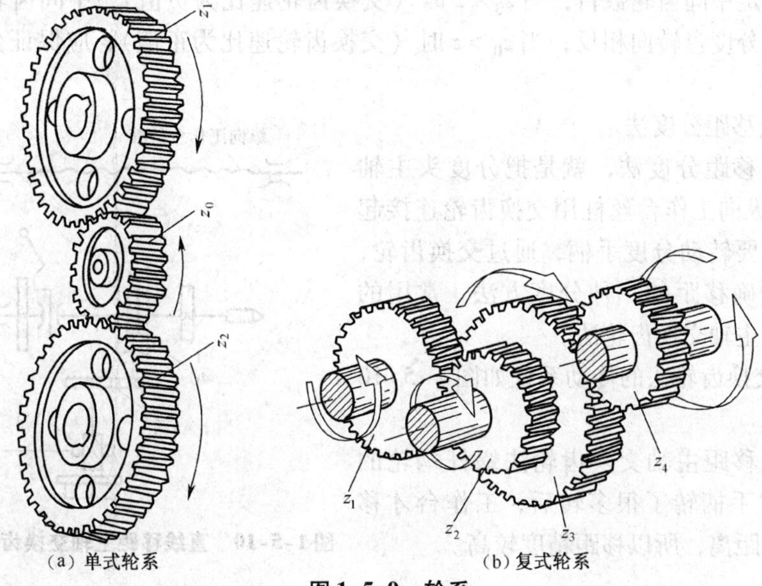


（a）单式轮系　　（b）复式轮系

图 1-5-9　轮系

单式轮系的速比计算公式为：

$$n=\frac{n_2}{n_1}=\frac{z_1}{z_2} \tag{1-5-3}$$

复式轮系是除主动轴和从动轴外，至少有一根中间轴装有两个齿轮的轮系，如图1-5-9 (b)所示。中间轴为奇数时，主动轴与从动轴转向相反；中间轴为偶数时，主动轴与从动轴转向相同。

复式轮系的速比计算公式为：

$$i=\frac{n_{从}}{n_{主}}=\frac{z_1z_3\cdots z_{n-1}}{z_2z_4\cdots z_n} \tag{1-5-4}$$

② 差动分度计算

第一，选取一个能用简单分度实现的假定齿数 $z_0$，$z_0$ 应与分度数 $z$ 相接近。尽量选 $z_0<z$，这样可以使分度盘与分度手柄转向相反，避免传动系统中的传动间隙影响分度精度。

第二，按假定齿数计算分度手柄应转的圈数 $n_0$，并确定所用的孔圈。

$$n_0=\frac{40}{z_0}$$

第三，交换齿轮计算，由差动分度传动关系得：

$$n_{盘}=\frac{1}{z}\times\frac{z_1z_3}{z_2z_4}$$

分度手柄的实际转数 $n=n_0+n_{盘}$。

即
$$\frac{40}{z}=\frac{40}{z}+\frac{1}{z}\times\frac{z_1z_3}{z_2z_4}$$

交换齿轮计算公式为：

$$\frac{z_1z_3}{z_2z_4}=\frac{40\ (z_0-z)}{z_0}$$

交换齿轮应从备用齿轮中选取，并规定$\frac{z_1z_3}{z_2z_4}=1/6\sim6$，以保证交换齿轮能相互啮合。

第四，确定中间齿轮数目，当 $z_0<z$ 时（交换齿轮速比为负值），中间齿轮的数目应保证分度手柄和分度盘转向相反；当 $z_0>z$ 时（交换齿轮速比为正值），应保证分度手柄和分度盘转向相同。

(4) 直线移距分度法

所谓直线移距分度法，就是把分度头主轴（或侧轴）和纵向工作台丝杠用交换齿轮连接起来，移距时只要转动分度手柄，通过交换齿轮，使工作台做精确移距的一种分度方法。常用的直线移距法是主轴交换齿轮法。

① 主轴交换齿轮法的传动系统如图1-5-10所示。

由于直线移距主轴交换齿轮法蜗杆蜗轮的减速，当分度手柄转了很多转后，工作台才移动一个较小的距离，所以移距精度较高。

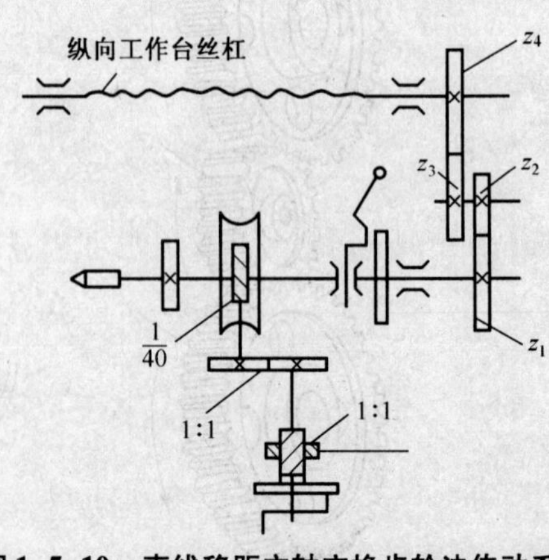


图1-5-10　直线移距主轴交换齿轮法传动系统

交换齿轮的计算公式为：

$$\frac{z_1 z_3}{z_2 z_4}=\frac{40s}{nP_{丝}} \tag{1-5-5}$$

式中，$z_1$、$z_3$——主动齿轮；

$z_2$、$z_4$——从动齿轮；

$s$——工件移距量，即每等分、每格的距离，mm；

$P_{丝}$——工作台纵向丝杠螺距，mm；

40——分度头定数；

$n$——每次分度时分度手柄转数，r。

按上式计算时，式中的 $n$ 可以任意选取，但在单式轮系时交换齿轮的传动比不大于 2.5，在复式轮系时不大于 6，以使传动平稳。

② 侧轴交换齿轮法的传动系统如图 1-5-11 所示。

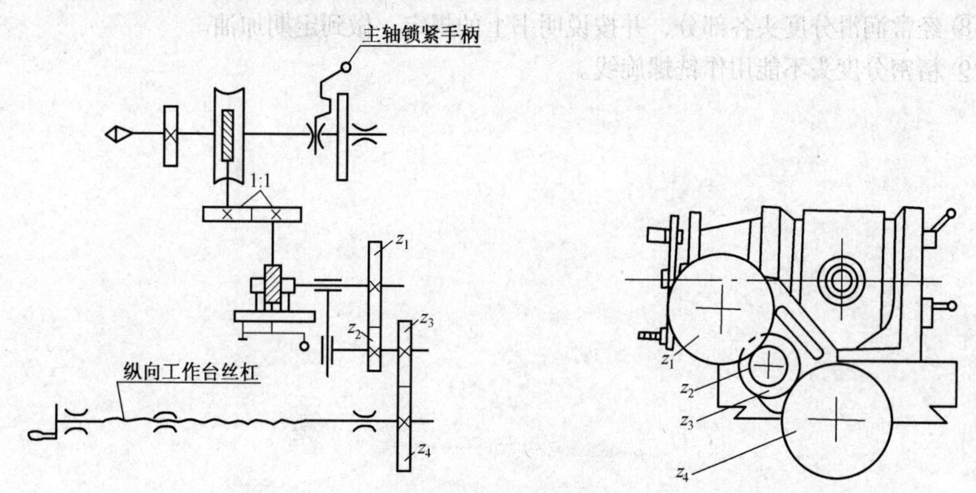


图 1-5-11　直线移距侧轴交换齿轮法的传动系统

交换齿轮的计算公式为：

$$\frac{z_1 z_3}{z_2 z_4}=\frac{s}{nP_{丝}} \tag{1-5-6}$$

式中，$z_1$、$z_3$——主动齿轮；

$z_2$、$z_4$——从动齿轮；

$s$——工件移距量，即每等分、每格的距离，mm；

$P_{丝}$——工作台纵向丝杠螺距，mm；

$n$——每次分度时分度手柄转数，r。

$n$ 的取值范围和主轴交换齿轮法相同。

**5. 万能分度头的正确使用和维护保养**

分度头是铣床上的精密附件，正确使用和日常维护能延长分度头的使用寿命和保持其精度，因此在使用和维护时应注意以下几点。

① 分度头蜗轮和蜗杆的啮合间隙应保持在 0.02 ~ 0.04mm 范围内，过小易使蜗轮副磨损，过大则易使工件的分度精度因铣削力等因素而受到影响，因此，蜗轮和蜗杆的啮合间隙不得任意调整。

② 在分度头上装卸工件时，要锁紧分度头主轴以免使蜗轮副因受力而损坏。

③ 分度时，在一般情况下，分度手柄应顺时针方向转动，在转动的过程中，尽可能使速度均匀，如果摇过了孔位，则应将分度手柄反向转半圈以上，然后再按原来方向摇到规定的孔位。

④ 分度时，首先松开主轴紧固手柄，分度后要重新紧固，但在加工螺旋工件时，由于分度头主轴要在加工过程中连续旋转，所以不能紧固。

⑤ 分度时，定位插销应慢慢地插入分度盘的孔内，切勿突然撒手，使定位插销自动弹出，以免损坏分度盘的孔眼。

⑥ 调整分度头仰角时，切不可将基座上部靠近主轴前端的两个六角螺钉松开，否则会使主轴位置的零位变动。

⑦ 要经常保持分度头的清洁，使用前应将分度头主轴锥孔和安装底面擦拭干净。存放时，应将外露的金属表面涂防锈油。

⑧ 经常润滑分度头各部分，并按说明书上的规定，做到定期加油。

⑨ 精密分度头不能用作铣螺旋线。

# 基础知识六　外花键和牙嵌离合器的铣削

## 一、外花键铣削

### 1. 花键的种类

花键按其齿廓形状可以分为矩形、渐开线形、三角形和梯形4种。其中，以矩形花键使用最广泛。矩形花键的定心方式有大径定心、小径定心和齿侧定心3种（如图1-6-1所示），其他齿形的花键一般都采用齿侧定心。

我国现行国标GB/T 1144—2001中只规定了小径定心一种方式，因为小径定心稳定性好，精度高。国外一些先进国家大都采用渐开线花键连接的齿侧配合制。

在普通铣床上，可加工修配用的大径定心矩形外花键，对小径定心的矩形外花键，一般只进行粗加工。

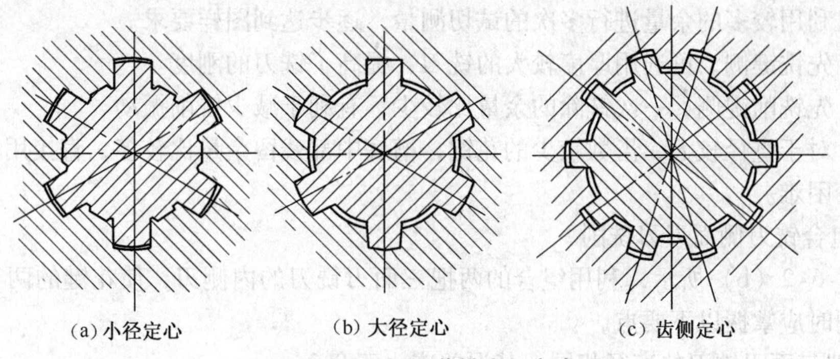


图1-6-1　矩形花键定心方式

### 2. 矩形花键的技术要求

(1) 尺寸精度

键的宽度和花键的定心面是主要配合尺寸，精度要求较高。

(2) 表面粗糙度

键的两侧面和定心配合面的表面粗糙度，一般要求在$Ra0.2\sim3.2\mu m$之间。

(3) 形状和位置精度

① 外花键定心小径（或大径）与基准轴线的同轴度。

② 键的形状精度和等分精度。

③ 键的两侧面与基准轴线的对称度和平行度。

花键的定心配合面的尺寸公差一般采用f7或h7，键的宽度尺寸公差一般采用f8或h8和f9或h9。

**3. 外花键的铣削加工方法**

（1）单刀铣削

当工件的数量很少时，使用三面刃单刀铣削较为简便。如图 1-6-2（a）所示，用这种方法加工，对铣刀的直径及铣刀的安装精度都没有很高的要求，但缺点是生产效率比较低。用单刀铣削可采用先铣削中间齿槽，后铣削键侧的方法，也可以采用先铣削键侧，后铣削槽底的方法，这两种方法各有特点。

① 先铣削中间槽，后铣削键侧的加工特点。

第一，先铣削中间槽可以铣除花键加工的大部分余量，只留较少的余量铣削键侧，减少侧刃铣削次数。

第二，借助中间槽的铣削位置，可通过计算，按横向移动（$B+L$）/2 调整键侧的铣削加工位置。

第三，先铣削中间槽，三面刃铣刀的厚度受到一定限制，限制条件按下式计算：

$$L' = d'\sin\left[\frac{180°}{N} - \sin^{-1}\left(\frac{B}{d'}\right)\right] \tag{1-6-1}$$

式中，$L'$——铣刀最大宽度，mm；

$d'$——外花键小径（包括留磨余量），mm；

$N$——外花键齿数；

$B$——外花键宽度，mm。

② 先铣削键侧，后铣削槽底的加工特点。

第一，键宽尺寸及其对工件轴线的对称度、平行度是花键加工的重点。对不够熟练的操作者，可以利用较多的余量进行多次的试切测量，逐步达到图样要求。

第二，先铣键侧，可选用厚度较大的铣刀，提高了铣刀的刚度。

第三，先铣削键侧，一次铣除的余量比较少，有利于减少铣削振动。

第四，对于直径较大、齿数较少的花键，槽底中部残留余量比较多，直接用槽底圆弧单刀加工比较困难。

（2）组合铣刀侧面刀刃铣削

如图 1-6-2（b）所示，利用组合的两把三面刃铣刀的内侧刃，使花键的两个键侧同时铣出。铣削时应掌握以下要点。

① 两把三面刃铣刀的直径相同，其误差应小于 0.2mm。

② 两把铣刀侧面刀刃之间的距离应等于花键键宽，使铣出的键宽在规定的公差范围内。

③ 两把三面刃铣刀的内侧刃应对称于工件中心。方法是用试件试切一段后，将试件正反转过 90°，用百分表测量键侧对称度。根据差值的一半移动工作台横向做精确调整。

（3）组合铣刀圆柱面刀刃铣削

如图 1-6-2（c）所示，利用组合的两把三面刃铣刀的圆柱面刀刃，使花键的两个键侧同时铣出。铣削时应掌握以下要点。

① 两把三面刃铣刀的直径要求严格相等，最好一次磨出。

② 利用铣床工作台的垂向移动量控制键的宽度。铣削时，先铣一刀，将工件转过 180° 再铣削一刀。用千分尺测量键宽后，按余量的一半上升工作台。重复以上铣削步骤，便能获得准确的键宽尺寸以及精度高的对称度。

③ 两把铣刀之间的距离 $s$ 为：

$$s=\sqrt{d^2-B^2}-1 \tag{1-6-2}$$

式中，$d$——外花键小径，mm；

$B$——外花键键宽，mm。

$s$ 值调整时一般控制在 ±0.5mm 的范围内。

④ 两把三面刃铣刀的内侧刃对工件中心的对称度不要求十分准确。

⑤ 分度头主轴和尾座顶尖必须同轴，加工时尾座的顶尖应顶得比较紧，否则，铣出的键宽两端尺寸会不一致。

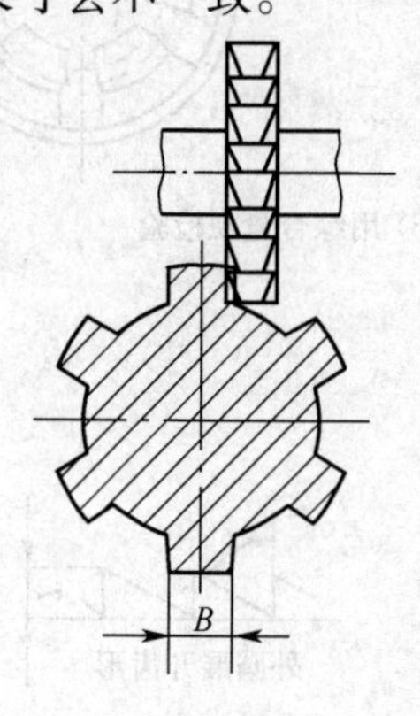


(a) 单刀铣削

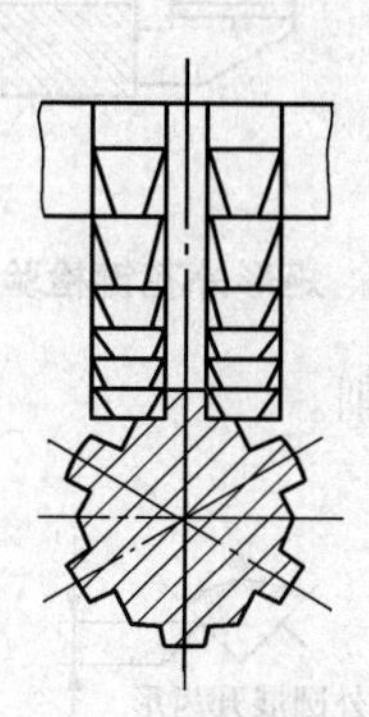

(b) 组合三面刃铣刀内侧刃铣削

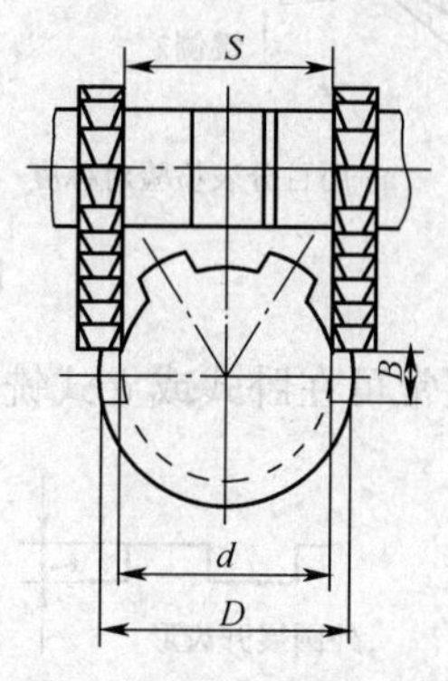


(c) 组合三面刃铣刀圆周刃铣削

图 1-6-2　三面刃铣刀铣削外花键

(4) 成形铣刀铣削

成批生产时，通常使用专用成形铣刀，铣削时能一次铣削出花键槽。因此，此方法具有生产效率高、加工质量好和操作简便等优点。

铣削时，通过调整背吃刀量来控制键的宽度。因此，首件加工须细致地调整背吃刀量，以获得精确的键宽和小径尺寸。此外，加工前应进行“切痕对中”，并在逐步达到键宽尺寸的同时，通过百分表的检测和工作台横向微量调整，使键的两侧面达到对称度要求。如图1-6-3所示。

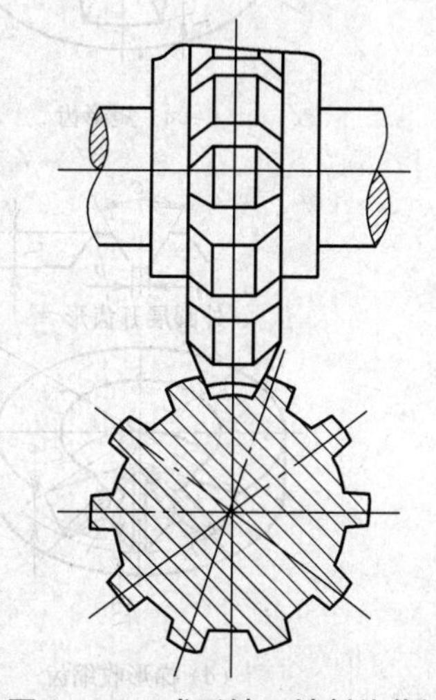

图 1-6-3　成形铣刀铣削外花键

**4. 矩形外花键的检验与质量分析**

检验外花键的方法与检验键槽的方法基本相同。在单件和小批生产时，使用千分尺检验键的宽度，用千分尺或游标卡尺检验小径，等分精度由分度头精度保证，必要时可用百分表检验外花键键侧的对称度，如图 1-6-4 (a) 所示。在成批和大量生产中，可用图 1-6-4 (b) 所示的综合量规检验。检验时，先用千分尺或卡规检验键宽，在键的宽度不小于最小极限尺寸的条件下，以综合量规能通过为合格。

## 二、离合器铣削

牙嵌式离合器按其齿形可分为矩形齿（矩形牙嵌离合器）、梯形齿（梯形牙嵌离合器）、尖齿（正三角形牙嵌离合器）和锯齿形齿（锯齿形牙嵌离合器）等几种，如图1-6-5 所示。

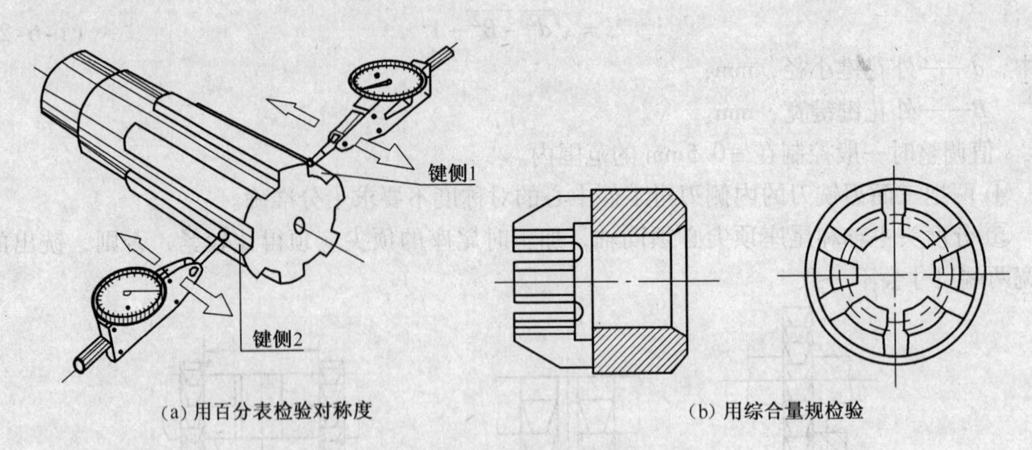


图1-6-4 矩形外花键检验

这些离合器通常可在卧式或立式铣床上铣削。

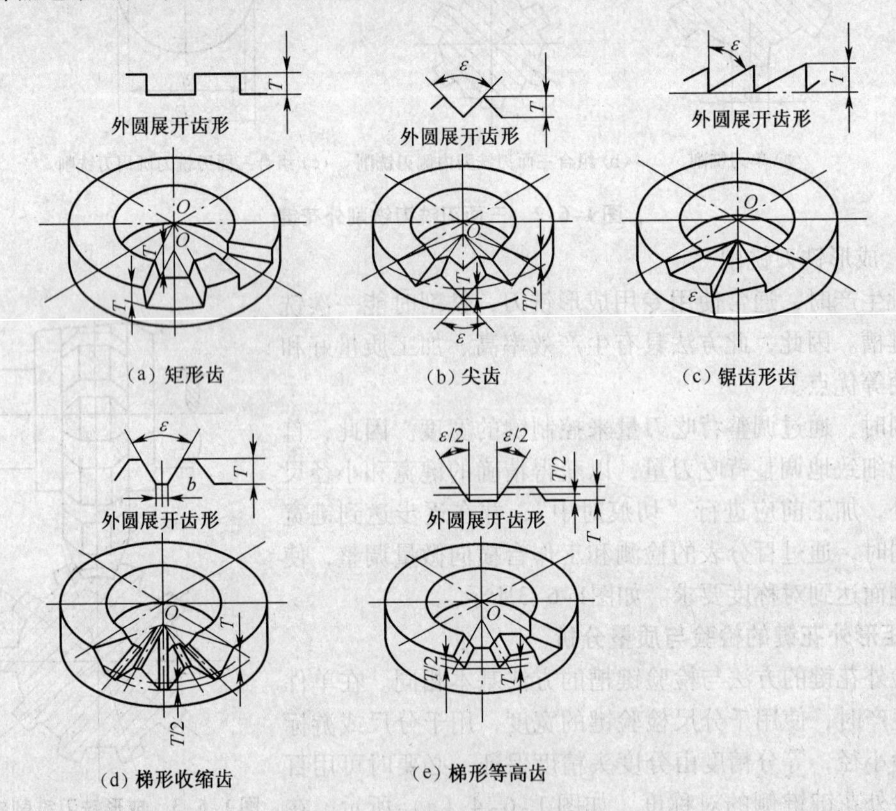


图1-6-5 牙嵌式离合器的齿形

### 1. 矩形齿离合器的铣削

根据离合器的齿数，离合器可分为奇数齿（单数）和偶数齿（双数）两种。但是不论离合器的齿数如何，每一个齿的侧面都必须通过轴的中心，也就是说齿侧必须是径向的。因为只有这样才能保证两离合器的准确结合。

(1) 奇数齿离合器的铣削

奇数齿离合器铣削的主要步骤如下。

① 刀具选择。铣削奇数齿离合器可用三面刃盘铣刀或立铣刀，为了不致切到相邻齿，盘形铣刀的宽度 $L$（或立铣刀的直径）应当等于或小于齿槽的最小宽度 $b$（如图 1-6-6 所示），即

$$L \leqslant b = \frac{d_1}{2}\sin\alpha = \frac{d_1}{2}\sin\frac{180°}{z} \text{ (mm)} \tag{1-6-3}$$

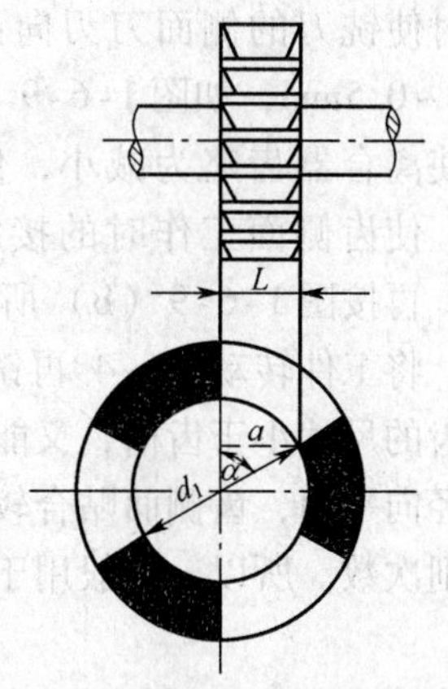

图 1-6-6　三面刃铣刀的宽度计算

式中，$L$——三面刃铣刀的宽度，mm；

$d_1$——离合器的孔径，mm；

$\alpha$——齿槽角，°；

$z$——离合器的齿数。

按上式算得的 $b$ 若不是整数或不符合铣刀的宽度标准，这时应选靠近铣刀的规格。例如，按计算所得的 $b$ 为 8.9，则三面刃盘铣刀的宽度 $B$ 应取 8mm 。

② 装夹与找正工件。选用万能分度头用三爪自定心卡盘装夹工件。分度头水平安装在工作台偏左部位。用百分表找正分度头主轴轴心线与纵向进给方向平行，找正工件外圆同轴度［如图 1-6-7（a）所示］及工件端面圆跳动［如图 1-6-7（b）所示］。

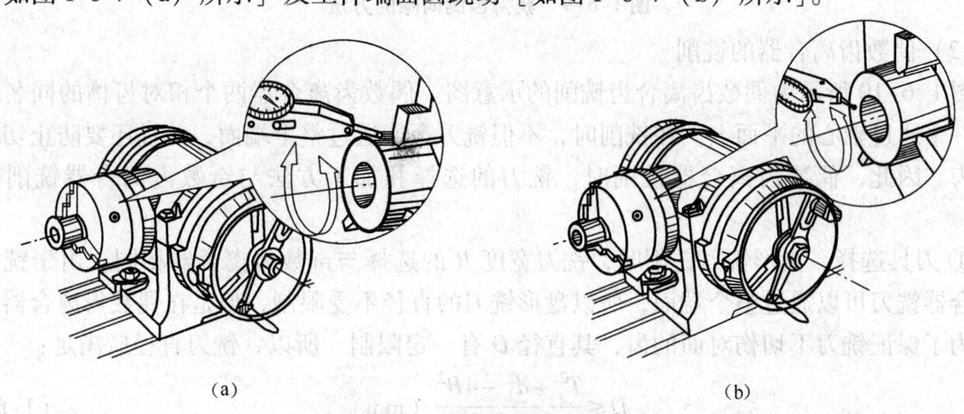

图 1-6-7　离合器的装夹与找正

③ 对刀。使旋转的盘铣刀侧刀刃（或立铣刀的圆周刀刃）与工件圆周表面刚刚接触。下降工作台，使工件向着铣刀横向移动一段距离，这段距离应等于工件的半径，这时侧刀刃就通过工件中心。铣刀对好后，按齿深 $T$ 调整工作台垂直距离，并将横向和升降工作台紧固，同时，将对刀时切伤部分转至齿槽位置即可铣削。

④ 铣削方法。图 1-6-8 所示为用盘形铣刀铣削奇数齿离合器的情况。铣削时，铣刀每次进给（图 1-6-8 中 1、2、3）可以穿过离合器的整个端面，每铣一刀，铣出两个齿的各一个侧面。所以铣刀的进给次数恰好等于离合器的齿数。铣三齿离合器时，做 3 次进给，如 $z=3$ 时，每铣一刀，分度时手柄转数 $n$ 为：

$$n = \frac{40}{3} = 13\frac{1}{3} = 13\frac{13}{39} \text{ (r)}$$

铣五齿离合器时，做 5 次进给，每次分度，手柄应转 $\frac{40}{5} = 8\text{r}$。

为使离合器工作时能顺利地结合和脱开，离合器的齿侧应有一定的间隙。为此，可在对

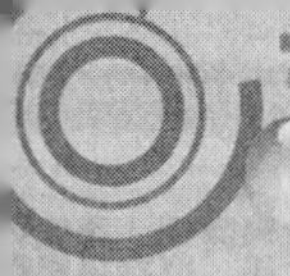


刀时使铣刀的侧面刀刃向齿侧方向偏过工件中心0.1～0.5mm，如图1-6-9（a）所示。这种方法虽可使离合器齿略为减小，但由于齿侧面不通过轴线，使齿侧面工作时的接触面减小，影响承载能力。再按图1-6-9（b）所示的方法在离合器铣成后，将工件转动2°～4°再铣一次，这样既可使离合器齿的尺寸小于齿槽，又能保证齿侧仍是通过轴心的径向平面，齿侧面贴合较好。其缺点是需要增加铣削次数。所以，一般用于要求较高的离合器。

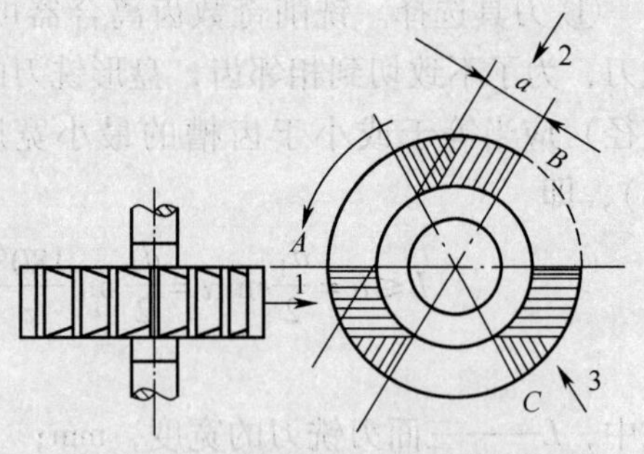

**图1-6-8　奇数齿离合器的铣削顺序**

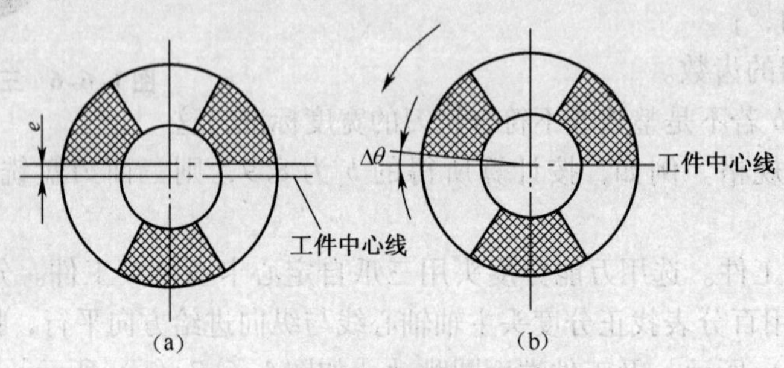

**图1-6-9　获得齿侧间隙的方法**

（2）偶数齿离合器的铣削

图1-6-10所示为偶数齿离合齿铣削的示意图。偶数齿离合器两个相对齿槽的同名侧面在同一个通过轴心的平面上。在铣削时，不但铣刀不能通过整个端面，并且还要防止切伤对面的齿。因此，偶数齿离合器铣削时，铣刀的选择和加工方法与奇数齿离合器铣削略有不同。

① 刀具选择。盘形铣刀铣削时，铣刀宽度 $B$ 的选择与奇数齿离合器相同；由于铣奇数齿离合器铣刀可以通过整个端面，所以盘形铣刀的直径不受限制，但是在偶数齿离合器铣削时，为了保证铣刀不切伤对面的齿，其直径 $D$ 有一定限制。所以，铣刀直径应满足：

$$D \leqslant \frac{T^2 + d_1^2 - 4B^2}{T} \text{ (mm)} \quad (1\text{-}6\text{-}4)$$

式中，$D$——铣刀直径，mm；

$d_1$——离合器齿部内径，mm；

$B$——铣刀宽度，mm；

$T$——离合器的齿深，mm。

如果上述条件无法满足，则应改用立铣刀在立式铣床上加工。立铣刀直径的选择可用盘形铣刀宽度的选择方法。

② 铣削方法。偶数齿离合器铣削过程中，要经过两次调整才能铣出准确的齿形。铣削四齿离合器的情形如图1-6-10所示。第一次调整铣刀侧刃Ⅰ对准工件中心，通过逐次分度铣出各齿槽的右侧面1、2、3和4；为了铣削各齿槽的左侧面5、6、7和8，必须进行第二次调整，这时应将横向工作台移动一个工件上槽宽的距离，使铣刀侧刃Ⅱ对准工件中心，同时工件转过一个齿槽角$\frac{180° + 1}{z}$，然后再逐次分度依次铣出齿槽的左侧面5、6、7和8。

为了保证偶数齿离合器的齿侧留有一定的间隙，一般齿槽角比齿的夹角大2°～4°。

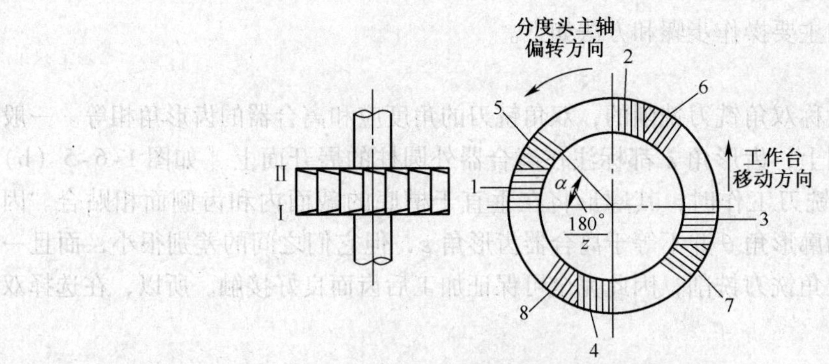


图 1-6-10　偶数齿离合器的铣削顺序

必须指出，当齿深较深、内圈直径较小的情况下，要用立铣刀加工；因为用三面刃盘铣刀会切伤相对的另一个齿，如图 1-6-11 所示。

齿被切伤

图 1-6-11　齿被切伤

比较奇、偶数齿离合器的加工方法可知，奇数齿离合器有较好的工艺性，所以被广泛采用。

（3）矩形齿离合器的检验方法

① 检验齿的等分性用卡尺测量每个齿的大端弦长。

② 检验齿深用卡尺或深度尺测量齿的深度。

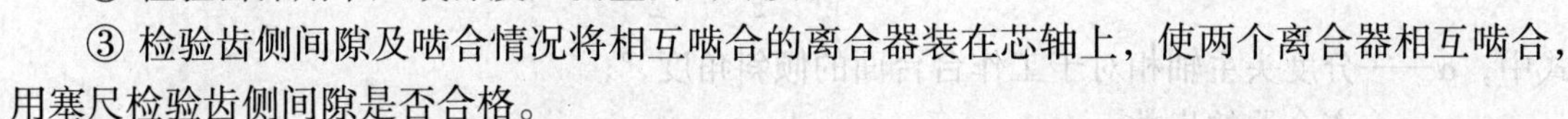

③ 检验齿侧间隙及啮合情况将相互啮合的离合器装在芯轴上，使两个离合器相互啮合，用塞尺检验齿侧间隙是否合格。

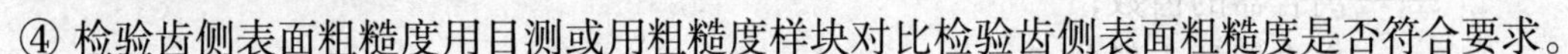

④ 检验齿侧表面粗糙度用目测或用粗糙度样块对比检验齿侧表面粗糙度是否符合要求。

**2. 尖齿离合器的铣削**

尖齿离合器的特点是整个齿形，包括齿的两侧面，齿顶及槽底向轴线上的一点收缩，如图 1-6-5（b）、图 1-6-5（c）所示。因此，在铣削时，分度头主轴必须倾斜一个 α 角，如图 1-6-12 所示。如果不倾斜这个 α 角，那么铣出来的齿槽如图 1-6-13（b）所示，这样的离合器在结合时，齿面仅在靠近外圆处接触，影响使用寿命。

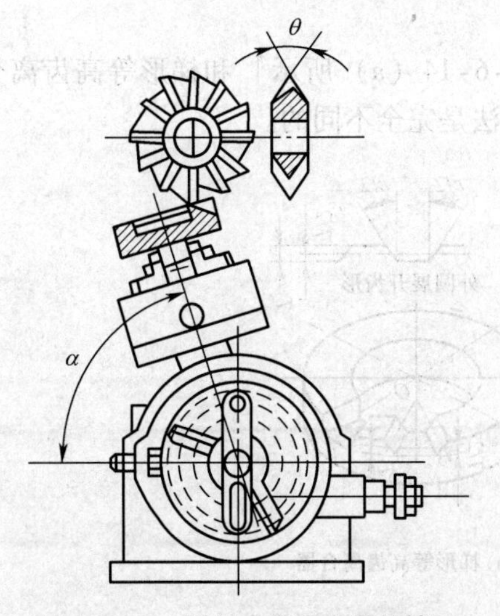


图 1-6-12　铣削尖齿离合器的情形

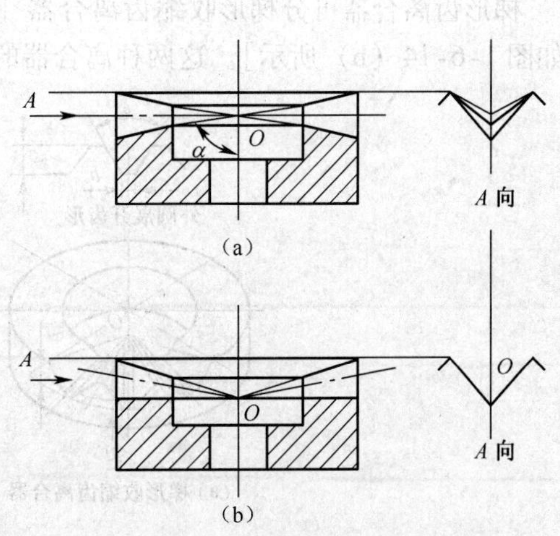


图 1-6-13　离合器齿形

尖齿离合器铣削的主要操作步骤和方法如下。

（1）选择铣刀

尖齿离合器是用对称双角铣刀铣削的，双角铣刀的角度应和离合器的齿形角相等。一般在尖齿离合器的工作图上，齿形角 $\varepsilon$ 都标注在离合器外圆柱的展开面上［如图 1-6-5（b）所示］，而实际上双角铣刀工作时，其廓形将在垂直于槽底的截面内和齿侧面相贴合。因此，严格地说，铣刀的廓形角 $\theta$ 并不等于离合器齿形角 $\varepsilon$，但它们之间的差别很小，而且一对离合器是用同一把双角铣刀铣削，因此完全可保证加工后齿面良好接触。所以，在选择双角铣刀时，可取 $\theta=\varepsilon$。

（2）对刀

在铣削尖齿离合器时，必须使双角铣刀的刀尖通过工件轴线，在实际生产中，一般都采用试切法对刀。

先使刀尖大致对准工件中心，在工件表面铣一条浅印，退出工件，使工件转 180°，再铣一条浅印，如两条浅印不重合，就调整横向工作台摇过一齿再铣浅印，直到两条浅印重合为止。

（3）分度头主轴倾斜角的计算

分度头主轴倾斜角 $\alpha$ 值可按下式计算：

$$\cos\alpha=\tan\frac{90°}{z}\cot\frac{\varepsilon}{2} \tag{1-6-5}$$

式中，$\alpha$——分度头主轴相对于工作台台面的倾斜角度，°；

$z$——离合器的齿数；

$\varepsilon$——离合器的齿形角，°。

（4）铣削方法

铣削尖齿离合器时，不论其齿数是奇数还是偶数，每分度一次只能铣出一条齿槽。调整铣削深度，应该按大端齿深在外径处进行。为了防止齿形太尖，当一对离合器结合时齿顶与槽底接触，所以，往往采用试切法调整铣削深度，使大端齿顶留有 0.2～0.3mm 的平面，以保证齿形工作面接触。

**3. 梯形齿离合器的铣削**

梯形齿离合器可分梯形收缩齿离合器［如图 1-6-14（a）所示］和梯形等高齿离合器［如图 1-6-14（b）所示］。这两种离合器的铣削方法是完全不同的。

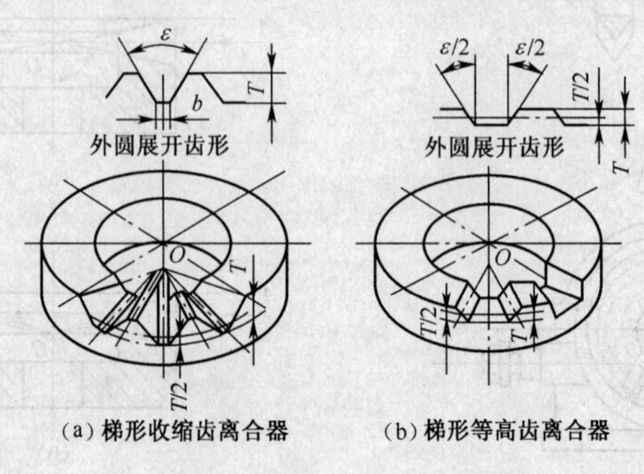


（a）梯形收缩齿离合器　（b）梯形等高齿离合器

图 1-6-14　梯形齿离合器

(1) 梯形收缩齿离合器的铣削

梯形收缩齿离合器的齿形实际上就是把尖齿离合器的齿顶和槽底，分别用平行于齿顶线或槽底线的平面截去了一部分。它的齿顶及槽底在齿长方向都是等宽的，并且它们的中线都通过离合器的轴线，如图 1-6-14（a）所示。因此，梯形收缩齿离合器的铣削方法和步骤与铣削尖齿离合器基本相同。铣削时，分度头主轴的倾斜角 $\alpha$，如图 1-6-15 所示，其计算公式与铣等边尖齿离合器相同。

梯形收缩齿离合器铣削方法和步骤与铣削等边尖齿离合器的不同如下。

① 选择铣刀。梯形收缩齿离合器是用梯形槽成形铣刀（如图 1-6-16所示）铣削的。铣刀的廓形角 $\theta$ 可等于离合器的齿形角 $\varepsilon$，齿顶宽度 $B$ 应等于离合器的槽底宽度 $b$，而铣刀廓形的有效工作高度 $H$ 必须大于离合器的外圆处齿高 $T$。当缺少这种成形铣刀时，可利用和离合器齿形角相同的双角铣刀改制，把双角铣刀的刀尖磨去，使铣刀的齿顶宽度 $B$ 等于离合器槽底宽度 $b$ 即可。

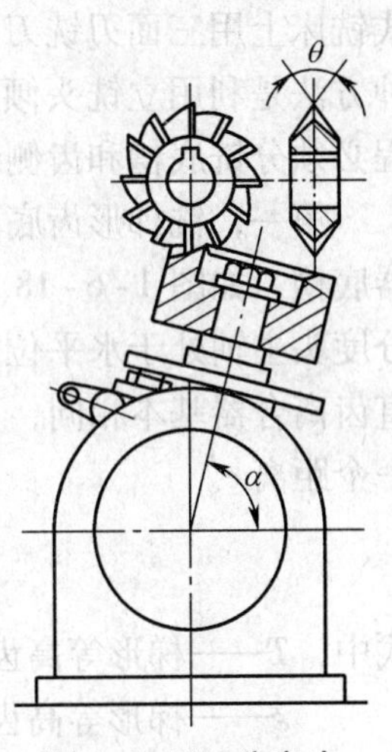


图 1-6-15　分度头主轴倾斜角

② 对刀。对刀时，应使梯形槽铣刀廓形的对称线通过工件中心。当对刀结束后，把分度头主轴扳转 $\alpha$ 角，并调整好铣削深度，就可开始铣削。

当离合器的齿距较小时，可采用试切对刀法，具体对刀步骤和铣尖齿离合器时的试切对刀法相同，也是先在试件上铣一条适当深度的槽，然后将试件旋转 180°后再铣一刀，观察铣刀是否同时接触齿槽两侧，如仍接触，可通过移动横向工作台来调整铣刀相对试件的位置，直至铣刀的廓形对称线和试件的中心重合为止。

(2) 梯形等高齿离合器的铣削

梯形等高齿离合器的齿形特点是齿顶面与槽底面平行，并且垂直于离合器轴线。因此，齿侧的高度是不变的；所有齿侧的中性线（齿深 1/2 高度处的线）必须通过离合器的轴线，如图 1-6-5 所示。梯形等高齿的铣削方法不同于梯形收缩齿。其铣削方法因选用刀具不同，分下面两种。

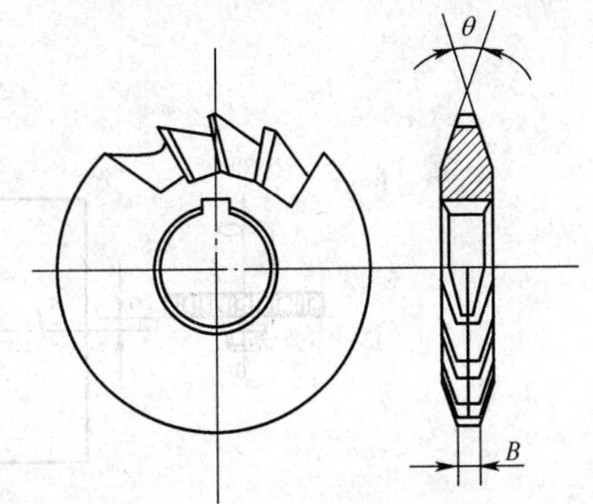


图 1-6-16　梯形槽成形铣刀

① 用成形铣刀铣削。用成形铣刀铣削时，一般在卧式铣床上进行，并使分度头或回转工作台主轴处于垂直位置，铣削步骤和方法与铣直齿离合器基本相同，只是铣刀和对刀稍有区别。

其一，选择铣刀在生产量较大时，应采用专用铣刀铣削。也可用三面刃铣刀改制，改制时，应使铣刀的廓形角 $\theta$ 等于离合器的齿形角 $\varepsilon$；铣刀廓形的有效工作高度 $H$ 大于离合器齿高 $T$；而铣刀的齿顶宽度 $B$ 应小于齿槽最小宽度。

其二，对刀铣削时为了保证齿侧中性线通过离合器轴线，应使铣刀侧刃上离刀齿顶 $T/2$ 处的 $K$ 点（如图 1-6-17 所示）通过离合器轴线。其对准方法是先用试切法使铣刀处于工件中心位置，然后再移动横向工作台，使铣刀偏离工件轴心一段距离 $e$。

$$e=\frac{B}{2}+\frac{T}{2}\tan\frac{\theta}{2}$$

式中，$B$——铣刀的齿顶宽度，mm；

$T$——离合器齿高，mm；

$\theta$——铣刀刀刃夹角，°。

② 用三面刃铣刀铣削。加工的零件数量不多时，也可在立式铣床上用三面刃铣刀和立铣刀来铣削梯形等高齿离合器。这种方法是利用立铣头倾斜角度铣削斜面的原理，因此，铣削过程必须分铣底槽和齿侧斜面两步进行。

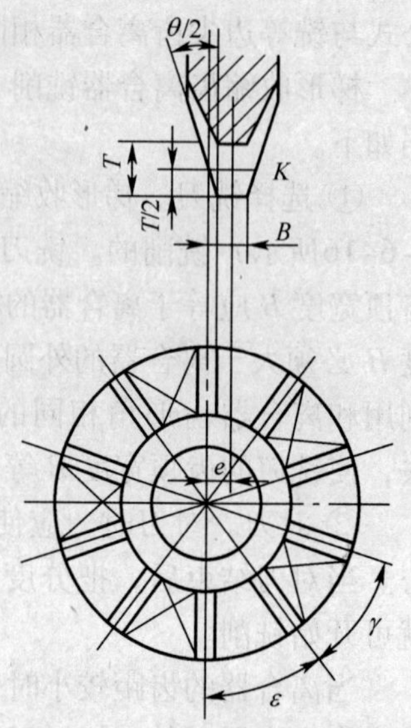


图 1-6-17　铣削梯形等高齿离合器铣刀的工作位置

第一，铣梯形齿底槽。在立式铣床上铣削梯形等高齿离合器底槽，如图 1-6-18 所示。此时，立铣头主轴在垂直位置，分度头主轴处于水平位置，工作台作横向进给。铣削方法与铣直齿离合器基本相同，只是使三面刃铣刀的侧刃偏离工件中心一个距离 $e$。

$$e=\frac{T}{2}\tan\frac{\varepsilon}{2} \tag{1-6-6}$$

式中，$T$——梯形等高齿离合器的齿深，mm；

$\varepsilon$——梯形等高齿离合器的齿形角，°。

第二，铣梯形齿齿侧斜面。铣好工件上全部底槽后，将立铣头倾斜一个角度 $\alpha$，$\alpha$ 应等于齿形角的一半（$\alpha=\varepsilon/2$），对于图样上要求的齿槽角 $\varepsilon$ 大于齿面角 $\varphi$，齿侧有啮合间隙的梯形

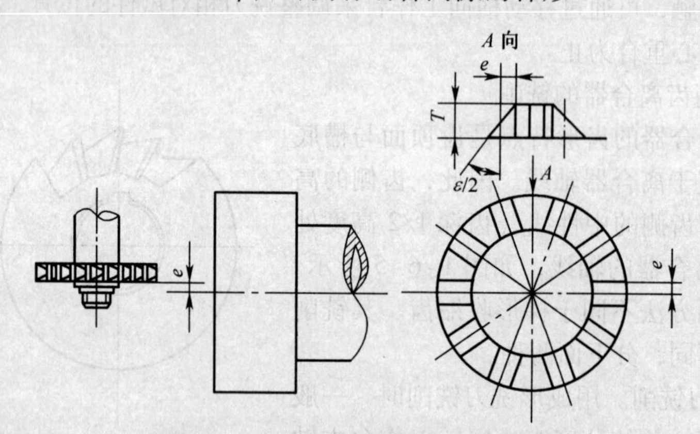


图 1-6-18　铣削梯形等高齿离合器底槽

等高齿离合器，齿槽铣完后，用偏转角度法，将工件偏转（$\varepsilon-\gamma$）/2 角铣出齿侧间隙，如图 1-6-17 所示。

**4. 锯齿形牙嵌离合器的铣削**

和尖齿离合器一样，锯齿形齿离合器的齿形也向轴线上的一点收缩，铣削的方法和步骤与加工尖齿离合器基本相同，只是所使用的铣刀和分度头主轴倾斜角 $\alpha$ 的计算有所不同。

锯齿形离合器的齿形角一般有 60°、70°、75°、80°、85°等几种。

(1) 选择铣刀

锯齿形齿离合器的一侧齿面为向心平面，所以一般都选用单角铣刀铣削，铣刀的刀刃夹角 $\theta$ 也可等于离合器的齿形角 $\varepsilon$。

（2）对刀

对刀时，应使单角铣刀的端面侧刃准确地通过工件中心。在实际操作时，除了采用铣削尖齿离合器时的试切法对刀外，还可采用图 1-6-19 所示的对刀方法。

（3）计算分度头主轴的倾斜角 $\alpha$

铣削锯齿形齿离合器和铣尖齿离合器一样，也应使分度头主轴倾斜一个 $\alpha$ 角，其计算公式如下：

$$\cos\alpha = \tan\frac{180°}{z}\cot\varepsilon \qquad (1\text{-}6\text{-}7)$$

式中，$\alpha$——分度头主轴倾斜角,°；

$z$——锯齿形齿离合器齿数；

$\varepsilon$——齿形角,°。

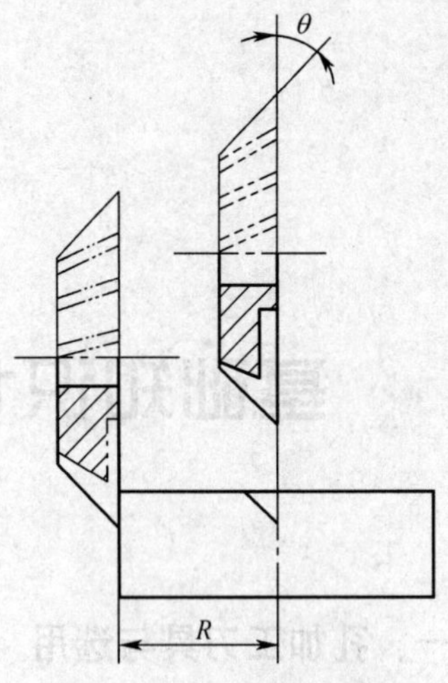


图 1-6-19　铣锯齿形牙嵌离合器的对刀方法

# 基础知识七 圆柱孔与椭圆孔的加工

## 一、孔加工刀具与选用

### 1. 孔加工刀具的种类

在铣床上加工孔常用的刀具有：麻花钻、铣刀、镗刀和铰刀，使用时须根据孔径的尺寸大小与精度要求予以选用。

① 麻花钻及其他钻头。在铣床上钻孔通常用麻花钻加工。麻花钻有直柄和锥柄两种，直柄钻头的直径一般为0.3～20mm，锥柄钻头的柄部大多是莫氏锥度，莫氏锥柄的麻花钻头直径见表1-7-1。此外，还有扩孔钻（直柄、锥柄和套式）、锪钻（直柄、锥柄）、中心钻与扁钻。

表1-7-1 莫氏锥柄的麻花钻头直径

| 莫氏锥柄号 | 1 | 2 | 3 | 4 | 5 | 6 |
|---|---|---|---|---|---|---|
| 钻头直径/mm | ≥3～14 | >14～23.02 | >23.5～31.75 | >31.75～50.08 | >50.08～76.2 | >76.2～80 |

② 铣刀。在铣床上扩孔通常使用铣刀。常用的扩孔铣刀有立铣刀、键槽铣刀。

③ 镗刀。镗刀的种类比较多，按切削刃数量可分为单刃和双刃镗刀；按用途可分为内孔与端面镗刀；按镗刀的结构可分为整体式单刃镗刀、镗刀头、固定式镗刀块和浮动式镗刀块等。

④ 铰刀。铰刀用于孔的精加工。铰刀按使用方式分为手用铰刀与机用铰刀，根据安装部分结构可分为直柄、锥柄与套式3种。

### 2. 孔加工刀具的选用

① 中心钻的选用。中心钻是孔加工的定位刀具，在铣床上加工孔通常也需要选用中心钻加工定位中心孔。选用的中心钻直径应考虑铣床主轴转速能保证达到一定的切削速度，否则中心钻的头部容易损坏。

② 麻花钻的选用。麻花钻的直径一般按孔的加工要求选用，用于加工的钻头应注意修磨后实际孔径与钻头标注规格的偏差。用于粗加工钻头的实际孔径要留有精加工余量，用于直接加工达到图样要求的钻头，应控制钻头的实际孔径在尺寸公差范围之内。钻头切削部分的长度在钻孔深度足够条件下尽可能短，以减少钻头钻削时的扭动。

③ 扩孔钻、锪钻与铣刀的选用。深度较小的扩孔加工可以选用铣刀，选用立铣刀应注意铣刀端面刃的铣削范围，以免损坏铣刀。立铣刀的直径因外圆修磨的缘故，可

达到较多孔径要求。键槽铣刀因外圆一般不修磨，能通过扩孔达到铣刀规格尺寸的精度要求。深度较大的扩孔加工选用扩孔钻。根据孔口的形状（锥面、平面、球面）和尺寸，选用相应的锪钻。

④ 镗刀的选用。根据孔加工的要求，镗刀的选用一般与镗刀杆选用相结合。在铣床上镗孔，通常选用机械固定式镗刀，如图 1-7-1（a）、图 1-7-1（b）、图 1-7-1（c）所示；精度较高的孔加工可选用浮动式镗刀，如图 1-7-1（d）所示。另外，也可选用镗刀杆与可调节镗头，如图 1-7-2 所示。镗刀几何角度参数选取参考值见表 1-7-2。

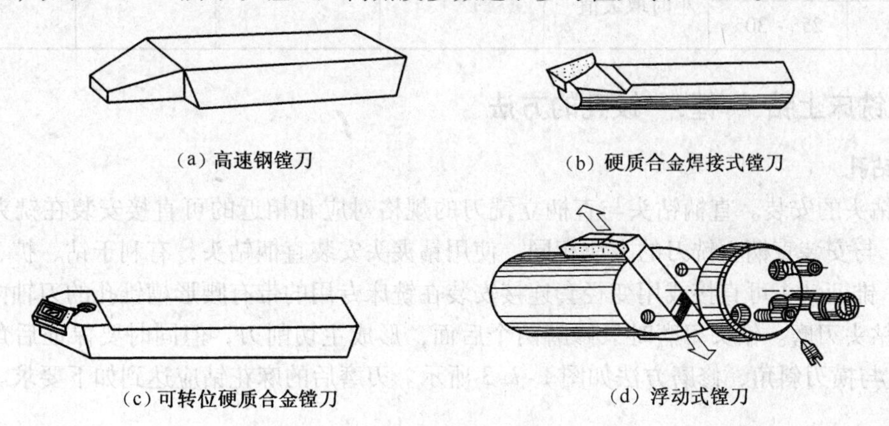


图 1-7-1　机械固定式镗刀与浮动式镗刀

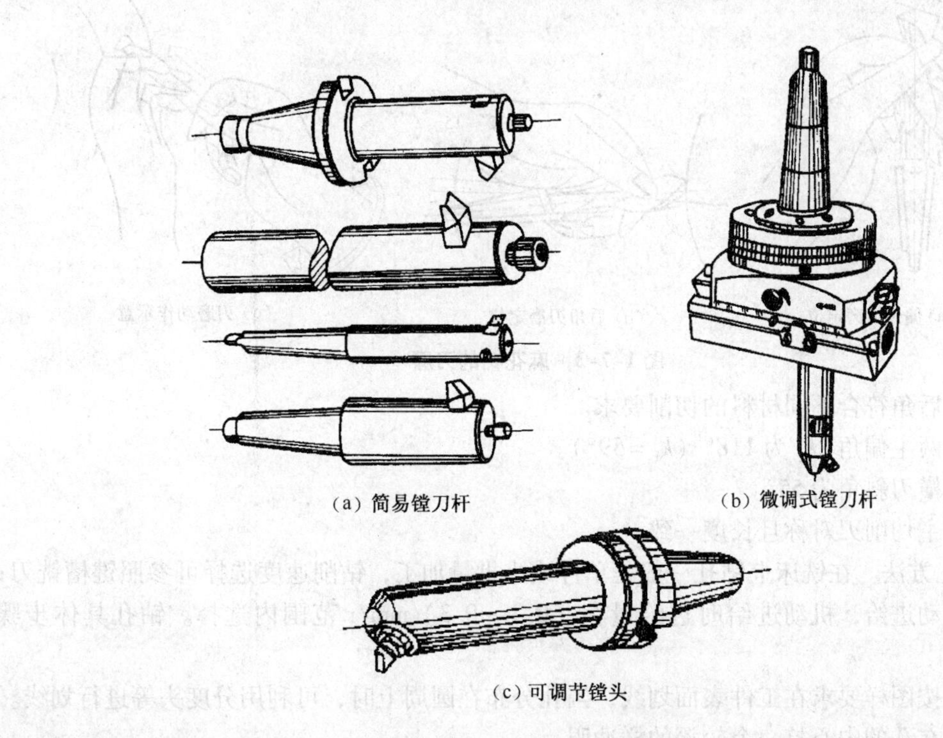


图 1-7-2　镗刀杆与微调镗头

⑤ 铰刀的选用。在铣床上铰孔选用机用铰刀。同时，在选用时须根据孔的加工精度等级选用 H7、H8 和 H9 级标准铰刀；必要时须对铰刀直径进行研磨，以达到铰孔精度要求。

表 1-7-2　　镗刀几何角度参数选取参考值

| 工件材料 | 前角 | 后角 | 刃倾角 | 主偏角 | 副偏角 | 刀尖圆弧半径 |
|---|---|---|---|---|---|---|
| 铸铁 | 5°～10° | 6°～12°粗镗与孔径大时取小值，精镗和孔径小时取大值 | 一般情况下取0°～5°；通孔精镗时取5°～15° | 镗通孔时取60°～75°；镗台阶孔时取90° | 一般取15°左右 | 粗镗孔时取0.5～1mm；精镗孔时取0.3mm左右 |
| 40Cr | 10° | | | | | |
| 45 | 10°～15° | | | | | |
| 1Cr18Ni9Ti | 15°～20° | | | | | |
| 铝合金 | 25°～30° | | | | | |

## 二、在铣床上钻、镗、铰孔的方法

### 1. 钻孔

① 钻头的安装。直柄钻头与直柄立铣刀的规格对应和相近的可直接安装在铣夹头及弹性套内，与安装直柄立铣刀的方法相同。使用钻夹头安装直柄钻头，有利于钻、扩、铰的连续进行。锥柄钻头可直接或用变径套连接安装在铣床专用的带有腰形槽锥孔的刀轴内。

② 钻头刃磨。钻头刃磨时只修磨两个后面，形成主切削刃，但同时要保证后角、两主偏角 $2k_r$ 与横刃斜角，修磨方法如图 1-7-3 所示。刃磨后的麻花钻应达到如下要求。

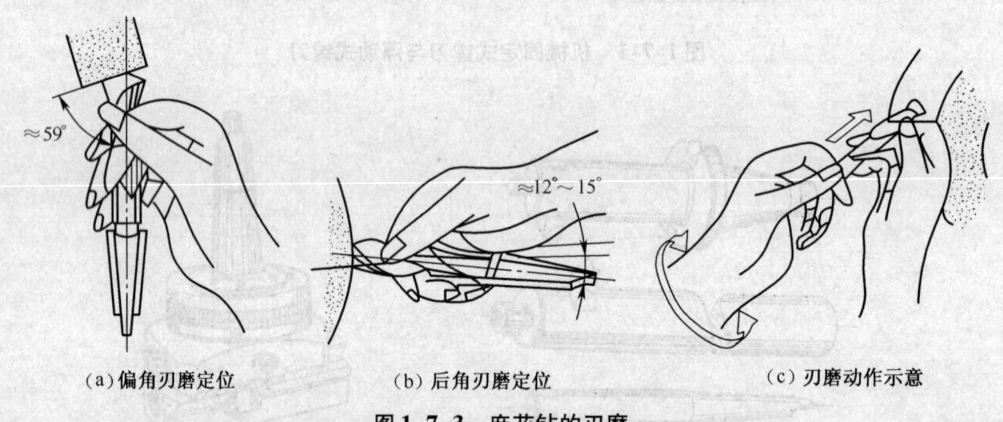

(a) 偏角刃磨定位　(b) 后角刃磨定位　(c) 刃磨动作示意

图 1-7-3　麻花钻的刃磨

第一，后角符合不同材料的切削要求。

第二，两主偏角 $2k_r$ 为 118°（$k_r = 59°$）。

第三，横刃斜角为 55°。

第四，主切削刃对称且长度一致。

③ 钻孔方法。在铣床上钻孔一般是单件或小批量加工，钻削速度选择可参照键槽铣刀；一般都用手动进给，机动进给时进给量在（0.1～0.3）mm/r 范围内选择。钻孔具体步骤如下。

第一，按图样要求在工件表面划线，当孔分布在圆周上时，可利用分度头等进行划线。

第二，在孔的中心打一个较深的样冲眼。

第三，安装中心钻。

第四，把工件安装在工作台或转台上，横向和纵向调整工作台位置，使铣床主轴中心与孔中心对准并锁紧工作台。

第五，用中心钻钻定位锥坑，主轴转速为 600～900r/min。

第六，用钻头钻孔。

2. 铰孔

铰孔是利用铰刀对已经粗加工的孔进行精加工，铰孔精度可达到 IT7 ~ IT9，表面粗糙度可达 $Ra$（1.6 ~ 3.2）μm。在铣床上铰孔方法如下。

① 选择铰刀。根据图样要求选择适合的机用铰刀，并用千分尺检测铰刀直径是否符合尺寸要求。

② 安装铰刀。直柄铰刀安装在钻夹头内；锥柄铰刀用变径套连接安装在主轴孔内，安装方法与锥柄钻头相同。采用固定连接的铰刀，需防止铰刀的径向跳动，以免孔径超差。

③ 确定铰孔余量。铰孔前一般经过钻孔，精度要求较高的孔还需要扩孔或镗孔。铰孔余量的多少直接影响铰孔质量，余量过少，铰孔后可能会残留粗加工的痕迹；余量过多，会使切屑挤塞在屑槽中，切削液不能进入切削区，从而严重影响孔的表面粗糙度，并使铰刀负荷过重而迅速磨损，甚至切削刃崩裂，造成废品。铰孔余量见表 1-7-3。

**表 1-7-3　　铰孔余量**　　（单位：mm）

| 铰刀直径 | <5 | 5 ~ 20 | 20 ~ 32 | 32 ~ 50 | 50 ~ 70 |
|---|---|---|---|---|---|
| 铰削余量 | 0.1 ~ 0.2 | 0.2 ~ 0.3 | 0.3 | 0.5 | 0.8 |

④ 调整主轴转速及进给量。铰孔的切削速度与进给量应根据铰刀切削部分的材料与工件材料确定，铰削进给量的参考值见表 1-7-4。

**表 1-7-4　　铰削进给量的参考值**

| 铰刀直径/mm | 高速钢铰刀 | | | | 硬质合金铰刀 | | | |
|---|---|---|---|---|---|---|---|---|
| | 钢 | | 铸铁 | | 钢 | | 铸铁 | |
| | $\sigma_b$ = 0.883GPa | $\sigma_b$ > 0.883GPa | 硬度 < 170HBS | 硬度 > 170HBS | 未淬火钢 | 淬火钢 | 硬度 < 170HBS | 硬度 > 170HBS |
| <5 | 0.2 ~ 0.5 | 0.15 ~ 0.35 | 0.6 ~ 1.2 | 0.4 ~ 0.8 | — | — | — | — |
| >5 ~ 10 | 0.4 ~ 0.9 | 0.35 ~ 0.7 | 1.0 ~ 2.0 | 0.65 ~ 1.3 | 0.35 ~ 0.5 | 0.25 ~ 0.35 | 0.9 ~ 1.4 | 0.7 ~ 1.1 |
| >10 ~ 20 | 0.65 ~ 1.4 | 0.55 ~ 1.2 | 1.5 ~ 3.0 | 1.0 ~ 2.0 | 0.4 ~ 0.6 | 0.3 ~ 0.4 | 1.0 ~ 1.5 | 0.8 ~ 1.2 |
| >20 ~ 30 | 0.8 ~ 1.8 | 0.65 ~ 1.5 | 2.0 ~ 4.0 | 1.3 ~ 2.6 | 0.5 ~ 0.7 | 0.35 ~ 0.45 | 1.2 ~ 1.8 | 0.9 ~ 1.4 |
| >30 ~ 40 | 0.95 ~ 2.1 | 0.8 ~ 1.8 | 2.5 ~ 5.0 | 1.6 ~ 3.2 | 0.6 ~ 0.8 | 0.4 ~ 0.5 | 1.3 ~ 2.0 | 1.0 ~ 1.5 |
| >40 ~ 60 | 1.3 ~ 2.8 | 1.0 ~ 2.3 | 3.2 ~ 6.4 | 2.1 ~ 4.2 | 0.7 ~ 0.9 | — | 1.6 ~ 2.4 | 1.25 ~ 1.8 |
| >60 ~ 80 | 1.5 ~ 3.2 | 1.2 ~ 2.6 | 3.75 ~ 7.5 | 2.6 ~ 5.0 | 0.9 ~ 1.2 | — | 2.0 ~ 3.0 | 1.5 ~ 2.2 |

注：① 表内进给量用于加工通孔，加工不通孔时进给量应取为 0.2 ~ 0.5 mm/r。

② 大进给量用在钻或扩孔之后、精铰孔之前的粗铰孔。

③ 中等进给量用于粗铰之后精铰 H7 级精度（GB1801—1979）的孔；精镗之后精铰 H7 级精度的孔；对硬质合金铰刀，用于精铰（H8 ~ H9）精度的孔。

④ 最小进给量用于抛光或研磨之前的精铰孔；用一把铰刀铰（H8 ~ H9）级精度的孔；对硬质合金铰刀，用于精铰 H7 级精度的孔。

⑤ 装夹工件与调整铰孔位置。工件装夹与钻孔时相同，调整铰孔位置通常应按预制孔进行调整。

⑥ 铰孔。铰孔时应加注适用的切削液；铰孔深度以铰刀引导部分超过加工终止线为准；

精度较高的孔应钻、扩、铰依次完成；加工完毕退刀时铰刀不能停转，更不能反转。

3. 镗孔

① 镗刀刃磨。镗刀切削部分的几何形状基本上与外圆车刀相似，刃磨时需磨出前面、主后面、副后面，其主要几何角度参数见表1-7-2。刃磨镗刀的方法如图1-7-4所示。

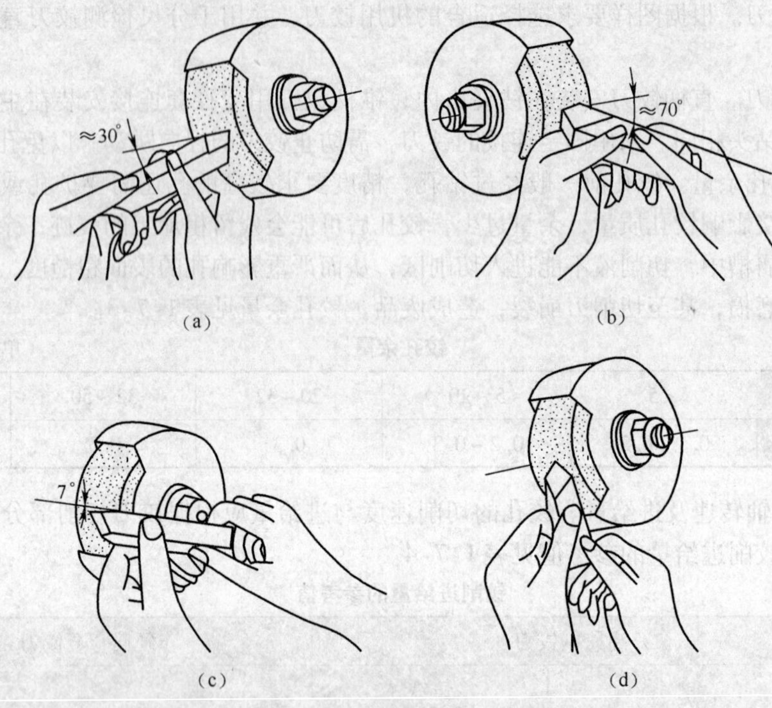


图1-7-4　刃磨镗刀的方法

镗刀刃磨时的注意事项如下。

第一，如镗刀柄较短小时，可用接杆装夹后刃磨，刃磨时用力不能过猛。

第二，磨削高速钢时应在白刚玉WA（白色）砂轮上刃磨，并经常放入水中冷却，以防镗刀切削刃退火。

第三，磨削硬质合金时应在绿色碳化硅GC（绿色）砂轮上刃磨，磨削时不可用水冷却，否则刀头会产生裂纹。

第四，各刀面应刃磨准确、平直，不允许有崩刃、退火现象。

第五，铿削钢件时，应刃磨出断屑槽。

② 镗刀安装与调整。镗刀安装在镗杆上的刀孔内，镗杆可直接用拉紧螺杆安装在铣床主轴上，或通过锥柄安装在预先固定在铣床主轴上的变径套内。镗刀安装位置调整直接影响到镗孔的尺寸，一般用测量法和试镗法两种方法。

测量法调整如图1-7-5所示。先留有充分余量预镗一个孔，通过测量孔的直径和镗刀尖与刀杆外圆的尺寸，以此为依据，调整镗刀尖至刀杆外圆的尺寸，逐步达到孔径的图样要求。

试镗法调整如图1-7-6所示。镗杆落入预钻孔中适当位置，调整镗刀使刀尖恰好擦到预钻孔壁，并以此为依据，通过百分表或上述方法，调整镗刀尖的位置，逐步达到孔径图样要求。

③ 镗孔的一般步骤如下。

第一，校正铣床主轴轴线对工作台面的垂直度。

第二，装夹工件，使基准面与工作台面或进给方向平行（垂直）。

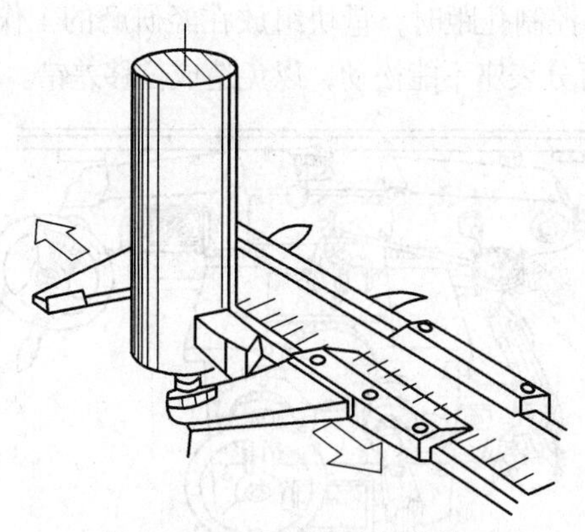

图 1-7-5　用测量法调整镗刀

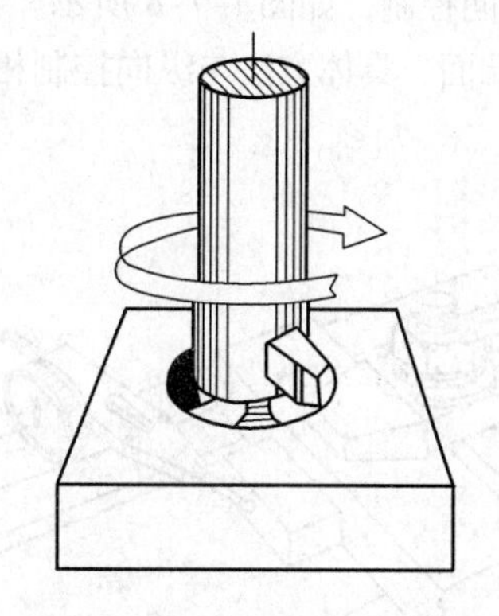

图 1-7-6　用试镗法调整镗刀

第三，找正加工位置，按划线、预制孔或碰刀法对刀找正工件与镗杆的位置。

第四，粗镗孔，注意留有孔径精加工余量与孔距调整余量。

第五，退刀，操作时注意在主轴停转后使镗刀尖对准操作者。

第六，预检孔距与孔径，确定孔径、孔距调整的数值与孔距调整的方向。

第七，调整孔距，根据实际测量的尺寸与所要求尺寸的差值，横向、纵向调整工作台，试镗后再做检测，直至孔距达到图样要求。

第八，控制孔径尺寸，借助游标卡尺、百分表调整镗刀刀尖的伸出量，逐步达到图样孔径尺寸。

第九，精镗孔，注意同时控制孔的尺寸精度与形状精度。

## 三、平行孔孔距控制方法

常用的平行孔孔距控制方法有以下 3 种。

### 1. 利用划线控制孔距

① 在工件表面划线，在孔加工位置划出孔中心线和孔加工参照圆，并在中心和参照圆上打样冲眼。

② 在镗杆上粘大头针，调整工作台与大头针位置，使大头针的回转轨迹与工件上孔加工划线位置重合。

③ 预制孔，预检孔距。

④ 根据差值调整工作台，直至达到图样孔距要求。

### 2. 利用工作台刻度盘控制孔距

① 用碰刀对刀法或划线对刀法初步调整孔的加工位置，掌握工作台移动的间隙方向。

② 预制孔，预检孔距。

③ 根据差值利用刻度盘移动工作台调整孔距，直至达到图样孔距要求。

### 3. 利用百分表、量块控制孔距

① 纵向控制，如图 1-7-7 所示。利用量块纵向控制孔距时，需在纵向工作台面上装夹一块平行垫块，预先找正垫块侧面与工作台横向平行，将等于孔距的量块组测量面紧贴垫块的侧面，然后移动工作台纵向使百分表测头接触量块组另一面，百分表的指针调整至“0”位，然后拆去量块组，调整工作台纵向，使百分表测头与平行垫块的侧面接触至指针位置为“0”，此时，工作台纵向移动了一个等于量块组的孔距。

② 横向控制，如图 1-7-8 所示。利用量块组横向控制孔距时，量块组放在经研磨的工作台底座的前端面，具体方法与纵向控制相同，但须注意百分表座不能松动，以免造成位移差错。

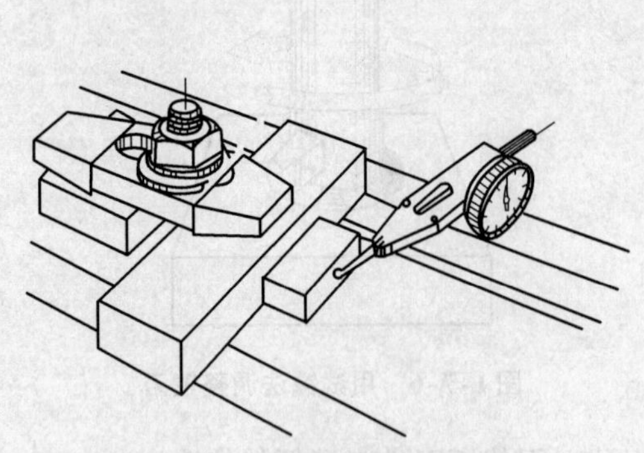

图 1-7-7　用量块纵向控制孔距

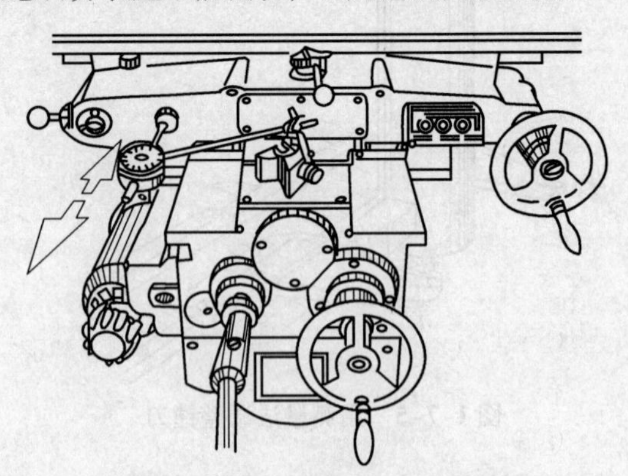

图 1-7-8　用量块横向控制孔距

## 四、椭圆孔的加工原理与方法

### 1. 加工原理

在镗削时，镗刀刀尖的运动轨迹是一个圆，但当立铣头转过一个角度时，则这个圆在工作台台面上的投影便是一个椭圆。因此，在立铣头转过 $\theta$ 角（即镗刀回转轴线与孔中心线的夹角）后，利用工作台垂向进给，能镗出一个椭圆孔。椭圆的长轴 $2a$、短轴 $2b$ 与刀尖回转半径 $R$ 之间的关系如图 1-7-9 所示。

$$a = R$$

$$b = R\cos\theta$$

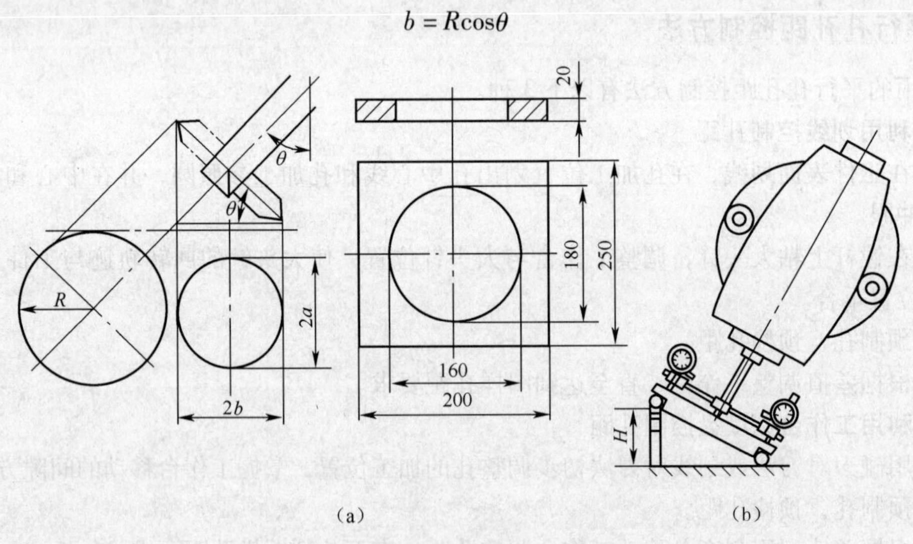


图 1-7-9　椭圆加工原理与几何关系

### 2. 加工方法

镗削椭圆孔的步骤如下。

① 把镗刀尖的回转半径调整到等于椭圆长轴半径 $a$，可试镗一个圆孔予以确定。

② 根据椭圆长轴半径 $a$ 与短轴半径 $b$ 计算出 $\theta$ 值。

③ 按 $\theta$ 值调整立铣头，使铣床主轴倾斜 $\theta$ 度。

④ 装夹工件，使工件的椭圆长轴与工作台横向平行，短轴与工作台纵向平行。

⑤ 按工件厚度复核镗刀杆直径，当工件的厚度较大以及立铣头偏转角度较大时，镗刀杆的直径 $d$ 应满足下式：

$$d < 2a\cos 2\theta - 2H\sin\theta \tag{1-7-1}$$

式中，$H$——工件厚度，mm；

$\theta$——立铣头偏转角，°。

⑥ 用切痕法找正椭圆的加工位置，如图 1-7-10 所示。

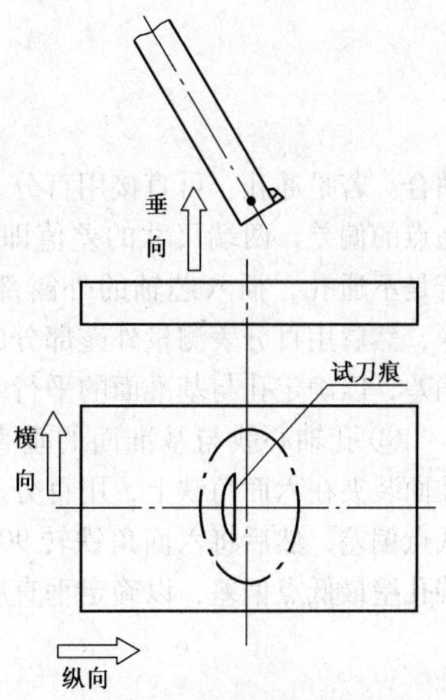

图 1-7-10　用切痕法找正椭圆加工位置

⑦ 粗镗椭圆孔，预检，根据差值调整椭圆孔尺寸和加工位置。

⑧ 精镗椭圆孔，达到图样要求。

## 五、孔加工的检验方法

### 1. 孔的尺寸精度检验

① 对精度要求较低的孔径尺寸及孔的深度，一般用游标卡尺和钢直尺检验。

② 对精度要求较高的孔径尺寸及孔的深度，孔径尺寸可用内径千分尺检验（如图 1-7-11 所示），或用内卡钳与外径千分尺配合检验，或用内径百分表与外径千分尺或标准套规配合检验，或直接用塞规检验；孔的深度可用深度千分尺检验。

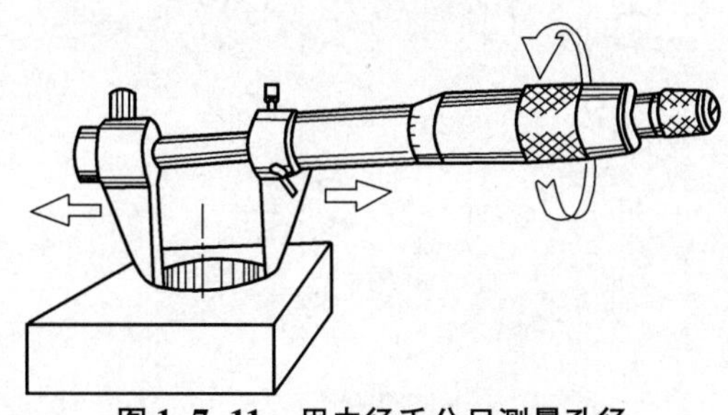
图 1-7-11　用内径千分尺测量孔径

### 2. 孔的形状精度检验

① 圆度检验。在孔圆周的各个径向位置测量直径尺寸，测量所得的最大差值即为孔的圆度误差。

② 圆柱度检验。如图 1-7-12 所示，在孔沿轴线方向不同位置的圆周上测量直径尺寸，测量所得的最大差值即为孔的圆柱度误差。

### 3. 孔的表面粗糙度检验

表面粗糙度检验一般都用标准样规或经检验的同一粗糙度等级的工件进行比照检验。

### 4. 孔的位置精度检验

① 孔距检验。一般精度孔距可用游标卡尺检验；精度较高的孔距用百分表与量块检验。测量时，工件装夹在六面角铁上（或放在平板上），底面与平板接触，将计算出的量块组放在工件附近，用百分表进行比较测量，如图 1-7-13 所示。

② 孔轴心线与基准面的平行度检验。检验时将检验用芯轴放入孔内，将基准面与平板

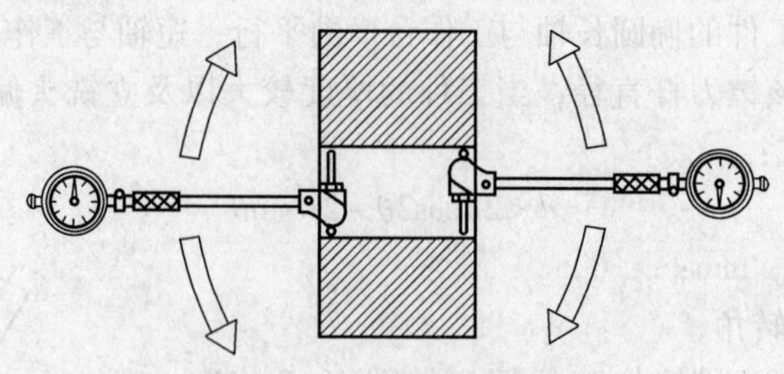
图 1-7-12　孔的圆柱度检验

贴合。若是通孔，可直接用百分表测量孔口两端芯轴最高点的偏差，两端尺寸的差值即为两孔的平行度误差；若是不通孔，插入芯轴的外露部分长度只需略大于孔深，然后用百分表测量外露部分的孔口与端部最高点的偏差，以确定孔与基准面的平行度误差。

③ 孔轴心线与基准面的垂直度检验。将工件的基准面装夹在六面角铁上，用百分表测量孔的两端孔壁最低点偏差，然后将六面角铁转 90° 测量另一方向孔的两端孔壁最低点偏差，以确定垂直度的误差。

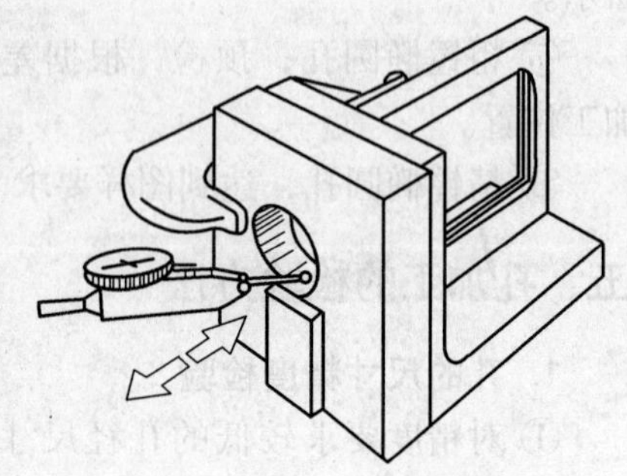
图 1-7-13　孔距检验

# 第二篇 项 目 篇

## 项目一 铣削加工的基本操作

### 实训一 铣床的操作方法及保养

铣床的型号很多，现重点介绍 X6132 型卧式万能铣床，它的各个操作位置如图 2-1-1 所示。

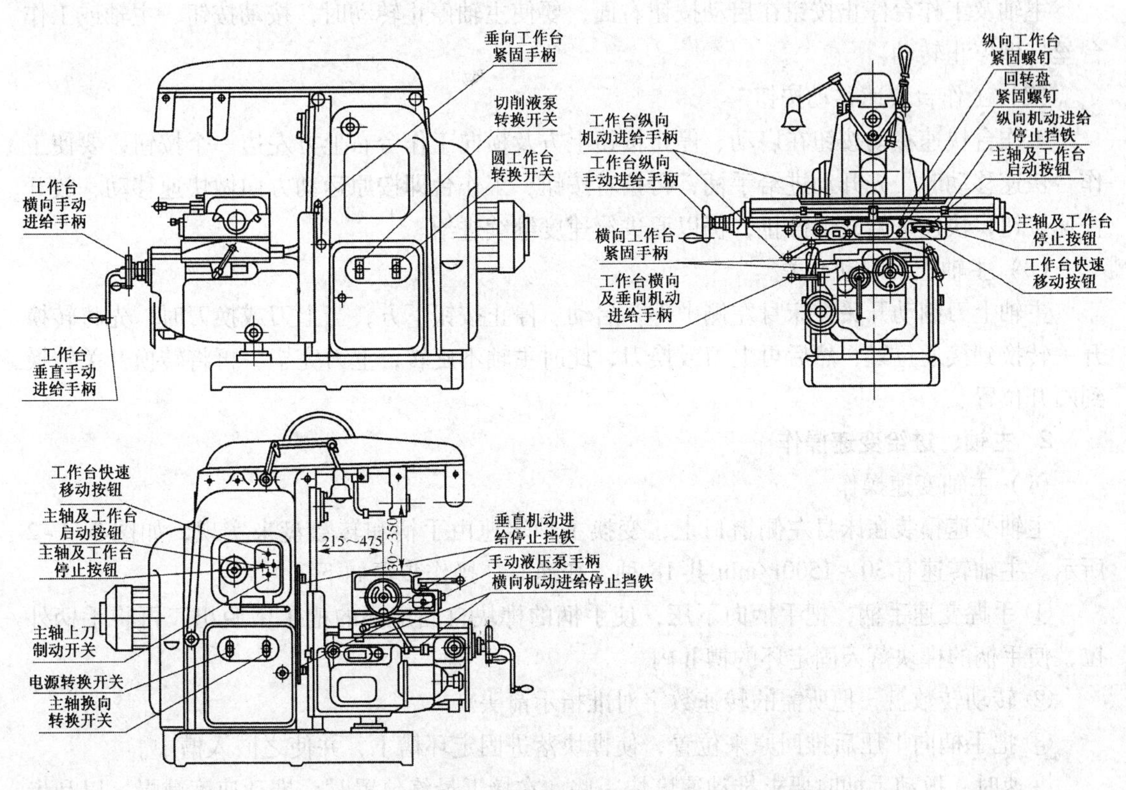


图 2-1-1 X6132 型卧式万能铣床各个操作位置

**1. 机床电器部分操作**

（1）电源转换开关

电源转换开关在床身左侧下部，操作机床时，先将转换开关顺时针方向转换至接通位置，操作结束时，逆时针方向转换至断开位置。

（2）主轴换向转换开关

主轴换向转换开关在电源转换开关右边，处于中间位置时主轴停止，将换向开关顺时针方向转换至右转位置时，主轴右向旋转，逆时针方向转换至左转位置时，则主轴左向旋转。

（3）切削液泵转换开关

切削液泵转换开关在床身右侧下部，操作中使用切削液时，将切削液泵转换开关转换至接通位置。

（4）圆工作台转换开关

圆工作台转换开关在冷却泵转换开关右边，在铣床上安装和使用机动回转工作台时，将转换开关转换至接通位置。一般情况放在停止位置，否则机动进给全部停止。

（5）主轴及工作台启动按钮

主轴及工作台启动按钮在床身左侧中部及横向工作台右上方，两边为连动按钮。启动时，用手指按动按钮主轴或工作台丝杠即启动。

（6）主轴及工作台停止按钮

主轴及工作台停止按钮在启动按钮右面，要使主轴停止转动时，按动按钮，主轴或工作台丝杠即停止转动。

（7）工作台快速移动按钮

工作台快速移动按钮在启动、停止按钮上方及横向工作台右上方左边一个按钮，要使工作台快速移动时，先开动进给手柄，再按着按钮，工作台即按原运动方向做快速移动，放开快速按钮，快速进给立即停止，仍以原进给速度继续进给。

（8）主轴上刀制动开关

主轴上刀制动开关在床身左侧中部，启动、停止按钮下方，当上刀或换刀时，先将转换开关转换到接通位置，然后再上刀或换刀，此时主轴不旋转，上刀完毕，再将转换开关转换到断开位置。

**2. 主轴、进给变速操作**

（1）主轴变速操作

主轴变速箱装在床身左侧窗口上，变换主轴转速由手柄和转数盘来实现，如图 2-1-2 所示。主轴转速有 30～1500r/min 共 18 种。变速时，操作步骤如下。

① 手握变速手柄，把手柄向下压，使手柄的榫块自固定环的槽Ⅰ中脱出，再将手柄外拉，使手柄的榫块落入固定环的槽Ⅱ内。

② 转动转数盘，把所需的转速数字对准指示箭头。

③ 把手柄向下压后推回原来位置，使榫块落进固定环槽Ⅰ，并使之嵌入槽中。

变速时，扳动手柄时要求推动速度快一些，在接近最终位置时，推动速度减慢，以利齿轮啮合。变速时若发现齿轮相碰声，应待主轴停稳后再变速，为了避免损坏齿轮，主轴转动时严禁变速。

（2）进给变速操作

进给变速箱是一个独立部件，装在垂向工作台的左边，进给速度有 23.5～1180mm/min 共 18 种。速度的变换由进给操作箱来控制，操作箱装在进给变速箱的前面，如图2-1-3所示。变换进给速度的操作步骤如下。

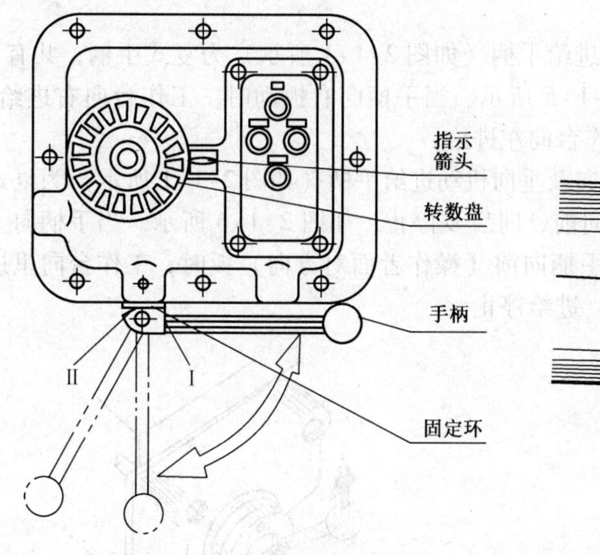


图 2-1-2　主轴变速操作

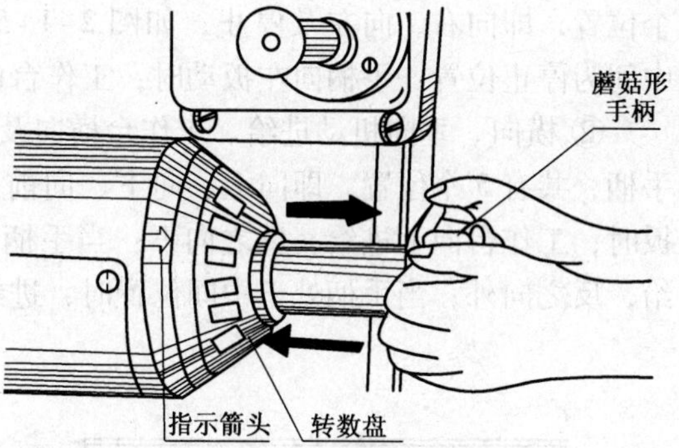

图 2-1-3　进给变速操作

① 双手把蘑菇形手柄向外拉出。

② 转动手柄，把转数盘上所需的进给速度对准指示箭头。

③ 将蘑菇形手柄再推回原始位置。

变换进给速度时，如发现手柄无法推回原始位置时，可再转动转数盘或将机动进给手柄开动一下。允许在机床开动情况下进行进给变速，但机动进给时，不允许变换进给速度。

### 3. 工作台进给操作

（1）工作台手动进给操作

① 纵向手动进给。工作台纵向手动进给手柄在工作台左端，如图 2-1-1 所示。当手动进给时，将手柄与纵向丝杠接通，右手握手柄并略加力向里推，左手扶轮子做旋转摇动，如图 2-1-4 所示。摇动时速度要均匀适当，顺时针摇动时，工作台向右移动做进给运动，反之则向左移动。纵向刻度盘圆周刻线 120 格，每摇一转，工作台移动 6mm，每摇动一格，工作台移动 0.05mm。

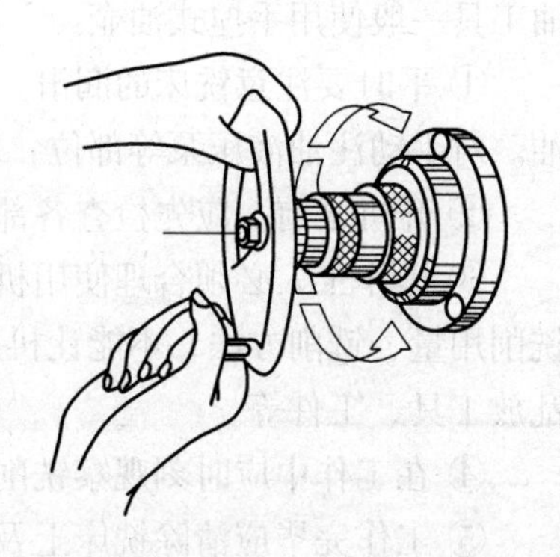

图 2-1-4　纵向手动进给姿势

② 横向手动进给。工作台横向手动进给手柄在垂向工作台前面，如图 2-1-1 所示。手动进给时，将手柄与横向丝杠接通，右手握手柄，左手扶轮子做旋转摇动，顺时针方向摇动时，工作台向前移动，反之向后移动。每摇一转，工作台移动 6mm，每摇动一格，工作台移动 0.05mm。

③ 垂向手动进给。工作台垂向手动进给手柄在垂向工作台前面左侧，如图2-1-1所示。手动进给时，使手柄离合器接通，双手握手柄，顺时针方向摇动时，工作台向上移动，反之向下移动。垂向刻度盘上刻有40格，每摇一转时，工作台移动2mm，每摇动一格，工作台移动0.05mm。

（2）工作台机动进给操作

① 纵向机动进给。工作台纵向机动进给手柄（如图2-1-1所示）为复式手柄，共有3个位置，即向右、向左及停止，如图2-1-5所示。当手柄向右扳动时，工作台向右进给，中间为停止位置；手柄向左扳动时，工作台向左进给。

② 横向、垂向机动进给。工作台横向及垂向机动进给手柄（如图2-1-1所示）为复式手柄，共有5个位置，即向上、向下、向前、向后及停止，如图2-1-6所示。当手柄向上扳时，工作台向上进给，反之向下；当手柄向前（操作者面对方向）扳时，工作台向里进给，反之向外；当手柄处于中间位置时，进给停止。

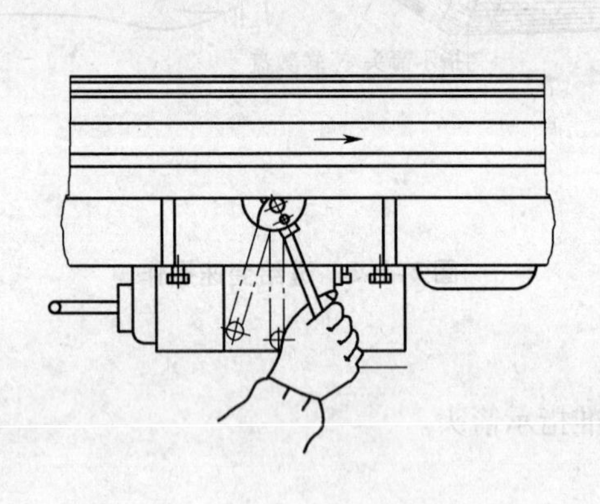

**图2-1-5　工作台纵向机动进给操作**

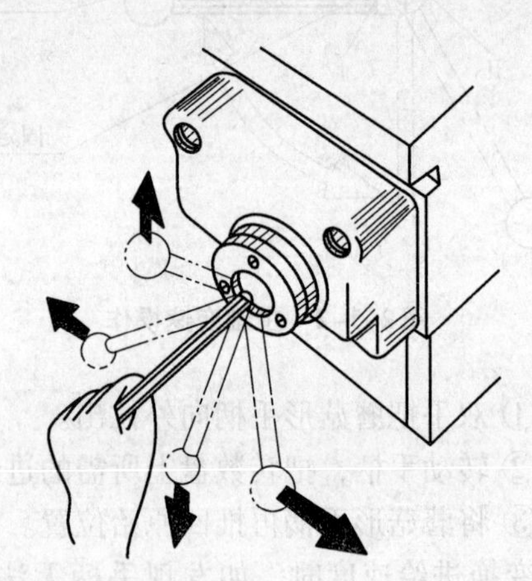

**图2-1-6　工作台横向、垂向机动进给操作**

**4. 常用铣床的维护与保养**

铣床的各润滑点如图2-1-7所示，铣床操作人员必须按期、按油质要求注润滑油。注油工具一般使用手捏式油壶。

① 平时要注意铣床的润滑。操作工人应根据机床说明书的要求，定期加油和调换润滑油。对手动注油液压泵等部位，每天应按要求加注润滑油。

② 开机之前，应先检查各部件，如操纵手柄、按钮等是否在正常位置和其灵敏度如何。

③ 操作工人必须合理使用机床。操作铣床的工人应掌握一定的基本知识，如合理选用铣削用量、铣削方法，不能让机床超负荷工作。安装夹具及工件时，应轻放。工作台面不应乱放工具、工件等。

④ 在工作中应时刻观察铣削情况，如发现异常现象，应立即停机检查。

⑤ 工作完毕应清除铣床上及周围的切屑等杂物，关闭电源，擦净机床，在滑动部位加注润滑油，整理工具、夹具、计量器具，做好交接班工作。

⑥ 铣床在运转500h后，应进行一级保养。保养作业由操作工人为主，维修工人配合进行。一级保养的内容和要求见表2-1-1。

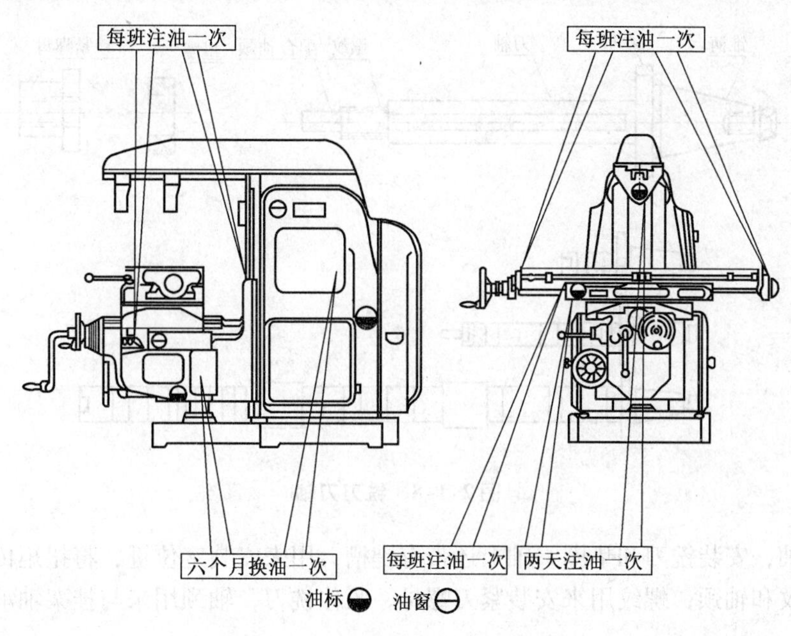


图 2-1-7　X6132 万能铣床各润滑点

表 2-1-1　铣床一级保养的内容和要求

| 序　号 | 保养部位 | 保养内容和要求 |
|---|---|---|
| 1 | 外保养 | ① 机床外表清洁，各罩盖保持内外清洁，无锈蚀，无“黄袍”<br>② 清洗机床附件，并涂油防蚀<br>③ 清洗各部丝杠 |
| 2 | 传动 | ① 修光导轨面毛刺，调整镶条<br>② 调整丝杠螺母间隙，丝杠轴向不得窜动，调整离合器摩擦片间隙<br>③ 适当调整 V 带 |
| 3 | 冷却 | ① 清洗过滤网、切削液槽，使其内部无沉淀物、无切屑<br>② 根据情况调换切削液 |
| 4 | 润滑 | ① 油路畅通无阻，油毛毡清洁，无切屑，油窗明亮<br>② 检查手动液压泵，内外清洁无油污<br>③ 检查油质，应保持良好 |
| 5 | 附件 | 清洗附件，做到清洁、整齐、无锈迹 |
| 6 | 电器 | ① 清扫电器箱、电动机<br>② 检查限位装置，确保其安全可靠 |

## 实训二　铣刀的装卸

### 1. 圆柱铣刀、三面刃铣刀等带孔铣刀的安装

(1) 铣刀刀轴

带孔铣刀借助于刀轴安装在铣床主轴上。根据铣刀孔径的大小，常用的刀轴直径有 22mm、27mm、32mm 这 3 种，刀轴上配有垫圈和紧刀螺母，如图 2-1-8 所示。刀轴左端是 7: 24的锥度，与铣床主轴锥孔配合，锥度的尾端有内螺纹孔，通过拉紧螺杆，将刀轴拉紧在主轴锥孔内；刀轴锥度的前端有一凸缘，凸缘上有两个缺口，与主轴端的凸缝配合；刀轴

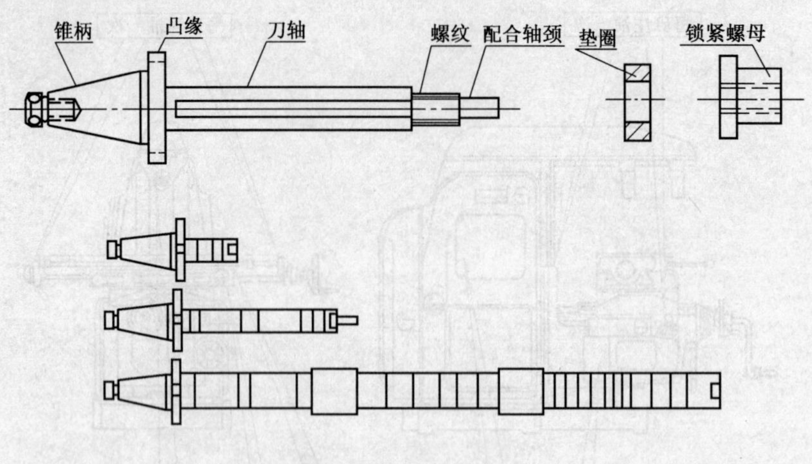


图 2-1-8　铣刀刀轴

的中部是光轴，安装铣刀和垫圈，轴上还带有键槽，用来安装定位键，将扭矩传给铣刀；刀轴右端是螺纹和轴颈，螺纹用来安装紧刀螺母，紧住铣刀，轴颈用来与挂架轴承孔配合，支承铣刀刀轴。

（2）刀轴拉紧螺杆

刀轴拉紧螺杆如图 2-1-9 所示，用来将刀轴拉紧在铣床主轴锥孔内，左端旋入螺母与杆固定在一起，用来将螺纹部分旋入铣刀或刀轴的螺孔中，背紧螺母用来将铣刀或刀轴拉紧在铣床主轴锥孔内。

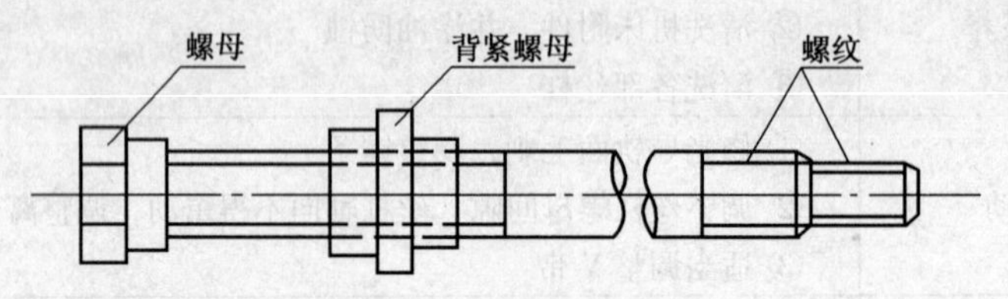


图 2-1-9　刀轴拉紧螺杆

（3）圆柱铣刀的安装步骤

① 根据铣刀孔径选择刀轴。

② 调整横梁伸出长度。松开横梁紧固螺母，适当调整横梁伸出长度，使其与刀轴长度相适应，然后紧固横梁，如图 2-1-10 所示。

③ 擦净主轴锥孔和刀轴锥柄 。安装刀轴前应擦净主轴锥孔和刀轴锥柄，以免因脏物影响刀轴的安装精度，如图 2-1-11 所示。

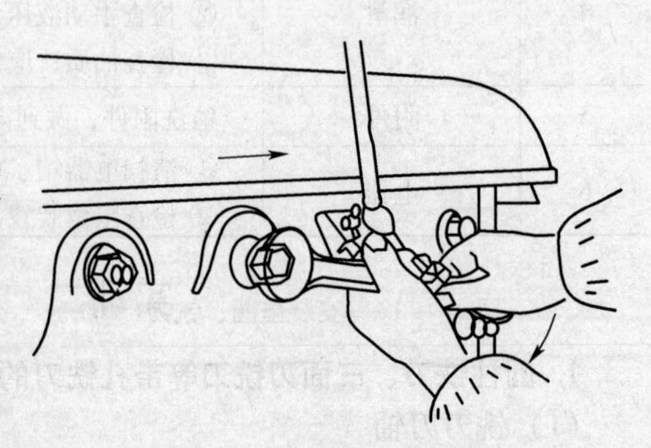

图 2-1-10　调整横梁伸出长度

④ 安装刀轴。将主轴转速调至最低（30r/min）或锁紧主轴。右手拿刀轴，将刀轴的锥柄装入主轴锥孔，装刀时刀轴凸缘上的槽应对准主轴端部的凸键。从主轴后端观察，用左手顺时针转动拉紧螺杆，使拉紧螺杆的螺纹部分旋入刀轴螺孔 6 ~ 7 转，然后用扳手旋紧拉紧螺杆的背紧螺母，将刀轴拉紧在主轴锥孔内，如图 2-1-12 所示。

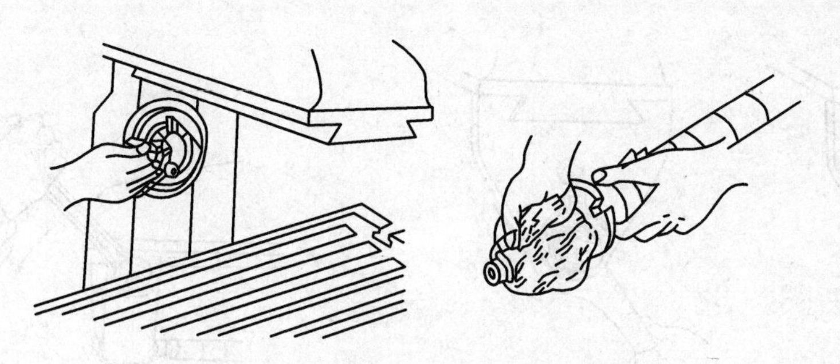

图 2-1-11 擦净主轴锥孔和刀轴锥柄

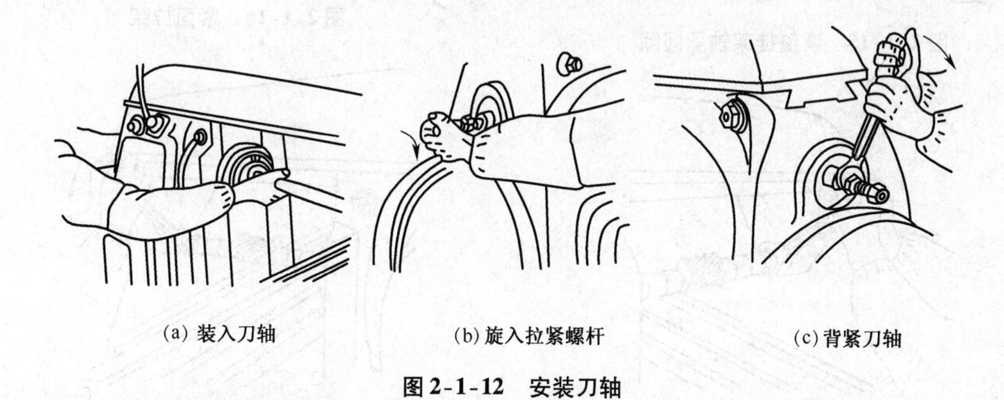

(a) 装入刀轴 (b) 旋入拉紧螺杆 (c) 背紧刀轴

图 2-1-12 安装刀轴

⑤ 安装垫圈和铣刀。安装时，先擦净刀轴、垫圈和铣刀，再确定铣刀在刀轴上的位置，装上垫圈和铣刀，用手顺时针旋紧刀螺母，如图 2-1-13 所示。安装时，注意刀轴配合轴颈与挂架轴承孔应有足够的配合长度。

⑥ 安装并紧固挂架。擦净挂架轴承孔和刀轴配合轴颈，适当注入润滑油，调整挂架轴承，双手将挂架装在横梁导轨上，如图 2-1-14 所示。适当调整挂架轴承孔和刀轴配合轴颈的配合间隙，使用小挂架时用双头扳手调整，使用大挂架时用开槽圆螺母扳手调整，如图 2-1-15所示。然后用双头扳手紧固挂架，如图 2-1-16 所示。

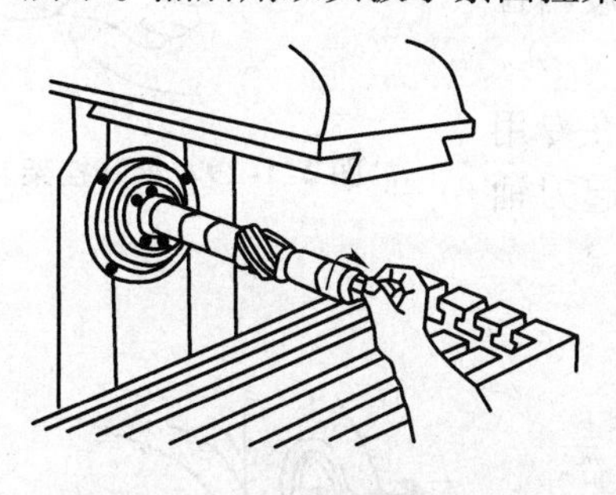

图 2-1-13 安装垫圈、铣刀

图 2-1-14 安装挂架

⑦ 紧固铣刀。紧固挂架后再紧固铣刀。紧固铣刀时，由挂架前面观察，用扳手按顺时针方向旋紧刀轴紧刀螺母，通过垫圈将铣刀夹紧在刀轴上，如图 2-1-17 所示。

（4）卸下铣刀和刀轴

① 松开铣刀。卸下铣刀时，先将主轴转速调到最低（30r/min）或锁紧主轴。从挂架前面观察，用扳手按逆时针方向旋转刀轴紧刀螺母，松开铣刀，如图 2-1-18 所示。

② 松开并卸下挂架。松开铣刀后，调节挂架轴承，再松开挂架，如图 2-1-19 所示，然

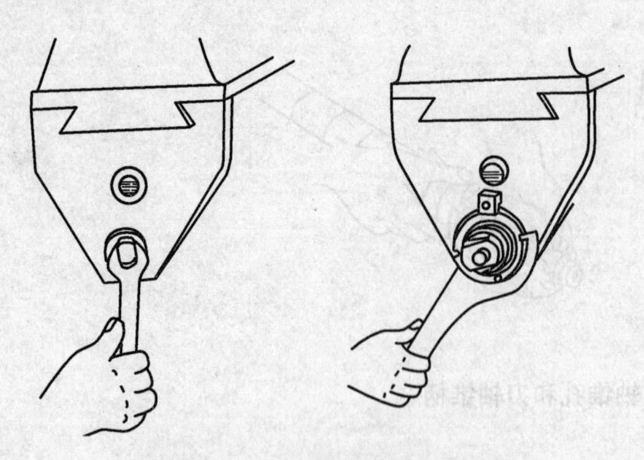

图 2-1-15　调整挂架轴承间隙

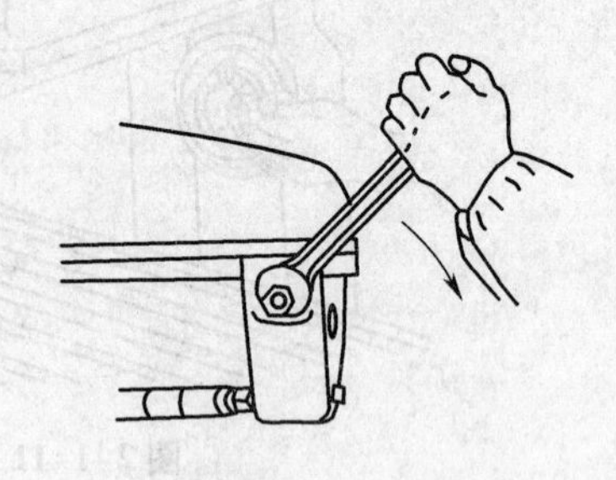

图 2-1-16　紧固挂架

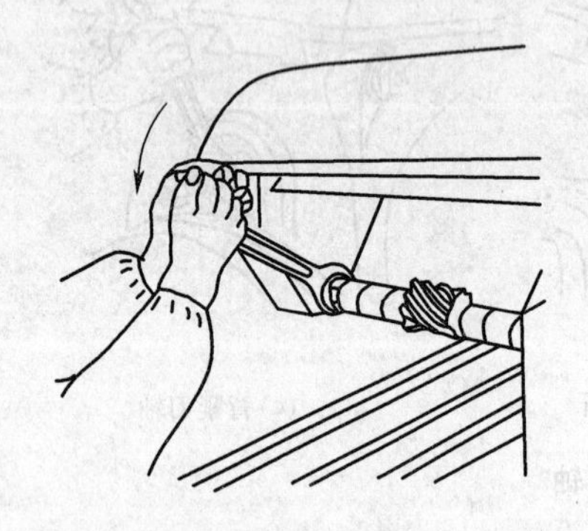

图 2-1-17　紧固铣刀

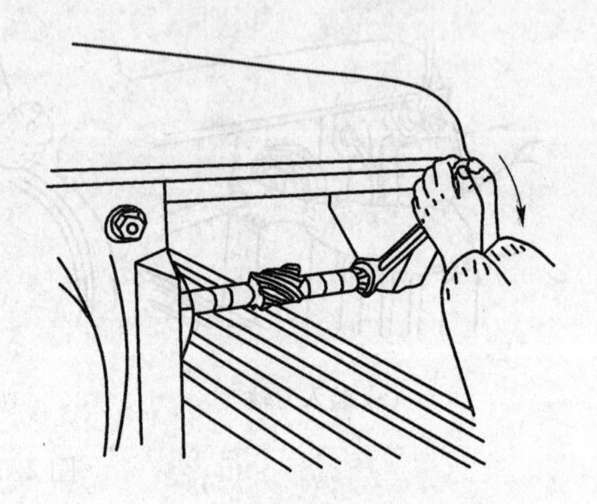

图 2-1-18　松开铣刀

后取下挂架。

③ 取下垫圈和铣刀。卸下挂架后，按逆时针方向旋下刀轴紧刀螺母，取下垫圈和铣刀。

④ 卸下刀轴。从主轴后端观察，用扳手按逆时针方向旋松拉紧螺杆的背紧螺母，如图 2-1-20 所示。然后用手锤轻击拉紧螺杆的端部，如图 2-1-21 所示。再用左手旋出拉紧螺杆，右手握刀轴，取下刀轴。

⑤ 铣刀刀轴的放置。刀轴卸下后，应垂直放置在专用的支架上，如图2-1-22所示，以免因放置不当而引起刀轴弯曲变形。

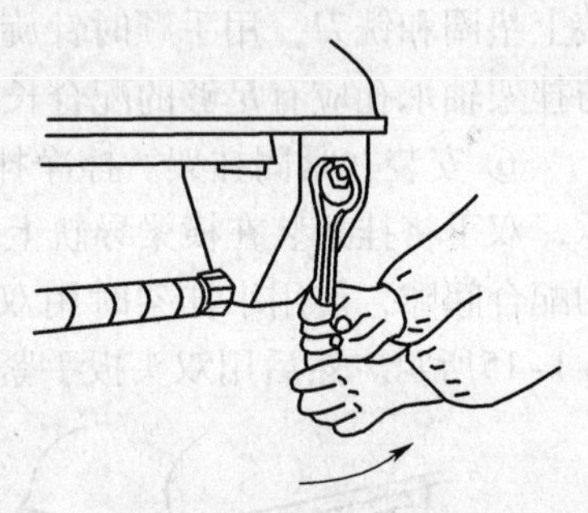

图 2-1-19　松开挂架

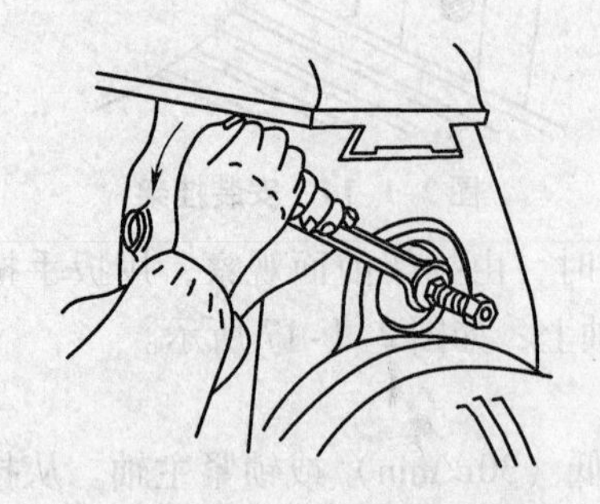

图 2-1-20　松开拉紧螺杆的背紧螺母

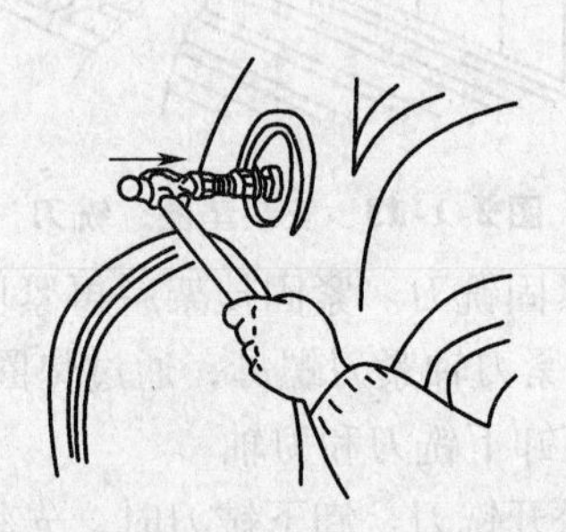

图 2-1-21　用手锤轻击拉紧螺杆的端部

2. 套式面铣刀的安装

（1）内孔带键槽的套式面铣刀的安装

内孔带键槽的套式面铣刀，用圆柱面上带键槽并安装有键的刀轴安装，如图 2-1-23 所示。安装时，先擦净刀轴锥柄和铣床主轴锥孔，将刀轴凸缘上的槽对准主轴端部的键，用拉紧螺杆拉紧刀轴，然后擦净铣刀内孔、端面和刀轴外圆，将铣刀上的键槽对准刀轴上的键，装入铣刀，用叉形扳手旋紧螺钉，紧固铣刀。

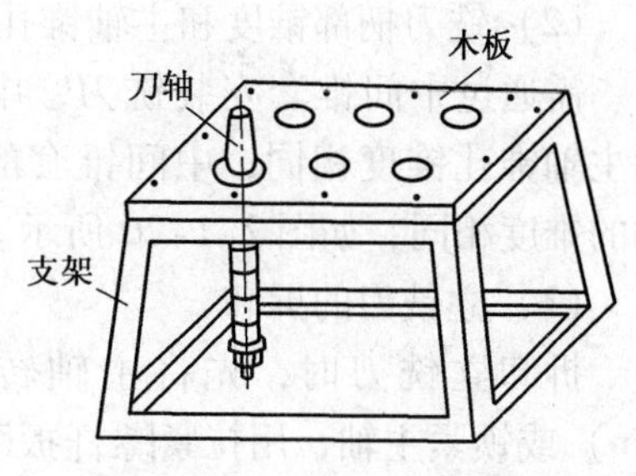

图 2-1-22　放置刀轴的支架

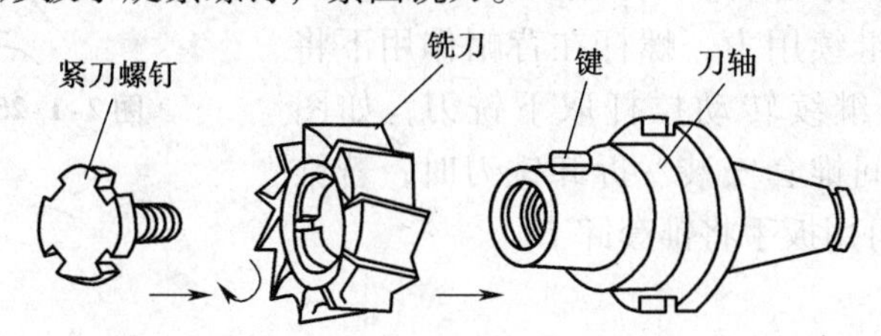

图 2-1-23　内孔带键槽的套式面铣刀的安装

（2）端面带键槽套式面铣刀的安装

端面带键槽套式面铣刀，用配有凸缘端面带键的刀轴安装，如图 2-1-24 所示。安装铣刀时，先将刀轴拉紧在铣床主轴锥孔内，将凸缘装入刀轴，并使凸缘上的槽对准主轴端部的键，装入铣刀，使铣刀端面上的槽对准凸缘端面上的凸键，旋入螺钉，用叉形扳手紧固铣刀。

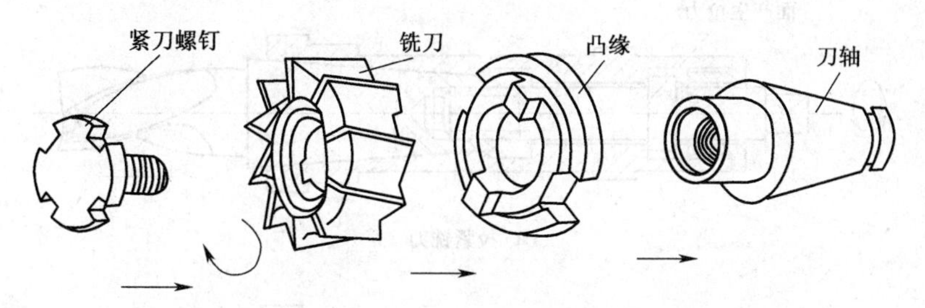

图 2-1-24　端面带键槽套式面铣刀的安装

用以上结构形式的刀轴，可以安装直径较大的面铣刀，也可以安装直径 160mm 以下的盘铣刀。

用以上两种刀轴安装套式面铣刀时，也可以在机用平口钳上夹紧刀轴，安装铣刀，再将刀轴和铣刀装入主轴锥孔，用拉紧螺杆拉紧。

3. 锥柄立铣刀的安装

锥柄立铣刀的柄部一般采用莫氏锥度，有莫氏 1#、2#、3#、4#、5#这 5 种。按铣刀直径的大小不同，做成不同号数的锥柄。安装这种铣刀，有以下两种方法。

（1）铣刀柄部锥度和主轴锥孔锥度相同

先擦净主轴锥孔和铣刀锥柄，垫棉纱用左手握住铣刀，将铣刀锥柄穿入主轴锥孔，然后用拉紧螺杆扳手，从立铣头上方观察按顺时针方向旋紧拉紧螺杆，紧固铣刀，如图 2-1-25 所示。

（2）铣刀柄部锥度和主轴锥孔锥度不同

需通过中间锥套安装铣刀，中间锥套的外圆锥度和主轴锥孔锥度相同，中间锥套的内孔锥度和铣刀锥柄的锥度相同，如图 2-1-26 所示。

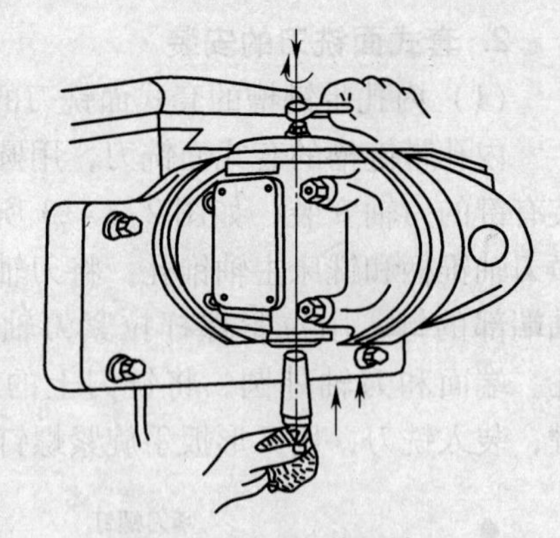

图 2-1-25　安装立铣刀

（3）立铣刀的拆卸

拆卸立铣刀时，先将主轴转速调至最低（30r/min）或锁紧主轴，用拉紧螺杆扳手，从立铣头上方观察按逆时针方向旋松拉紧螺杆，当拉紧螺杆圆柱端面和背帽端贴平后，再继续用力，螺杆在背帽作用下将铣刀推出主轴锥孔，继续转动拉杆取下铣刀，如图 2-1-27所示。使用中间锥套安装、拆卸铣刀时，若锥套落在主轴锥孔内，可用扳手将锥套卸下。

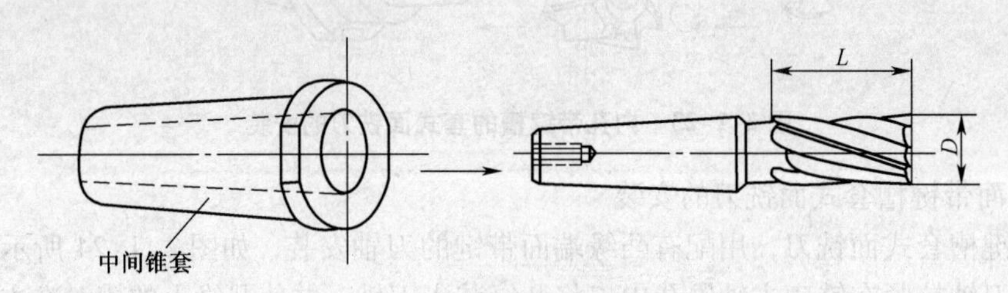


图 2-1-26　借助中间锥套安装立铣刀

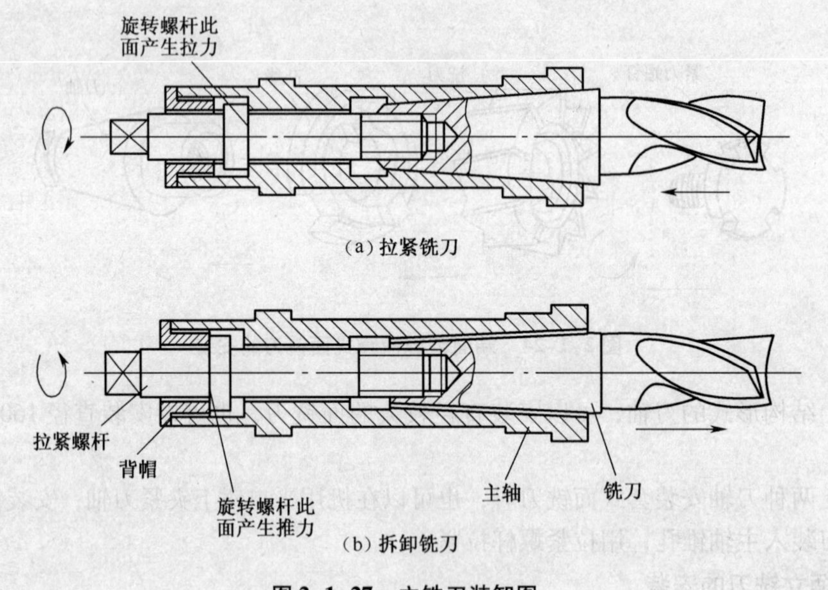


图 2-1-27　立铣刀装卸图

**4. 圆柱柄铣刀的安装**

半圆键铣刀、较小直径的立铣刀和键槽铣刀，都做成圆柱柄。圆柱柄铣刀一般通过钻夹头或弹簧夹头安装在主轴锥孔内，如图 2-1-28 和图 2-1-29 所示。

**5. 铣刀安装后的检查**

铣刀安装后，需做以下内容的检查。

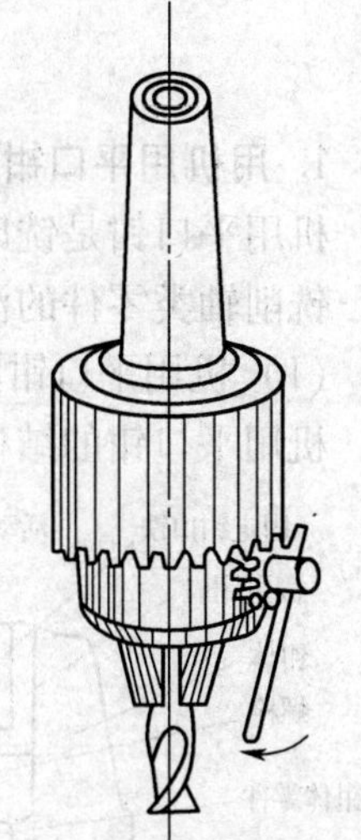

图 2-1-28　用钻夹头安装直柄铣刀

① 检查铣刀是否紧固。

② 检查挂架轴承孔与刀轴配合轴颈的配合间隙是否适当。一般以切削时不振动，挂架轴承不发热为宜。

③ 检查刀齿的旋向是否正确。机床开动后，铣刀应向着前刀面的方向旋转，如图 2-1-30 所示。

④ 检查刀齿的圆跳动和端面跳动。用百分表进行检测，检测时，将磁性表座吸在工作台面上，使表的测量触头触到铣刀的刃口部位，用扳手向着铣刀后刀面的方向旋转铣刀，观察表的指针在旋转一周内的变化情况，如图 2-1-31 所示。一般要求不超过 0. 05 ~ 0. 08mm。

进行一般的铣削加工时，大都用目测法或凭经验确定刀齿圆跳动或端面跳动是否符合要求，加工精密零件时，需采用以上方法进行检测。

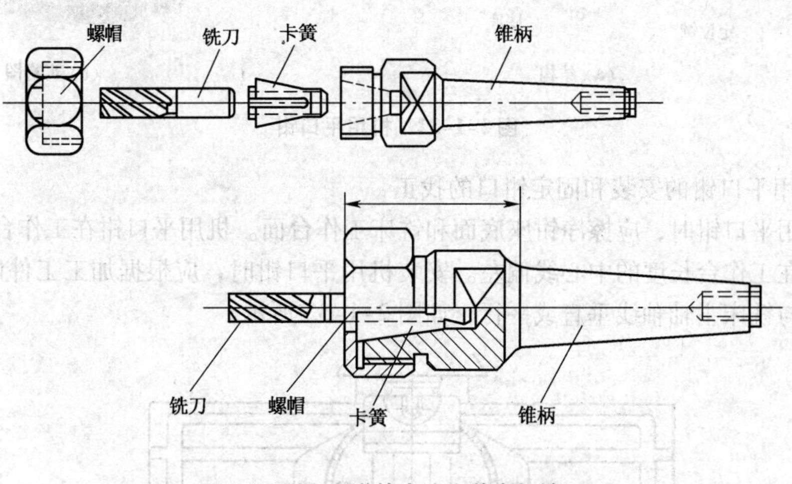


图 2-1-29　用弹簧夹头安装直柄铣刀

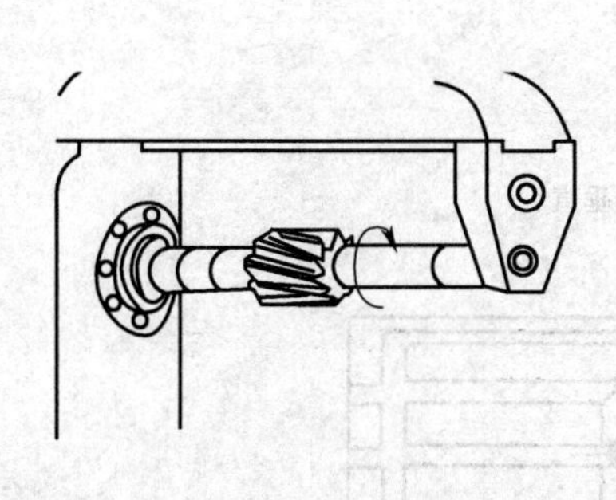

图 2-1-30　铣刀应向着前刀面的方向旋转

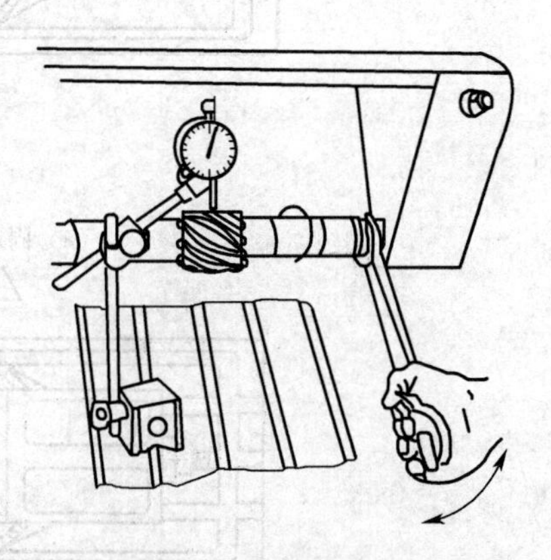

图 2-1-31　检查铣刀的圆跳动

## 实训三 工件的装夹

### 1. 用机用平口钳装夹工件

机用平口钳是铣床上常用的装夹工件的夹具。铣削一般的长方体零件的平面、台阶、斜面，铣削轴类零件的沟槽等，都可以用机用平口钳装夹工件。

（1）机用平口钳的结构

机用平口钳的结构如图 2-1-32 所示。

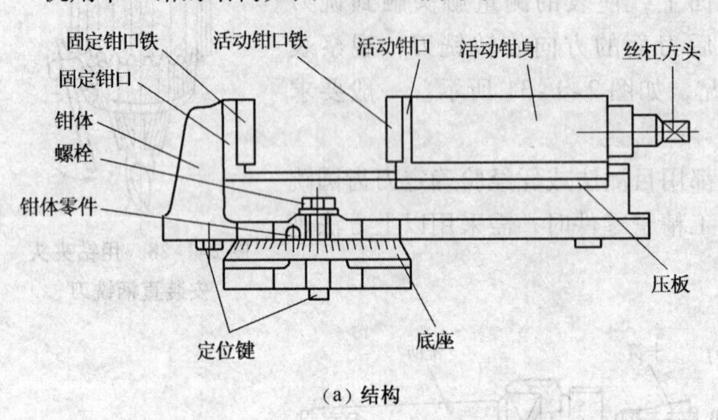


（a）结构

（b）实物图

图 2-1-32 机用平口钳

（2）机用平口钳的安装和固定钳口的找正

安装机用平口钳时，应擦净钳座底面和铣床工作台面。机用平口钳在工作台面上的安放位置，应处在工作台长度的中心线偏左。安装机用平口钳时，应根据加工工件的具体要求，使固定钳口与铣床主轴轴线垂直或平行，如图 2-1-33 所示。

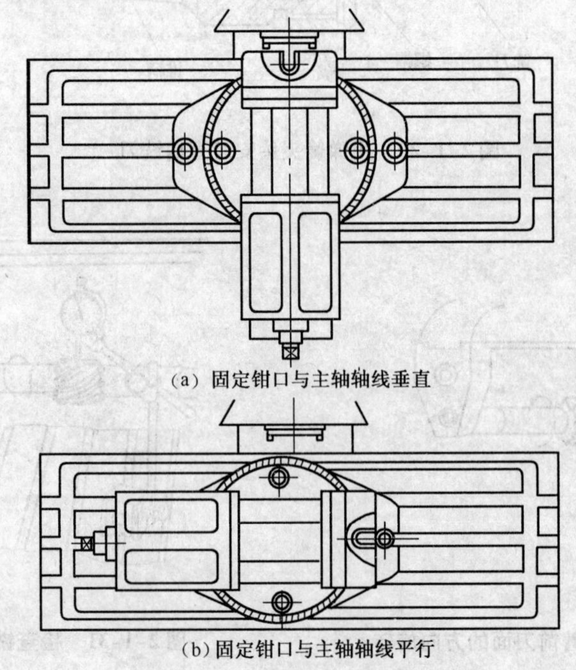

（a）固定钳口与主轴轴线垂直

（b）固定钳口与主轴轴线平行

图 2-1-33 机用平口钳的安装位置

机用平口钳安装后要进行找正，找正的方法如下。

① 用机用平口钳定位键定位。安装一般工件加工时，可将机用平口钳底座上的定位键，放入工作台中央T形槽内，双手推动钳体，使两块定位键的同一个侧面靠向工作台中央T形槽的一侧，将机用平口钳紧固在工作台面上，再通过底座上的刻线和钳体零线配合，转动钳体，使固定钳口与铣床主轴轴线垂直或平行。

② 用划针找正机用平口钳固定钳口与铣床主轴轴线垂直。加工较长的工件时，机用平口钳固定钳口应与铣床主轴轴线垂直安装，用划针进行找正，如图2-1-34所示。找正时，将划针夹持在刀轴垫圈间，把机用平口钳底座紧固在工作台面上，松开钳体紧固螺母，使划针的针尖靠近固定钳口铁平面，移动纵向工作台，用肉眼观察划针的针尖与固定钳口铁平面间的缝隙，若在钳口全长范围内一致，固定钳口就与铣床主轴轴线垂直，然后紧固钳体。

③ 用直角尺找正固定钳口与铣床主轴轴线平行。加工的工件长度较短，铣刀能在一次进给中切削出整个平面，若加工部位要求与基准面垂直时，应使机用平口钳的固定钳口与铣床主轴轴线平行安装。这时用直角尺对固定钳口进行找正，如图2-1-35所示。找正时，松开钳体紧固螺母，右手握直角尺座，将尺座靠向床身的垂直导轨平面，移动直角尺，使直角尺尺苗的外侧面靠向机用平口钳的固定钳口平面，并与钳口平面在钳口全长范围内密合，紧固钳体，再复检一次，位置不变即可。

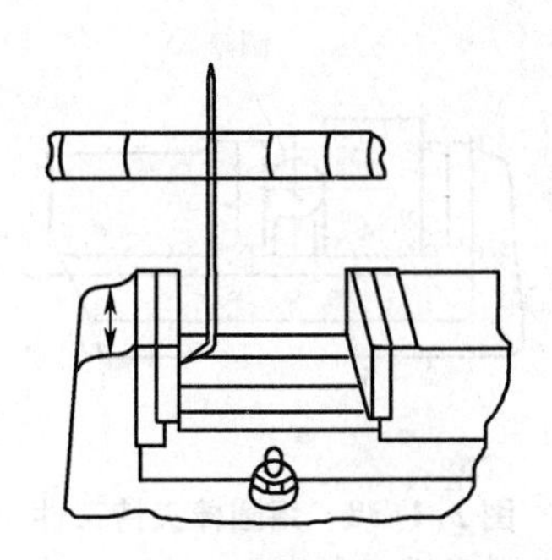

图2-1-34　用划针找正固定钳口与铣床主轴轴线垂直

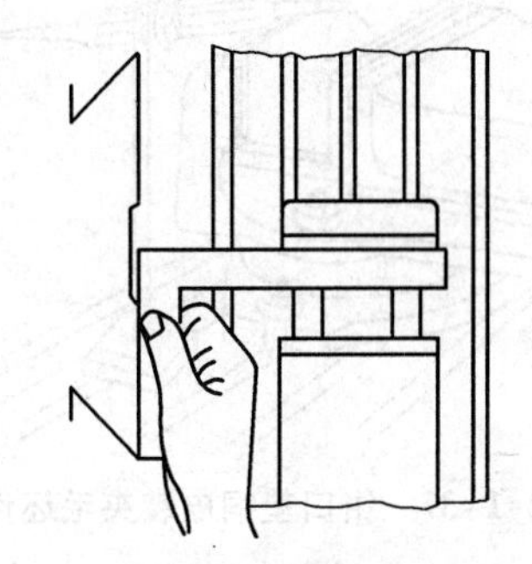

图2-1-35　用直角尺找正固定钳口与铣床主轴轴线平行

④ 用百分表找正固定钳口与铣床主轴轴线垂直或平行。加工工件的精度要求较高时，可用百分表对固定钳口进行找正。将磁性表座吸在横梁导轨平面上，然后安装百分表，使表的测量杆与固定钳口铁平面垂直，表的测量触头触到钳口铁平面上，测量杆压缩0.3～0.4mm，来回移动纵向工作台，观察表的读数在钳口全长范围内一致，固定钳口就与铣床主轴轴线垂直，如图2-1-36（a）所示。

用百分表找正固定钳口与铣床主轴轴线平行时，将磁性表座吸在床身的垂直导轨平面上，移动横向进给检查，如图2-1-36（b）所示。

（3）工件在机用平口钳上的装夹

① 毛坯件的装夹。毛坯件装夹时，应选择一个平整的毛坯面作为粗基准，靠向平口钳的固定钳口。装夹工件时，在钳口铁平面和工件毛坯面间垫铜皮。工件装夹后，用划针盘找正毛坯的上平面，基本上与工作台面平行，如图2-1-37所示。

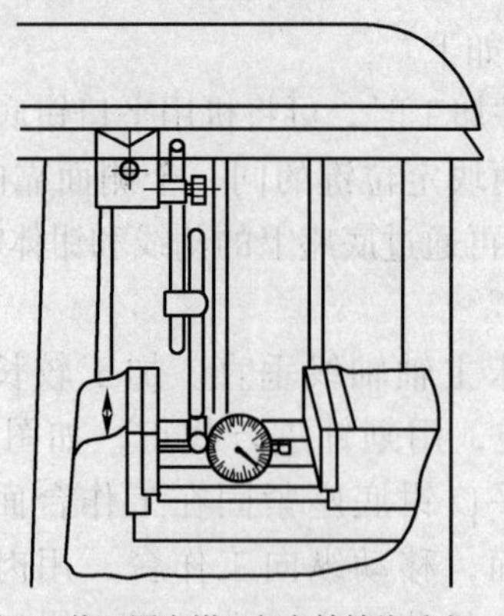

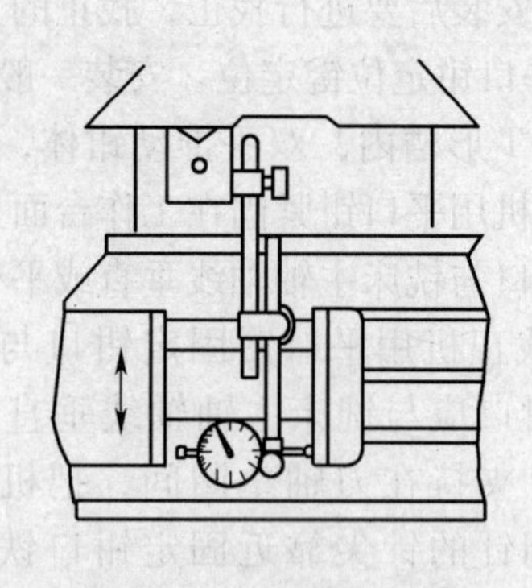

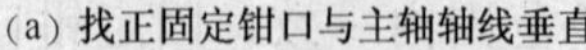

(a) 找正固定钳口与主轴轴线垂直　　(b) 找正固定钳口与主轴轴线平行

**图 2-1-36　用百分表找正固定钳口**

② 已经粗加工表面件的装夹。在装夹已经粗加工的工件时，应选择一个粗加工表面作为基准面，将这个基准面靠向平口钳的固定钳口或钳体导轨面，装夹加工其余表面。

工件的基准面靠向机用平口钳的固定钳口时，可在活动钳口和工件间放置一圆棒，通过圆棒将工件夹紧，这样能够保证工件基准面与固定钳口很好地贴合。圆棒放置时，要与钳口平面平行，其高度在钳口所夹持工件部分的高度中间，或者稍偏上一点，如图 2-1-38 所示。

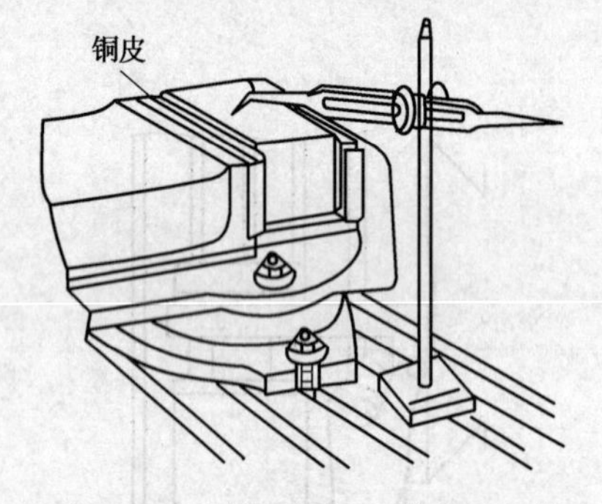


**图 2-1-37　钳口垫铜皮装夹毛坯件**

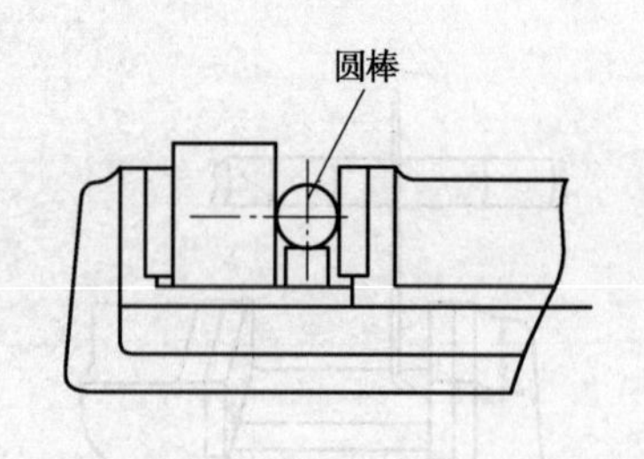


**图 2-1-38　用圆棒夹持工件**

工件的基准面靠向钳体导轨面时，在工件基准面和钳体导轨平面间垫一平行垫铁。夹紧工件后，用铜锤轻击工件上面，同时用手移动平行垫铁，垫铁不松动时，工件基准面与钳身导轨平面贴合好，如图 2-1-39 所示。敲击工件时，用力大小要适当，与夹紧力的大小相适应。敲击的位置应从已经贴合好的部位开始，逐渐移向没有贴合好的部位。敲击时不可连续用力猛敲，应克服垫铁和钳身反作用力的影响。

（4）工件在机用平口钳上装夹时的注意事项

① 安装机用平口钳时，应擦净工作台面和钳底平面；安装工件时，应擦净钳口铁平面、钳体导轨面、工件表面。

② 工件在机用平口钳上安装后，铣去的余量层应高出钳口上平面，高出的尺寸以铣刀不铣钳口上平面为宜，如图 2-1-40 所示。

③ 工件在平口钳上装夹时，放置的位置应适当，夹紧工件后，钳口受力应均匀。

**2. 用压板夹紧工件**

形状较大或不便于用机用平口钳夹紧的工件，可用压板夹紧在工作台面上进行加工。常用的压板、螺栓及垫铁如图 2-1-41 所示。

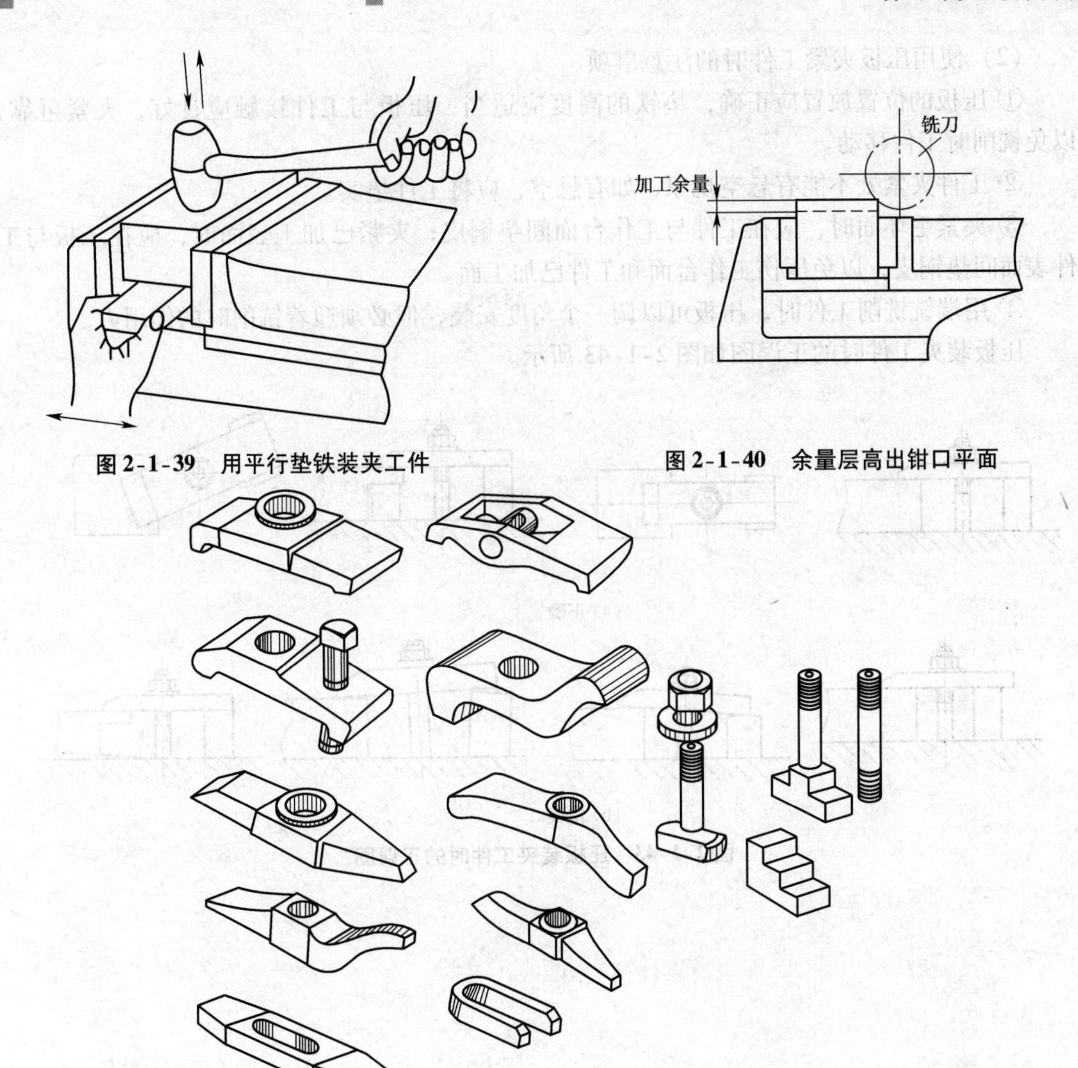


图 2-1-39　用平行垫铁装夹工件

图 2-1-40　余量层高出钳口平面

图 2-1-41　压板、螺栓及垫铁

(1) 用压板夹紧工件的方法

压板通过 T 形螺栓、螺母、垫铁将工件夹紧在工作台面上。使用压板夹紧工件时，应选择两块以上的压板，压板的一端搭在工件上，另一端搭在垫铁上，垫铁的高度应等于或略高于工件被夹紧部位的高度，螺栓到工件间的距离，应略小于螺栓到垫铁间的距离。使用压板时，螺母和压板平面间应垫有垫圈，如图 2-1-42 所示。

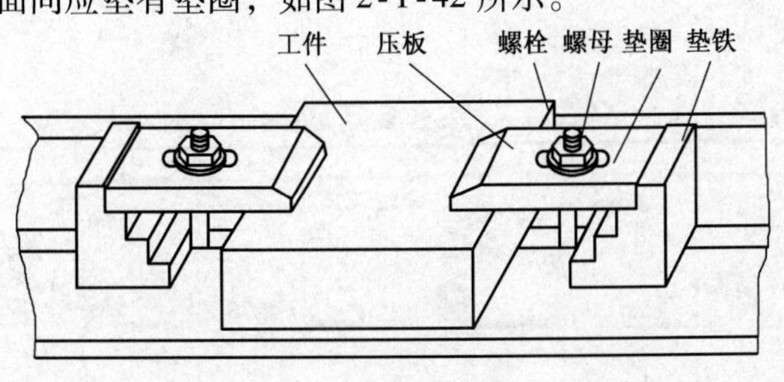


图 2-1-42　用压板夹紧工件

（2）使用压板夹紧工件时的注意事项

① 压板的位置放置应正确，垫铁的高度应适当，压板与工件接触应良好，夹紧可靠，以免铣削时工件移动。

② 工件夹紧处不能有悬空现象，如有悬空，应将工件垫实。

③ 夹紧毛坯面时，应在工件与工作台面间垫铜皮；夹紧已加工表面时，应在压板与工件表面间垫铜皮，以免压伤工作台面和工件已加工面。

④ 用端铣铣削工件时，压板可以调一个角度安装，但必须迎着铣削时的作用力。

压板装夹工件时的正误图如图 2-1-43 所示。

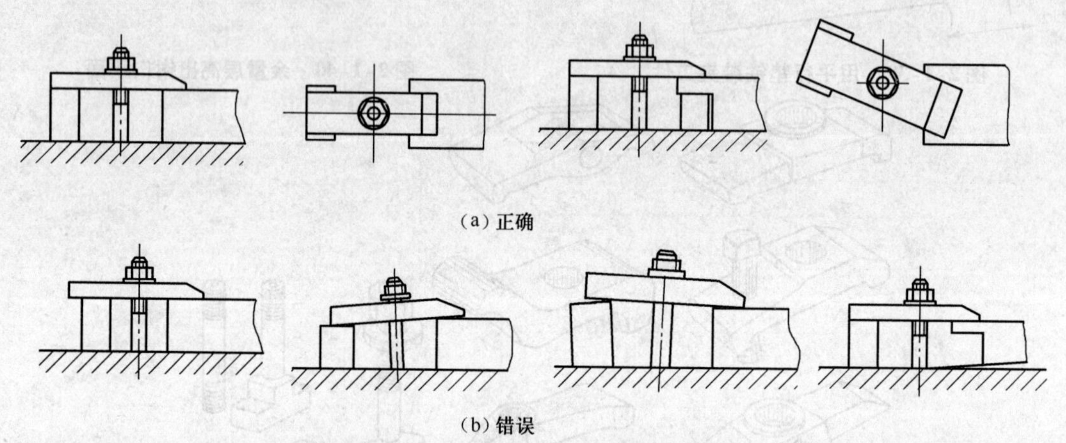

（a）正确

（b）错误

图 2-1-43　压板装夹工件时的正误图

# 铣　工

# 项目二　平面与连接面的铣削

## 实训一　平面铣削

### 1. 压板平面铣削（如图2-2-1所示）

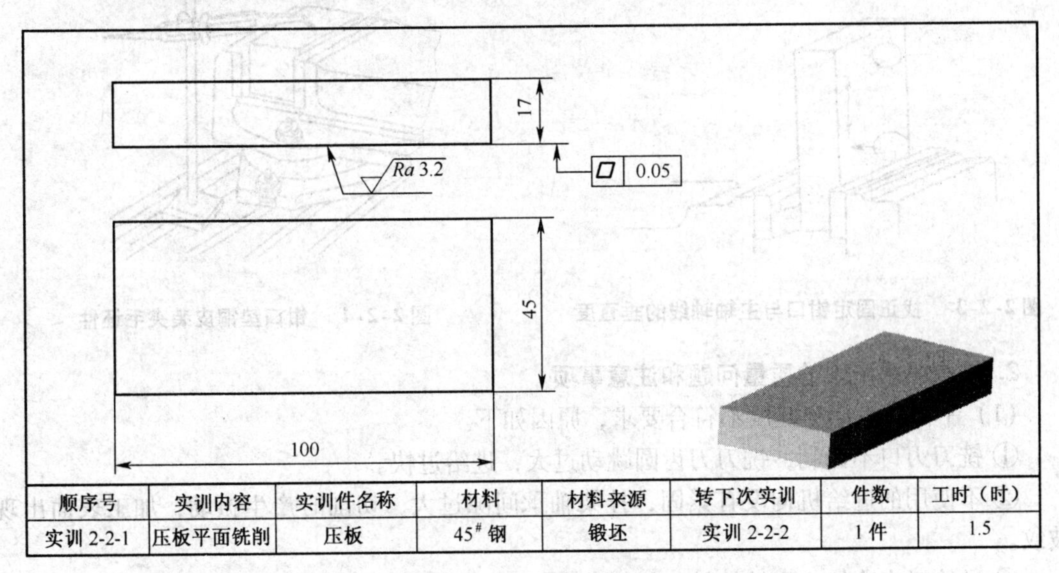


| 顺序号 | 实训内容 | 实训件名称 | 材料 | 材料来源 | 转下次实训 | 件数 | 工时（时） |
| --- | --- | --- | --- | --- | --- | --- | --- |
| 实训 2-2-1 | 压板平面铣削 | 压板 | 45# 钢 | 锻坯 | 实训 2-2-2 | 1 件 | 1.5 |

**图2-2-1　压板平面铣削**

（1）工艺分析

① 预制件为106mm×21mm×51mm的长方体锻造坯件。

② 该零件为长方体坯件，外形尺寸不大，宜采用带网纹钳口的机用平口钳装夹。

③ 该零件所铣平面的平面度公差为0.05mm，表面粗糙度值为$Ra3.2\mu m$。

（2）加工步骤

① 对照图样检查毛坯。

② 安装机用平口钳（如图2-2-2所示），找正钳口与主轴轴线的垂直度（如图2-2-3所示）。

③ 选择并安装铣刀（选择铣刀直径$\phi 80$mm，宽度63mm的圆柱铣刀）。

④ 选择并调整切削用量（粗铣：进给速度$v_f = 60 \sim 75$mm/min，主轴转速$n = 95 \sim 118$r/min，背吃刀量$a_p = 2$mm；精铣：进给速度$v_f = 75$mm/min，主轴转速$n = 150$ r/min，背吃刀量$a_p = 0.5$mm）。

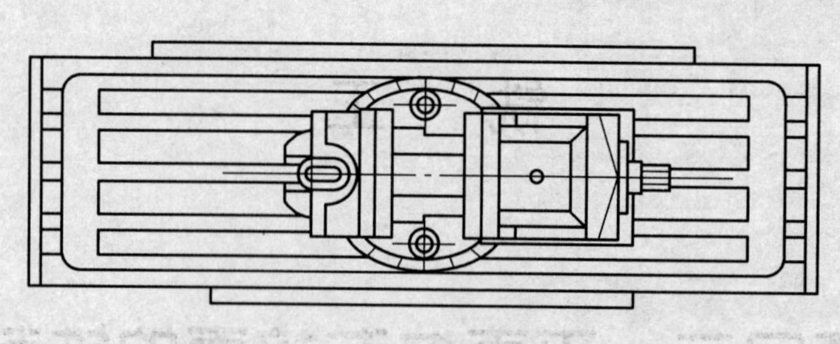

图 2-2-2　在工作台上安装机用平口钳

⑤ 安装并找正工件。毛坯件装夹时，应选择一个平整的毛坯面作为粗基准，靠向机用平口钳的固定钳口。装夹工件时，在钳口平面和工件毛坯面间垫铜皮。工件装夹后，用划针盘找正毛坯的上平面，基本上与工作台面平行，如图 2-2-4 所示。

⑥ 对刀调整背吃刀量铣削。

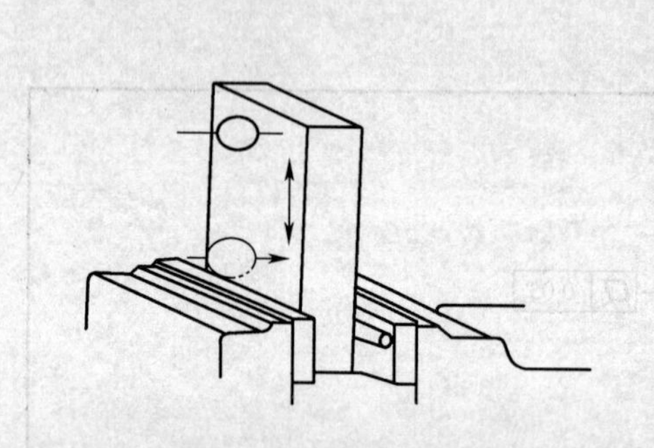

图 2-2-3　找正固定钳口与主轴轴线的垂直度

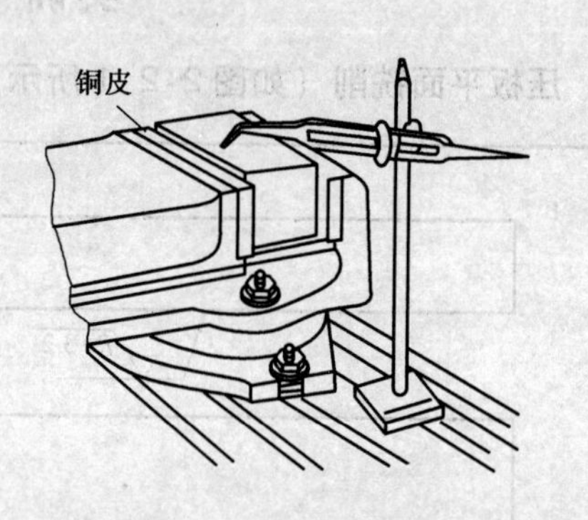


图 2-2-4　钳口垫铜皮装夹毛坯件

**2. 铣削中易出现的质量问题和注意事项**

（1）平面的表面粗糙度不符合要求，原因如下。

① 铣刀刃口不锋利，铣刀刀齿圆跳动过大，进给过快。

② 不使用的进给机构没有紧固，挂架轴承间隙过大，切削时产生振动，加工表面出现波纹。

③ 进给时中途停止主轴旋转、停止工作台自动进给，造成加工表面出现刀痕。

④ 没有降落工作台，铣刀在旋转情况下退刀，啃伤工件加工表面。

（2）平面的平面度不符合要求，原因如下。

① 圆柱铣刀的圆柱度不好，使铣出的平面不平整。

② 立铣时，立铣头零位不准；端铣时，工作台零位不准，铣出凹面。

（3）操作过程中的注意事项如下。

① 调整背吃刀量时，若手柄摇过头，应注意消除丝杠和螺母间隙对移动尺寸的影响。

② 铣削过程中不准用手摸工件和铣刀，不准测量工件，不准变换工作台进给量。

③ 铣削过程中不能停止铣刀旋转和工作台自动进给，以免损坏刀具，啃伤工件。若因故必须停机时，应先降落工作台，再停止工作台进给和铣刀旋转。

④ 进给结束后，工件不能立即在铣刀旋转的情况下退回，应先降落工作台，再退刀。

⑤ 不使用的进给机构应紧固，工作完毕后应松开。

⑥ 用机用平口钳夹紧工件后，将机用平口钳扳手取下。

# 实训二　平行面和垂直面铣削

**1. 平行面和垂直面铣削（如图 2-2-5 所示）**

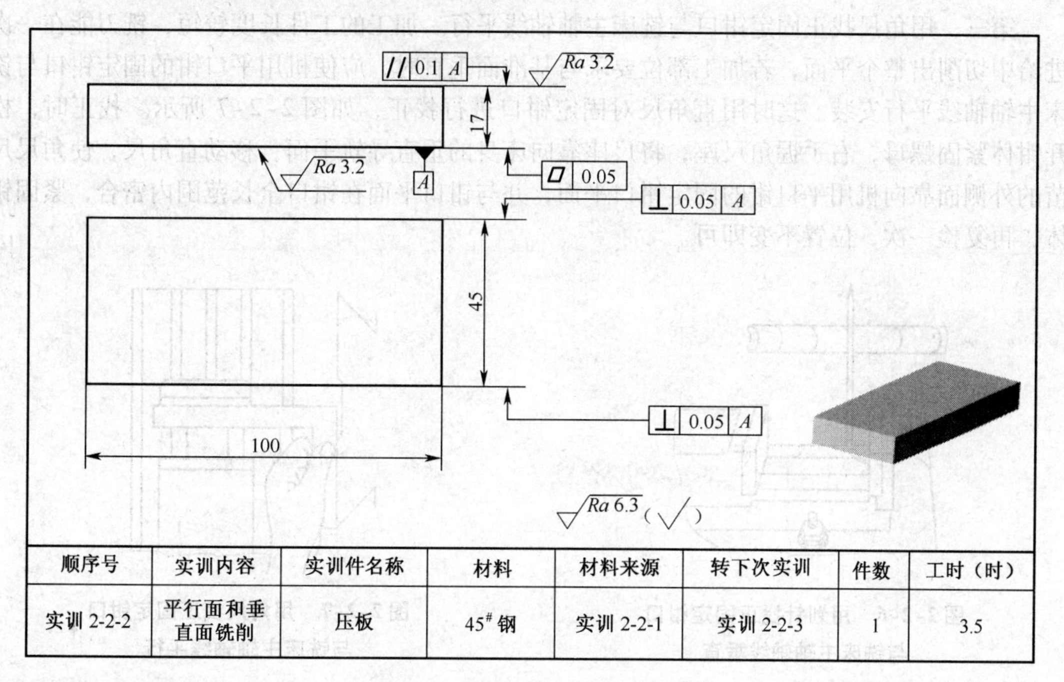


| 顺序号 | 实训内容 | 实训件名称 | 材料 | 材料来源 | 转下次实训 | 件数 | 工时（时） |
|---|---|---|---|---|---|---|---|
| 实训 2-2-2 | 平行面和垂直面铣削 | 压板 | $45^{\#}$ 钢 | 实训 2-2-1 | 实训 2-2-3 | 1 | 3.5 |

**图 2-2-5　平行面和垂直面铣削**

（1）工艺分析

① 该零件加工的材料来源于实训 2-2-1，其中有一个面已加工，要求加工成 $100_{-0.3}^{\ 0}$mm × $17_{-0.2}^{\ 0}$mm × $45_{-0.2}^{\ 0}$mm。尺寸精度要求不高，铣削加工可以达到要求。

② 该零件的平行度要求为 0.1mm，垂直度要求为 0.05mm，铣削加工可以达到要求。

③ 该零件的表面粗糙度有两个面为 *Ra*3.2μm，其他面均为 *Ra*6.3μm，铣削加工可以达到要求。

（2）加工步骤

① 用圆柱铣刀铣 $17_{-0.2}^{\ 0}$mm 两面及 $45_{-0.2}^{\ 0}$mm 两面。

A. 安装并找正机用平口钳。安装机用平口钳时，应擦净钳座底面和铣床工作台面。机用平口钳在工作台面上的安放位置，应处在工作台长度的中心线偏左。安装机用平口钳时，应根据加工工件的具体要求，使固定钳口与铣床主轴轴线垂直或平行，机用平口钳安装后要进行找正，找正的方法如下。

第一，用机用平口钳定位键定位。安装一般工件加工时，可将机用平口钳底座上的定位键，放入工作台中央 T 形槽内，双手推动钳体，使两块定位键的同一个侧面靠向工作台中央 T 形槽的一侧，将机用平口钳紧固在工作台面上，再通过底座上的刻线和钳体零线配合，转动钳体，使固定钳口与铣床主轴轴线垂直或平行。

第二，用划针找正机用平口钳固定钳口与铣床主轴轴线垂直。加工较长的工件时，机用平口钳固定钳口应与铣床主轴轴线垂直安装，用划针进行找正，如图 2-2-6 所示。找正时，

将划针夹持在刀轴垫圈间，把机用平口钳底座紧固在工作台面上，松开钳体紧固螺母，使划针的针尖靠近固定钳口铁平面，移动纵向工作台，用肉眼观察划针的针尖与固定钳口铁平面间的缝隙，若在钳口全长范围内一致，固定钳口就与铣床主轴轴线垂直，然后紧固钳体。

第三，用角尺找正固定钳口与铣床主轴轴线平行。加工的工件长度较短，铣刀能在一次进给中切削出整个平面，若加工部位要求与基准面垂直时，应使机用平口钳的固定钳口与铣床主轴轴线平行安装。这时用直角尺对固定钳口进行找正，如图2-2-7所示。找正时，松开钳体紧固螺母，右手握角尺座，将尺座靠向床身的垂直导轨平面，移动直角尺，使角尺尺苗的外侧面靠向机用平口钳的固定钳口平面，并与钳口平面在钳口全长范围内密合，紧固钳体，再复检一次，位置不变即可。

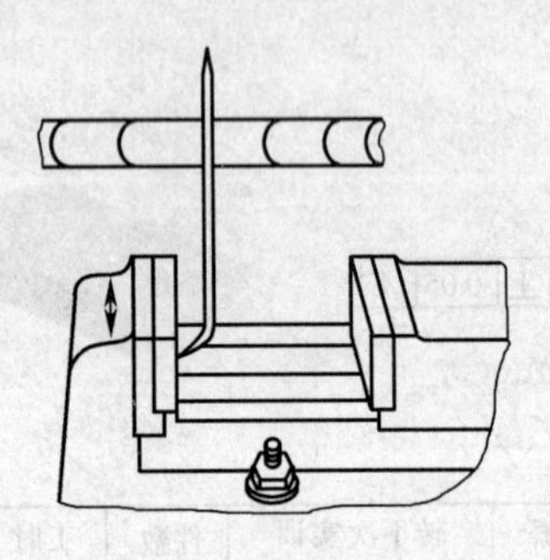

图2-2-6 用划针找正固定钳口与铣床主轴轴线垂直

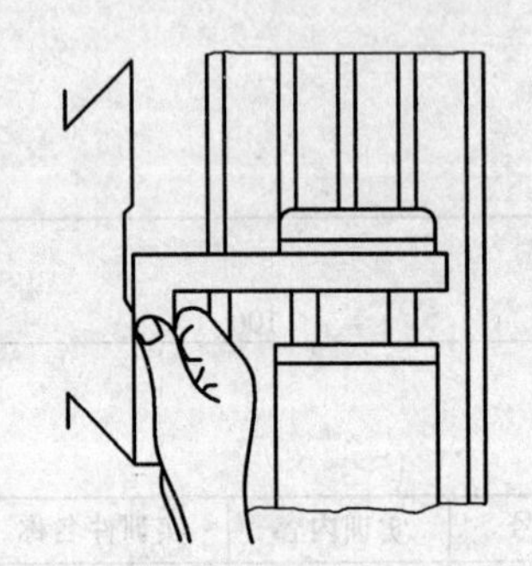

图2-2-7 用角尺找正固定钳口与铣床主轴轴线平行

第四，用百分表找正固定钳口与铣床主轴轴线垂直或平行。加工工件的精度要求较高时，可用百分表对固定钳口进行找正。将磁性表座吸在横梁导轨平面上，然后安装百分表，使表的测量杆与固定钳口平面垂直，表的测量触头触到钳口平面上，测量杆压缩0.3～0.4mm，来回移动纵向工作台，观察表的读数在钳口全长范围内一致，固定钳口就与铣床主轴轴线垂直，如图2-2-8（a）所示。

用百分表找正固定钳口与铣床主轴轴线平行时，将磁性表座吸在床身的垂直导轨平面上，移动横向进给检查，如图2-2-8（b）所示。

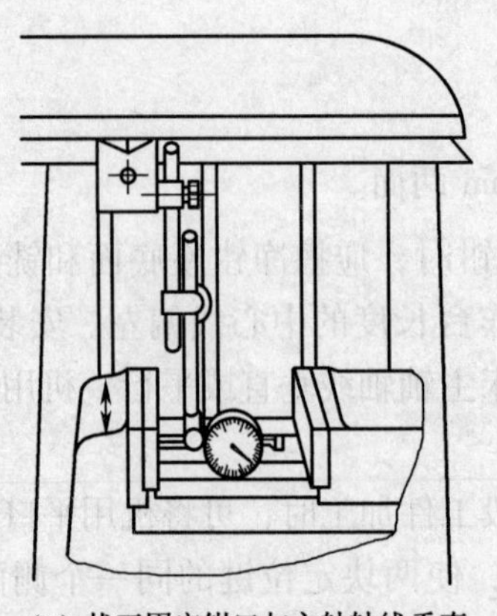

（a）找正固定钳口与主轴轴线垂直

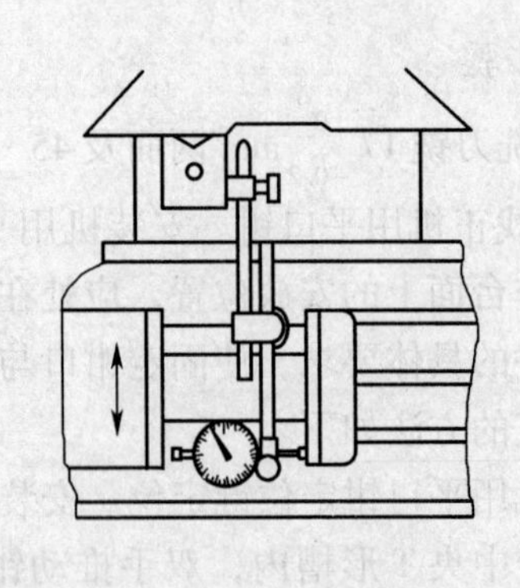

（b）找正固定钳口与主轴轴线平行

图2-2-8 用百分表找正固定钳口

在装夹已经粗加工的工件时，应选择一个粗加工表面作为基准面，将这个基准面靠向机用平口钳的固定钳口或钳体导轨面，装夹加工其余表面。

工件的基准面靠向机用平口钳的固定钳口时，可在活动钳口和工件间放置一圆棒，通过圆棒将工件夹紧，这样能够保证工件基准面与固定钳口很好的贴合，圆棒放置时，要与钳口平面平行，其高度在钳口所夹持工件部分的高度中间，或者稍偏上一点，如图 2-2-9 所示。

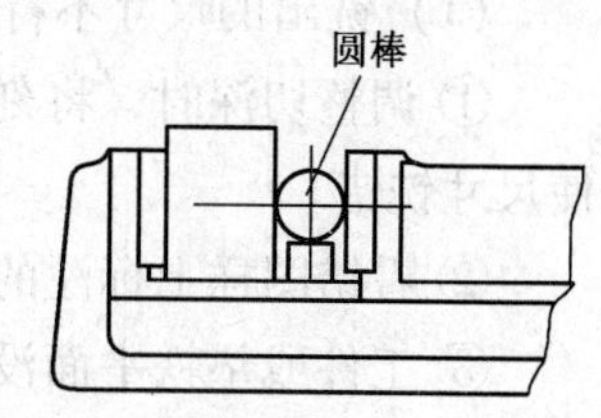

图 2-2-9　用圆棒夹持工件

工件的基准面靠向钳体导轨面时，在工件基准面和钳体导轨平面间垫一平行垫铁。夹紧工件后，用铜锤轻击工件上面，同时用手移动平行垫铁，垫铁不松动时，工件基准面与钳身导轨平面贴合好，如图 2-2-10 所示。敲击工件时，用力大小要适当，与夹紧力的大小相适应。敲击的位置应从已经贴合好的部位开始，逐渐移向没有贴合好的部位。敲击时不可连续用力猛敲，应克服垫铁和钳身反作用力的影响。

装夹时的注意事项如下。

第一，安装机用平口钳时，应擦净工作台面和钳底平面，安装工件时，应擦净钳口平面、钳体导轨面、工件表面。

第二，工件在机用平口钳上安装后，铣去的余量层应高出钳口上平面，高出的尺寸以铣刀不铣到钳口上平面为宜，如图 2-2-11 所示。

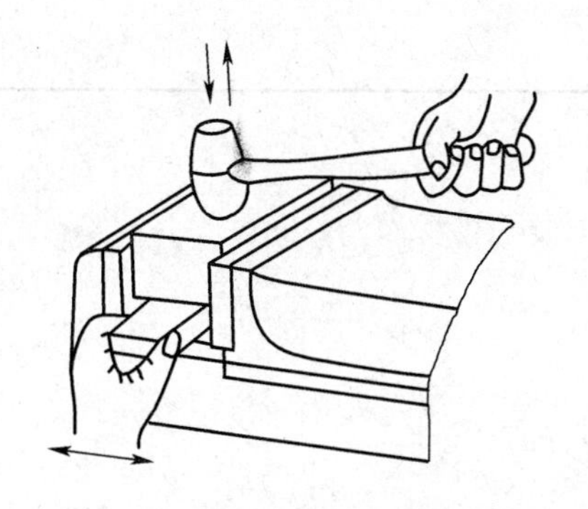
图 2-2-10　用平行垫铁装夹工件

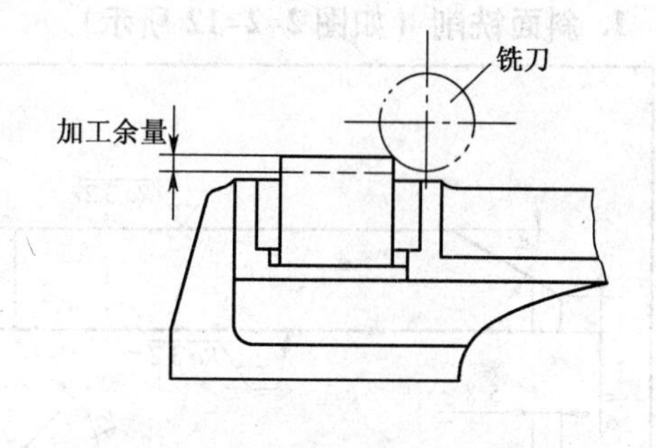

图 2-2-11　余量层高出钳口平面

第三，工件在机用平口钳上装夹时，放置的位置应适当，夹紧工件后，钳口受力应均匀。

B. 选择并安装铣刀（选择$\phi$80mm × 80mm 圆柱铣刀）。

C. 调整切削用量（取 $n = 118$r/min，$v_f = 60$mm/min，$a_p = 1.5 \sim 2$mm）。

D. 装夹工件铣削 $17^{\ 0}_{-0.2}$ mm 两面及 $45^{\ 0}_{-0.2}$ mm 两面。

② 用三面刃铣刀铣长度两端面。

第一，找正固定钳口与铣床主轴轴线平行。

第二，选择并安装铣刀（选择$\phi$100mm × 14mm 三面刃铣刀）。

第三，调整切削用量（取 $n = 95$r/min，$v_f = 60$mm/min，$a_p = 2 \sim 2.5$mm）。

第四，装夹工件分别铣削两平面。

③ 平面检验。铣削完毕后，应对已铣平面进行检验，确保加工符合要求。

**2. 质量分析**

（1）铣出的尺寸不符合图样要求的原因

① 调整切深时，将刻度盘摇错，手柄摇过头，没有消除丝杠和螺母的间隙，直接退回，使尺寸铣错。

② 看错图样上标注的尺寸，或测量时有错误。

③ 工件或垫铁平面没有擦净，垫上脏物，使尺寸铣小。

④ 对刀时切痕太深，吃刀调整切深时没有去掉切痕深度，使尺寸铣错。

（2）垂直度和平行度不符合要求的原因

① 固定钳口与工作台面不垂直，铣出的平面与基准面不垂直。这时应在固定钳口和工件基准面间垫纸或薄铜片。当加工面与基准面间的夹角小于90°时，应在上面垫纸或薄铜片；当加工面与基准间的夹角大于90°时，应在下面垫纸或薄铜片。以上方法只适用于单件零件的加工。

② 铣端面时钳口没有找正好，铣出的端面与基准面不垂直。

③ 夹紧力过大，引起钳体导轨平面变形，铣出的平面与基准面不垂直或不平行。

④ 垫铁不平行或圆柱铣刀有锥度，铣出的平面与基准面不垂直或不平行。

## 实训三　斜面铣削

**1. 斜面铣削（如图2-2-12所示）**

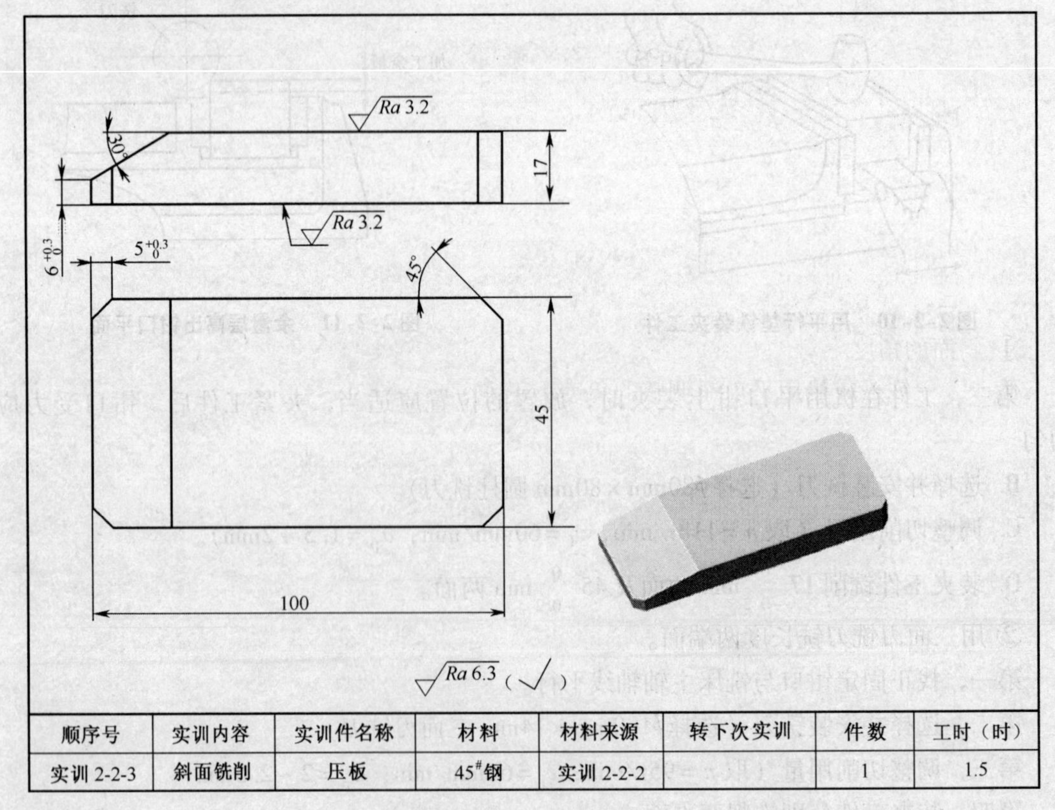


| 顺序号 | 实训内容 | 实训件名称 | 材料 | 材料来源 | 转下次实训 | 件数 | 工时（时） |
| --- | --- | --- | --- | --- | --- | --- | --- |
| 实训2-2-3 | 斜面铣削 | 压板 | 45#钢 | 实训2-2-2 | | 1 | 1.5 |

图2-2-12　斜面铣削

（1）工艺分析

① 该零件加工的材料来源于实训2-2-2，需要铣削1个30°斜面及4个45°倒角。

② 该零件的斜面要达到图样的尺寸精度要求及角度要求。

③ 该零件的加工斜面的表面粗糙度为$Ra6.3\mu m$，铣削加工可以达到要求。

（2）加工步骤

① 铣30°斜面。

第一，找正固定钳口与铣床主轴轴线平行。

第二，选择并安装铣刀（选择$\phi40$mm的镶齿面铣刀）。

第三，安装并找正工件。

第四，调整铣刀用量（取$n=150$r/min，$v_f=60$mm/min，$a_p=2\sim2.5$mm）。

第五，调整立铣头转角（用面铣刀，基准面与工作台台面平行安装，立铣头调转角度$\alpha=30°$）。

第六，调整铣刀与工件的相对位置，紧住纵向进给。

第七，利用横向进给分数次走刀铣出斜面。

② 铣45°倒角。

第一，换$\phi20\sim\phi25$mm的立铣刀。

第二，调整立铣头主轴轴心线与工作台面成45°角。

第三，将压板的底面靠向固定钳口装夹工件。

第四，分数次铣出各个倒角。

（3）注意事项

① 铣削时注意铣刀的旋转方向是否正确。

② 铣削时切削力应靠向机用平口钳的固定钳口。

③ 用面铣刀或立铣刀端面刃铣削时，注意顺逆铣，注意走刀方向，以免因顺铣或走刀方向搞错损坏铣刀。

④ 不使用的进给机构应紧固，工作完毕后应松开。

⑤ 装夹工件时注意不要夹伤已加工表面。

（4）质量分析

① 斜面的角度不对。

第一，立铣头或机用平口钳调整的角度不正确。

第二，工件安装时基准面不正确。

第三，钳口与工件平面间垫有脏物，使铣出的斜面角度不正确。

② 斜面的尺寸不对。

第一，进刀时刻度盘的尺寸摇错。

第二，测量时尺寸读错或测量不正确。

第三，铣削中工件位置移动，尺寸铣错。

③ 斜面的表面粗糙度不符合要求。

第一，铣刀较钝或进给量过大。

第二，机床、夹具刚性差，铣削中过程产生振动。

第三，铣钢件没有使用切削液等。

## 实训四 高速铣削平形铁四面

高速铣削平形铁四面，如图 2-2-13 所示。

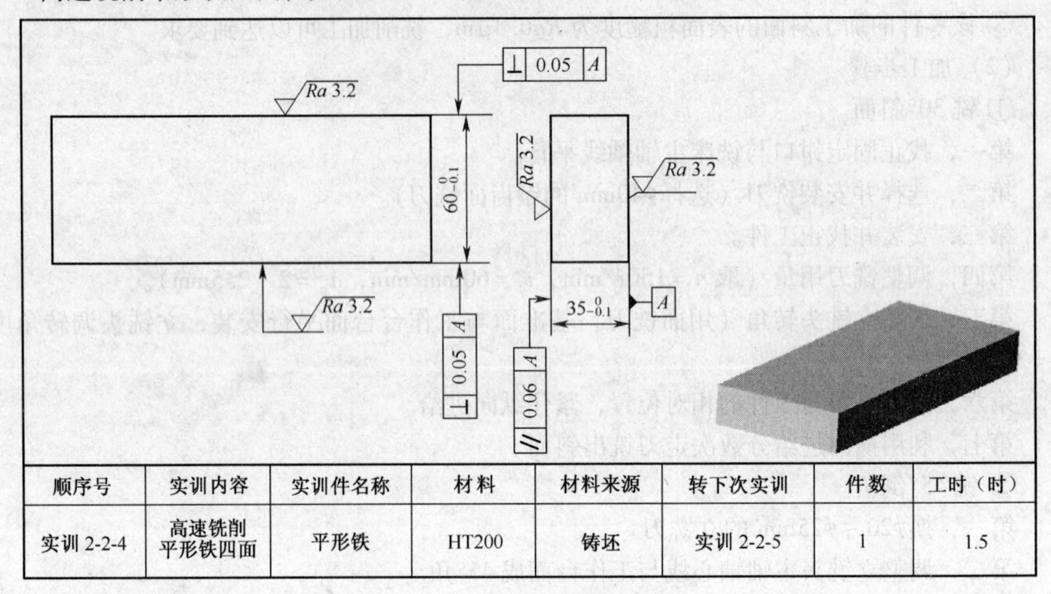


| 顺序号 | 实训内容 | 实训件名称 | 材料 | 材料来源 | 转下次实训 | 件数 | 工时（时） |
|---|---|---|---|---|---|---|---|
| 实训 2-2-4 | 高速铣削平形铁四面 | 平形铁 | HT200 | 铸坯 | 实训 2-2-5 | 1 | 1.5 |

图 2-2-13 高速铣削平形铁四面

（1）工艺分析

① 该零件为铸造毛坯，材料为 HT200，该材料的切削性能良好。

② 该零件高速铣削平面的尺寸为 $35_{-0.1}^{\ 0}$ mm × $60_{-0.1}^{\ 0}$ mm。

③ 尺寸 $35_{-0.1}^{\ 0}$ mm 对基准 *A* 的平行度为 0.06mm，尺寸 $60_{-0.1}^{\ 0}$ mm 对基准 *A* 的垂直度为 0.05mm。

④ $35_{-0.1}^{\ 0}$ mm × $60_{-0.1}^{\ 0}$ mm 各面加工的表面粗糙度均为 *Ra*3.2μm。

（2）加工步骤

① 选择并安装铣刀盘（选择直径 $\phi$100mm 普通机夹刀盘）。

② 选择并刃磨铣刀头（选择 YG8 的焊接刀头）。

③ 安装并找正机用平口钳。

④ *A* 面向上装夹、找正工件。

⑤ 调整切削用量（取转速 $n$ = 475r/min，进给速度 $v_f$ = 118mm/min）。

⑥ 对刀试切并调整、安装铣刀头。

⑦ 铣尺寸 $35_{-0.1}^{\ 0}$ mm × $60_{-0.1}^{\ 0}$ mm 各面，达到图样标注的尺寸精度、平行度、垂直度和表面粗糙度要求。

（3）注意事项

① 铣削前先检查刀盘、铣刀头、工件装夹是否牢固，铣刀头的安装位置是否正确。

② 铣刀旋转后，应检查铣刀的旋转方向是否正确。

③ 调整背吃刀量时应开车对刀。

④ 进给中途，不准停止主轴旋转和工作台自动进给，遇有问题应先降落工作台，再停止主轴旋转和工作台自动进给。

⑤ 进给中途不准测量工件。

⑥ 切屑应飞向床身，以免烫伤人。

⑦ 对刀试切调整安装铣刀头时，注意不要损伤刀片刃口。

⑧ 若采用 4 把铣刀头，可将刀头安装成台阶状切削工件。

## 实训五　高速铣削平形铁两端面

高速铣削平形铁两端面，如图 2-2-14 所示。

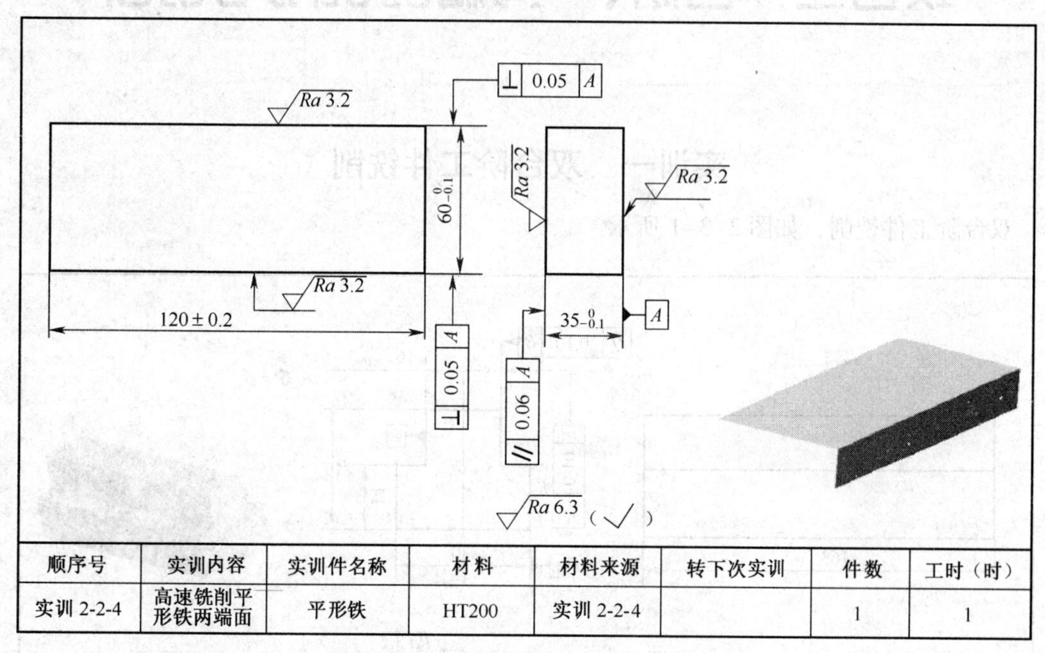


| 顺序号 | 实训内容 | 实训件名称 | 材料 | 材料来源 | 转下次实训 | 件数 | 工时（时） |
|---|---|---|---|---|---|---|---|
| 实训 2-2-4 | 高速铣削平形铁两端面 | 平形铁 | HT200 | 实训 2-2-4 |  | 1 | 1 |

**图 2-2-14　高速铣削平形铁两端面**

（1）工艺分析

① 铣削尺寸为 120 ±0. 2mm 两端面。

② 120 ±0. 2mm 两端面的表面粗糙度为 *Ra*6. 3μm。

（2）加工步骤

① 安装机夹不重磨立铣刀。

② 装夹并找正工件，如图 2-2-15 所示。

③ 高速铣削 120 ± 0. 2mm 两端面，达表面粗糙度 *Ra*6. 3μm。

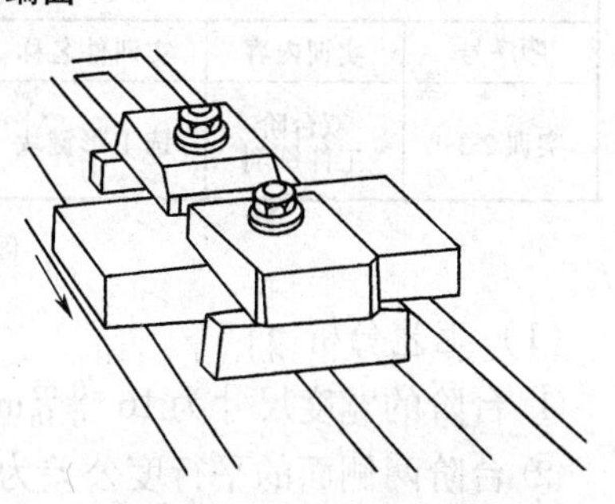

**图 2-2-15　工件的安装**

# 项目三　台阶、沟槽的铣削与切断

## 实训一　双台阶工件铣削

双台阶工件铣削，如图 2-3-1 所示。

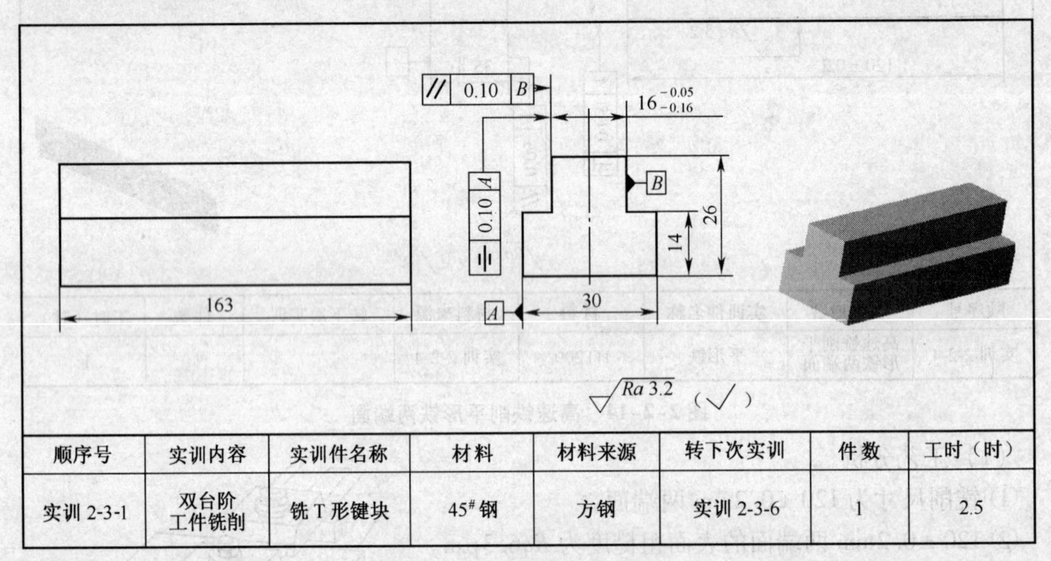


| 顺序号 | 实训内容 | 实训件名称 | 材料 | 材料来源 | 转下次实训 | 件数 | 工时（时） |
|---|---|---|---|---|---|---|---|
| 实训 2-3-1 | 双台阶工件铣削 | 铣 T 形键块 | 45#钢 | 方钢 | 实训 2-3-6 | 1 | 2.5 |

图 2-3-1　双台阶工件铣削

（1）工艺分析

① 台阶的宽度尺寸为 $16_{-0.16}^{-0.05}$mm，台阶底面高度尺寸为 14mm 。

② 台阶两侧面的平行度公差为 0. 10mm，对外形宽度 30mm 的对称度为 0. 10mm。

③ 预制件为 163mm × 30mm × 26mm 的长方体工件，台阶在全长贯通。

④ 工件各表面粗糙度值均为 *Ra*3. 2μm，铣削加工比较容易达到。

⑤ 工件材料为 45#钢，切削性能较好，加工时可选用高速钢铣刀，加注切削液进行铣削。

⑥ 工件形体为长方体，宜采用机用平口钳装夹。

（2）加工步骤

① 安装、找正机用平口钳。

② 装夹和找正工件。

③ 选择及安装铣刀（采用 $\phi$80mm × 12mm 齿数为 12 的标准直齿三面刃铣刀及直径 27mm 的刀杆安装铣刀）。

④ 选择铣削用量。按工件材料（45#钢）和铣刀的规格选择和调整铣削用量，调整主轴转速 $n=75\mathrm{r/min}$；进给速度 $v_f=47.5\mathrm{mm/min}$。

⑤ 对刀和一侧台阶粗铣调整，如图 2-3-2（a）所示。

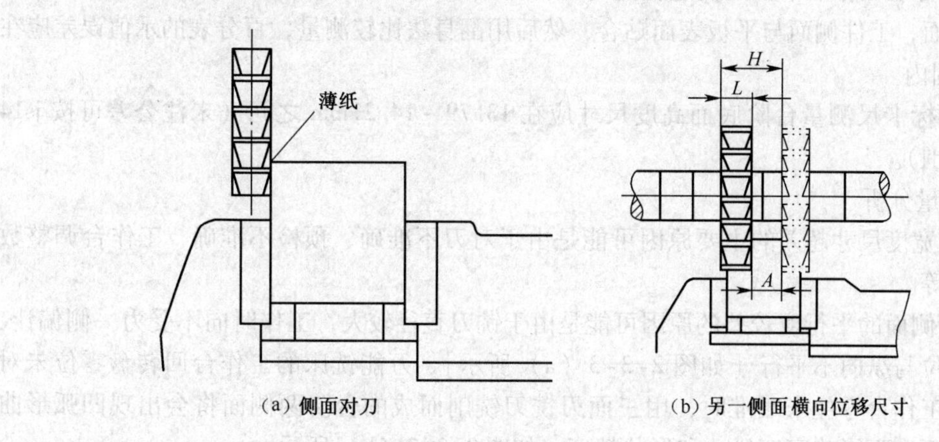


（a）侧面对刀 （b）另一侧面横向位移尺寸

图 2-3-2 调整双台阶铣削位置

侧面横向对刀。在工件一侧面贴薄纸，使三面刃铣刀的侧刃恰好擦到工件侧面，在横向刻度盘上做记号，调整横向，使一侧面铣削量为 6.5mm。

上平面垂向对刀。在工件上平面贴薄纸，使三面刃铣刀的圆周刃恰好擦到工件上平面，在垂向刻度盘上做记号，调整垂向，使工件上升 11.5mm。

⑥ 粗铣和预检一侧台阶。粗铣一侧台阶时注意紧固工作台横向，因工件夹紧面积较小，铣刀切入时工件较易被拉起，此时可用手动进给缓缓切入，待切削比较平稳时再使用自动进给。

预检时，应先计算预检的尺寸数值。留 0.5mm 精铣余量时，测得台阶侧面与工件侧面的尺寸为 23.41mm，若按键宽为 15.89mm 计算，台阶单侧铣除的余量为（29.91 − 15.89）mm/2 = 7.01mm。因此，精铣一侧台阶后的尺寸应为（7.01 + 15.89）mm = 22.90mm，铣削余量为（23.41 − 22.90）mm = 0.51mm。台阶底面高度的尺寸可直接用游标卡尺测量，若粗铣后测得高度尺寸为 14.45mm，则精铣余量为（14.45 − 14）mm = 0.45mm。

⑦ 精铣和预检一侧台阶。工作台按 0.51mm 横向准确移动，按 0.45mm 垂向升高，精铣一侧台阶，铣削时为保证表面质量，全程使用自动进给。

预检精铣后的两侧面尺寸应为 22.90mm，底面高度尺寸为 14mm。

⑧ 粗铣和预检另一侧台阶，如图 2-3-2（b）所示。工作台横向移动键宽 $A$ 和刀具宽度 $L$ 尺寸之和，铣削另一侧台阶，粗铣时可在侧面留 0.5mm 余量，因此横向移动距离 $s$ 为：

$$s=A+L+0.5=(15.89+12+0.5)\ \mathrm{mm}=28.39\mathrm{mm}$$

按计算出的 $s$ 值横向移动工作台，粗铣另一侧。

由于计算出的 $s$ 值中铣刀的宽度为公称尺寸，预检时，测得另一侧粗铣后的键宽尺寸为 16.30mm，因此实际精铣余量为（16.30 − 15.89）mm = 0.41mm。

⑨ 精铣另一侧台阶。按预检尺寸与图样中间公差的键宽尺寸差值 0.41mm 准确移动工作台横向，精铣另一侧台阶。

（3）双台阶工件的检测

① 用千分尺测量的台阶宽度尺寸应在 15. 84 ~ 15. 95mm 范围内。

② 用百分表在标准平板上测量键宽对工件两侧面的对称度时，将工件定位底面紧贴六面角铁垂直面，工件侧面与平板表面贴合，然后用翻身法比较测量，百分表的示值误差应在 0. 10mm 范围内。

③ 用游标卡尺测量台阶底面高度尺寸应在 13. 79 ~ 14. 21mm 之间（未注公差可按 js14 确定公差范围）。

（4）质量分析

① 台阶宽度尺寸超差的主要原因可能是由于对刀不准确、预检不准确、工作台调整数值计算错误等。

② 台阶侧面的平行度较差的原因可能是由于铣刀直径较大，工作时向不受力一侧偏让、工件侧面定位与纵向不平行［如图 2-3-3（a）所示］、万能铣床的工作台回转盘零位未对准等。其中工作台零位未对准时，用三面刃铣刀铣削而成的台阶两侧面将会出现凹弧形曲面，且上窄下宽而影响宽度尺寸和形状精度，如图 2-3-3（b）所示。

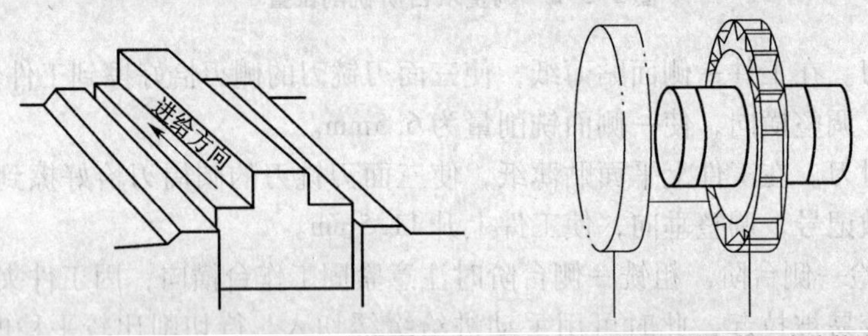


（a）工件侧面定位与纵向不平行时的影响　（b）工作台零位不准对加工台阶的影响

图 2-3-3　台阶侧面平行度误差大的原因

③ 台阶宽度与外形对称度超差的原因可能是由于工件侧面与工作台纵向不平行、工作台调整数据计算错误、预检测量误差等。

④ 表面粗糙度超差的原因可能是由于铣刀刃磨质量差和过早磨损、刀杆精度差、支架支持轴承间隙调整不合理等。

## 实训二　直角沟槽铣削

用三面刃铣刀铣削直角沟槽，如图 2-3-4 所示。

（1）工艺分析

① 直角槽的宽度尺寸为 $14^{+0.11}_{0}$mm，深度尺寸为 $12^{+0.18}_{0}$mm。

② 直角槽对外形尺寸 50mm 的对称度为 0. 12mm。

③ 预制件为 50mm × 50mm × 40mm 的长方体工件，直角槽在全长贯通。

④ 工件的表面粗糙度值均为 *Ra*6. 3μm，铣削加工比较容易达到。

⑤ 零件材料为 HT200，切削性能较好，可选用高速钢或硬质合金铣刀。

⑥ 预制件为长方体零件，定位和夹紧面积较大，宜采用机用平口钳装夹。

（2）拟定加工工艺与工艺准备

① 拟定加工工序过程。根据图样的精度要求，直角沟槽可在立式铣床上用立铣刀铣削加工，也可以在卧式铣床上用三面刃铣刀铣削加工。由于主要精度面在台阶侧面，因此，本

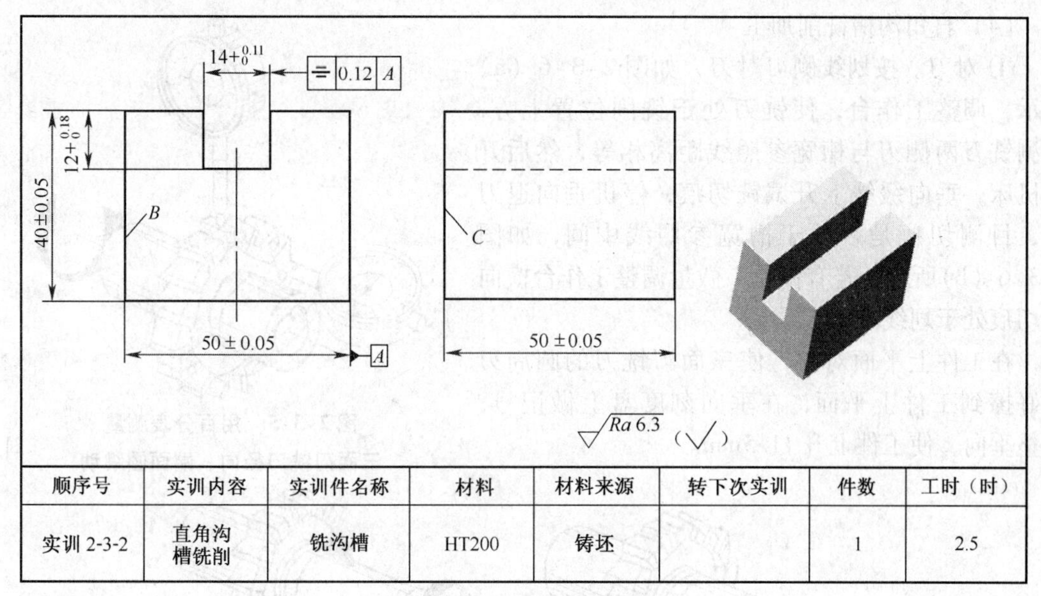


| 顺序号 | 实训内容 | 实训件名称 | 材料 | 材料来源 | 转下次实训 | 件数 | 工时（时） |
|---|---|---|---|---|---|---|---|
| 实训 2-3-2 | 直角沟槽铣削 | 铣沟槽 | HT200 | 铸坯 | | 1 | 2.5 |

**图 2-3-4　直角沟槽铣削**

例在卧式铣床上用三面刃铣刀加工。直角沟槽加工工序过程：检验预制件→工件表面划线→安装、找正机用平口钳→装夹和找正工件→安装三面刃铣刀→按划线对刀调整铣削中间槽→预检、准确微量调整精铣一侧→预检、准确微量调整精铣另一侧→直角沟槽铣削工序的检验。

② 选择铣床。选用 X6132 型卧式万能铣床。

③ 选择工件装夹方式。选用机用平口钳装夹工件。

④ 选择刀具。根据直角沟槽的宽度和深度尺寸选择铣刀规格，现选用外径为 80mm、宽度为 12mm、孔径为 27mm、铣刀齿数为 18 的标准直齿三面刃铣刀。

⑤ 选择检验测量方法。直角沟槽的宽度尺寸用 0～25mm 的内径千分尺测量，深度尺寸用游标卡尺深度尺测量；直角沟槽对工件宽度的对称度，用百分表借助标准平板进行测量，测量时采用工件翻身法进行对比测量，具体操作方法与台阶对称度测量相同。

（3）直角沟槽工件加工准备

① 检验预制件。

② 安装、找正机用平口钳。

③ 在工件表面划线。以工件侧面定位，游标高度尺的划线头调整高度为 18mm，用翻身法在工件上平面划出对称外形的槽宽参照线。

④ 装夹和找正工件。在工件下面垫长度大于 50mm、宽度小于 50mm 的平行垫块，其高度应使工件上平面高于钳口 13mm，以避免加工时夹紧力对直角沟槽的影响。工件夹紧以后，可用双手推动垫块，感觉垫块两端的定位接触面的贴合程度，还可用 0.02mm 的塞尺检查侧面定位情况。

⑤ 安装铣刀。本例采用直径 27mm 的刀杆安装铣刀，安装后，目测铣刀的跳动情况，也可用百分表测量铣刀安装后的径向、端面圆跳动，如图 2-3-5 所示。

⑥ 选择铣削用量。按工件材料（HT200）和铣刀的规格选择和调整铣削用量。因材料强度比较低，装夹比较稳固，加工表面的粗糙度要求也不高，故调整主轴转速 $n=75\text{r/min}$，进给速度 $v_f=60\text{mm/min}$。

(4) 直角沟槽铣削加工

① 对刀。按划线侧刃对刀，如图 2-3-6 (a) 所示，调整工作台，使铣刀处于铣削位置上方，目测铣刀两侧刃与槽宽参照线距离相等，然后开动机床，垂向缓缓上升试铣切痕，停机垂向退刀后，目测切痕是否处于槽宽参照线中间，如图 2-3-6 (b)所示，若有偏差，微量调整工作台横向使切痕处于划线中间。

在工件上平面对刀，使三面刃铣刀的圆周刃恰好擦到工件上平面，在垂向刻度盘上做记号，调整垂向，使工件上升 11.5mm。

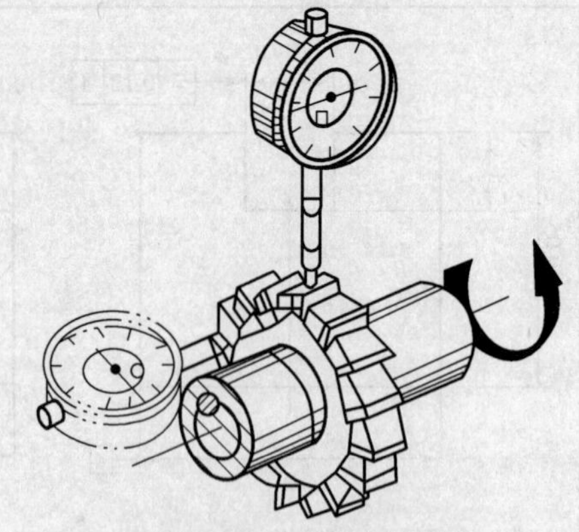

图 2-3-5 用百分表测量三面刃铣刀径向、端面圆跳动

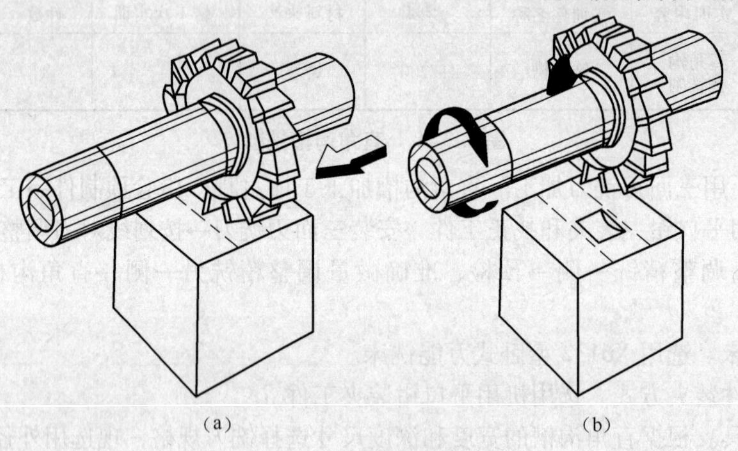


图 2-3-6 直角沟槽按划线对刀

② 铣削中间槽并预检，如图 2-3-7 (a) 所示。预检时，应先计算相关数据。若槽宽按 14.05mm 计算，槽侧与工件侧面的尺寸为 (50 - 14.05) mm/2 ≈ 17.98mm，粗铣后预检，测得槽侧与工件定位侧面的实际尺寸为 18.80mm，槽宽为 12.10mm，槽深为 11.55mm。

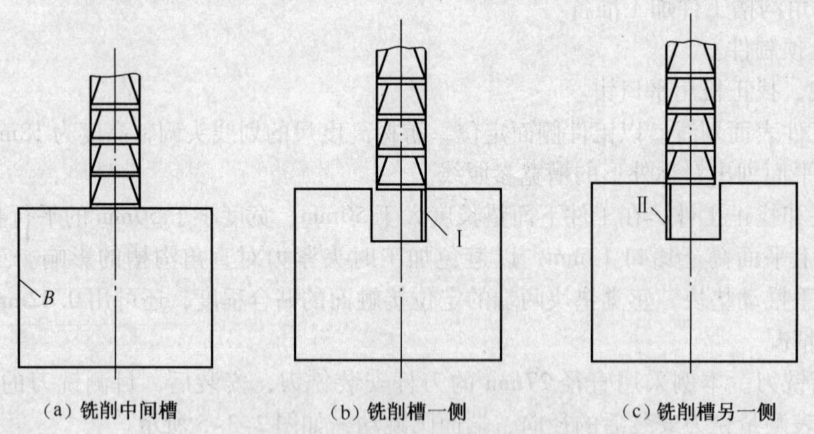


图 2-3-7 多次进给铣削直角沟槽的步骤

③ 精铣及预检直角槽的一侧，如图 2-3-7 (b) 所示。工作台按 (18.80 - 17.98) mm = 0.82mm 横向准确移动，按 (12.10 - 11.55) mm = 0.55mm 垂向升高，精铣直角槽一侧，铣削

时全程使用自动进给。

精铣后预检槽侧与工件定位侧面的尺寸应为 17.98mm，槽深尺寸为 12.10mm。

④ 精铣及预检直角槽的另一侧，如图 2-3-7（c）所示。工作台横向恢复到中间槽位置，反向移动 0.3mm，半精铣直角槽另一侧，预检槽宽尺寸，若测得槽宽为 13.62mm，按（14.05 －13.62）mm＝0.43mm 准确移动工作台横向，精铣直角槽另一侧。再次测量槽宽尺寸应在 14.05mm 左右。

## 实训三　封闭键槽铣削

封闭键槽铣削，如图 2-3-8 所示。

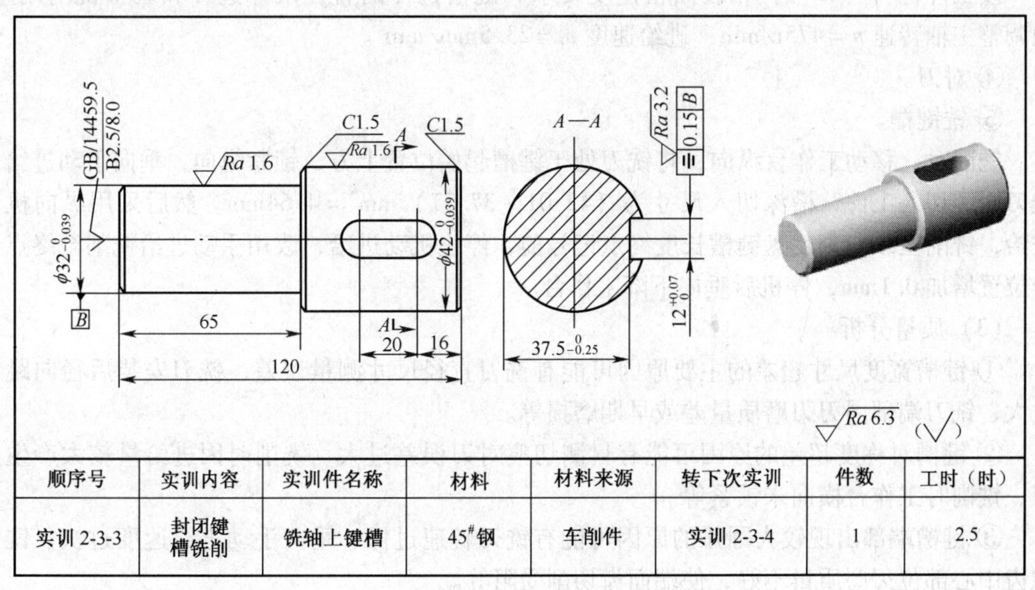


| 顺序号 | 实训内容 | 实训件名称 | 材料 | 材料来源 | 转下次实训 | 件数 | 工时（时） |
|---|---|---|---|---|---|---|---|
| 实训 2-3-3 | 封闭键槽铣削 | 铣轴上键槽 | 45#钢 | 车削件 | 实训 2-3-4 | 1 | 2.5 |

**图 2-3-8　封闭键槽铣削**

（1）工艺分析

① 键槽的宽度尺寸为 $12_{\ 0}^{+0.07}$ mm，深度尺寸标注为槽底至工件外圆的尺寸 $37.5_{-0.25}^{\ 0}$ mm，键槽的长度为（20＋12）mm＝32mm。

② 键槽对工件轴线的对称度为 0.15mm。

③ 预制件为 $\phi$32mm、$\phi$42mm 的阶梯轴，总长尺寸为 120mm。

④ 键槽侧面表面粗糙度值为 $Ra$3.2μm，其余为 $Ra$6.3μm，铣削加工能达到要求。

⑤ 预制件的材料为 45#钢，其切削性能较好。

（2）加工步骤

① 在工件表面按图样划线。

② 根据键槽的宽度尺寸 $12_{\ 0}^{+0.07}$ mm 选择铣刀规格，现选用外径为 $\phi$12mm 的标准键槽铣刀。铣刀的直径应用外径千分尺进行测量，考虑到铣刀安装后的径向圆跳动误差对键槽宽度的影响，铣刀的直径应在 $\phi$12.00 ~ $\phi$12.03mm 范围内。

③ 工件装夹方式最好采用轴用虎钳，若采用机用平口钳装夹，应使用 V 形钳口。本例选用轴用虎钳装夹工件，如图 2-3-9（a）所示。

图 2-3-9　轴用虎钳装夹轴类工件

按工件材料（45[#]钢）、表面粗糙度要求和键槽铣刀的直径尺寸选择和调整铣削用量，现调整主轴转速 $n=475\text{r/min}$，进给速度 $v_f=23.5\text{mm/min}$ 。

④ 对刀。

⑤ 铣键槽。

铣削时，移动工作台纵向，将铣刀处于键槽起始位置上方，锁紧纵向，垂向手动进给使铣刀缓缓切入工件，槽深切入尺寸为（42.01 − 37.37）mm ＝4.64mm。然后采用纵向机动进给，铣削至纵向刻度盘键槽长度终点记号前，停止机动进给，改用手动进给铣削至终点记号位置增加 0.1mm，停机后垂向下降工作台。

（3）质量分析

① 键槽宽度尺寸超差的主要原因可能有铣刀直径尺寸测量误差、铣刀安装后径向跳动过大、铣刀端部周刃刃磨质量差或早期磨损等。

② 键槽对称度超差的原因可能有目测切痕对刀误差过大、铣削时因进给量较大产生让刀、铣削时工作台横向未锁紧等。

③ 键槽端部出现较大圆弧的原因可能有铣刀转速过低、垂向手动进给速度过快、铣刀端齿中心部位刃磨质量不好，使端面齿切削受阻等。

④ 键槽深度超差的原因可能是铣刀夹持不牢固，铣削时被拉下；垂向调整尺寸计算或操作失误。

## 实训四　半圆键槽铣削

半圆键槽铣削，如图 2-3-10 所示。

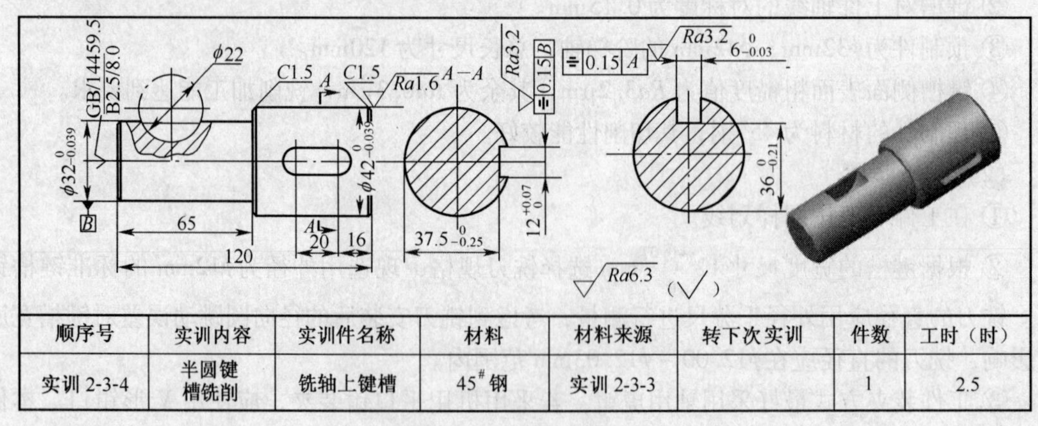


| 顺序号 | 实训内容 | 实训件名称 | 材料 | 材料来源 | 转下次实训 | 件数 | 工时（时） |
|---|---|---|---|---|---|---|---|
| 实训 2-3-4 | 半圆键槽铣削 | 铣轴上键槽 | 45[#]钢 | 实训 2-3-3 | | 1 | 2.5 |

图 2-3-10　半圆键槽铣削

（1）工艺分析

① 半圆键槽的宽度为 $6_{-0.03}^{\ 0}$mm，键槽的深度尺寸为 $36_{-0.21}^{\ 0}$mm，半圆键槽中心与轴端的距离为20mm。

② 半圆键槽对轴中心的对称度为0.15mm。

③ 半圆键槽的表面粗糙度为 $Ra3.2\mu m$。

（2）加工步骤

① 选择铣刀。半圆键槽铣刀的形状如图2-3-11所示。现根据键槽的基本尺寸选用外径 $d=22$mm，宽度 $L=6$mmⅢ型半圆键槽铣刀。因为槽宽要求较高，所以可用千分尺测量铣刀的宽度是否符合要求。

② 安装铣刀。用铣夹头或快换铣夹头安装，然后用百分表找正铣刀端面圆跳动应在0.03mm之内，如图2-3-12所示。找正方法与校正键槽铣刀径向圆跳动相仿。

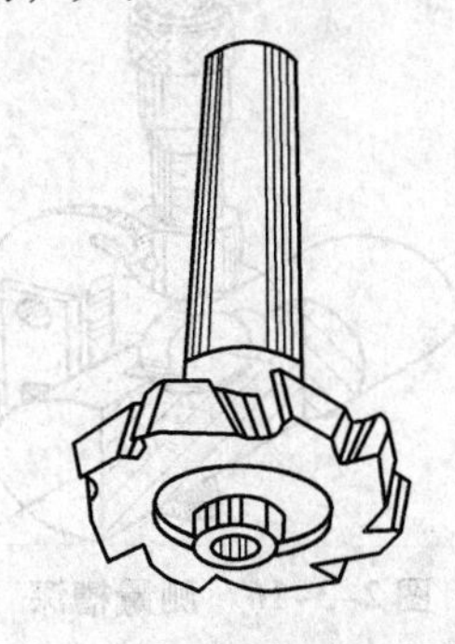

图2-3-11　半圆键槽铣刀

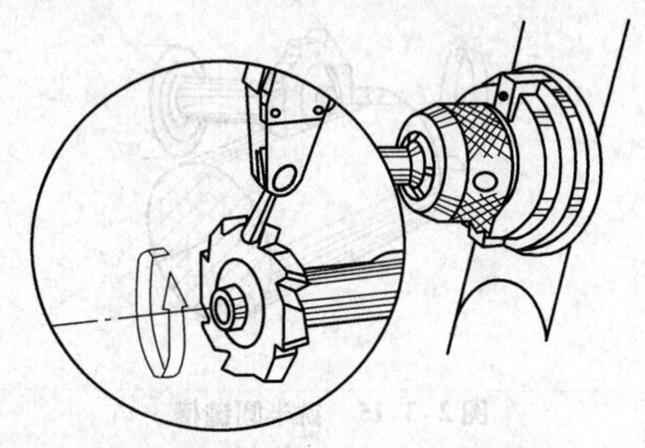

图2-3-12　找正铣刀端面圆跳动

③ 选择铣削用量。调整主轴转速 $n$ =190r/min，采用手动进给。

④ 工件的装夹与找正。

第一，装夹工件。一般用机用平口钳装夹工件，安装机用平口钳时，使固定钳口与横向工作台进给方向平行。将工件两端面装夹在钳口一端，如图2-3-13所示。

第二，找正工件。用百分表找正工件上素线与工作台面平行，侧素线与纵向进给方向平行，如图2-3-13所示。

⑤ 铣半圆键槽。

A. 对刀。

第一，调整铣削位置。用金属直尺确定铣刀中心至工件端面距离为20mm，如图2-3-14所示。然后垂向微量上升，切出浅痕，用金属直尺或游标卡尺测量工件端面至切痕中间的距离是否等于20mm，若不符则调整纵向工作台。

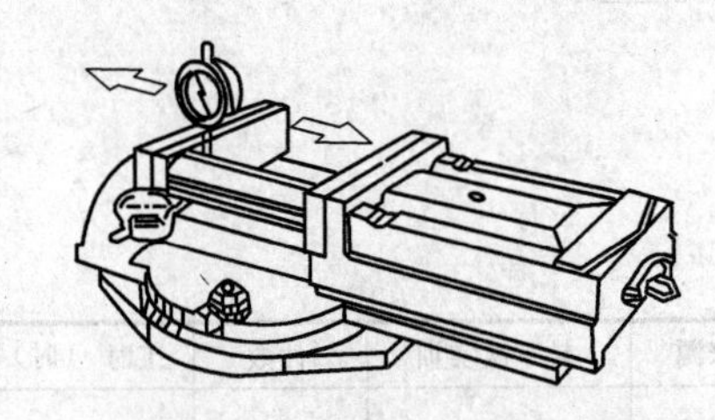

图2-3-13　装夹工件与找正

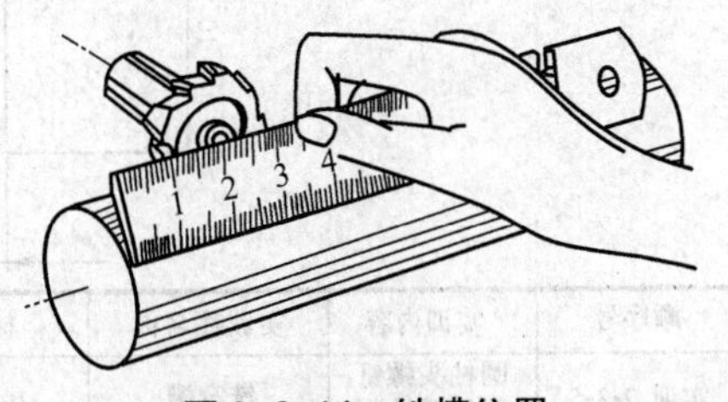


图2-3-14　铣槽位置

第二，切痕对刀。操作过程与用三面刃铣刀铣半封闭键槽对刀相同，对刀后将横向及纵向工作台固紧。

B. 调整铣削层深度。擦到工件后，垂向升高量 $H = 42\text{mm} - 36\text{mm} = 6\text{mm}$

C. 铣削，如图 2-3-15 所示。由于半圆键槽铣刀的铣削面由小到大，铣刀强度又较差，所以一般用手动进给铣削。铣至尺寸后让铣刀空转数转后停机，以提高表面质量。因为刀具刚度较差，排屑困难，所以，铣削过程中应充分冲注切削液。

⑥ 半圆键槽的检测。

第一，测量槽宽一般用塞规检测，稍宽的槽也可用内测千分尺测量。

第二，测量对称度与键槽对称度检测方法基本相同。

第三，测量槽深测量时，将圆片（$\phi$21mm × 5mm）放入槽内，如图 2-3-16 所示。用千分尺或游标卡尺测得读数后减去圆片直径即为槽深尺寸。

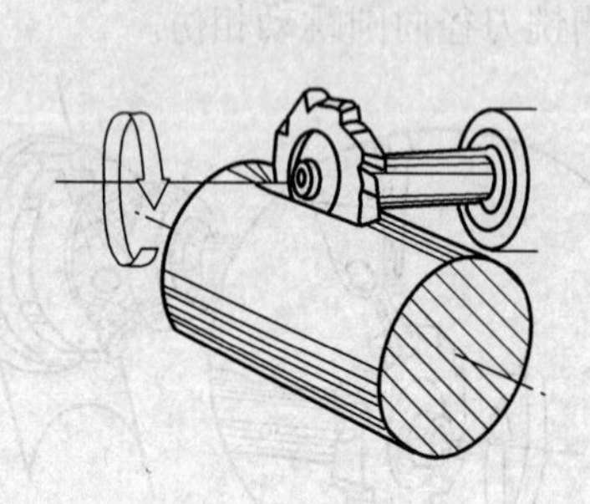

图 2-3-15 铣半圆键槽

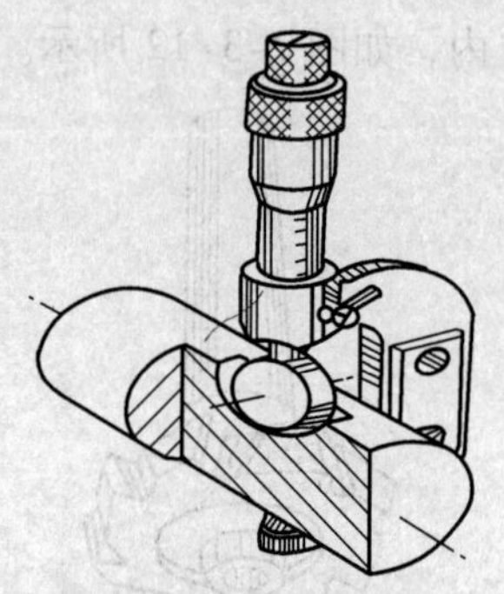

图 2-3-16 测量槽深

（3）质量分析

① 槽宽尺寸超差，其原因是：铣刀选得不准确、铣刀端面圆跳动过大。

② 对称度超差，其原因是：对刀不准、工件侧素线未找正。

## 实训五 圆柱头螺钉起口槽铣削

圆柱头螺钉起口槽铣削，如图 2-3-17 所示。

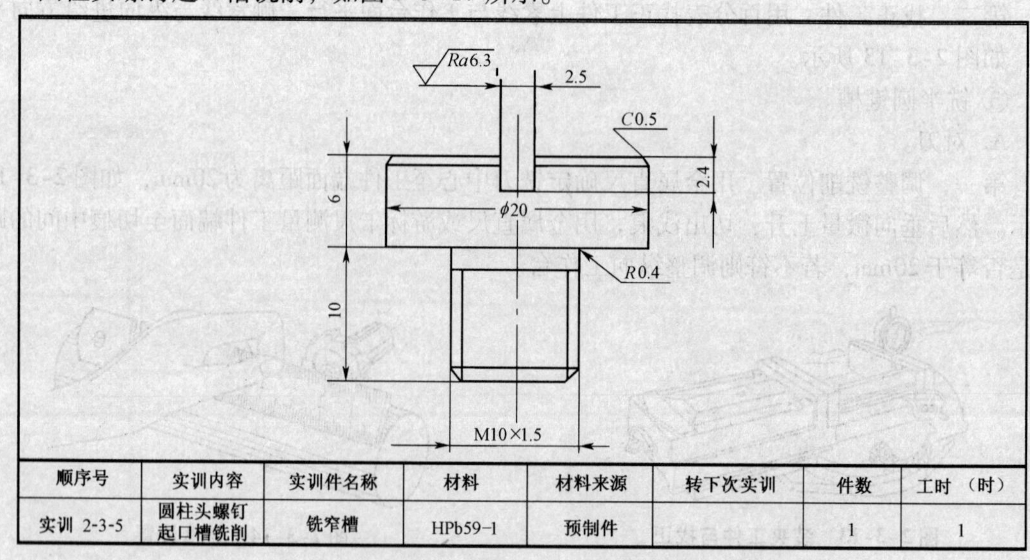


| 顺序号 | 实训内容 | 实训件名称 | 材料 | 材料来源 | 转下次实训 | 件数 | 工时 （时） |
|---|---|---|---|---|---|---|---|
| 实训 2-3-5 | 圆柱头螺钉起口槽铣削 | 铣窄槽 | HPb59-1 | 预制件 | | 1 | 1 |

图 2-3-17 圆柱头螺钉起口槽铣削

(1) 工艺分析

① 窄槽的宽度尺寸为2.5mm，深度尺寸为2.4mm。

② 窄槽对工件轴线的对称度未注公差为0.6mm。

③ 预制件为M10×1.5螺纹圆柱头$\phi$20mm的螺钉，总长尺寸16mm，$\phi$20mm直径的圆柱头长度为6mm。

④ 窄槽侧面表面粗糙度值为$Ra$6.3μm，铣削加工能达到要求。

⑤ 零件材料为HPb59-1（140HBS），它的切削性能与灰铸铁类似。

⑥ 预制件为螺钉零件，宜用专用内螺纹套装夹。

(2) 拟定加工工艺与工艺准备

① 根据图样的精度要求，本例应在卧式铣床上用切口（锯片）铣刀铣削加工。起口窄槽加工工序过程：检验预制件→安装分度头→装夹工件→安装、找正切口铣刀→切痕对刀（对中、槽深）→铣削窄槽→窄槽铣削工序的检验。

② 选用X6132型卧式铣床或类似的卧式铣床。

③ 制作专用螺纹套，如图2-3-18所示。专用螺纹套的内螺纹与螺钉螺纹相配，通常用铸铁制成，为了能夹紧工件，在外圆上沿轴线有一条窄槽，使专用螺纹套具有一定的弹性。工件数量较少时，采用万能分度头三爪自定心卡盘装夹，工件数量较多时，可采用等分分度头三爪自定心卡盘装夹。

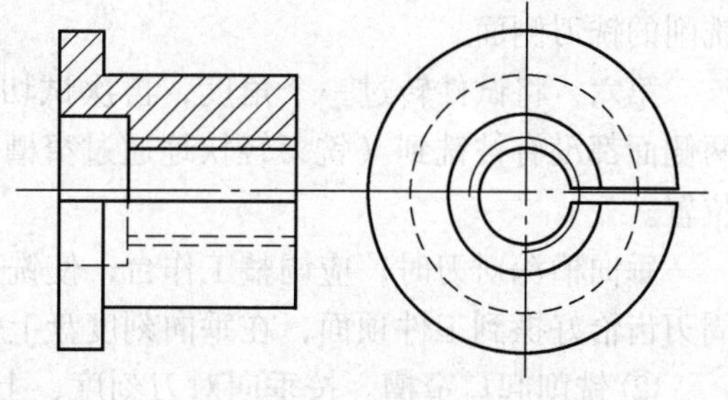

图2-3-18　专用螺纹套

④ 根据窄槽的宽度尺寸2.5mm和工件材料选择铣刀种类与规格，因材料硬度不高，现选用外径为63mm、宽度为2.5mm的20齿标准锯片铣刀。

⑤ 起口槽的精度要求比较低，槽深与槽宽要采用游标卡尺测量。

(3) 起口窄槽加工准备

① 检验预制件。目测外形检验，此外，主要是通过旋入螺纹套检验螺纹配合的间隙，间隙过大和无法旋入的螺钉应另行处理。

② 安装分度头。分度头主轴应垂直于工作台面安装。

③ 装夹工件。装夹时，将工件旋入螺纹套，工件圆柱头环形面与螺纹套的凸缘端面贴合，然后将螺纹套连同工件一起装入三爪自定心卡盘。螺纹套的窄槽应处于卡爪之间，不要对准卡爪夹紧面。套的凸缘下平面应与卡爪的顶面贴合，作为窄槽的深度尺寸定位。

④ 安装铣刀。锯片铣刀安装时不可采用平键连接刀杆和铣刀，在不妨碍铣削的情况下，尽可能靠近机床主轴。安装后注意目测检验其圆跳动，若圆跳动较大，必须重新安装，因端面圆跳动会直接影响窄槽的宽度。

⑤ 选择铣削用量。按工件材料（HPb59-1）、表面粗糙度要求和锯片铣刀的直径尺寸选择和调整铣削用量，现调整主轴转速$n$=95r/min，进给速度$v_f$=75mm/min。

(4) 起口窄槽铣削加工

① 对刀。横向对中对刀时，可采用试件对刀法。具体操作步骤如图2-3-19所示。

第一，在三爪自定心卡盘内装夹一轴类试件。

第二，目测或用游标卡尺测量，使锯片铣刀处于工件中间部位。

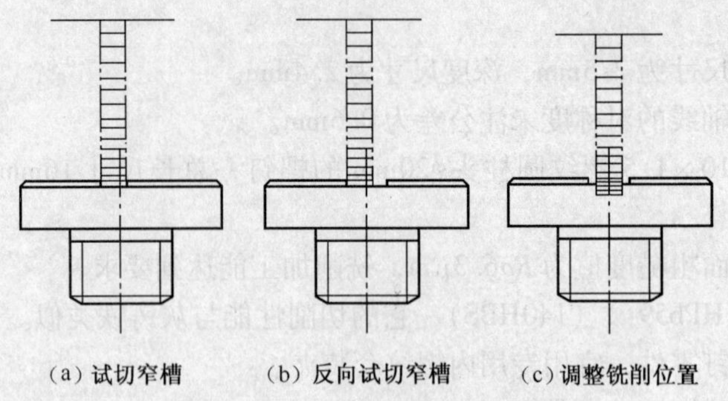


图 2-3-19 轴端窄槽横向对刀法

第三，铣削一条试切槽，用游标卡尺测量槽的宽度。

第四，分度使工件转过 180°，再铣削窄槽，此时只铣到槽的一个侧面，铣出一段后，再次测量槽宽。

第五，按两次测得的槽宽尺寸之差的一半移动工作台横向，移动方向为工件退离第二次铣削的铣刀侧面。

第六，将试件转过一个角度，再次试切，此时铣成的窄槽在转过 180°试切后，若窄槽两侧面都没有被铣到（铣刀轻快地通过窄槽），则铣刀已调整到对称分度头回转中心的铣削位置。

垂向槽深对刀时，应调整工作台，使铣刀处于工件铣削位置上方。开动机床，使铣刀圆周刃齿恰好擦到工件顶面，在垂向刻度盘上做记号，作为槽深尺寸调整起点刻度。

② 铣削起口窄槽。按垂向对刀刻度，上升 2.4mm，采用自动进给铣削起口窄槽。工件首件应进行检验。

(5) 起口窄槽的检验与质量分析

① 起口窄槽的检验。起口窄槽的检验方法、项目与直角通槽基本相同。窄槽宽度尺寸应在 2.50 ~2.60mm 范围内，槽深 2.40 ~2.50mm 范围内。测量对称度时，可在窄槽内塞入 2.5mm 厚度的对刀块，然后用游标卡尺分别测量对刀块平面至工件外圆的尺寸，尽管因游标卡尺尺身略有倾斜，但对于精度不高的对称度还是允许的。表面粗糙度用目测检验。

② 铣削起口窄槽的质量分析。槽宽尺寸超差的主要原因可能有铣刀厚度尺寸选错、铣刀安装后端面圆跳动过大、铣刀早期磨损等；窄槽对称度超差的原因可能有对刀不准确、工件螺纹与圆柱头同轴度误差大；窄槽深度超差的原因可能有垂向调整尺寸计算或操作失误、批量工件中圆柱头长度尺寸超差。

## 实训六 切断铣削

切断 T 形键块，如图 2-3-20 所示。

(1) 工艺分析

① 切断加工的长度尺寸 80mm，精度要求按 js13 ~ js15 的公差加工。

② 切断面表面粗糙度值为 $Ra12.5\mu m$，在铣床上切断加工能达到要求。

③ 预制件的材料为 $45^{\#}$钢，切削性能较好。

④ 预制件为 163mm ×30mm ×26mm T 形台阶零件，宜用机用平口钳装夹。

(2) 加工步骤

① 安装机用平口钳，使固定钳口与工作台横向平行，并使水平切削力指向固定钳口，

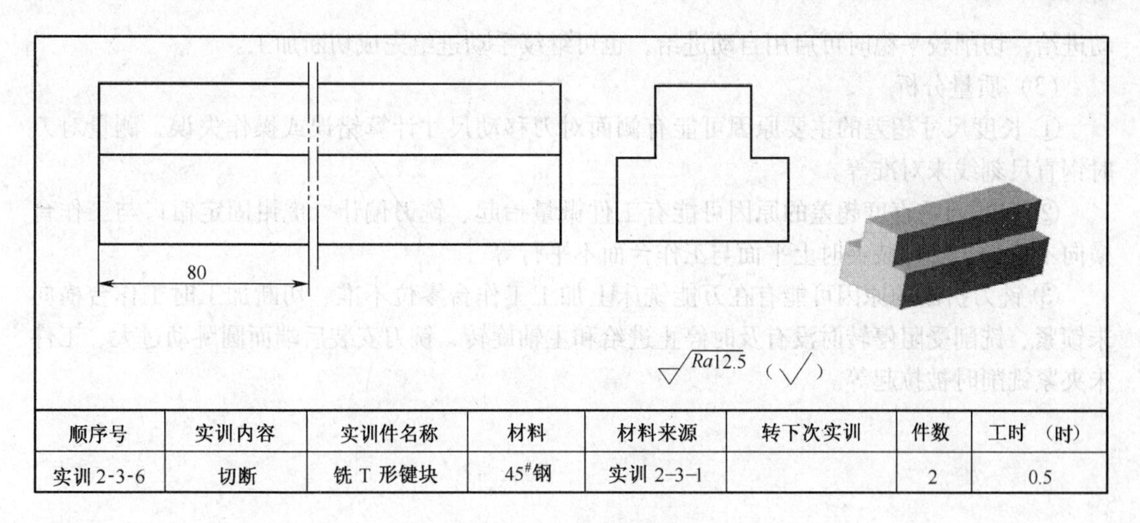


| 顺序号 | 实训内容 | 实训件名称 | 材料 | 材料来源 | 转下次实训 | 件数 | 工时　（时） |
|---|---|---|---|---|---|---|---|
| 实训 2-3-6 | 切断 | 铣 T 形键块 | $45^{\#}$钢 | 实训 2-3-1 | | 2 | 0.5 |

**图 2-3-20　切断 T 形键块**

工件用平行垫块垫高。

② 根据图样上工件预制件长度 $B_0$、厚度 $t$ 与切断后成品的数量 $n$ 选择铣刀规格，本例预制件长度为163mm，键块长度 $B$ 为80mm，工件厚度尺寸 $t$ 为26mm，成品件数 $n$ 为2，刀杆垫圈外径 $d$ 为40mm。按锯片铣刀外径和厚度计算公式：

$$D > d + 2t = (40 + 2 \times 26)\ \text{mm} = 92\text{mm}$$

$$L < \frac{B_0 - Bn}{n - 1} = \frac{163 - 80 \times 2}{2 - 1} = 3\text{mm}$$

现选用外径为125mm、宽度为3mm 的 48 齿标准锯片铣刀。

③ 对刀。采用侧面对刀法时，应移动工作台使铣刀外圆最低处低于工件下平面 1mm，铣刀侧面与工件端面恰好接触，纵向退刀，横向移动 $s = L + B = 3 + 80 = 83$mm。具体操作步骤如图 2-3-21（a）所示。

采用测量对刀法时，调整工作台，使铣刀处于工件铣削位置上方，将钢直尺端面靠向铣刀的侧面，移动工作台横向，使金属直尺 80mm 刻线与工件端面对齐，如图 2-3-21（b）所示，然后退刀，按垂向对刀记号升高 26mm。

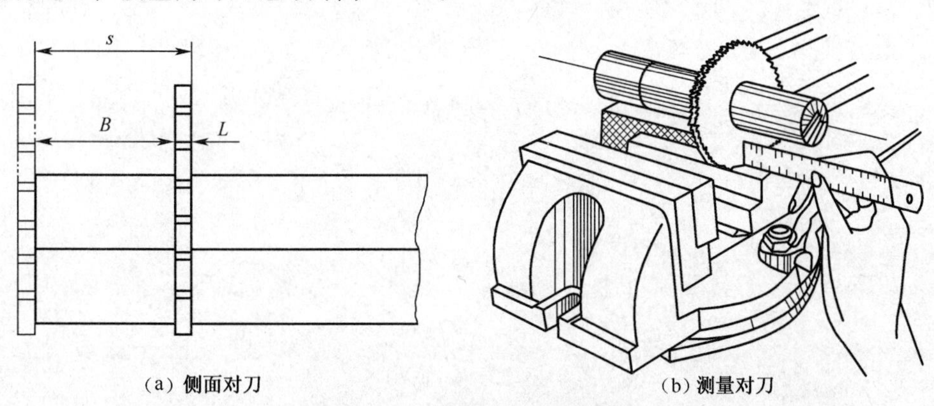


（a）侧面对刀　　（b）测量对刀

**图 2-3-21　切断加工侧面对刀**

④ 按工件材料（$45^{\#}$钢）、表面粗糙度要求和锯片铣刀的直径尺寸选择和调整铣削用量，现调整主轴转速 $n = 47.5$r/min，进给速度 $v_f = 30$mm/min。

⑤ T 形块的切断加工。开动机床，移动工作台纵向，当铣刀铣到工件后，缓慢均匀手

动进给，切削较平稳时可启用自动进给，也可继续手动进给完成切断加工。

（3）质量分析

① 长度尺寸超差的主要原因可能有侧面对刀移动尺寸计算错误或操作失误、测量对刀时钢直尺刻线未对准等。

② 切断面垂直度超差的原因可能有工件微量抬起、铣刀偏让、虎钳固定钳口与工作台横向不平行、工件装夹时上平面与工作台面不平行等。

③ 铣刀折断的原因可能有在万能铣床上加工工作台零位不准、切断加工时工作台横向未锁紧、铣削受阻停转时没有及时停止进给和主轴旋转、铣刀安装后端面圆跳动过大、工件未夹紧铣削时被拉起等。

# 项目四 T 形槽、V 形槽和燕尾槽的铣削

## 实训一 T 形直角槽铣削

T 形直角槽铣削，如图 2-4-1 所示。

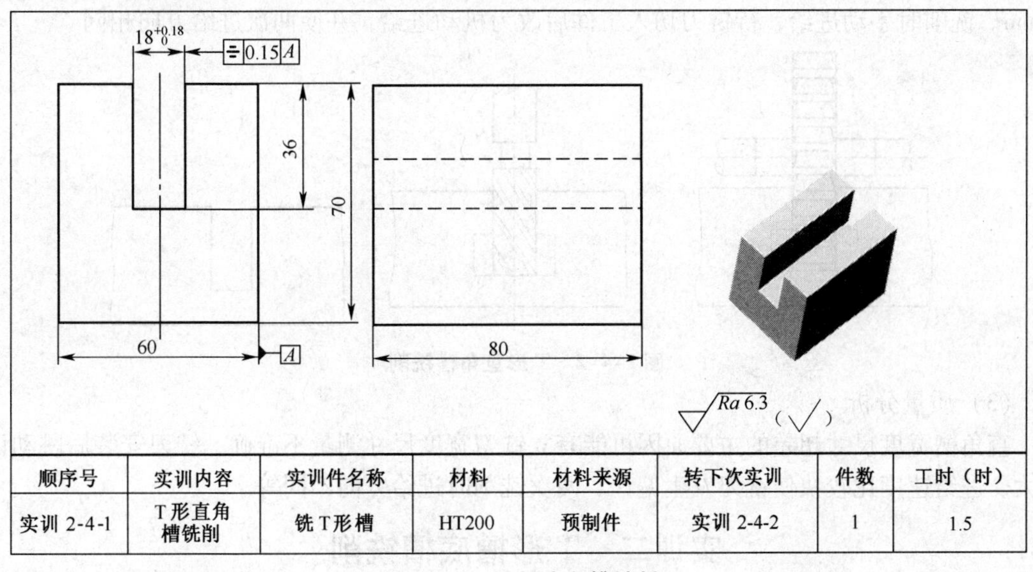


| 顺序号 | 实训内容 | 实训件名称 | 材料 | 材料来源 | 转下次实训 | 件数 | 工时（时） |
| --- | --- | --- | --- | --- | --- | --- | --- |
| 实训 2-4-1 | T 形直角槽铣削 | 铣 T 形槽 | HT200 | 预制件 | 实训 2-4-2 | 1 | 1.5 |

**图 2-4-1 T 形直角槽铣削**

（1）工艺分析

① 预制件为 60mm × 70mm × 80mm 的矩形工件。

② T 形直角槽宽度 $18^{+0.18}_{0}$mm，深度为 36mm。

③ T 形直角槽宽度方向对基准 *A* 的对称度为 0.15mm。

④ T 形直角槽的侧面与底面的表面粗糙度均为 *Ra*6.3μm，在铣床上铣削加工能达到要求。

⑤ 预制件的材料为 HT200，其切削性能较好。

⑥ 预制件为矩形工件，便于装夹。

（2）加工步骤

① 选择铣刀。现选用 $\phi$18mm 立铣刀或键槽铣刀。如是通槽也可选用三面刃铣刀在卧式铣床铣出直角槽。

② 安装铣刀。直柄立铣刀或键槽铣刀可用快换铣夹头或铣夹头安装。锥柄铣刀则需用

变径套连同铣刀用拉紧螺杆紧固在主轴孔中。

③ 选择铣削用量。调整主轴转速 $n$ = 250r/min（$v_c$ ≈ 15m/min），进给速度 $v_f$ = 30mm/min。

④ 工件的装夹及找正。较大的工件可直接用压板装夹在工作台上；较小工件可用机用平口钳装夹。该工件采用机用平口钳装夹，先找正固定钳口与纵向进给方向平行后压紧。然后将工件装夹在机用平口钳内，找正工件上平面与工作台面平行。

⑤ 铣削T形直角槽。其主要操作步骤如下。

第一步，对刀。先在工件表面划出对称槽宽线，将铣刀调整到铣削部位，目测与槽宽线对准，开动机床，垂向缓缓上升，使工件表面切出刀痕，下降垂向工作台，停机，用游标卡尺测出槽的位置。如有偏差，则调整横向工作台，直至达到图样要求。

第二步，调整铣削层深度。T形槽总深度为36mm，所以铣直角槽时应铣至T形槽全深。因为立铣刀刚度较差，加工余量分两次切去。

第三步，铣削。如图2-4-2所示，对刀后第一次工作台上升22mm，第二次工作台升高14mm。铣削时手动进给，待铣刀切入工件后改为机动进给，并使两次进给方向相同。

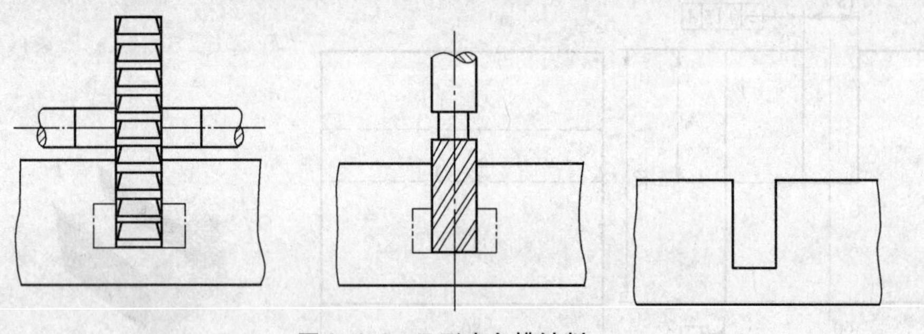

**图2-4-2 T形直角槽铣削**

（3）质量分析

直角槽宽度尺寸超差的主要原因可能有立铣刀宽度尺寸测量不准确、铣刀安装后跳动误差大、进给速度比较快使铣刀发生偏让、两次铣削时进给方向不同等。

## 实训二 T形槽底槽铣削

T形槽底槽铣削，如图2-4-3所示。

（1）工艺分析

① T形槽底槽宽度为32mm，高度为14mm，离上平面的高度为36mm。

② T形槽底槽的侧面与底面的表面粗糙度均为 $Ra6.3\mu m$，在铣床上铣削加工能达到要求。

（2）加工步骤

① 选择铣刀。选用T形槽基本尺寸为18mm的直柄T形槽铣刀，铣刀直径 $d$ = 32mm，宽度 $L$ = 14mm，如图2-4-4所示。

② 安装铣刀。此安装方法与直柄立铣刀安装方法相同。

③ 选择铣削用量。因为T形槽铣刀强度较低，排屑又困难。故选择较低的铣削用量，现调整主轴转速 $n$ = 118r/min（$v_c$ ≈ 12m/min），进给速度 $v_f$ = 23.5mm/min。

④ 工件的装夹及找正。工件已在立式铣床上加工完毕，所以不需要再装夹及找正。如果直角槽是在卧式铣床上加工，则须重新装夹及找正。

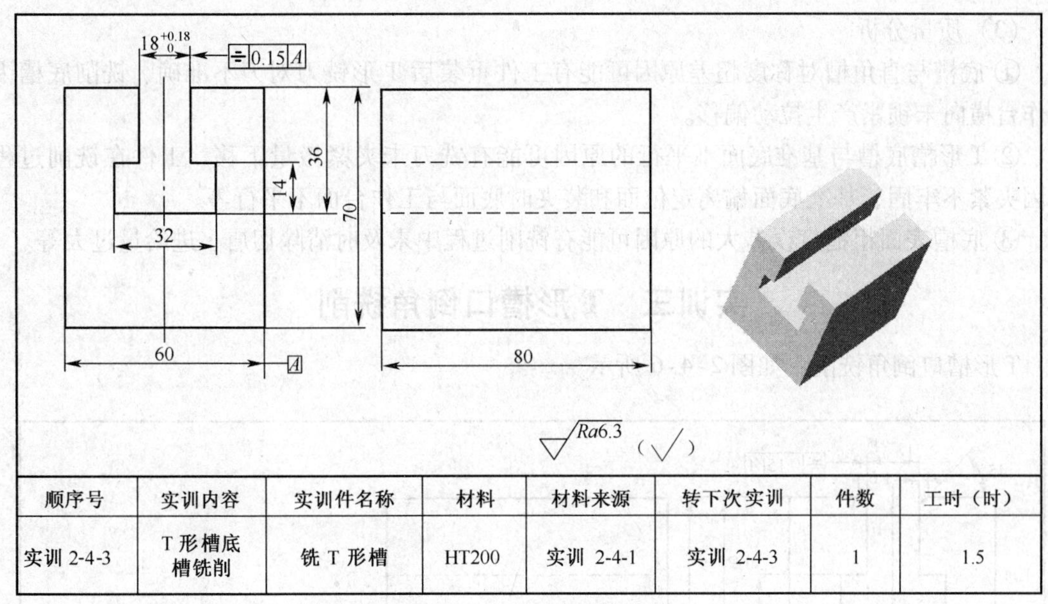


| 顺序号 | 实训内容 | 实训件名称 | 材料 | 材料来源 | 转下次实训 | 件数 | 工时（时） |
|---|---|---|---|---|---|---|---|
| 实训 2-4-3 | T 形槽底槽铣削 | 铣 T 形槽 | HT200 | 实训 2-4-1 | 实训 2-4-3 | 1 | 1.5 |

**图 2-4-3　T 形槽底槽铣削**

⑤ 铣 T 形底槽。其主要步骤如下。

第一步，对刀。直角槽铣削后，因横向工作台未移动，换装 T 形槽铣刀后，不必重新对刀。如果工件是重新安装或横向工作台已经移动，其对刀方法有两种。

一是刀柄对刀。将 18mm 直柄铣刀掉头安装在铣夹头内，露出一段柄部，目测柄部对准直角槽，转动主轴使刀柄能通畅地进入槽内，即主轴已与直角槽对准，然后拆下立铣刀换装 T 形槽铣刀。

二是目测对刀。使 T 形槽铣刀的端面齿刃大致与直角槽底相接触，目测使 T 形槽铣刀与直角槽对准，开动机床，缓缓摇动纵向工作台，并使直角槽两侧同时接触铣刀，切出相等的切痕。

第二步，调整铣削层深度。首先，贴纸试切。工件表面贴一张薄纸，垂向工作台缓缓上升，待铣刀擦去薄纸时，工件退离铣刀，工作台上升 36mm（视情况考虑薄纸厚度 $\delta$）。其次，擦刀试切铣直角槽时已将深度铣到 36mm，只需将 T 形槽铣刀擦出的刀痕与直角槽底接平即可。

第三步，铣削 T 形底槽。先手动进给，待底槽铣出一小部分时，测量槽深，如符合要求可继续手动进给，当铣刀大部进入工件后改用机动进给。铣削时要及时清除切屑，以免铣刀折断，如图 2-4-5 所示。

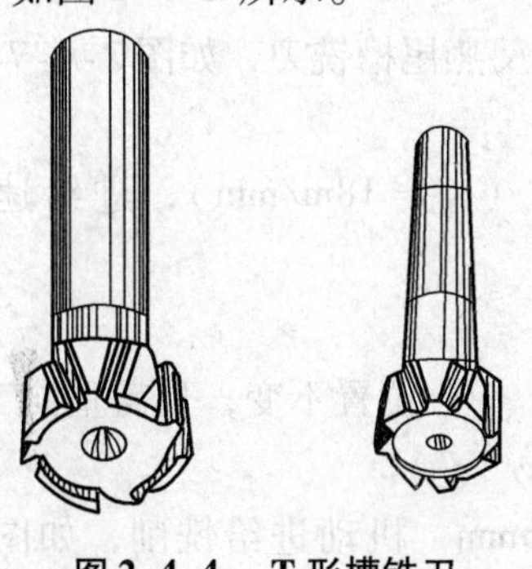

**图 2-4-4　T 形槽铣刀**

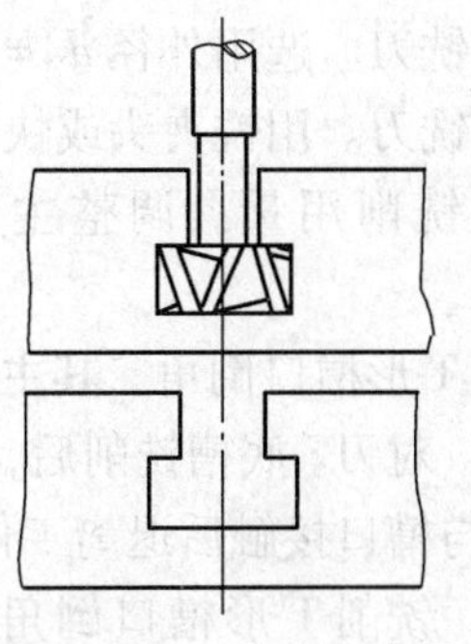

**图 2-4-5　铣 T 形底槽**

（3）质量分析

① 底槽与直角槽对称度超差原因可能有工件重装后 T 形铣刀对刀不准确、铣削底槽因工作台横向未锁紧产生拉动偏移。

② T 形槽底槽与基准底面不平行的原因可能有铣刀未夹紧微量下移、工件在铣削过程中因夹紧不牢固、基准底面偏离定位面和装夹时底面与工作台面不平行等。

③ 底槽表面粗糙度误差大的原因可能有铣削过程中未及时清除切屑、进给量过大等。

## 实训三　T 形槽口倒角铣削

T 形槽口倒角铣削，如图 2-4-6 所示。

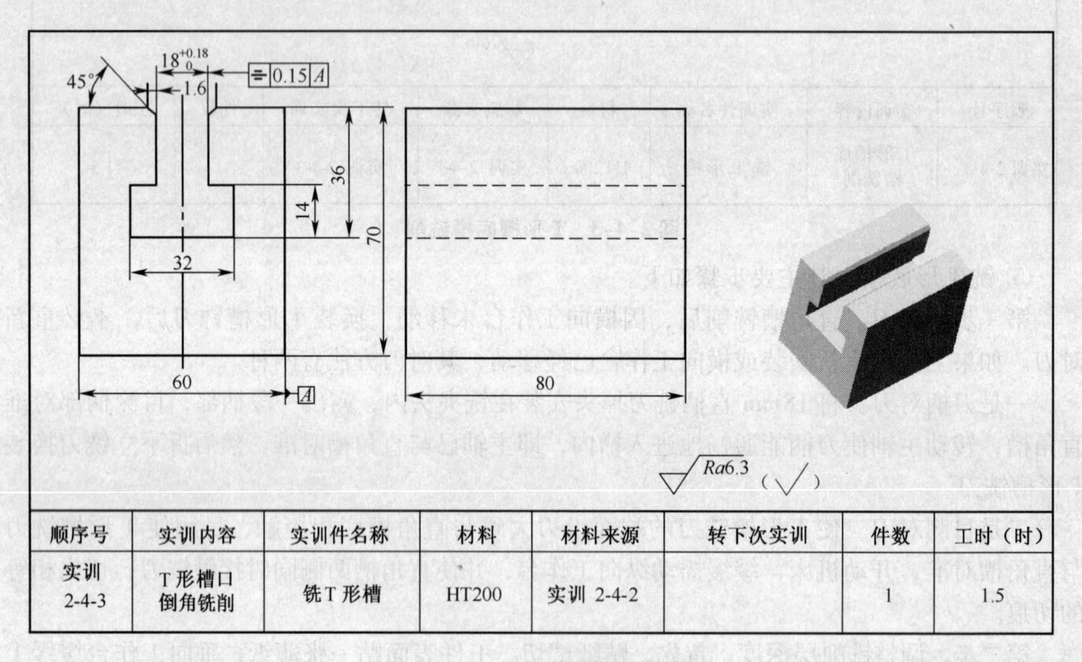


| 顺序号 | 实训内容 | 实训件名称 | 材料 | 材料来源 | 转下次实训 | 件数 | 工时（时） |
|---|---|---|---|---|---|---|---|
| 实训 2-4-3 | T 形槽口倒角铣削 | 铣 T 形槽 | HT200 | 实训 2-4-2 | | 1 | 1.5 |

图 2-4-6　T 形槽口倒角铣削

（1）工艺分析

① T 形槽口倒角为 1. 6mm ×45°。

② T 形槽口的表面粗糙度为 *Ra*6. 3μm，在铣床上铣削加工能达到要求。

（2）加工步骤

① 选择铣刀。选用外径 $d$ = 25mm、角度 $\theta$ =45°的反燕尾槽铣刀，如图 2-4-7 所示。

② 安装铣刀。用铣夹头或快换铣夹头安装。

③ 选择铣削用量。调整主轴转速 $n$ = 235r/min（$v_c \approx$ 18m/min），进给速度 $v_f$ = 47. 5mm/min。

④ 铣削 T 形槽口倒角。其主要步骤如下。

第一步，对刀。底槽铣削后，因横向工作台未移动，中心位置不变，只需垂向工作台上升，使铣刀与槽口接触后退离工件。

第二步，铣削 T 形槽口倒角。垂向工作台上升 1. 6mm，机动进给铣削，如图 2-4-8 所示。

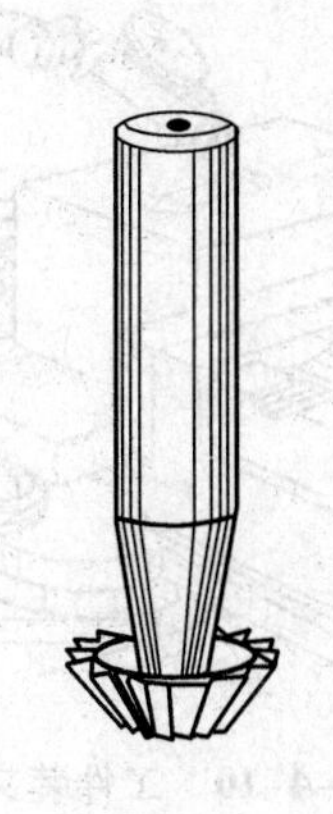

图 2-4-7　反燕尾槽铣刀

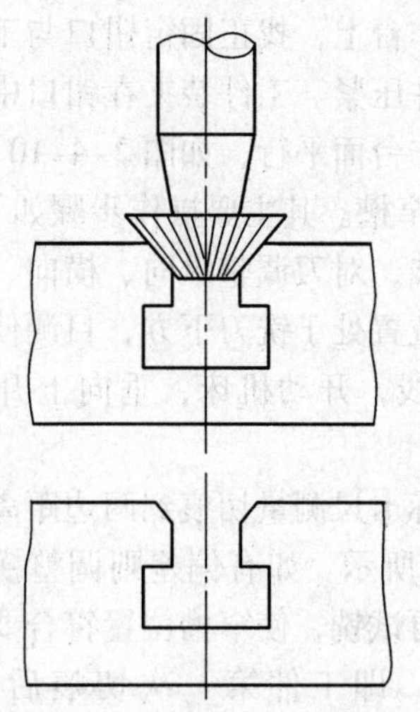

图 2-4-8　铣削 T 形槽口倒角

## 实训四　V 形槽中窄槽铣削

V 形槽中窄槽铣削，如图 2-4-9 所示。

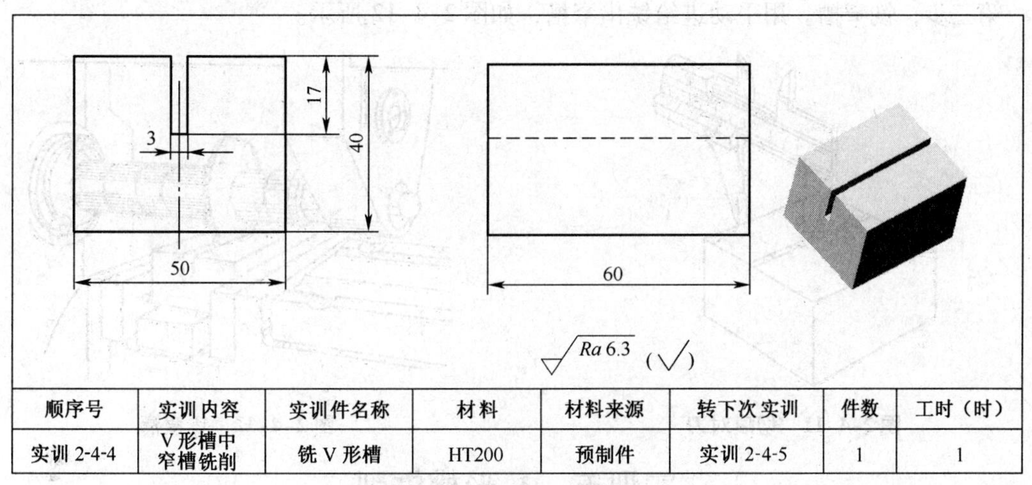


Ra 6.3 (√)

| 顺序号 | 实训内容 | 实训件名称 | 材料 | 材料来源 | 转下次实训 | 件数 | 工时（时） |
|---|---|---|---|---|---|---|---|
| 实训 2-4-4 | V 形槽中窄槽铣削 | 铣 V 形槽 | HT200 | 预制件 | 实训 2-4-5 | 1 | 1 |

图 2-4-9　V 形槽中窄槽铣削

（1）工艺分析

① 预制件为 60mm × 50mm × 40mm 的矩形工件，便于装夹。

② 预制件材料为 HT200，切削加工性能较好。

③ V 形槽中窄槽宽 3mm，深 17mm。

④ V 形槽中窄槽的表面粗糙度值为 $Ra$6.3μm，在铣床上铣削加工能达到要求。

（2）加工步骤

① 选择铣刀 。根据图样槽宽及槽深的要求，选用 $\phi$100mm × 3mm 中齿锯片铣刀。

② 安装铣刀。安装前，必须将铣刀孔径端面、刀杆垫圈和螺母端面擦净，然后将锯片铣刀安装在刀杆中间，并使铣刀的端面圆跳动控制在 0.05mm 以内。

③ 选择铣削用量。调整主轴转速 $n$ = 60r/min（$v_c \approx$ 18m/min）。

④ 工件装夹及找正。工件装夹前，按图样划出对称的窄槽和 V 形槽线。将机用平口钳

安放在工作台上，找正固定钳口与工作台纵向进给方向平行并压紧。工件装夹在钳口中，找正工件上平面与工作台面平行，如图 2-4-10 所示。

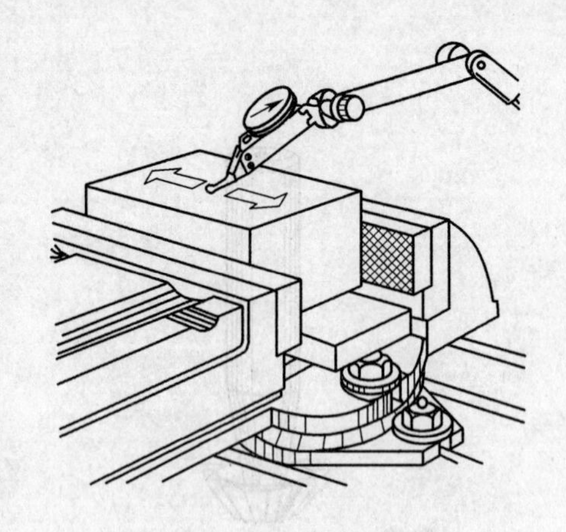

图 2-4-10 工件装夹与找正

⑤ 铣窄槽。其主要操作步骤如下。

第一步，对刀调整纵向、横向、垂向手柄，使工件铣削位置处于铣刀下方，目测使锯片铣刀对准 3mm 窄槽线，开动机床，垂向上升，使工件表面切出刀痕。

用游标卡尺测量切痕到两边距离是否相等，如图 2-4-11 所示。如有偏差则调整横向工作台。用上述方法再试铣，使窄槽位置符合要求。也可用换面法对刀，即工件第一次切痕后，将工件回转 180°后再次切痕，停机，退出工件，观看两次切痕是否重合。如有偏差，则按偏差的一半调整横向工作台，再进行试切，直至两切痕重合。

第二步，调整铣削层深度。对刀后紧固横向工作台，根据切到工件表面的记号，垂向工作台上升 17mm。

第三步，铣窄槽。用手动进给铣出窄槽，如图 2-4-12 所示。

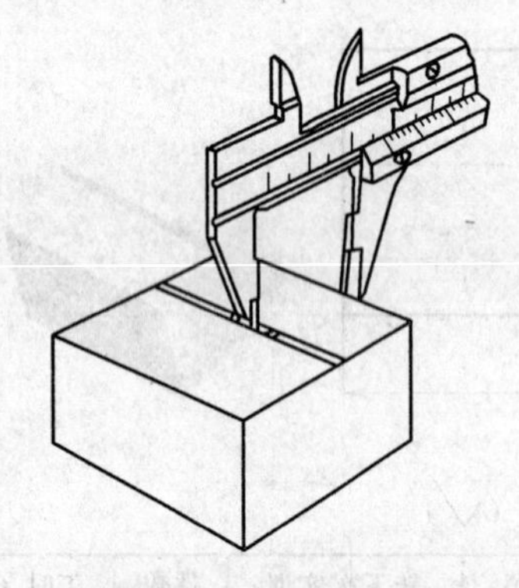

图 2-4-11 切痕对刀

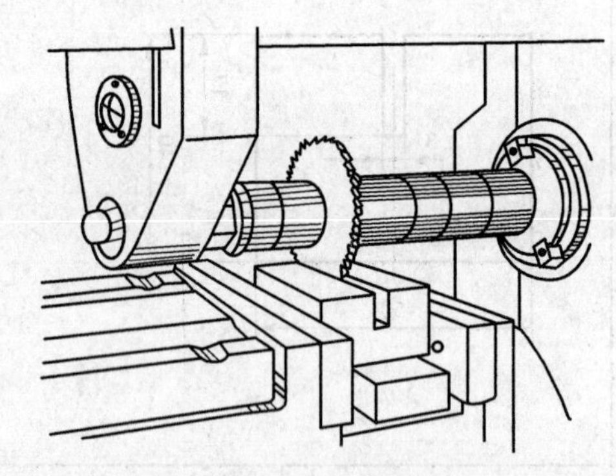

图 2-4-12 铣窄槽

## 实训五 V 形槽铣削

V 形槽铣削，如图 2-4-13 所示。

(1) 工艺分析

① V 形槽的开口宽 30 ±0.26mm，夹角为 90° ±10′。

② V 形槽对尺寸为 50mm 侧面外形的对称度公差 0.15mm。

③ V 形槽加工表面粗糙度值为 $Ra$6.3μm，在铣床上铣削加工能达到要求。

(2) 加工步骤

方法一：用双角铣刀铣 V 形槽。

① 选择铣刀。按 V 形槽的宽度及槽角，选用外径 $D$ = 100mm、角度 $\theta$ = 90°、宽度 $L$ = 32mm 的对称双角铣刀。

② 安装铣刀。在不影响移动横向工作台的前提下，铣刀尽量靠近主轴处，以增强刀杆刚度。

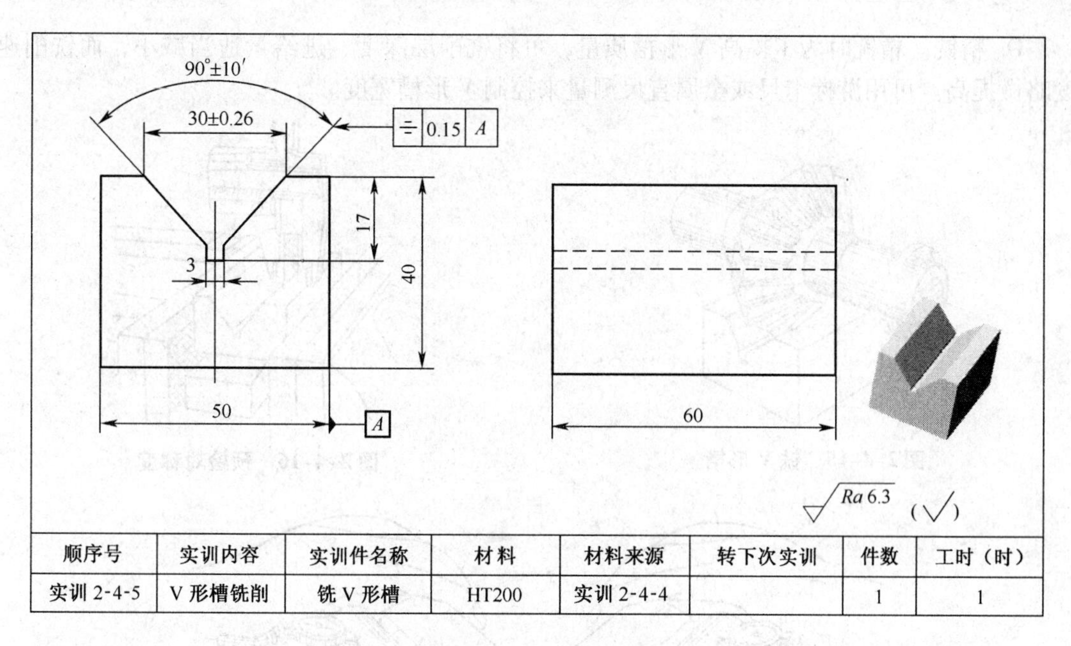


| 顺序号 | 实训内容 | 实训件名称 | 材料 | 材料来源 | 转下次实训 | 件数 | 工时（时） |
|---|---|---|---|---|---|---|---|
| 实训 2-4-5 | V 形槽铣削 | 铣 V 形槽 | HT200 | 实训 2-4-4 | | 1 | 1 |

**图 2-4-13　V 形槽铣削**

③ 选择铣削用量。调整主轴转速 $n=60\mathrm{r/min}$（$v_c\approx 18\mathrm{m/min}$），进给速度 $v_f=37.5\mathrm{mm/min}$。

④ 铣 V 形槽。其主要操作步骤如下。

第一步，对刀。开动机床，目测使双角铣刀刀尖处于窄槽中间，垂向工作台少量上升，使铣刀在窄槽两侧切出刀痕。观察两边的刀痕是否相同，如图 2-4-14 所示。如不一致，再调整横向工作台。

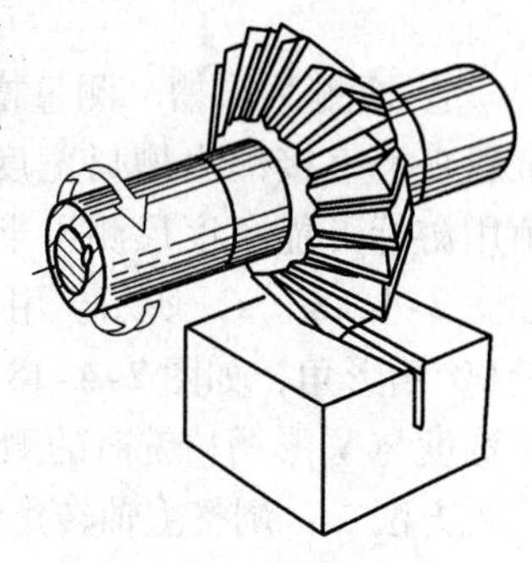

**图 2-4-14　切痕对刀**

第二步，调整铣削层深度。铣削层深度 $H$ 为：

$$H=\frac{B-b}{2}\times\cot\frac{\alpha}{2}=\frac{30-3}{2}\times\cot\frac{90°}{2}=13.5\ (\mathrm{mm})$$

式中，$H$ ——铣削层深度，mm；

$B$ ——V 形槽宽度，mm；

$b$ ——窄槽宽度，mm；

$\alpha$ ——V 形槽槽形角，°。

铣削层深度以双角铣刀擦到窄槽开始计算。

第三步，铣 V 形槽，如图 2-4-15 所示。

A. 粗铣。铣削时不能一次切去全部余量，一般可分 3 次进给。第一次背吃刀量为 6mm，第二次背吃刀量为 4mm，第三次背吃刀量为 2.5mm，留 1mm 精铣余量。

B. 预检对称度。为了保证 V 形槽的对称度，在第一、二次粗铣后，可用游标卡尺或钢直尺测量 V 形槽的对称度，如图 2-4-16 所示。

C. 测量对称度，如图 2-4-17 所示。粗铣完成后，取下工件，在平板上测量对称度。测量时以工件两侧面为基准，放在平板上，在 V 形槽内放入标准圆棒，用百分表测出圆棒最高点，转动表盘，使指针对准“0”位。然后将工件翻转 180°，再用百分表测量圆棒最高点。如读数不一致，需按误差值的一半调整横向工作台，再试铣，直至符合要求。

D. 精铣。精铣时为了提高V形槽质量，可将铣削层深度、进给量适当减小，而铣削速度略微提高。可用游标卡尺或金属直尺测量来控制V形槽宽度。

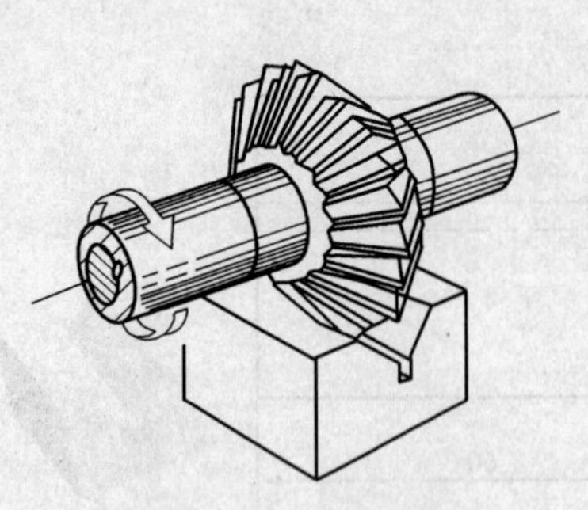

图 2-4-15 铣V形槽

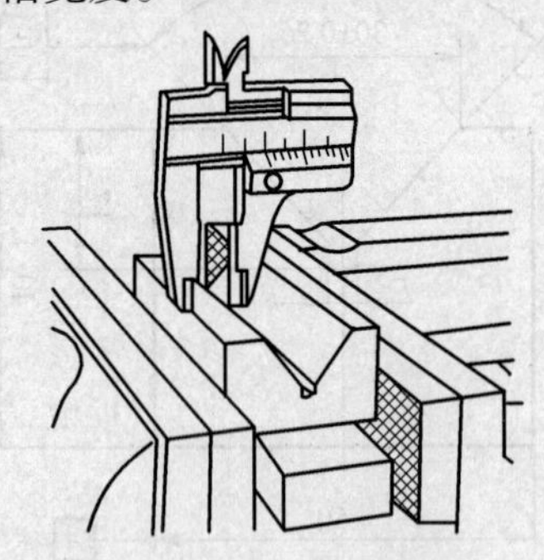

图 2-4-16 预检对称度

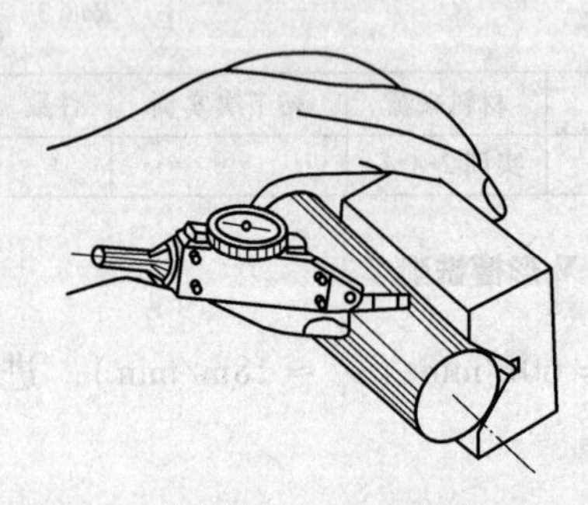

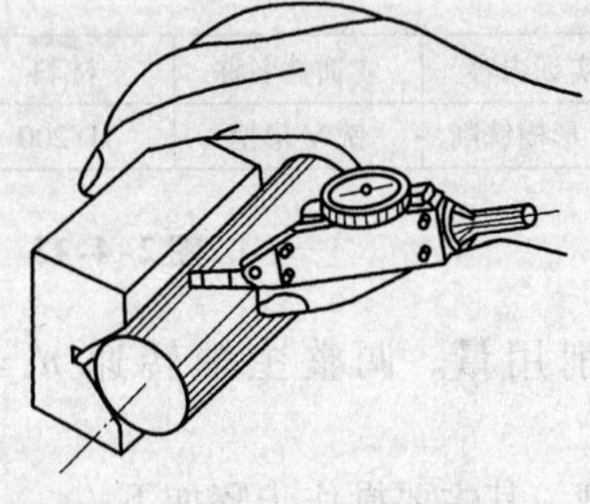

图 2-4-17 测量对称度

⑤ 检测V形槽。测量槽宽用游标卡尺或金属直尺直接测出槽口宽度尺寸。测量槽形角用游标万能角度尺测出半个槽形角为45°，如图2-4-18（a）所示。用刀口形90°角尺测量90°槽形角，如图2-4-18（b）所示。测量对称度与V形槽精铣时的测量方法相同。

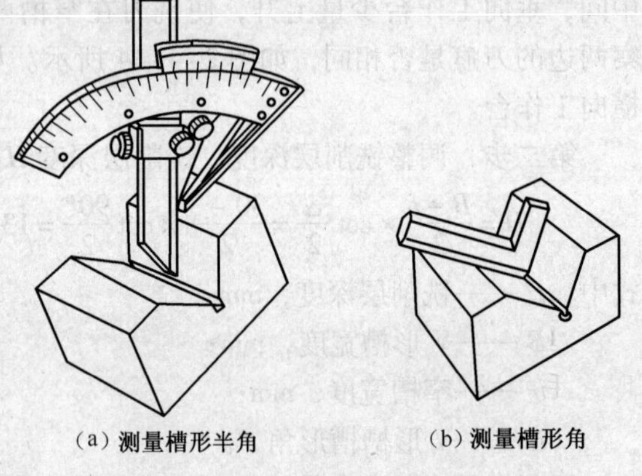

（a）测量槽形半角　（b）测量槽形角

图 2-4-18 测量V形槽槽形角

方法二：调整主轴转角铣削V形槽。

在X5032立式铣床上调整立铣头主轴转角，铣削V形槽的加工步骤如下。

① 选择铣刀。根据槽宽尺寸，选用35mm莫氏锥柄立铣刀。

② 安装铣刀。用变径套及拉紧螺杆安装立铣刀，安装方法与铣斜面相同。

③ 调整主轴转速 $n = 150\text{r/min}$（$v_c \approx 16\text{m/min}$），进给速度 $v_f = 37.5\text{mm/min}$。

④ 调整主轴转角。工件槽形角 $\alpha = 90°$，主轴扳转 $\alpha/2 = 45°$，左、右扳转均可。

⑤ 装夹与找正工件。将机用平口钳安放在纵向工作台左端或右端，否则扳转角度后无法加工。安装并找正固定钳口与横向工作台进给方向平行后压紧。然后将工件装夹在机用平口钳内，找正上平面与工作台面平行。

⑥ 铣V形槽。其操作步骤如下。

第一步，对刀。将立铣刀刀尖基本对准窄槽中间，如图2-4-19所示。升高垂向工作台，并调整纵向工作台，使立铣刀端面齿刃和周边齿刃同时在窄槽两侧切出刀痕。观察两边切痕是否相同。如不一致，则调整纵向工作台。对刀完成后紧固纵向工作台。

第二步，调整铣削层深度，与双角铣刀铣 V 形槽相同。

第三步，铣 V 形槽。

A. 粗铣。用横向进给按铣削层深度分几次切去大部分余量。粗铣后可用游标万能角度尺测量 V 形槽半角，以确定主轴扳转角度是否准确。如果不准，则重新调整主轴转角，直至符合要求。

B. 精铣。精铣时可适当提高铣削速度，减小进给量，减少切削层深度，以保证加工质量。

C. 换面法铣削。精铣时，也可以铣出 V 形槽一侧后［如图 2-4-20（a）所示］，将工件回转 180°再铣削另一侧面［如图 2-4-20（b）所示］。铣削时由于纵向工作台固定不动，铣削层深度一致，因此，V 形槽对称度也较好。

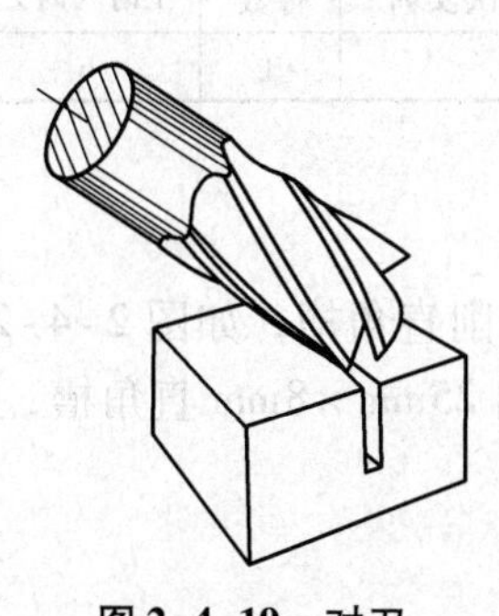

图 2-4-19　对刀

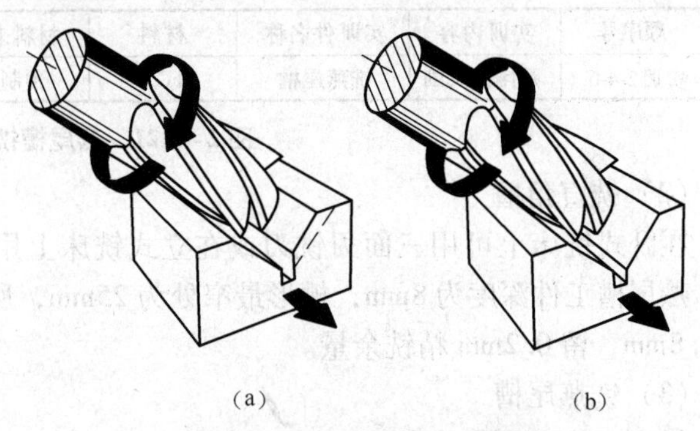


图 2-4-20　换面法铣 V 形槽

（3）质量分析

① 槽宽不一致的原因有：工件上平面与工作台面不平行；工件装夹不牢固，铣削时位移。

② 对称度超差的原因有：对刀不准确、测量差错。

③ V 形槽角度不准确或角度不对称的原因有：刀具角度不准确、工件上平面未找正。

④ V 形槽与工件两侧面不平行的原因有：固定钳口与纵向进给方向不平行、工件装夹时有毛刺或脏物。

## 实训六　燕尾槽铣削

燕尾槽铣削，如图 2-4-21 所示。

（1）工艺分析

① 燕尾槽最小宽度为 25mm，深 8mm，标准圆棒直径为 6mm 时，测量尺寸 $l$ 为 $17.848^{+0.13}_{0}$ mm；标准圆棒直径为 6mm 时，测量尺寸 $l_1$ 为 $41.392^{0}_{-0.16}$ mm。燕尾槽的槽形角为 60°。

② 燕尾槽对尺寸为 50mm 侧面外形的对称度公差 0.15mm。

③ 预制件为 60mm × 50mm × 45mm 的矩形工件。

④ 燕尾槽加工表面粗糙度值为 $Ra6.3\mu m$，在铣床上铣削加工能达到要求。

⑤ 预制件的材料为 HT200，其切削性能较好。

⑥ 预制件为矩形工件，便于装夹。

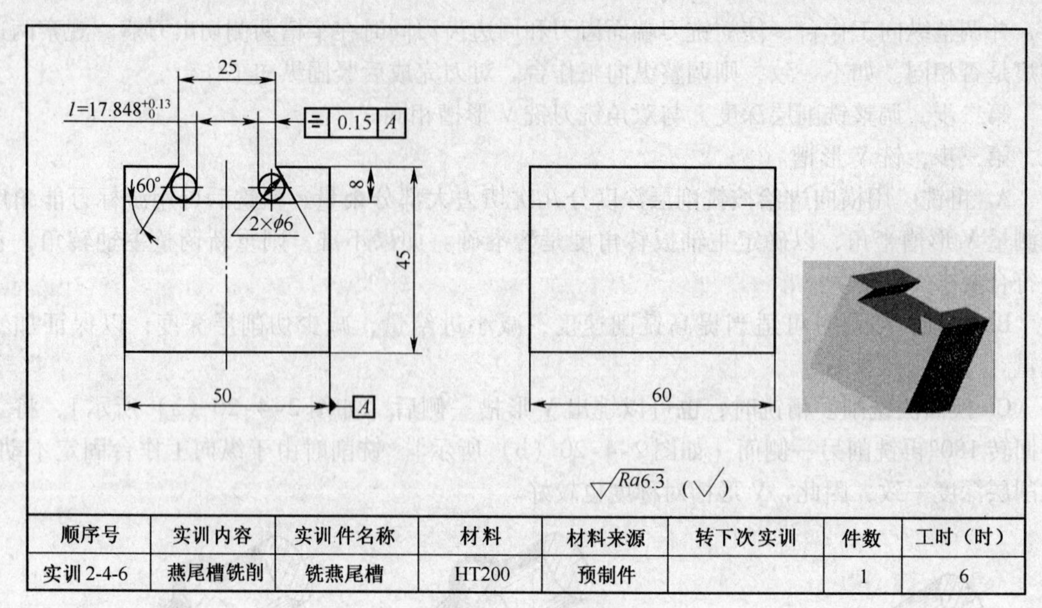


| 顺序号 | 实训内容 | 实训件名称 | 材料 | 材料来源 | 转下次实训 | 件数 | 工时（时） |
|---|---|---|---|---|---|---|---|
| 实训2-4-6 | 燕尾槽铣削 | 铣燕尾槽 | HT200 | 预制件 | | 1 | 6 |

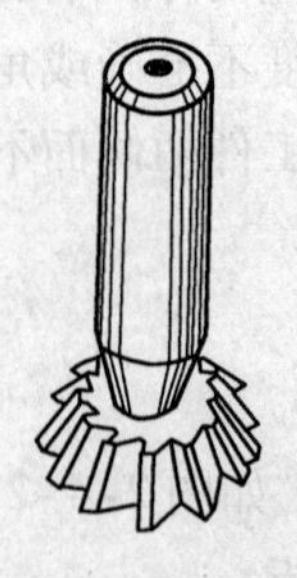

**图 2-4-21 燕尾槽铣削**

（2）铣直角槽

在卧式铣床上可用三面刃铣刀或在立式铣床上用立铣刀铣削直角槽，如图 2-4-22 所示。燕尾槽工件深度为 8mm，槽形最窄处为 25mm，所以应铣出 25mm × 8mm 直角槽，深度为 7. 8mm，留 0. 2mm 精铣余量。

（3）铣燕尾槽

① 铣刀的选择与安装。

第一步，选择铣刀。燕尾槽铣刀有直柄与锥柄两种。铣刀的切削部分与单角铣刀相似，如图 2-4-23 所示。根据槽形尺寸选用外径 $d=25$mm，角度 $\theta=60°$的 Ⅰ 型直柄燕尾槽铣刀。

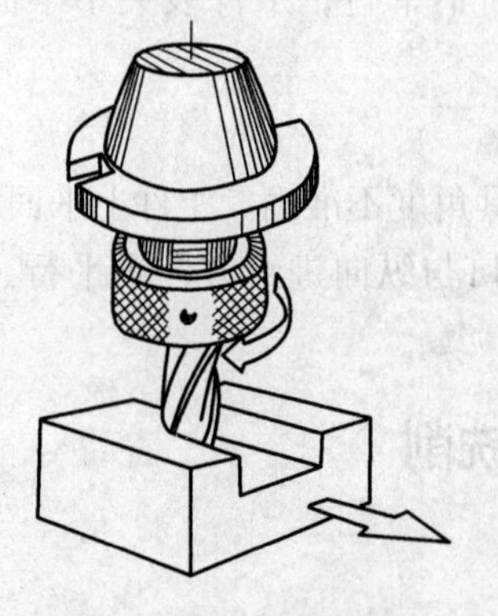

**图 2-4-22 铣直角槽**

**图 2-4-23 燕尾槽铣刀**

第二步，安装铣刀。用铣夹头或快换铣夹头装夹，为使铣刀有较好的刚度，刀柄不应伸出太长。

第三步，选择铣削用量。由于燕尾槽铣刀的刀齿较密，刀尖强度较弱，颈部又较细，刀具刚度较差，所以铣削用量都取较小值，但铣削速度也不宜太低。调整主轴转速 $n=190$r/min（$v_c \approx 15$m/min），进给速度 $v_f=23.5$mm/min。

② 工件的装夹与找正。先在工件上画出槽形线，将机用平口钳安装在工作台上，找正

固定钳口与纵向工作台进给方向平行后压紧。工件夹入机用平口钳，找正工件上平面与工作台面平行。

③ 铣削燕尾槽。其操作步骤如下。

第一步，对刀。开动机床，目测使燕尾槽铣刀与直角槽中心大致对准，上升垂向工作台，使工件槽底与铣刀端面齿相接触，垂向升高0.2mm，然后缓慢摇动纵向工作台，使直角槽侧刚好切着，停机，退出工件，测量槽深应为8mm。

第二步，铣削。对刀后，横向工作台移动 $s$ 距离，$s$ 按下式计算

$$s = t\cot a = 8\cot 60° = 4.618\text{mm}$$

式中，$s$ ——横向工作台移动量，mm；

$t$ ——燕尾槽深度，mm；

$a$——燕尾槽槽形角，°。

铣燕尾槽一侧如图2-4-24（a）所示。横向工作台移动量 $s$ 为4.618mm，因为铣刀强度较差，所以不能一次铣去全部余量，可分3次调整横向工作台，粗铣分别为25mm、1.6mm。然后缓慢移动纵向工作台，待铣刀切入工件后，纵向机动进给，铣毕。放入 $\phi$6mm 标准圆棒，测量工件侧面至圆棒间的距离［图2-4-24（b）］应是工件实际宽度的1/2减 $M$ 值的一半。根据测得数据，调整横向工作台后进行精铣。

应该注意，铣燕尾槽时不得采用顺铣，以免折断铣刀。

铣燕尾槽另一侧面，如图2-4-24（c）所示。移动横向工作台，使铣刀尖角与另一侧直角槽相接触后，退出工件，然后调整横向工作台，移动量分粗精铣完成，并测量 $M$ 值尺寸。

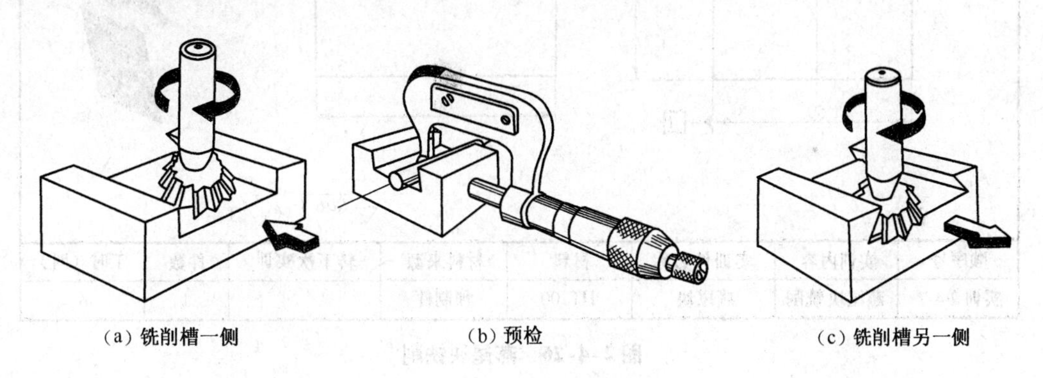

（a）铣削槽一侧　　（b）预检　　（c）铣削槽另一侧

图2-4-24　铣削燕尾槽

（4）燕尾槽的检验

① 测量槽形角。可用样板或游标万能角度尺进行测量槽形角，如图2-4-25（a）所示。

② 测量槽宽。用两根 $\phi$6mm 标准圆棒放入槽中，用游标卡尺或内径千分尺测量，如图2-4-25（b）所示。燕尾槽 $M$ 值应为17.978～17.848mm。

（5）质量分析

① 槽宽两端尺寸不一致的原因有：工件上平面未找正；用换面法铣削时，工件两侧面平行度较差。

② 宽度超差的原因有：测量差错；移动横向工作台时，摇错刻度盘及未消除传动间隙；槽形角超差、刀具角度选错或铣刀角度误差较大。

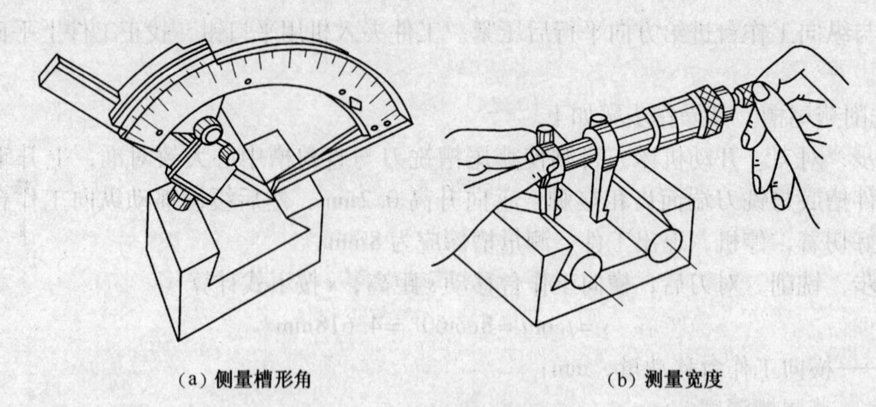

(a) 侧量槽形角　　(b) 测量宽度

**图 2-4-25　燕尾槽测量计算**

## 实训七　燕尾块铣削

燕尾块铣削，如图 2-4-26 所示。

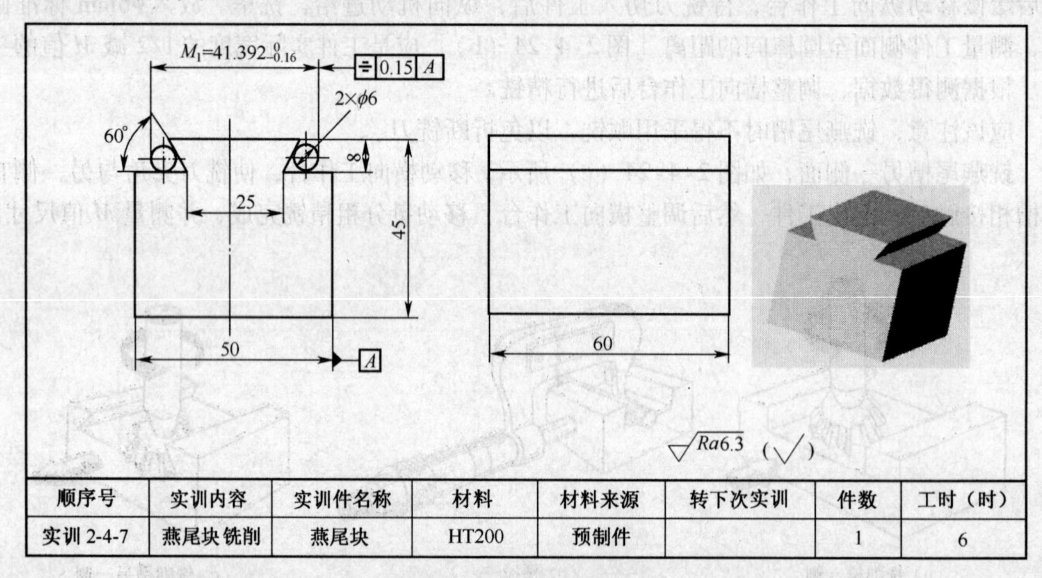


| 顺序号 | 实训内容 | 实训件名称 | 材料 | 材料来源 | 转下次实训 | 件数 | 工时（时） |
|---|---|---|---|---|---|---|---|
| 实训 2-4-7 | 燕尾块铣削 | 燕尾块 | HT200 | 预制件 | | 1 | 6 |

**图 2-4-26　燕尾块铣削**

（1）工艺分析

① 燕尾块最小宽度为 25mm，深 8mm，标准圆棒直径为 6mm 时，测量尺寸 $M$ 为 41.392mm；燕尾块的槽形角为 60°。

② 燕尾块对尺寸为 50mm 侧面外形的对称度公差为 0.15mm。

③ 预制件为 60mm × 50mm × 45mm 的矩形工件。

④ 燕尾块加工表面粗糙度值为 $Ra$6.3μm，在铣床上铣削加工能达到要求。

⑤ 预制件的材料为 HT200，其切削性能较好。

⑥ 预制件为矩形工件，便于装夹。

（2）铣凸台

铣凸台时，在卧式铣床上可用三面刃铣刀或在立式铣床上用立铣刀铣出，如图2-4-27 所示。燕尾块根部为25mm，深度为 8mm。根据燕尾槽横向铣削层深度 $s$ = 4.618mm，所以凸台尺寸应为：

$$25mm + 4.618mm \times 2 = 34.236mm$$

先铣出 34.236 × 8mm 的凸台，深度留 0.2mm 精铣余量。凸台位置应与工件两侧面对称。

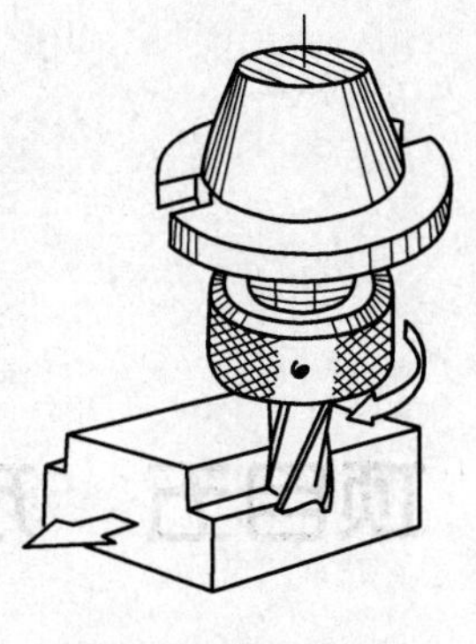

图 2-4-27　铣凸台

（3）铣燕尾块

铣燕尾块时铣刀的选择与安装、工件的装夹及找正和铣削用量的选择与铣燕尾槽相同。

① 对刀。将铣刀调整到凸台一侧，开动机床，垂向缓缓上升，使铣刀端面齿刃擦到凸台底面。然后调整横向工作台，使齿刃尖角与凸台侧面接触后在垂向、横向刻度盘上做记号，铣刀退离工件。

② 铣燕尾块一侧，如图 2-4-28（a）所示。垂向升高 0.2mm，横向工作台分 3 次调整，然后机动进给铣削，粗铣后在燕尾块一侧放入 $\phi$6mm 标准圆棒，用深度游标尺或深度千分尺测量工件侧面至圆棒间距离［如图 2-4-28（b）所示］应为工件实际宽度尺寸的 1/2 减去 $M$ 值的一半，再根据测得余量调整横向工作台进行精铣。

③ 铣燕尾块另一侧，如图 2-4-28（c）所示。

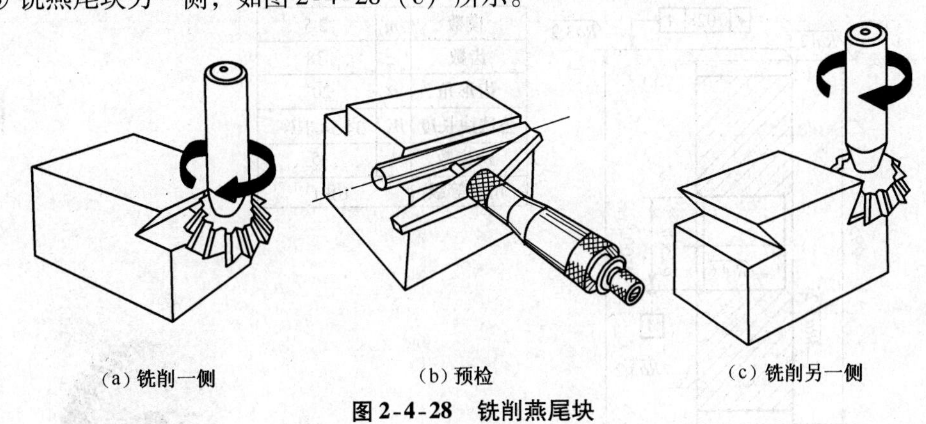

（a）铣削一侧　　（b）预检　　（c）铣削另一侧

图 2-4-28　铣削燕尾块

将铣刀移至另一侧，对刀后分粗、精铣削，并用千分尺测量燕尾块 $M_1$ 为 41.392 ~ 41.232mm，如图 2-4-29 所示。

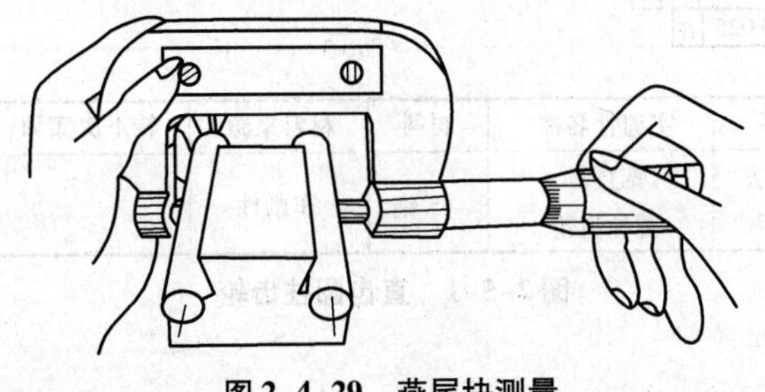

图 2-4-29　燕尾块测量

# 项目五　万能分度头与回转工作台的应用

## 实训一　万能分度头简单分度法

铣削如图 2-5-1 所示的直齿圆柱齿轮，使用万能分度头简单分度法等分操作。

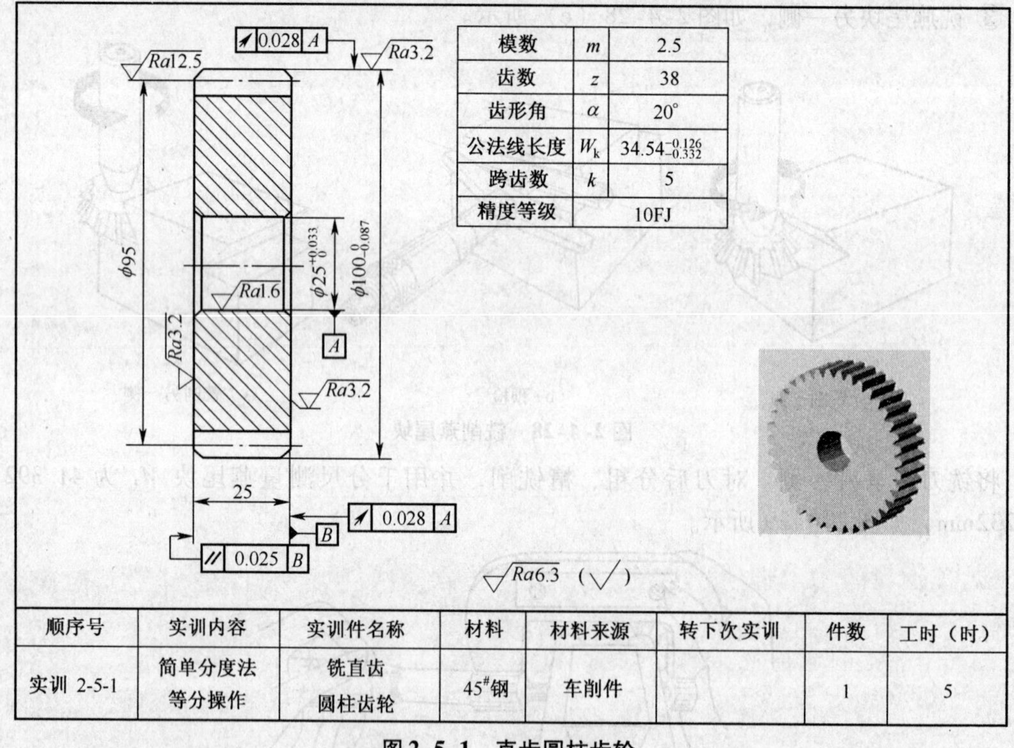


| 模数 | $m$ | 2.5 |
|---|---|---|
| 齿数 | $z$ | 38 |
| 齿形角 | $\alpha$ | 20° |
| 公法线长度 | $W_k$ | $34.54_{-0.332}^{-0.126}$ |
| 跨齿数 | $k$ | 5 |
| 精度等级 | | 10FJ |

| 顺序号 | 实训内容 | 实训件名称 | 材料 | 材料来源 | 转下次实训 | 件数 | 工时（时） |
|---|---|---|---|---|---|---|---|
| 实训 2-5-1 | 简单分度法等分操作 | 铣直齿圆柱齿轮 | 45#钢 | 车削件 | | 1 | 5 |

图 2-5-1　直齿圆柱齿轮

（1）分析分度数

① 直齿圆柱齿轮齿数为 38，即等分数为 38，圆周等分。

② 查分度盘的孔圈数规格，有 38 孔的孔圈，即可进行简单分度。

（2）安装分度头

① 根据工件直径选用 F11125 型分度头。

② 擦净分度头底面和定位键的侧面，将分度头安装在工作台中间的 T 形槽内，用 M16 的 T 形螺栓压紧分度头。在压紧过程中，注意使分度头向操作者一边拉紧，以使底面定位键侧面与 T 形槽定位直槽一侧紧贴，以保证分度头主轴与工作台纵向平行。

（3）计算分度手柄转数 $n$

按简单分度法计算公式和等分数 $z=38$，本例分度头手柄转数为：

$$n=\frac{40}{z}=\frac{40}{38}=1\frac{2}{38}\ (\mathrm{r})$$

（4）调整分度装置

① 选装分度盘。若原装在分度头上的分度盘中有38孔圈，可不必另行安装。若原装的分度盘不含有38孔圈，则需换装分度盘，具体操作步骤如下。

第一，松开分度手柄紧固螺母，拆下分度手柄。

第二，拆下分度叉压紧弹簧圈。

第三，拆下分度叉。

第四，松开分度盘紧固螺钉，并用两个螺钉旋入孔盘的螺纹孔，逐渐将孔盘顶出安装部位，拆下分度盘。

第五，选择含有38孔圈的分度盘，按拆卸的逆顺序安装分度盘。安装分度手柄时，注意将孔内键槽对准手柄轴上的键块。

② 调整分度销位置。松开分度销紧固螺母，将分度销对准38孔圈位置，然后旋紧紧固螺母。旋紧螺母时，注意用手按住分度销，以免分度销滑出损坏孔盘和分度销定位部分。

③ 调整分度叉位置。松开分度叉紧固螺钉，拨动叉片，使分度叉之间含2个孔距（即3个孔），并紧固分度叉。

（5）简单分度操作

① 消除分度间隙。在分度操作前，应按分度方向（一般是顺时针方向）摇分度手柄，以消除分度传动机构的间隙。

② 确定起始位置。通常为了便于记忆，主轴的位置最好从刻度的零位开始，而分度销的起始位置最好从两边刻有孔圈数的圈孔位置开始。

③ 为了便于在分度过程中进行校核，一般操作中可应用以下验算方法。

第一，分度过程中的任一等分数 $z_i$ 时，分度叉的孔距数 $n_1$ 的累计数 $n_i=n_1\times z_i$。如38等分的操作过程中，等分数 $z_i=3$ 时，分度叉孔距的累计数为：

$$n_i=n_1\times z_i=2\times 3=6$$

根据以上计算方法，要使分度销重新回复到起始孔位置，本例须经过19次等分操作，即 $n_i=n_1\times z_i=2\times 19=38$，或 $z_i=\frac{n_i}{n_1}=\frac{38}{2}=19$。

由于分度操作整转数不宜出错，孔距数的分度位置容易发生差错，而运用以上方法，可以在分度操作过程中，通过分度销的插入位置，复核当前分度手柄的分度操作是否准确。

第二，分度过程中的任一等分数与分度头主轴的转动度数有密切的关系，如本例为38等分，每一等分的中心角 $\theta_1$ 为 $360°/38\approx 9.47°$，因此在任一等分 $z_i$ 时，分度头主轴转过的度数 $\theta_i=\theta_1\times z_i$。若15次等分后，分度头主轴应转过的度数为：

$$\theta_i=\theta_1\times z_i\approx 9.47°\times 15=142.05°$$

第三，若进行铣削加工或划线，可通过工件等分位置的间距来判断分度的准确性。如等分圆周上的每一等分的弧长尺寸，本例工件直径为95mm，38等分后，每一等分所占的外圆周弧长 $S_n$ 为：

$$S_n=\frac{\pi D}{z}=\frac{3.14\times 95}{38}=7.85\mathrm{mm}$$

④ 分度操作。拔出分度销，将分度销锁定在收缩位置，分度手柄转过 1r 又 38 圈孔中 2 个孔距，将分度销插入圈孔中。如等分用于铣削加工，应注意分度前松开主轴紧固手柄，分度后锁紧主轴紧固手柄。

## 实训二　回转工作台简单分度法

在铣床上加工如图 2-5-2 所示的等分孔盘。

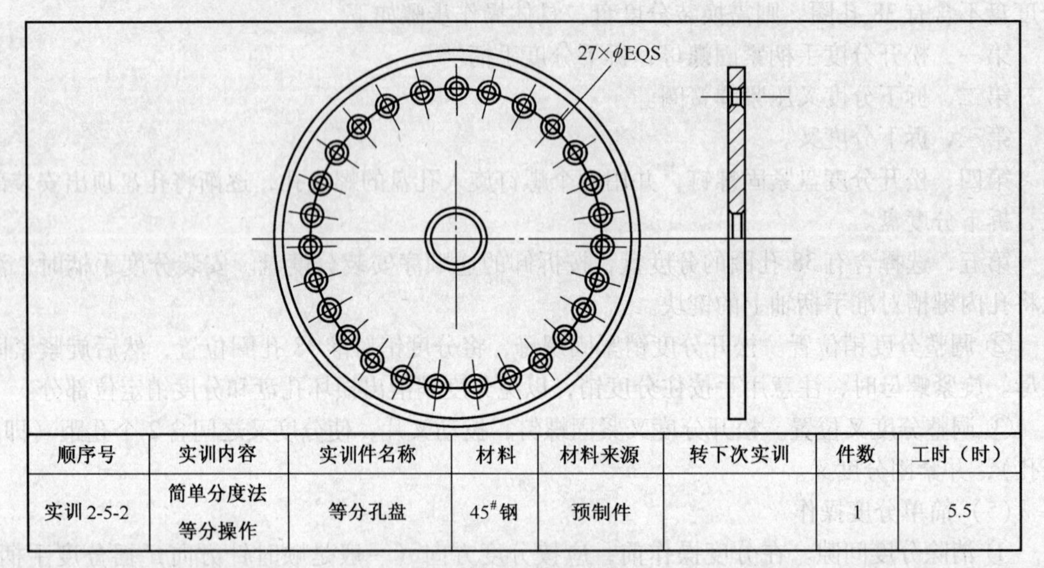


| 顺序号 | 实训内容 | 实训件名称 | 材料 | 材料来源 | 转下次实训 | 件数 | 工时（时） |
|---|---|---|---|---|---|---|---|
| 实训 2-5-2 | 简单分度法<br>等分操作 | 等分孔盘 | 45# 钢 | 预制件 | | 1 | 5.5 |

**图 2-5-2　等分孔盘**

（1）分析分度数

① 27 孔均布，即等分数为 27，工件直径为 200mm 的圆周等分。

② 查分度盘的孔圈数规格，有 27 的倍数 54 孔圈，即可进行简单分度。

（2）安装回转工作台

① 根据工件直径，选用 T12320 型回转工作台，该型号回转工作台的传动比为 1∶90。

② 擦净回转工作台底面和定位键的侧面，将回转台安装在工作台中间的 T 形槽内，用 M16 的 T 形螺栓压紧回转工作台。

（3）计算分度手柄转数 $n$

按简单分度法计算公式和等分数 $z=27$，本例回转工作台分度手柄转数为：

$$n=\frac{90}{z}=\frac{90}{27}=3\frac{1}{3}=3\frac{22}{66}\ (\mathrm{r})$$

（4）调整分度装置

① 选装分度盘。若原装在回转工作台的分度装置是分度手柄与刻度盘，须换装分度盘和带分度销的分度手柄。选择和安装有 66 孔圈的分度盘，具体操作步骤与分度头类似。

② 调整分度销位置。松开分度销紧固螺母，将分度销对准66 孔圈位置，然后旋紧紧固螺母。

③ 调整分度叉位置。松开分度叉紧固螺钉，拨动叉片，使分度叉之间含 22 个孔距（即 23 个孔），并紧固分度叉。

（5）简单分度操作

① 消除分度间隙。在分度操作前，应按分度方向，一般是顺时针摇分度手柄，消除分度传动机构的间隙。

② 确定起始位置。回转工作台面圆周边缘的刻度从零位开始，而分度销的起始位置从两边刻有孔圈数的圈孔位置开始。

③ 分度过程中进行校核时应用以下验算方法。

第一，分度过程中的任一等分数 $z_i$ 时，如 27 等分的操作过程中，等分数 $z_i=6$ 时，分度叉孔距的累计数为：

$$n_i = n_1 \times z_i = 22 \times 6 = 132$$

132 恰好是 66 的 2 倍，故分度销应重新回复到起始孔位置，即本例每经过 3 次等分操作，即 $n_i = n_1 \times z_i = 22 \times 3 = 66$，或 $z_i = \dfrac{n_i}{n_1} = \dfrac{66}{22} = 3$，分度销应重新回复到起始孔位置。

第二，本例为 27 等分，每一等分的中心角 $\theta_1$ 为 $360°/27 \approx 13.33°$，第 12 次等分后，分度头主轴应转过的度数为：

$$\theta_i = \theta_1 \times z_i = 13.33 \times 12 = 159.96°$$

第三，本例须进行孔加工位置划线，可通过工件等分位置的间距来判断分度的准确性。本例工件孔加工位置分度直径为 150mm，27 等分后，每一等分所占的等分圆周弦长 $s_n$ 为：

$$s_n = D\sin\frac{180°}{z} = 150 \times \sin\frac{180°}{27} = 17.41\text{mm}$$

④ 分度操作。拔出分度销，将分度销锁定在收缩位置，分度手柄转过 3r 又 66 圈孔中 22 个孔距，将分度销插入圈孔中。如等分用于加工时，应注意分度前松开回转台主轴紧固手柄，分度后锁紧主轴紧固手柄。

## 实训三　万能分度头简单角度分度法

铣削如图 2-5-3 所示的轴上两条半圆键槽之间的夹角，使用万能分度头简单角度分度法操作。

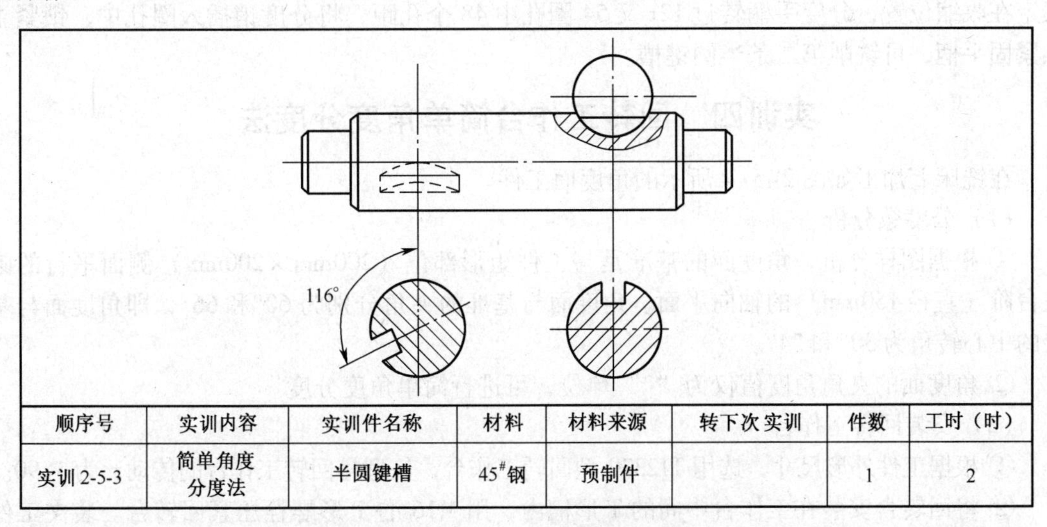


| 顺序号 | 实训内容 | 实训件名称 | 材料 | 材料来源 | 转下次实训 | 件数 | 工时（时） |
|---|---|---|---|---|---|---|---|
| 实训 2-5-3 | 简单角度分度法 | 半圆键槽 | 45#钢 | 预制件 | | 1 | 2 |

图 2-5-3　具有半圆键槽的轴

（1）分析分度数

① 轴上有两条半圆键槽，半圆键槽中间平面之间的夹角为 116°，属于角度分度。

② 因角度值比较简单，仅为“°”单位，可直接使用简单角度分度。

（2）安装分度头

① 根据工件直径，选用 F11125 型分度头。

② 将分度头安装在工作台中间的 T 形槽内，用 M16 的 T 形螺栓压紧分度头。本例还需安装顶尖和尾座。

（3）计算分度手柄转数 $n$

按简单角度分度法计算公式和直角槽的夹角 116°，本例分度头手柄转数为：

$$n = \frac{\theta}{9^\circ} = \frac{116^\circ}{9^\circ} = 12\frac{8}{9} = 12\frac{48}{54}\ (\mathrm{r})$$

（4）调整分度装置

① 选装分度盘。换装具有 54 圈孔的分度盘。

② 调整分度销位置。松开分度销紧固螺母，将分度销对准 54 孔圈位置，然后旋紧紧固螺母。

③ 调整分度叉位置。松开分度叉紧固螺钉，拨动叉片，使分度叉之间含 48 个孔距（即 49 个孔），并紧固分度叉。角度分度也可以在分度盘上通过点数，确定角度分度与分子数相同的孔距数，并用彩色粉笔做好记号。

（5）简单角度分度操作

① 消除分度间隙。在分度操作前，顺时针摇分度手柄，消除分度传动机构的间隙。

② 确定起始位置使分度头主轴的位置从主轴刻度的零位开始，分度销的起始位置从两边刻有孔圈数的圈孔位置开始。

③ 为了便于在分度过程中进行校核，在本例操作过程中可应用以下验算方法。

首先，为避免 48 孔距（49 孔）数点数错误，一般在做好起始和终点位置记号后，再点一下圈孔的余数，即顺时针点数终点至起点的孔数应为 54 - 48 = 6，注意此孔数不包括终点孔。

其次，分度过程中分度头主轴刻度盘的度数应转过 116°。

④ 分度操作。铣削完第一条半圆键槽后，松开主轴紧固手柄，拔出分度销，将分度销锁定在收缩位置，分度手柄转过 12r 又 54 圈孔中 48 个孔距，将分度销插入圈孔中，锁紧主轴紧固手柄，可铣削第二条半圆键槽。

## 实训四　回转工作台简单角度分度法

在铣床上加工如图 2-5-4 所示的角度面工件。

（1）分度数分析

① 根据图样分析，角度面的基准是与工件矩形部位（200mm × 200mm）侧面平行的圆柱台阶（直径 150mm）的轴向平面。角度面与基准的夹角分别为 60°和 66°，即角度面与基准的中心转角为 30°和 24°。

② 角度面的夹角角度值仅为“°”单位，可进行简单角度分度。

（2）安装回转工作台

① 根据工件外形尺寸，选用 T12320 型回转工作台，该型号回转工作台的传动比为 1: 90。

② 将回转台安装在工作台中间的 T 形槽内，用 M16 的 T 形螺栓压紧回转台。装夹工件时，使工件的圆柱台阶轴线与回转工作台的主轴轴线同轴。

（3）计算分度手柄转数 $n$

按简单角度分度法计算公式和中心转角 30°和 24°，回转工作台分度手柄转数为：

$$n_1 = \frac{30^\circ}{4^\circ} = 7\frac{1}{2} = 7\frac{33}{66}\ (\mathrm{r})$$

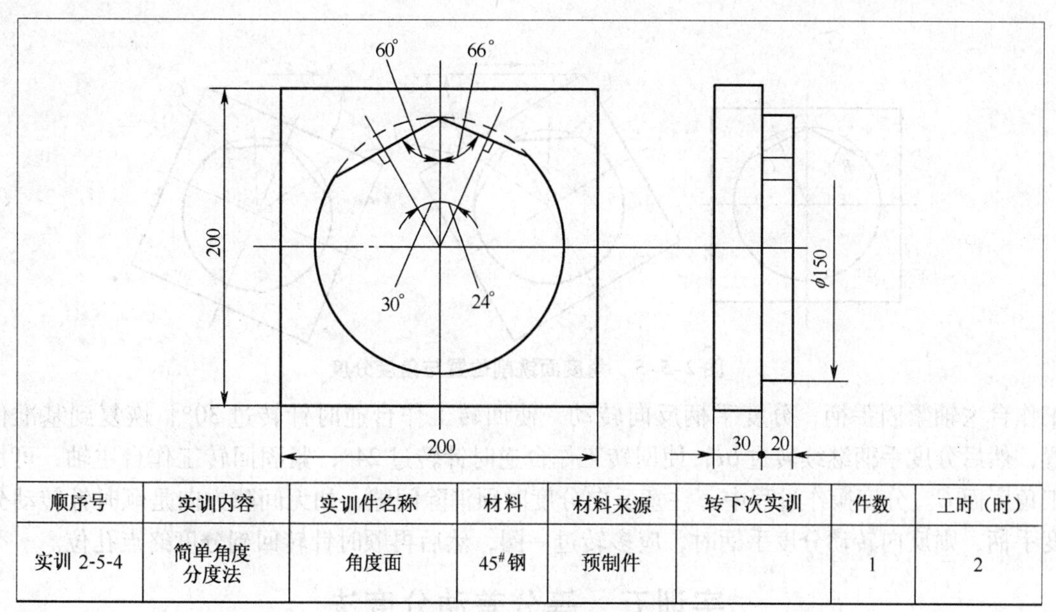


| 顺序号 | 实训内容 | 实训件名称 | 材料 | 材料来源 | 转下次实训 | 件数 | 工时（时） |
|---|---|---|---|---|---|---|---|
| 实训 2-5-4 | 简单角度分度法 | 角度面 | 45#钢 | 预制件 | | 1 | 2 |

**图 2-5-4　角度面工件**

$$n_2=\frac{24°}{4°}=6\text{（r）}$$

（4）调整分度装置

① 选装分度盘。若原装在回转工作台的分度装置是分度手柄与刻度盘，须换装分度盘和带分度销的分度手柄。选择和安装有 66 孔圈的分度盘，具体操作步骤与分度头类似。

② 调整分度销位置。松开分度销紧固螺母，将分度销对准 66 孔圈位置，然后旋紧紧固螺母。

③ 调整分度叉位置。松开分度叉紧固螺钉，拨动叉片，使分度叉之间含 33 个孔距（即 34 个孔），并紧固分度叉。

（5）简单角度分度操作

① 消除分度间隙。在分度操作前，按顺时针摇分度手柄，消除回转工作台分度传动机构的间隙。

② 确定起始位置。本例应转动分度手柄，用百分表找正，使工件的侧面 *A* 与工作台进给方向平行。此时如顺时针转过 30°可加工角度面 *B*，如逆时针转过 24°可加工角度面 *C*，如图 2-5-5 所示。

③ 分度过程中进行校核时应用以下验算方法。

首先，33 孔在 66 孔圈中恰好是 1/2，因此，角度分度时可将 66 圈孔等分为两份，并做好标记，可以防止分度时分度销插错孔位。

其次，本例假定找正工件的侧面与进给方向平行后，回转工作台的主轴刻度对准 150°。若要铣削角度面 *B* 时，主轴刻度应对准 150° + 30° = 180°；若铣削角度面 *C* 时，主轴刻度应对准 150° − 24° = 126°。

④ 分度操作回转工作台处于工件侧面 *A* 与进给方向平行位置，拔出分度销，将分度销锁定在收缩位置，分度手柄转过 7r 又 66 圈孔中 33 个孔距，将分度销插入圈孔中，使工件顺时针转过 30°，紧固回转工作台主轴，可加工角度面 *B*。角度面 *B* 加工完毕后，松开回转

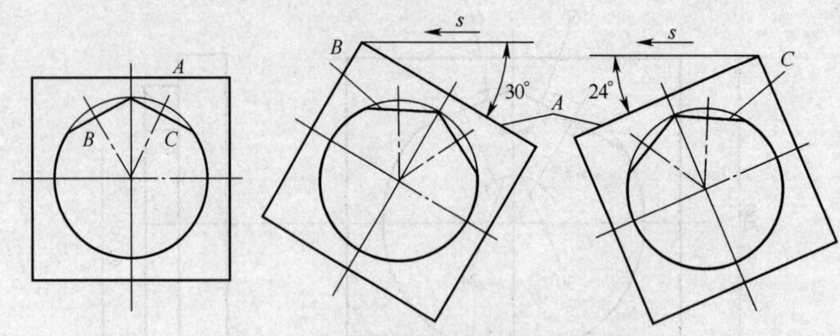


图 2-5-5　角度面铣削位置与角度分度

工作台主轴紧固手柄，分度手柄反向转动，使回转工作台逆时针转过 30°，恢复到基准位置，然后分度手柄继续转过 6r，使回转工作台逆时针转过 24°，紧固回转工作台主轴，可加工角度面 $C$。分度操作过程中，注意反向分度时须消除间隙，如无间隙方向是顺时针转动分度手柄，则反向转动分度手柄时，应多转过一圈，然后再顺时针转回到分度终点孔位。

## 实训五　等分差动分度法

铣削如图 2-5-6 所示的尖齿花键轴。

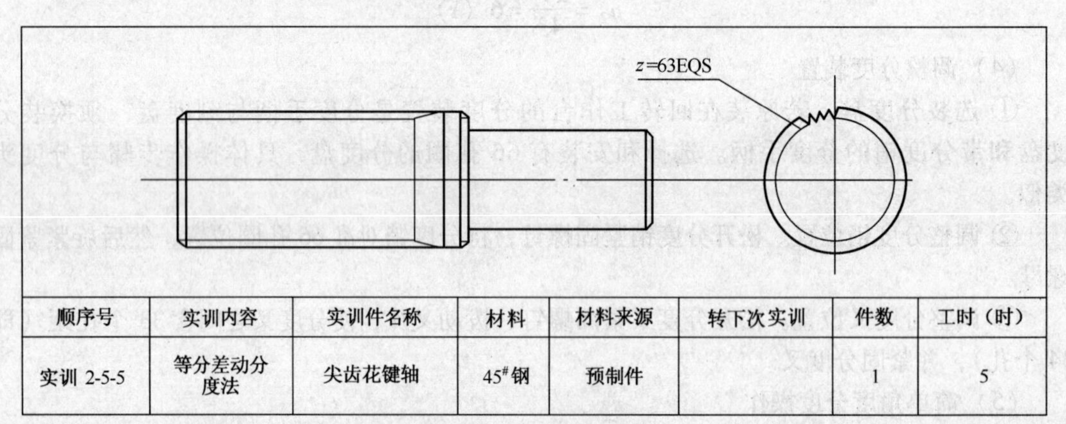


| 顺序号 | 实训内容 | 实训件名称 | 材料 | 材料来源 | 转下次实训 | 件数 | 工时（时） |
|---|---|---|---|---|---|---|---|
| 实训 2-5-5 | 等分差动分度法 | 尖齿花键轴 | 45# 钢 | 预制件 | | 1 | 5 |

图 2-5-6　尖齿花键轴

（1）分析分度数

① 轴上 63 齿均布的尖齿花键，属于圆周等分分度。

② 因分度盘无 63 孔圈，故无法使用简单分度，宜采用差动等分分度。

（2）安装分度头

① 根据工件直径，选用 F11125 型分度头。

② 将分度头安装在工作台中间的 T 形槽内，用 M16 的 T 形螺栓压紧分度头，安装位置应便于装夹工件和配置交换齿轮操作，本例还需安装三爪自定心卡盘用以装夹工件。

（3）计算分度手柄转数 $n$ 和交换齿轮

① 选取假定等分数 $z_0 = 60 < 63$。

② 计算分度手柄转数，并确定所用的孔圈。

$$n_0 = \frac{40}{60} = \frac{44}{66}\ (\mathrm{r})$$

③ 计算、选择交换齿轮。

$$\frac{z_1z_3}{z_2z_4}=\frac{40(z_0-z)}{z_0}=\frac{40(60-63)}{60}=-\frac{2}{1}=-\frac{60}{30}$$

（4）调整分度装置

① 选择和安装具有66圈孔的分度盘，松开分度盘紧固螺钉。

② 松开分度销紧固螺母，将分度销对准66孔圈位置，然后旋紧紧固螺母。

③ 松开分度叉紧固螺钉，拨动叉片，使分度叉之间含44个孔距（即45个孔），并紧固分度叉。

（5）配置、安装交换齿轮

① 在分度头主轴的后锥孔内安装交换齿轮轴。操作时应先擦净主轴锥孔和交换齿轮轴的外锥部分。插入后，可用铜棒在轴端敲击，以使交换齿轮轴与分度头主轴通过锥面贴合进行连接。然后在交换齿轮轴上安装主动齿轮 $z_1=60$，齿轮与轴通过平键连接，并用轴端的螺母和平垫圈锁定其轴向位置。

② 在分度头的侧轴轴套上安装交换齿轮架，略紧固齿轮架紧固螺钉。

③ 在侧轴上安装从动齿轮 $z_4=30$，注意平键连接和安装平垫圈及锁紧螺母。

④ 在交换齿轮架上安装交换齿轮轴和中间齿轮。具体操作步骤如下。

首先，将交换齿轮轴紧固在齿轮架上，装上齿轮套和中间齿轮，中间齿轮的齿数以能与主动齿轮和从动齿轮都啮合为宜，中间齿轮的个数则根据交换齿轮计算结果前的符号确定（本例为负号），交换齿轮的个数应使分度手柄与分度盘的转向相反。

其次，略松开交换齿轮轴的紧固螺母，使中间齿轮与侧轴从动轮啮合，若是两个中间轮，则使第一个中间轮与从动轮啮合，再使第二个中间轮与第一个中间轮啮合。扳紧中间轮齿轮轴的紧固螺母，固定齿轮轴在齿轮架上的位置。复核齿轮啮合间隙后，在齿轮轴端安装平垫圈和锁紧螺母，以防齿轮在传动中脱落。

再次，松开齿轮架的紧固螺母，用手托住让分度架绕侧轴摆动下落，使中间齿轮与分度头主轴主动轮啮合，然后紧固齿轮架。

最后，摇动分度手柄，检查分度盘转向与分度手柄转向是否相反。

（6）等分差动分度操作

① 在分度操作前，应顺时针摇分度手柄，消除分度传动机构的间隙。

② 确定起始位置。使分度头主轴的位置从主轴刻度的零位开始，分度销的起始位置从两边刻有孔圈数的圈孔位置开始。

③ 为了便于在分度过程中进行校核，在本例操作中可应用以下验算方法。

首先，44孔距（45孔）是66孔的2/3，因此在分度操作中，起始与终点孔位始终在66孔圈的3分点位置上，即0孔位、44孔位和22孔位上。

其次，分度过程中分度头每一等分主轴刻度盘的度数应转过360°/63≈5.71°。

④ 分度操作铣削完第一条花键槽后，松开主轴紧固手柄，拔出分度销，将分度销锁定在收缩位置，分度手柄转过66圈孔中44个孔距（由于分度盘相对分度手柄逆向转动，所以分度头主轴实际上转过40/63r，将分度销插入圈孔中，锁紧主轴紧固手柄，可铣削第二条花键槽。

## 实训六　角度差动分度法

在铣床上刻制如图2-5-7所示的每格55′、共12格的游标，使用万能分度头角度分度。

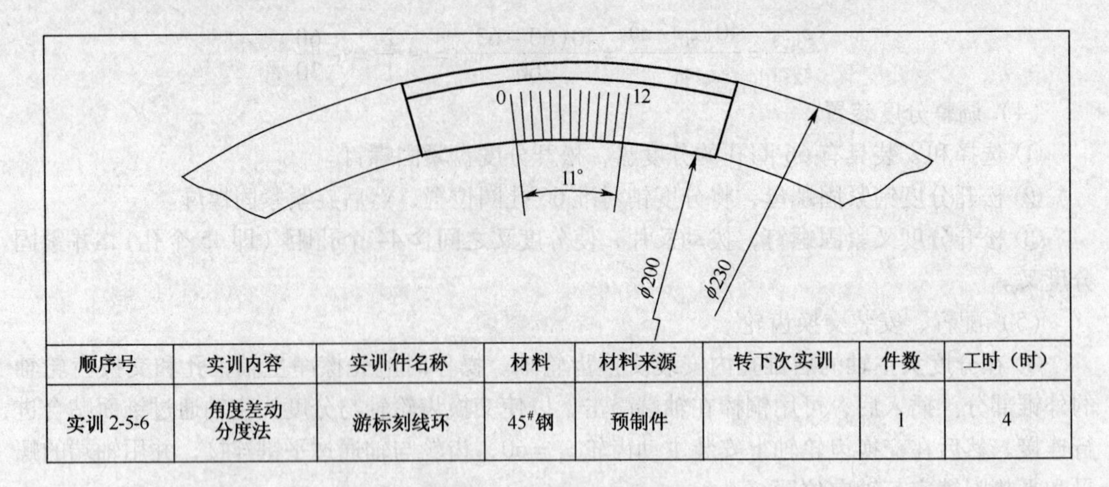


| 顺序号 | 实训内容 | 实训件名称 | 材料 | 材料来源 | 转下次实训 | 件数 | 工时（时） |
|---|---|---|---|---|---|---|---|
| 实训 2-5-6 | 角度差动分度法 | 游标刻线环 | 45#钢 | 预制件 | | 1 | 4 |

图 2-5-7　游标刻线环

（1）分析分度数

① 游标刻线上每格为 55′，属于角度分度。

② 在角度分度表中只有 55′06″的角度分度参考数，即在分度盘 49 孔圈中转过 5 个孔距数，因此，简单角度分度无法达到游标刻线精度要求，此时宜采用角度差动分度。

（2）安装分度头

① 根据工件直径选用 F11125 型分度头。

② 将分度头安装在工作台中间的 T 形槽内，用 M16 的 T 形螺栓压紧分度头，安装位置应便于安装交换齿轮操作，本例还需安装三爪自定心卡盘用以装夹工件。

（3）计算分度手柄转数 $n$ 和交换齿轮

① 选取假定等分数 $\theta' = 1° > 55'$。

② 计算分度手柄转数，并确定所用的孔圈。

$$n' = \frac{\theta'}{9°} = \frac{1°}{9°} = \frac{6}{54}\ (\mathrm{r})$$

③ 计算、选择交换齿轮。

$$\frac{z_1 z_3}{z_2 z_4} = \frac{40(\theta - \theta')}{\theta} = \frac{40(55' - 60')}{55'} = -\frac{40 \times 5}{55} = -\frac{100 \times 80}{55 \times 40}$$

即主动轮 $z_1 = 100$，$z_3 = 80$；从动轮 $z_2 = 55$，$z_4 = 40$。

（4）调整分度装置

① 选择和安装具有 54 圈孔的分度盘，松开分度盘紧固螺钉。

② 松开分度销紧固螺母，将分度销对准 54 孔圈位置，然后旋紧紧固螺母。

③ 松开分度叉紧固螺钉，拨动叉片，使分度叉之间含 6 个孔距（即 7 个孔），并紧固分度叉。

（5）配置、安装交换齿轮

① 在分度头主轴的后锥孔内安装交换齿轮轴，然后在交换齿轮轴上安装主动齿轮 $z_1 = 100$，齿轮与轴通过平键连接，并用轴端的螺母和平垫圈锁定其轴向位置。

② 在分度头的侧轴轴套上安装交换齿轮架，略紧固齿轮架紧固螺钉。

③ 在侧轴上安装从动齿轮 $z_4 = 40$，注意平键连接和安装平垫圈及锁紧螺母。

④ 在交换齿轮架上安装交换齿轮轴、交换齿轮和中间齿轮。具体操作步骤如下。

首先，将两根交换齿轮轴紧固在齿轮架上，一根装上齿轮套和从动齿轮 $z_2=55$、主动齿轮 $z_3=80$；另一根安装中间齿轮，中间齿轮的齿数以能与主动齿轮 $z_3=80$ 和从动齿轮 $z_4=40$ 都啮合为宜，中间齿轮的个数则根据交换齿轮计算结果前的符号确定（本例为负号），交换齿轮的个数应使分度手柄与分度盘的转向相反。

其次，略松开交换齿轮轴的紧固螺母，使主动齿轮 $z_3=80$ 与侧轴从动轮 $z_4=40$ 啮合，中间轮与从动轮 $z_2=55$ 啮合（也可以在 $z_3$、$z_4$ 之间配置中间齿轮）。扳紧交换齿轮和中间轮齿轮轴的紧固螺母，固定齿轮轴在齿轮架上的位置。复核齿轮啮合间隙后，在齿轮轴端安装平垫圈和锁紧螺母，以防齿轮在传动中脱落。

再次，松开齿轮架的紧固螺母，用手托住让分度架绕侧轴摆动下落，使中间齿轮与分度头主轴主动轮啮合，然后紧固齿轮架。

最后，摇动分度手柄，检查分度盘转向与分度手柄转向是否相反。

（6）角度差动分度操作

① 在分度操作前，顺时针摇分度手柄，以消除分度传动机构的间隙。

② 确定起始位置，使分度头主轴的位置从主轴刻度的零位开始，分度销的起始位置从两边刻有孔圈数的圈孔位置开始。

③ 为了便于在分度过程中进行校核，在本例操作中可应用以下验算方法。

首先，6 孔距（7 孔）是 54 孔的 1/9，因此，在分度操作中，起始与终点孔位始终在 54 孔圈的 9 分点位置上，即 0 孔位、6 孔位、12 孔位……48 孔位上。

其次，分度过程中分度头每一等分主轴刻度盘的度数应转过 55′，刻制 12 格以后，分度头主轴总计转过 11°。

④ 分度操作刻制完第一条线后，松开主轴紧固手柄，拔出分度销，将分度销锁定在收缩位置，分度手柄转过 54 圈孔中 6 个孔距（由于分度盘相对分度手柄逆向转动，分度手柄实际上转过 55/540r），将分度销插入圈孔中，锁紧主轴紧固手柄，可刻制第二条线。

## 实训七　直齿条直线移距分度法

铣削如图 2-5-8 所示的直齿条，采用直线移距分度操作。

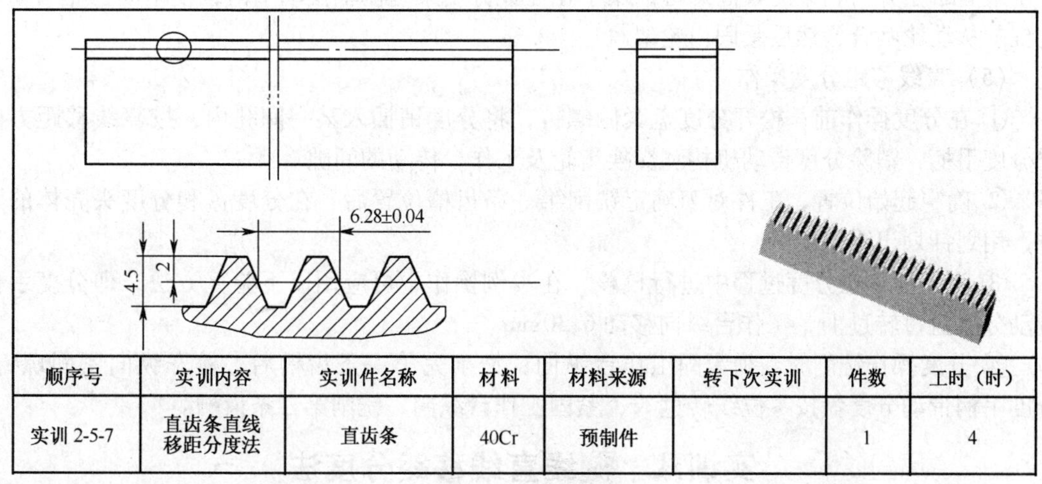


| 顺序号 | 实训内容 | 实训件名称 | 材料 | 材料来源 | 转下次实训 | 件数 | 工时（时） |
|---|---|---|---|---|---|---|---|
| 实训 2-5-7 | 直齿条直线移距分度法 | 直齿条 | 40Cr | 预制件 | | 1 | 4 |

图 2-5-8　直齿条

(1) 分析分度数

① 齿距 $P=6.28\pm0.04$mm，即铣削一条齿槽后，须直线移距 6.28mm 铣削下一条齿槽。

② 因直线移距精度要求比较高，移距数值比较大，宜在分度头侧轴配置交换齿轮进行直线移距分度。

(2) 安装分度头

① 选用 F11125 型万能分度头。

② 将万能分度头安装在工作台中间的 T 形槽内，安装位置应靠向工作台右端，以便在分度头主轴和工作台的纵向丝杠之间配置交换齿轮。

(3) 计算分度手柄转数 $n$ 和交换齿轮

① 选取分度手柄转数 $n=1$。

② 计算、选择交换齿轮。

$$\frac{z_1z_3}{z_2z_4}=\frac{s}{nP_{丝}}=\frac{6.28}{1\times6}\approx1.0467\approx\frac{70\times90}{100\times60}=1.05，即\ s_{实际}=6.30$$

根据图样的齿距公差，6.30mm 在（$6.28\pm0.04$）mm 范围之内。

(4) 配置、安装交换齿轮

① 在分度头的侧轴轴套上安装交换齿轮架，略紧固齿轮架紧固螺钉。

② 在侧轴上安装主动齿轮 $z_1=70$，注意平键连接和安装平垫圈及锁紧螺母。

③ 在交换齿轮架上安装交换齿轮轴和中间齿轮。具体操作步骤如下。

首先，将交换齿轮轴紧固在齿轮架上，装上齿轮套、主动齿轮 $z_3=90$ 和从动齿轮 $z_2=100$ 及中间齿轮，中间齿轮的齿数以能与主动齿轮和从动齿轮都啮合为宜。

其次，略松开交换齿轮轴的紧固螺母，使从动轮 $z_2=100$ 与侧轴的主动齿轮啮合，中间齿轮与主动齿轮 $z_3=90$ 啮合（若有两个中间轮，则使第一个中间轮与从动轮啮合，再使第二个中间轮与第一个中间轮啮合）。旋紧齿轮轴的紧固螺母，固定齿轮轴在齿轮架上的位置。复核齿轮啮合间隙后，在齿轮轴端安装平垫圈和锁紧螺母，以防齿轮在传动中脱落。

再次，拆下工作台端面的端盖，在纵向丝杠右端装上轴套，在轴套上安装从动齿轮 $z_4=60$，并装上垫圈和螺钉，以防齿轮传动时脱落。

最后，松开齿轮架的紧固螺母，用手托住让分度架绕侧轴摆动下落，使中间齿轮与纵向丝杠的从动轮啮合，然后紧固齿轮架。

(5) 直线移距分度操作

① 在分度操作前，松开分度盘紧固螺钉，将分度销插入某一圈孔内，按直线移距方向摇分度手柄，消除分度传动机构和交换齿轮及工作台传动的间隙。

② 确定起始位置，工件对刀确定铣削第一条齿槽位置后，在分度盘和分度头壳体的下方，用划针划出零位线。

③ 为了便于在分度过程中进行校核，在本例操作中可应用以下验算方法，即分度手柄带动分度盘每转过 1r，工作台纵向移动 6.30mm。

④ 分度操作铣削时，须紧固工作台纵向，铣削完第一条齿槽后，松开纵向紧固螺钉，分度手柄带动分度盘按零位线转过 1r，紧固工作台纵向，铣削第二条齿槽。

## 实训八　刻线直线移距分度法

在如图 2-5-9 所示的直尺上刻线，采用直线移距分度操作。

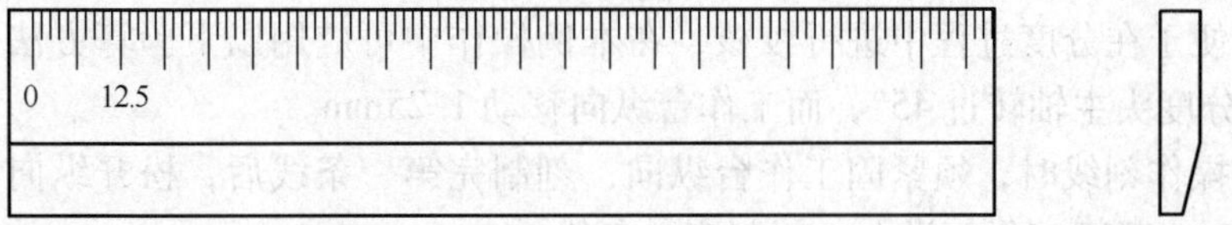

0　12.5

| 顺序号 | 实训内容 | 实训件名称 | 材料 | 材料来源 | 转下次实训 | 件数 | 工时（时） |
|---|---|---|---|---|---|---|---|
| 实训 2-5-8 | 刻线直线移距分度法 | 刻线直尺 | 45#钢 | 预制件 | | 1 | 5 |

图 2-5-9　刻线直尺

（1）分析分度数

① 刻线间距 $s=1.25$mm，即刻制一条线后，须直线移距 1.25mm 后再刻制下一条线。

② 因直线移距精度要求比较高，且移距数值较小，宜在分度头主轴配置交换齿轮进行直线移距分度。

（2）安装分度头

① 选用 F11125 型分度头。

② 将分度头安装在工作台中间的 T 形槽内，安装位置应靠向工作台右端，以便在分度头主轴和工作台的纵向丝杠之间配置交换齿轮。

（3）计算分度手柄转数 $n$ 和交换齿轮

① 选取分度手柄转数 $n=5$。

② 计算、选择交换齿轮。

$$\frac{z_1 z_3}{z_2 z_4}=\frac{40s}{nP_{丝}}=\frac{40\times1.25}{5\times6}=\frac{50}{30}$$

（4）配置、安装交换齿轮（如图 2-5-10 所示）

① 在分度头的侧轴轴套上安装交换齿轮架，略紧固齿轮架紧固螺钉。

② 安装主轴交换齿轮轴，并安装主动齿轮 $z_1=50$。安装时应注意平键连接和安装平垫圈及锁紧螺母。

③ 拆下工作台端面的端盖，在纵向丝杠右端装上轴套，在轴套上安装从动齿轮 $z_4=30$，并装上垫圈和螺钉，以防齿轮传动时脱落。

④ 在交换齿轮架上安装中间齿轮，并使中间齿轮与主动轮和从动轮啮合，然后紧固齿轮架。

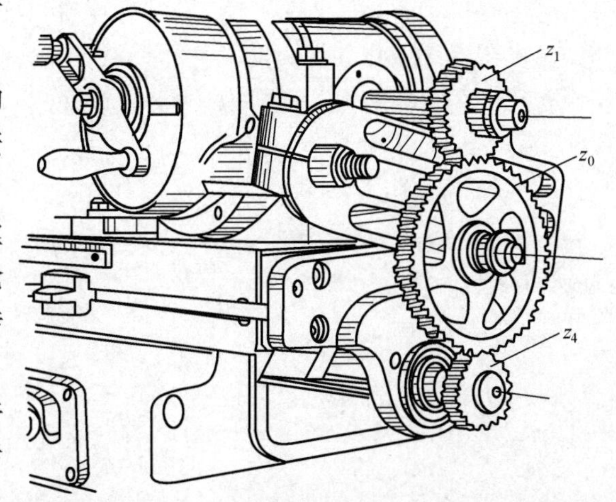


图 2-5-10　主轴交换齿轮法直线移距传动系统

（5）直线移距分度操作

① 在分度操作前，将分度销调整到某一圈孔位置上，按直线移距方向摇分度手柄，消除分度传动机构和交换齿轮及工作台传动的间隙。

② 确定起始位置工件对刀确定刻制第一条线位置后，将分度销插入最近的一个圈孔内，

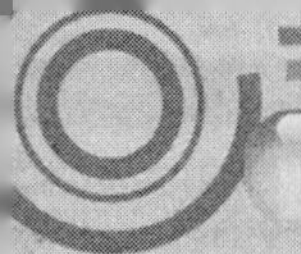



作为分度起始孔。

③ 为了便于在分度过程中进行校核，在本例操作中可应用以下验算方法，即分度手柄每转过 5r，分度头主轴转过 45°，而工作台纵向移动 1. 25mm。

④ 分度操作刻线时，须紧固工作台纵向，刻制完第一条线后，松开纵向紧固螺钉，分度手柄转过 5r，紧固工作台纵向，刻制第二条线。

# 项目六 外花键和牙嵌离合器的铣削

## 实训一 单刀加工大径定心外花键

铣削加工如图 2-6-1 所示的 6mm×42mm×48mm×12mm 大径定心的花键轴。

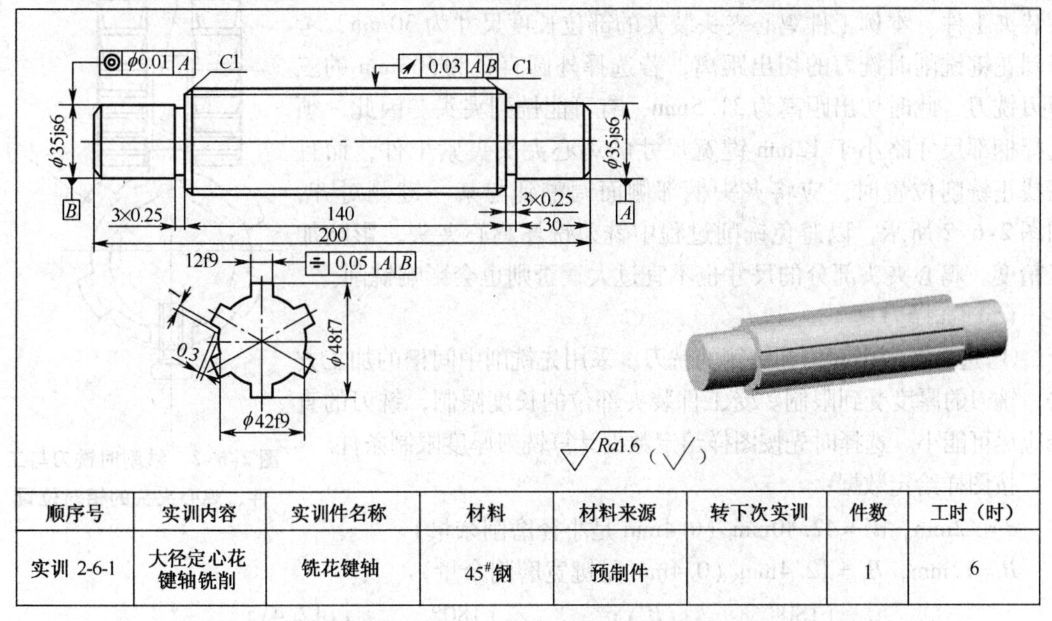


| 顺序号 | 实训内容 | 实训件名称 | 材料 | 材料来源 | 转下次实训 | 件数 | 工时（时） |
|---|---|---|---|---|---|---|---|
| 实训 2-6-1 | 大径定心花键轴铣削 | 铣花键轴 | 45#钢 | 预制件 |  | 1 | 6 |

图 2-6-1 大径定心花键轴铣削

（1）图样分析

① 花键键宽尺寸为 12f 9，即 $12^{-0.016}_{-0.059}$mm，键宽对工件轴线的对称度公差为 0.05mm，平行度公差为 0.06mm。

② 小径尺寸为ϕ42f 9，即ϕ$42^{-0.025}_{-0.275}$mm。

③ 花键大径尺寸为ϕ48f 7，即ϕ$48^{-0.025}_{-0.050}$mm。圆柱面的长度 140mm。

④ 在小径和齿侧的连接部位，有深为 0.3mm、宽为 1mm 的沟槽。

⑤ 工件的大径对轴线的圆跳动公差为 0.03mm。

⑥ 工件的表面粗糙度值全部为 *Ra*1.6μm。

⑦ 预制件的材料为 45#钢，其切削性能较好。

⑧ 预制件为轴类零件，两端有定位中心孔，便于工件按基准定位，但工件两端的直径为ϕ35 js6 即ϕ35±0.008mm 的圆柱面长度为 30mm，加上 3×0.25mm 的外沟槽，使工件的夹

紧部位比较短（仅33mm），用鸡心夹头和拨盘装夹比较困难。

（2）拟定花键加工工序过程

根据图样的精度要求，此花键在铣床上只能做粗加工，键宽与小径应留有磨削加工余量0.3～0.5mm，并相应地降低加工精度等级。本例拟定键宽与小径均留有磨削余量0.4mm，即 $B'=(12.4\pm0.045)$mm，$d'=(42.4\pm0.105)$mm。粗铣花键平行度公差仍为0.06mm，对称度公差仍为0.05mm。

采用先铣削中间槽后铣削键侧的方法，花键粗加工工序过程为：检验预制件→安装和找正分度头、尾座→装夹和找正工件→安装铣刀→切痕对刀调整中间槽铣削位置→铣削中间槽→试铣键两侧调整铣削位置→铣削键一侧（6面）→铣削键另一侧→调整试铣小径180°对称圆弧面铣削位置→铣削小径圆弧面→花键粗铣工序的检验。

（3）选用X6132卧式万能铣床

（4）选择装夹方式

选用F11125型万能分度头分度，采用两顶尖和拨盘、鸡心夹头装夹工件。本例工件鸡心夹头装夹的部位长度尺寸为30mm，考虑到花键铣削时铣刀的切出距离，若选择外圆直径为$\phi$63mm的三面刃铣刀，此时切出距离为31.5mm，有可能铣到夹头。因此，须选择柄部尺寸略小于12mm键宽尺寸的鸡心夹头夹紧工件，而且在找正铣削位置时，应将夹头柄部侧面调整到与某一键侧对齐，如图2-6-2所示，以避免铣削过程中铣刀铣坏鸡心夹头，影响加工精度。鸡心夹头部分的尺寸也不宜过大，否则也会影响铣削。

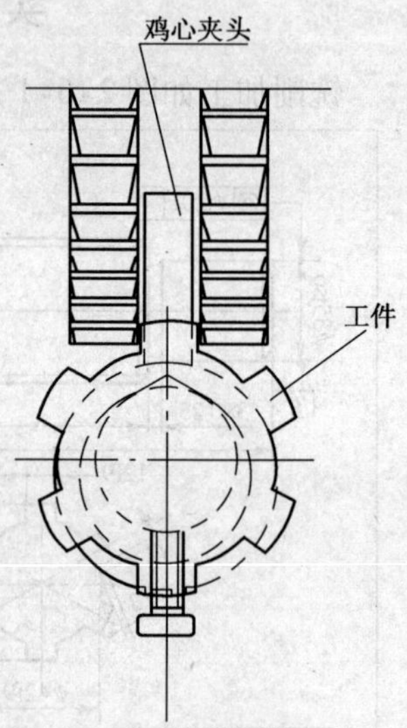

**图2-6-2 铣削时铣刀与工件、鸡心夹头的相对位置**

（5）选择刀具

① 选择铣削中间槽和键侧的铣刀。采用先铣削中间槽的加工方法，铣刀的厚度受到限制。受工件装夹部位的长度限制，铣刀的直径应尽可能小。选择时先按图样给定数据计算铣刀厚度限制条件。

按图样给定数据：

$d=42$mm，$d'=42.40$mm（0.4mm是小径磨削余量）

$B=12$mm，$B'=12.4$mm（0.4mm是键宽磨削余量）

$$L'=d'\sin\left[\frac{180°}{N}-\sin^{-1}\left(\frac{B'}{d'}\right)\right]=42.4\sin\left[\frac{180°}{6}-\sin^{-1}\left(\frac{12.4}{42.4}\right)\right]=9.53\text{mm}$$

按铣刀标准，选择63mm×22mm×8mm标准直齿三面刃铣刀。

② 选择铣削小径圆弧面的铣刀。选用63mm×22mm×1.60mm的标准细齿锯片铣刀，用每铣一刀转动一个小角度，逐步铣出圆弧面的加工方法，铣削留有磨削余量的花键槽底小径圆弧面。

（6）选择检验测量方法

键宽尺寸用0～25mm的外径千分尺测量检验；键侧与轴线的平行度、键宽对轴线的对称度测量与检验均在铣床上借助分度头分度，用带座的百分表检验；测量对称度时将键侧置于水平位置，然后采用180°翻身法测量检验；小径尺寸用25～50mm的外径千分尺测量检验。

（7）大径定心花键工件粗铣加工

① 检验预制件。根据花键轴的一般加工工艺，在铣削花键前，定心大径已经过磨削。

预制件的检验主要是用千分尺测量工件$\phi$48mm 外圆的实际尺寸、圆柱度，以及用百分表、两顶尖测量座（如图 2-6-3 所示）测量与两端中心孔定位轴线的圆跳动；也可以在机床上安装分度头后，用两顶尖顶装工件进行检验。本例预制工件的大径尺寸、圆柱度及圆跳动均符合图样要求。

图 2-6-3　用两顶尖测量座测量预制件的圆跳动

② 安装分度头和尾座。安装时注意底面和定位键侧的清洁度，在旋紧紧固螺栓时，可用手向定位键贴合方向施力。两顶尖的距离按工件长度确定，尾座顶尖的伸出距离要尽可能小一些，以增强尾座顶尖的刚度。按工件 6 齿等分数调整分度盘、分度销位置和分度叉展开角度。本例选用 $n=\frac{40}{z}=\frac{40}{6}=6\frac{44}{66}$。

③ 装夹和找正工件。两顶尖定位并用鸡心夹头和拨盘装夹工件后，用百分表找正上素线与工作台面平行，侧素线与纵向进给方向平行，找正工件与分度头轴线的同轴度在 0.03mm 以内。若工件有几件，应找正尾座顶尖的轴线与工作台面平行，通常可借助尾座转体的上平面进行找正。

④ 安装铣刀。根据铣刀孔径选用$\phi$22mm 刀杆，三面刃铣刀和锯齿铣刀安装的位置大致在刀杆长度的中间，并应有一定的间距，铣削时互不妨碍。因刀杆直径比较小，铣削时容易发生振动，在安装横梁和支架后，应注意调节支架刀杆支持轴承的间隙并加注润滑油。

⑤ 选择铣削用量。按工件材料（45#钢）和铣刀的规格，调整主轴转速 $n=95$r/min，进给速度 $v_f=47.5$mm/min。在粗铣中间槽和侧面时，主轴转速可低一挡，在用锯片铣刀铣削圆弧面时，主轴转速和进给量均可以高一挡。

⑥ 铣削加工花键。其操作步骤如下。

第一步，试切对刀。将鸡心夹头柄部置于水平位置，用切痕对刀法，调整三面刃铣刀的铣削中间槽的位置（具体操作方法与用三面刃铣刀铣削轴上直角沟槽相同）使铣出的直角槽对称工件轴线。

第二步，调整铣削长度。本例花键虽然是在圆柱面上贯通的，但因受到装夹位置的限制，铣削终点位置应在铣刀中心刚过花键靠近分度头一侧的台阶端面为宜，并应注意不能铣到鸡心夹头。

第三步，中间槽铣出一段后，用百分表测量槽的对称度。测量时，先用外径千分尺测量槽的实际宽度尺寸，然后将工件转过 90°，用杠杆百分表测量处于水平向上的槽侧面，再将工件按原方向转过 180°，用处于原高度的杠杆百分表比较测量槽的另一侧面，若百分表示值不一致，记住示值高的一侧，微量调整工作台横向，移动的方向是示值高的一侧靠向铣刀，移动的距离是两侧示值差的一半。重复以上过程，直至中间槽对称工件轴线。

第四步，调整中间槽的深度。中间槽深 $H$ 按大径实际尺寸与小径留有磨量的尺寸确定。本例为 $H=\frac{D-d'}{2}=\frac{48-42.4}{2}=2.8$mm。

第五步，铣削中间槽。按试切的位置铣削第一条中间槽，然后按分度手柄转数 $n$ 分度，依次铣削 6 条中间槽，如图 2-6-4（a）所示。

第六步，调整键侧铣削位置。中间槽铣削完毕后，将分度头主轴转过$\frac{\theta}{2}=\frac{180°}{N}=30°$（$n=3\frac{22}{66}$r）使键处于上方位置。根据原工作台横向位置，按实际槽宽尺寸 $L'$ 和放磨键宽尺寸 $B'$ 移动距离 $s_1$，如图 2-6-4（b）所示。

$$s_1=\frac{L'+B'}{2}=\frac{8.1+12.4}{2}=10.25\text{mm}$$

即工作台横向移动 10.25mm。

第七步，预检键的对称度并铣削键侧 1。为了保证键的对称度，可按放磨键宽尺寸再留有 1mm 左右的余量（本例放余量 1mm，则试切时 $s_1=10.75$mm）试切键两侧，用杠杆百分表预检键的对称度，具体操作方法与测量槽的对称度相似。试切时，在移动 $s_1=10.75$mm 试铣键侧 1 后，工作台横向移动 $s_2=2s_1$，试铣键侧 2，然后用百分表比较测量键两侧，若测得键侧 1 与键侧 2 的示值不一致，可根据百分表的示值差，将高的一面余量铣去。

当键对称度达到图样要求时，用千分尺测量键宽尺寸，按键宽的实际尺寸与 12.4mm 差值的一半，准确移动工作台横向，此外，工作台垂向按键侧的深度 $H_1\approx\frac{D-d'}{2}+0.5$mm 调整，随后按等分要求，依次铣削各键键侧 1。

第八步，铣削键侧 2。按 $s_2=20.50$mm 横向准确移动工作台，铣削键侧 2。铣出一段后，可测量键宽尺寸，确保键宽尺寸在 12.4mm 的公差范围内。随后按等分要求，依次铣削各键键侧 2，如图 2-6-4（c）所示。

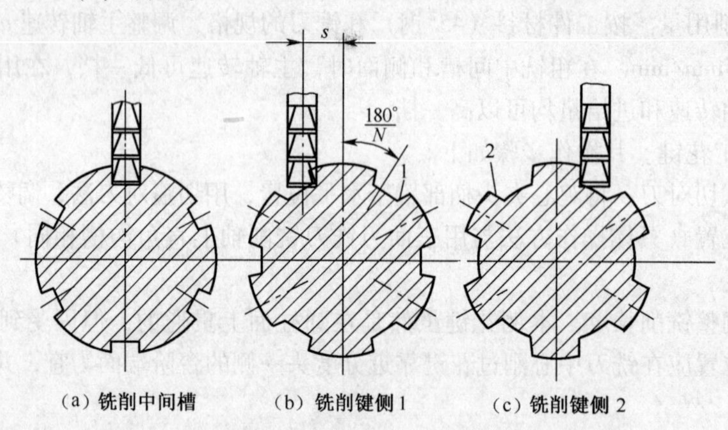


图 2-6-4　外花键先铣中间槽后铣键侧的加工步骤

第九步，铣削小径圆弧面。

首先对刀。调整工作台，目测使锯片铣刀宽度的中间平面通过工件轴线（即对中对刀），如图 2-6-5（a）所示。将分度头主轴转过 30°使工件槽处于上方位置，铣刀处于槽的中间位置。通过垂向对刀，确定小径铣削位置。

其次，铣削小径圆弧面。调整工件的圆周位置，使锯片铣刀从靠近键的一侧处开始铣削，如图2-6-5（b）所示，并调节好纵向自动进给停止限位挡块，每铣削一刀后，应退刀，再摇动分度手柄，使工件转过一个小角度后，继续进行铣削。工件每次转过的角度越小，圆弧面的形状精度越高。铣削好一个槽的槽底圆弧面后，按起始或终点位置分度，依次铣削 6

个圆弧面。铣削时应注意，锯片铣刀不能碰伤键侧面。

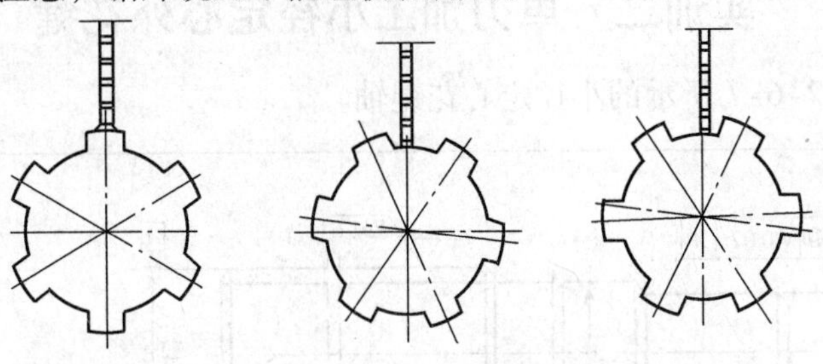

（a）锯片铣刀对刀位置　　（b）锯片铣刀周向铣削位置

**图 2-6-5　用锯片铣刀铣削槽底圆弧面**

（8）大径定心花键检验

① 用千分尺测量键宽和小径尺寸。键宽尺寸应在 12.355 ~ 12.445mm 的范围内；小径尺寸应在 42.295 ~ 42.505mm 的范围内。测量操作时，应注意在花键全长内多选几个测量点，应对各键都进行测量，测量数据可记录下来，以便进行合格判断和质量分析。

② 用百分表测量平行度、对称度和等分度误差。对称度的检验方法如图 1-6-4（a）所示，检验一般在铣削完毕后直接在机床上进行。检验时，将工件通过分度头准确转过 90°，使键处于水平位置，用百分表测量键侧 1，翻转 180°，以同样高度测量键侧 2，测量点可在键侧全长内多选几点，百分表的示值变动量应在 0.05mm 范围内；平行度的测量也可用同样办法进行，如图 2-6-6 所示，各键侧测量时百分表的示值变动量均应在 0.06mm 范围内。测量等分度时，应注意按原分度方向进行，以免传动间隙影响测量精度。

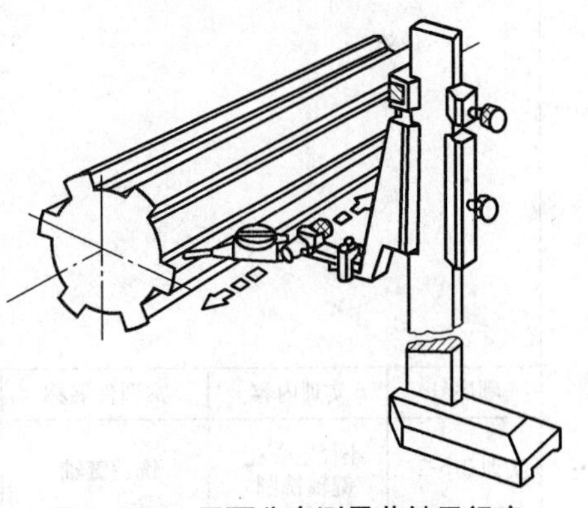

**图 2-6-6　用百分表测量花键平行度**

③ 通过目测类比法进行表面粗糙度的检验。对槽底圆弧面，应目测其多边形状折线的疏密程度，若多边形明显，则可认为表面粗糙度不合格。另外，还应目测检验键侧是否有微小的碰伤情况。

（9）外花键铣削的质量分析

① 在采用三面刃单刀铣削外花键时，由于铣削操作上的失误，如中间槽加工后横向移动距离计算错误、横向调整不准确、预检测量有误差、试切调整键侧对称度和键宽时余量控制不合理、分度不准确等原因，均可能引起花键键宽尺寸超差和等分度误差。

② 在安装找正分度头、装夹找正工件时，由于测量及操作上的失误和不准确，如分度头尾座的顶尖轴线与工作台面和进给方向不平行、两顶尖轴线不同轴、工件装夹后与分度头同轴度较差、尾座顶尖顶得较松等原因，可能会引起花键等分度、平行度和对称度超差。

③ 采用锯片铣刀铣削花键槽底小径圆弧面时，因操作上的失误会引起较大的加工误差。如铣削起点和终点位置过于靠近键侧，会碰伤键侧；每铣一刀分度头转过的小角度较大，会引起较大的表面形状误差；锯片铣刀铣削时铣刀径向圆跳动大或进给量过大，加工表面出现振纹，使表面粗糙度值超差等弊病。

## 实训二　单刀加工小径定心外花键

铣削加工如图 2-6-7 所示的小径定心花键轴。

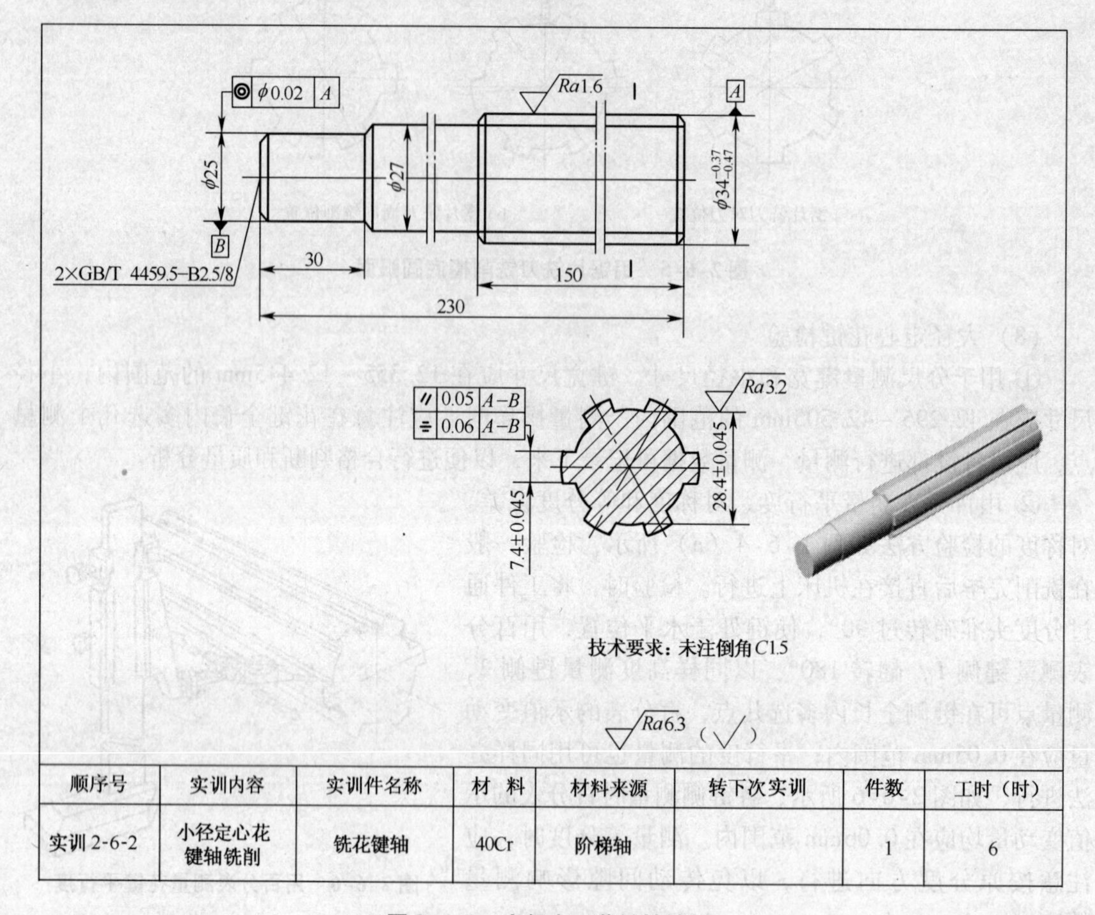


| 顺序号 | 实训内容 | 实训件名称 | 材　料 | 材料来源 | 转下次实训 | 件数 | 工时（时） |
|---|---|---|---|---|---|---|---|
| 实训 2-6-2 | 小径定心花键轴铣削 | 铣花键轴 | 40Cr | 阶梯轴 | | 1 | 6 |

图 2-6-7　小径定心花键轴铣削

（1）分析图样

① 键宽 $B=7^{-0.040}_{-0.098}$mm，$B'=$（7.4 ±0.045）mm。

② 小径 $d=28^{-0.020}_{-0.041}$mm；$d'=$（28.4 ±0.045）mm 。

③ 大径 $D=34^{-0.37}_{-0.47}$mm。

④ 键对工件轴线的对称度公差 0.06mm，对工件轴线平行度公差 0.05mm。

⑤ 大径表面的表面粗糙度为 $Ra$1.6μm，小径表面为 $Ra$3.2μm，其余（包括键侧）表面 $Ra$6.3μm。

⑥ 工件材料为 40Cr 合金结构钢，具有较高的强度。

⑦ 工件是阶梯轴，花键在 φ34mm × 150mm 外圆上贯通，两端有孔 2.5mm 的 $B$ 型中心孔，而且有 φ25mm × 30mm 的外圆柱面，便于工件定位装夹。

（2）拟定花键轴铣削加工工艺

花键的直径比较小，采用先铣削键侧、后铣削中间槽的方法加工花键轴。花键铣削加工工序过程为：检验预制件→安装分度头→找正工件并在工件表面划键宽线→按划线对刀调整键侧 1 铣削位置→试切两侧面并预检键对称度→铣削键侧 1（6 面）→调整键侧 2 铣削位置并达到工序要求→铣削键侧2（6面）→调整槽底圆弧面铣削位置→铣削槽底圆弧面达到小径要求→花键工序的检验。

（3）选择机床

工件长度230mm，分度头及尾座安装长度约550mm左右，选择与X6132型类同的卧式铣床。

（4）选择装夹方式

由形体分析可知，工件两端有顶尖孔，又具有可供夹紧的$\phi$25mm×30mm圆柱面，既可以采用两顶尖、鸡心夹头和拨盘装夹工件，也可以采用三爪自定心卡盘和尾座顶尖一夹一顶的方式装夹。本例选用F11125型万能分度头采用一夹一顶方式装夹。

（5）选择刀具

① 选择铣削键侧刀具。本例采用先铣削键侧、后铣削槽底圆弧面的加工方法，铣刀的厚度不受严格限制，现选用63mm×8mm×22mm直齿三面刃铣刀。

② 选择铣削槽底圆弧面刀具。本例采用成形单刀铣削。单刀的形式与结构如图2-6-8所示。单刀的刃形状由工具磨床刃磨，圆弧部分的长度和半径尺寸应进行检验，侧刃夹角用游标量角器测量，如图2-6-9（a）所示。侧刃与圆弧刃的两个交点距离和圆弧半径通常可进行试件试切后，对切痕进行测量，如图2-6-9（b）所示。

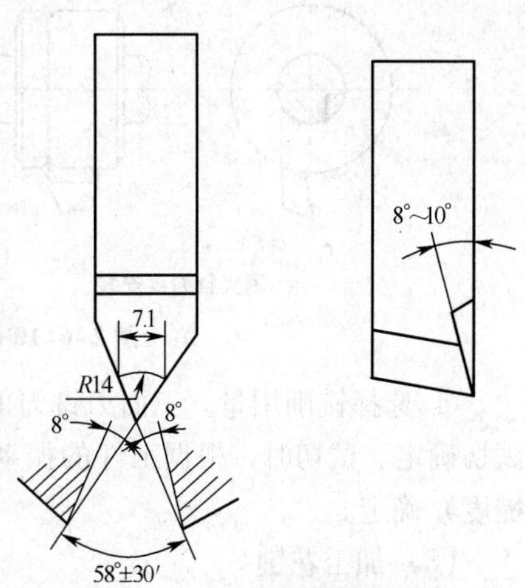

图2-6-8　铣削花键槽底成形单刀形式与结构

（6）选择检验测量方法

按工序要求，键的宽度尺寸、对称度与平行度，以及小径尺寸检验测量方法与上例实训相同。

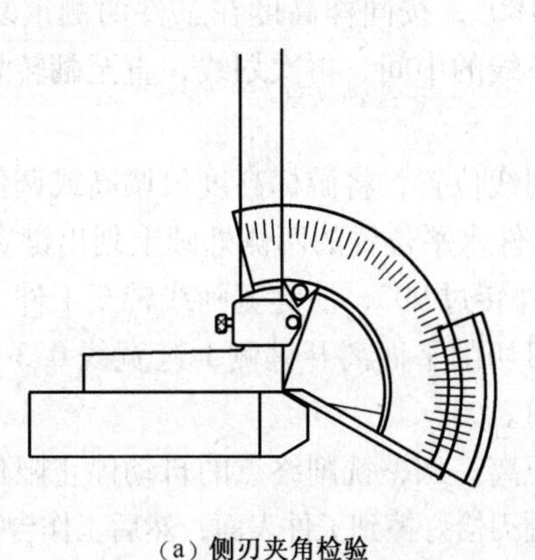
（a）侧刃夹角检验

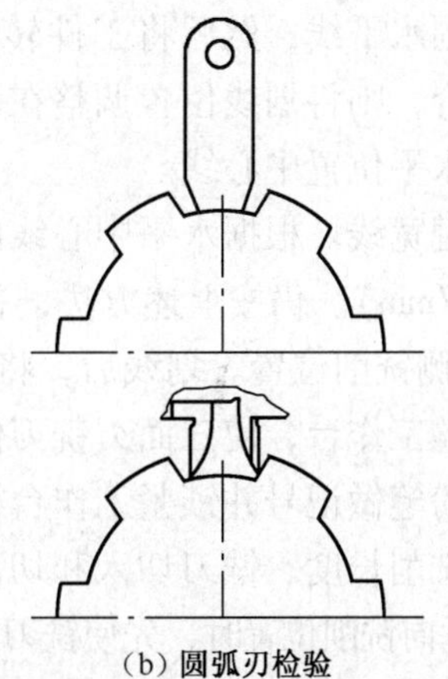
（b）圆弧刃检验

图2-6-9　铣削花键槽底成形单刀的检验

（7）小径定心花键单刀铣削加工准备

① 安装分度头和尾座，并在分度头上安装三爪自定心卡盘，安装前应选择自定心精度较高的卡盘，安装时应注意清洁各定位接合面，保证安装精度，其他操作与上例实训相同。

② 预检、装夹和找正工件。

首先，检验大径的尺寸与圆柱度，并检验大径圆柱面与两顶尖轴线的同轴度。

其次，大径圆柱面一端中心孔用尾座顶尖定位，$\phi$25mm×30mm 的圆柱面用三爪自定心卡盘定位夹紧。

最后，工件找正的方法与上例实训基本相同，当工件与分度头轴线同轴度有误差时，可将工件转过一个角度装夹后，再进行找正，若还有误差，也可在卡爪与工件之间垫薄铜片，直至工件大径外圆与回转中心同轴度在 0.03mm 之内。上素线与工作台面的平行度、侧素线与进给方向平行度均在 100mm：0.02mm 范围内。

③ 安装铣刀。三面刃铣刀与装夹成形单刀头的紧固刀盘一起穿装在刀杆上，并有一定的间距。铣削槽底圆弧面的成形单刀头安装方法如图 2-6-10 所示，本例选用图 2-6-10（b）所示的安装方法。

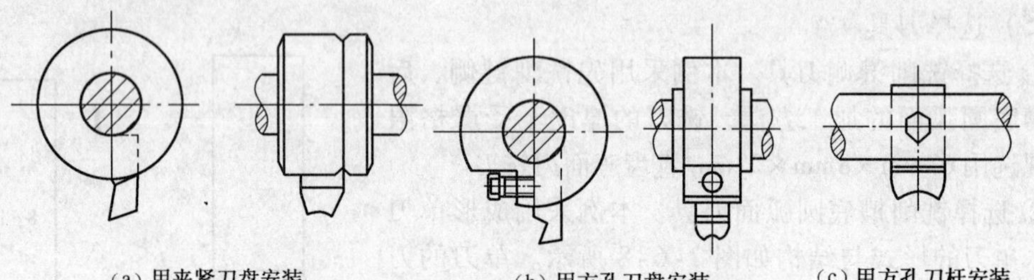

（a）用夹紧刀盘安装　（b）用方孔刀盘安装　（c）用方孔刀杆安装

**图 2-6-10　铣削花键槽底成形单刀安装方法**

④ 选择铣削用量。三面刃铣刀的铣削用量与上例实训相同，圆弧面单刀的铣削用量由试切确定。试切时，根据工件的振动情况，圆弧面的表面质量（包括圆弧的形状和表面粗糙度）确定。

（8）加工花键

① 工件表面划线

首先，划水平中心线。将划线游标高度尺调整至分度头的中心高 125mm，在工件外圆水平位置两侧划水平线，然后将工件转过 180°，按同样高度在工件两侧重复划一次线，若两次划线不重合，则将划线位置调整在两条线的中间，再次划线，直至翻转划线重合。该重合的划线即为水平位置中心线。

其次，划键宽线。根据水平中心线的划线位置，将游标高度尺调高或调低键宽尺寸的一半（本例为 3.7mm）。仍按上述方法，在工件水平位置的两侧外圆上划出键宽线。

② 调整键侧铣削位置。划线后，将工件转过 90°，使键宽画线转至工件上方，作为横向对刀依据。调整工作台，使三面刃铣刀侧刃切削平面离开键侧 1 键宽线 0.3～0.5mm，在横向刻度盘上用粉笔做记号并锁紧工作台横向。

根据花键铣削长度、铣刀切入和切出距离，调整铣削终点的自动停止限位挡块。

调整键侧垂向铣削位置时，先使铣刀圆周刃恰好擦到工件表面，然后工作台垂向上升 $H$ 为：

$$H=\frac{D'-d}{2}+0.4=\frac{33.65-28}{2}+0.4=3.23\text{mm}$$（式中 0.4mm 是键侧加深量）

③ 试切与对称度预检。试铣键侧 1 与键侧 2，如图 2-6-11（a）、图 2-6-11（b）所示。试铣键侧 2 时，工作台横向移动距离 $s$ 为：

$$s=L+B+2\ (0.3\sim0.5)\ =16.2\text{mm}$$

（式中 0.3～0.5mm 是试铣时键侧单面保留的铣削余量。）

预检键的对称度的具体操作方法与上例实训相同。

④ 铣削键侧 1。根据预检结果，若测得键侧 1 比键侧 2 少铣去 0. 15mm，则将工件由水平预检测量位置转至上方铣削位置，然后调整工作台横向，将键侧 1 铣去 0. 15mm。再次测量键宽尺寸，按工序图样的键宽尺寸与实测尺寸差值的一半调整工作台横向，按等分数分度，依次铣削键侧 1（6 面）。

⑤ 铣削键侧 2。键侧 1 铣削完毕后，调整工作台横向，保证键宽尺寸达到（7. 4 ± 0. 045）mm，按等分要求，依次铣削键侧 2（6 面）。

⑥ 铣削槽底小径圆弧面，如图 2-6-11（c）所示。

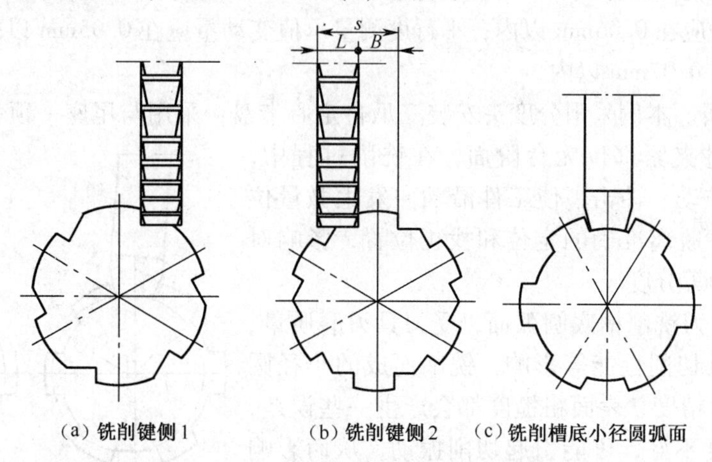

(a) 铣削键侧 1　(b) 铣削键侧 2　(c) 铣削槽底小径圆弧面

图 2-6-11　先键侧后槽底铣削花键步骤

第一步，安装成形单刀。单刀伸出的尺寸尽可能小，以提高刀具的刚度。由于成形单刀铣削时常用圆弧刀刃对刀，因此应注意单刀的安装精度。目测检验单刀安装精度的方法如图 2-6-12（a）所示，借助的平行垫块尽可能长，若安装正确，垫块应与刀轴平行。

第二步，横向对刀。调整工作台，目测使单刀的圆弧刀刃的两个尖角与工件键顶同时接触，如图 2-6-12（b）所示，对刀后锁紧工作台横向。

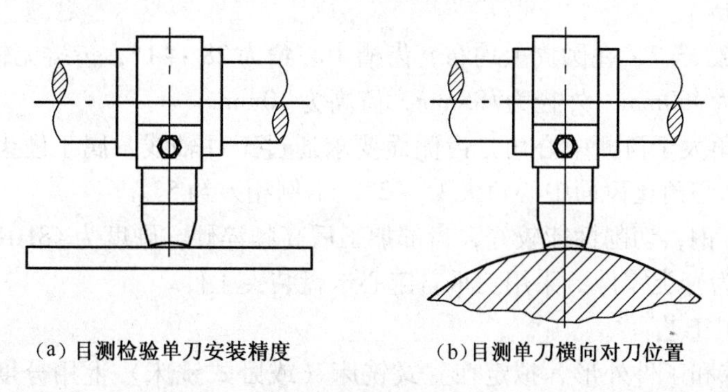
(a) 目测检验单刀安装精度　(b) 目测单刀横向对刀位置

图 2-6-12　铣削槽底的单刀安装与对刀位置

第三步，调整工件转角。将工件由铣削键侧的位置转至铣削槽底位置。转角为$\frac{\theta}{2}=\frac{180°}{N}$（本例为 30°，$n=3\frac{22}{66}$r）。

第四步，试切预检小径尺寸。工作台垂向在槽底对刀，试切出圆弧面，工件转过 180°，按垂向同样铣削位置，试切出对应的圆弧面，用外径千分尺预检小径尺寸。

第五步，按实测尺寸与工序尺寸差值的一半调整工作台垂向。当试切的小径尺寸符合图样要求时，按工件等分要求，依次铣削槽底圆弧面，使小径尺寸达到（28.4±0.045）mm。

（9）检验与质量分析

① 检测外花键。

首先，测量键宽和小径尺寸精度。用千分尺测量键宽尺寸应在（7.355～7.445）mm范围内；小径尺寸应在28.355～28.445mm范围内。

其次，测量键侧对称度、平行度和等分度误差。具体操作方法与上例实训相同，对称度测量示值变动量应在0.06mm以内；平行度测量示值变动量应在0.05mm以内；等分度测量示值变动量应在0.07mm以内。

② 质量分析。本例采用分度头安装三爪自定心卡盘，采用与尾座一顶一夹的方式装夹工件。由于工件夹紧部位无台阶面，在铣削过程中，可能因切削力波动、冲击，使工件沿轴向发生微量位移，从而使工件脱离准确的定位和找正位置，影响对称度、平行度和等分度。

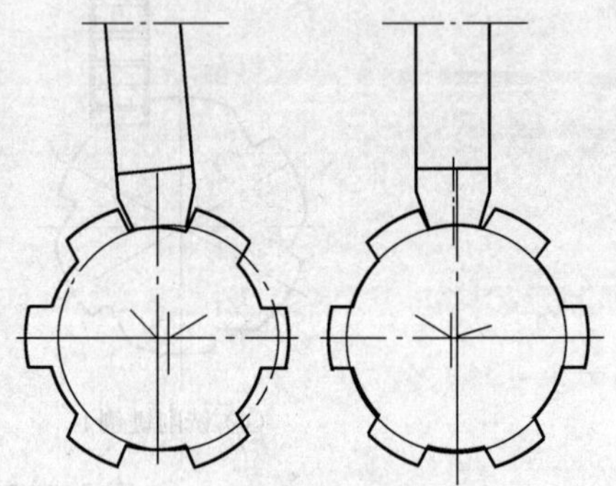

图2-6-13　槽底圆弧面的不同轴误差

选用成形单刀铣削槽底圆弧面，受刀具刃磨质量、安装精度、刀具切削性能等影响，铣削而成的小径圆弧面形状和尺寸精度、表面粗糙度都会产生一些误差，如刀具几何角度不好，可能引起切削振动，从而影响表面粗糙度。又如，刀具安装精度和对刀误差，可能会形成槽底圆弧面的不同轴位置误差，如图2-6-13所示。

## 实训三　奇数齿矩形离合器铣削

铣削如图2-6-14所示奇数齿矩形离合器。

（1）图样分析

① 矩形齿齿数$z=7$，在圆周上均布，齿槽中心角为28°+1°，齿端无较大的倒角。

② 齿部孔径为$\phi$60mm，外径为$\phi$85mm，齿高为10mm。

③ 齿槽中心角大于齿面中心角，齿侧面要求通过工件轴线，属于硬齿齿形，通常硬齿齿形离合器齿槽中心角比齿面中心角大1°～2°，本例相差约5°。

④ 材料为45#钢，切削性能较好，齿部加工后高频淬硬，硬度为48HRC。

⑤ 该离合器为套类零件，采用三爪自定心卡盘装夹工件。

（2）拟定加工工艺

根据加工要求和工件外形，拟定在立式铣床（或卧式铣床）上用分度头加工。铣削加工工序过程为：预制件检验→安装并调整分度头→安装三爪自定心卡盘，装夹和找正工件→工件表面划7等分齿侧中心线→计算、选择和安装三面刃铣刀→对刀并调整进刀量→试切、预检齿侧位置→准确调整齿侧铣削位置和齿深尺寸→依次准确分度和铣削→按28°+1°齿槽中心角铣削齿侧→奇数齿矩形离合器铣削工序检验。

（3）选择铣床

为操作方便，选用X52K型等类似的立式铣床，在立式铣床或卧式铣床上加工矩形离合器的方法如图2-6-15所示。

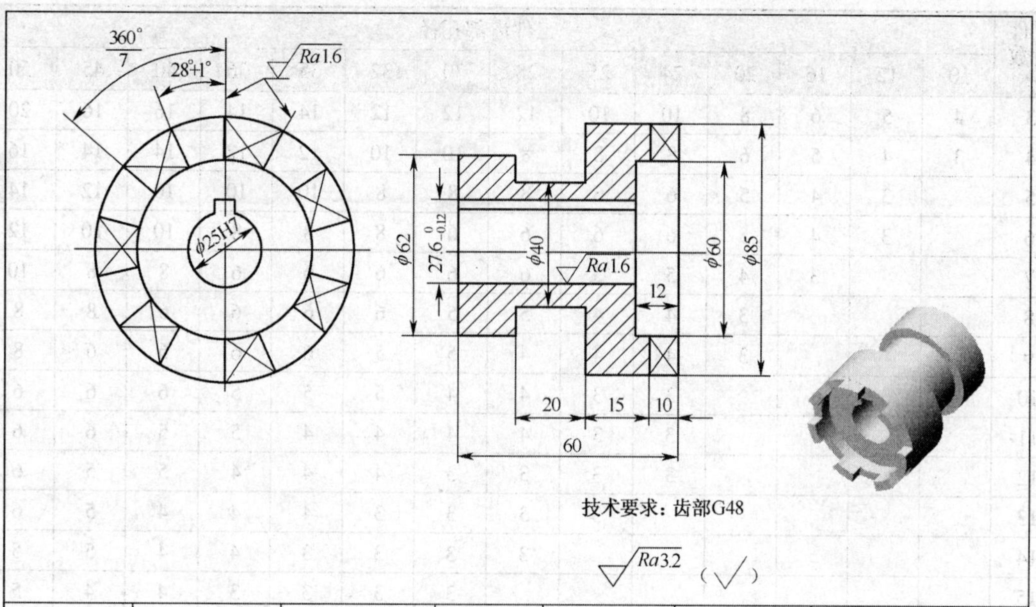

技术要求：齿部G48

| 顺序号 | 实训内容 | 实训件名称 | 材料 | 材料来源 | 转下次实训 | 件数 | 工时（时） |
|---|---|---|---|---|---|---|---|
| 实训 2-6-3 | 奇数齿铣削 | 铣离合器 | 45#钢 | 套类零件 | | 1 | 4.5 |

**图 2-6-14　奇数齿矩形离合器铣削**

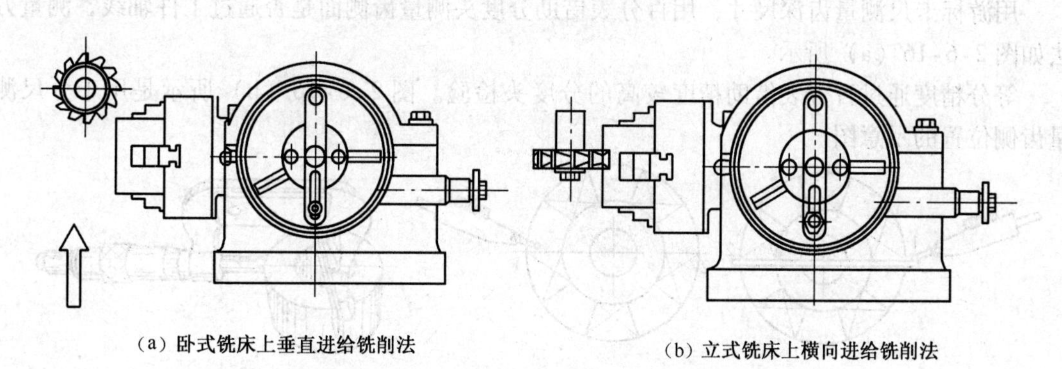

（a）卧式铣床上垂直进给铣削法　　（b）立式铣床上横向进给铣削法

**图 2-6-15　分度头主轴水平安装铣削矩形离合器**

（4）选择工件装夹方式

在 F11125 型分度头上安装三爪自定心卡盘装夹工件。

（5）选择刀具

奇数齿矩形离合器铣刀直径不受限制，铣刀厚度受齿部孔径和工件齿数限制。按公式计算：

$$L \leqslant b = \frac{d_1}{2}\sin\alpha = \frac{d_2}{2}\sin\frac{180°}{z} = \frac{60}{2}\sin\frac{180°}{7} = 13014\ (\text{mm})$$

为了避免计算，可查阅表 2-6-1 直接获得铣刀厚度尺寸。本例比例查表法，查得工件齿数为 7，齿部孔径为 30 时铣刀厚度为 6mm，则当齿部孔径为 60 时，铣刀厚度为 12mm。现选择 100mm × 12mm × 32mm 的错齿三面刃铣刀。

表 2-6-1　　　　铣削矩形离合器的铣刀厚度　　　　（单位：mm）

| 工件齿数 z | 工件齿部孔径 | | | | | | | | | | | | | |
|---|---|---|---|---|---|---|---|---|---|---|---|---|---|---|
| | 10 | 12 | 16 | 20 | 24 | 25 | 28 | 30 | 32 | 35 | 36 | 40 | 45 | 50 |
| 3 | 4 | 5 | 6 | 8 | 10 | 10 | 12 | 12 | 12 | 14 | 14 | 16 | 16 | 20 |
| 4 | 3 | 4 | 5 | 6 | 8 | 8 | 8 | 10 | 10 | 12 | 12 | 14 | 14 | 16 |
| 5 | | 3 | 4 | 5 | 6 | 6 | 8 | 8 | 8 | 10 | 10 | 10 | 12 | 14 |
| 6 | | 3 | 4 | 5 | 6 | 6 | 6 | 6 | 8 | 8 | 8 | 10 | 10 | 12 |
| 7 | | | 3 | 4 | 5 | 5 | 6 | 6 | 6 | 6 | 6 | 8 | 8 | 10 |
| 8 | | | | 3 | 4 | 4 | 5 | 5 | 6 | 6 | 6 | 6 | 8 | 8 |
| 9 | | | | 3 | 4 | 4 | 4 | 5 | 5 | 6 | 6 | 6 | 6 | 8 |
| 10 | | | | | 3 | 3 | 4 | 4 | 5 | 5 | 5 | 6 | 6 | 6 |
| 11 | | | | | 3 | 3 | 4 | 4 | 4 | 4 | 5 | 5 | 6 | 6 |
| 12 | | | | | 3 | 3 | 3 | 3 | 4 | 4 | 4 | 5 | 5 | 6 |
| 13 | | | | | | 3 | 3 | 3 | 3 | 4 | 4 | 4 | 5 | 6 |
| 14 | | | | | | | 3 | 3 | 3 | 3 | 4 | 4 | 5 | 5 |
| 15 | | | | | | | | 3 | 3 | 3 | 3 | 4 | 4 | 5 |

注：当孔径大于 50mm 时，可根据表中数值按比例计算。例如齿部孔径为 60mm，则查 30mm 的一列后乘 2 即得。

（6）选择检验测量方法

用游标卡尺测量齿深尺寸，用百分表借助分度头测量齿侧面是否通过工件轴线，测量方法如图 2-6-16（a）所示。

等分精度通过百分表借助精度较高的分度头检验。图 2-6-16（b）所示是用千分尺测量齿侧位置的示意图。

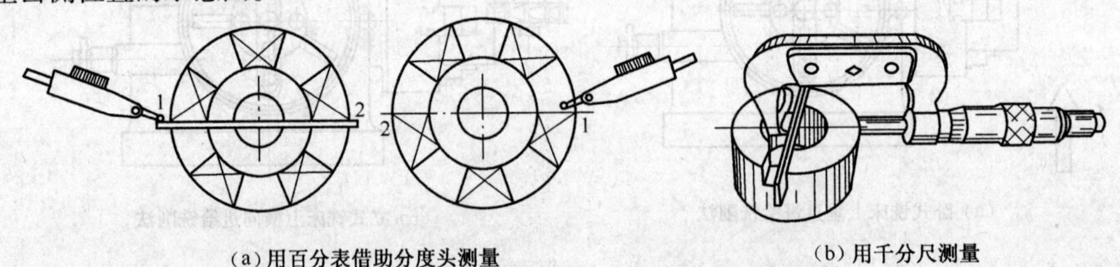


（a）用百分表借助分度头测量　　（b）用千分尺测量

图 2-6-16　矩形齿离合器齿侧位置测量

（7）奇数齿矩形离合器加工准备

① 预制件检验：用专用芯轴套装工件，用百分表检验工件齿部外圆和内孔基准的同轴度；用游标卡尺测量齿部孔径、深度和外径实际尺寸。

② 安装分度头和三爪自定心卡盘：安装分度头，找正分度头主轴与纵向进给方向和工作台面平行，计算分度手柄转数：

$$n=\frac{40}{z}=\frac{40}{7}=5\frac{35}{49}\ (\mathrm{r})$$

为了获得 28°齿槽中心角，按等分铣出齿槽后，需转过 $28°-\frac{180°}{7}=2.29°$，计算偏转角

度分度手柄转数 $\Delta n = \frac{137.4'}{540'} \approx \frac{13}{49}$r。

③ 装夹、找正工件：使工件外圆与分度头主轴同轴，端面圆跳动在 0.03mm 以内。

④ 工件端面划线：在工件端面划出 7 等分中心线（齿面和齿槽线）。

⑤ 安装铣刀：用短刀杆（类似于卧式铣床的长刀杆）安装三面刃铣刀；在不妨碍铣削的情况下，铣刀位置尽可能靠近铣床主轴。

⑥ 检查立铣头是否与工作台面垂直。

（8）奇数齿矩形离合器加工

① 对刀：垂向对刀时，找正工件端面的中心划线与工作台面平行，调整工作台垂向，使三面刃铣刀下侧侧刃对准工件端面的划线；纵向对刀时，调整工作台，使三面刃铣刀圆周刃恰好擦到工件端面。

② 试铣、预检：按齿深 8mm、齿侧距划线 0.3～0.5mm 距离试铣齿槽。试铣一条齿槽后，用游标卡尺测量齿深，用百分表借助分度头测量侧面位置，如图 2-6-16 所示。测量时，先将齿侧面水平朝上，用百分表测得其与工作台面的相对位置；然后将齿侧转过 180°，齿侧水平朝下，用以平行垫块紧贴齿侧面，再用百分表比照测量。若百分表示值一致，表示齿侧通过工件轴线；若示值有偏差，向上时示值大，齿侧高于工件轴线，向下时示值大，齿侧低于工件轴线。垂向移动值是百分表示值差的一半。本例预检后，侧面向上时百分表示值比向下时高 0.6mm，则垂向应升高 0.3mm。齿深 8.10mm，纵向加深进刀量 1.90mm 。

③ 铣等分齿及预检：按 7 等分依次铣削等分齿槽。由于奇数齿矩形离合器铣削时一次可铣出两个不同齿的齿侧面（如图 2-6-17 所示），因此，本例铣削 7 次，等分齿可铣削完成。预检齿的等分精度，可借助百分表和分度头测量，每分度一次，百分表测量一次，百分表示值的变动量为矩形齿等分误差。

④ 按齿槽中心角铣削齿槽：将工件按齿侧靠向铣刀方向转过 2.29°，分度手柄转过 49 孔圈中的 13 个孔距。然后逐齿铣出齿的一侧，即可获得 28°中心角的齿槽。

（9）奇数齿矩形离合器检验

① 齿侧位置和接触面积检验：齿侧位置也可用千分尺和平行垫块测量，如图 2-6-16（b）所示。测量尺寸为工件外圆的实际半径与垫块的厚度尺寸之和。测量接触面积通常需制作一对离合器，或将配做的离合器与完好的配对离合器同套装在一根标准棒上，一个离合器齿侧面涂色，然后一个正转，一个反转，检查另一个离合器齿侧的染色的程度。本例接触齿数应在 4 个以上，接触面积应在 60% 以上。

② 等分精度检验的方法与预检时相同，工件拆下后，可在精度较高的分度装置上进行测量。

（10）奇数齿矩形离合器加工质量分析

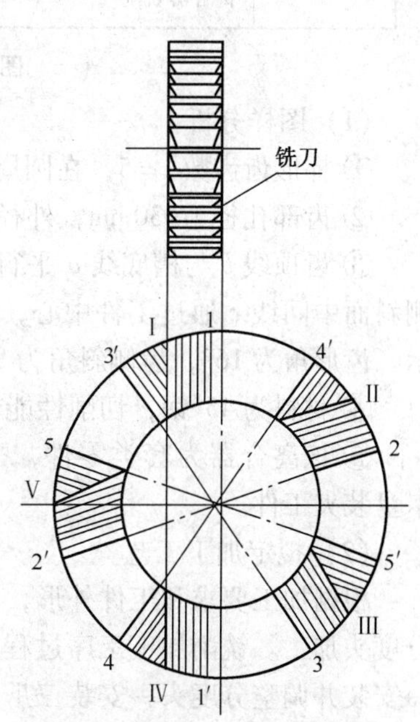

图 2-6-17　铣削奇数齿矩形离合器

① 离合器等分精度差的主要原因：分度头分度精度差、工件外圆与基准孔不同轴、工件找正不准确、分度操作失误、工件因铣削余量较大、微

量位移等。

② 齿侧位置不准确的原因：工件外圆与分度头主轴不同轴、划线不准确、预检测量不准确等。

③ 齿槽中心角不符合要求的原因：Δ$n$ 计算错误、角度分度操作失误（偏转方向不对、偏转时未消除分度间隙）等。

## 实训四　正梯形牙嵌离合器铣削

铣削如图 2-6-18 所示的正梯形牙嵌离合器。

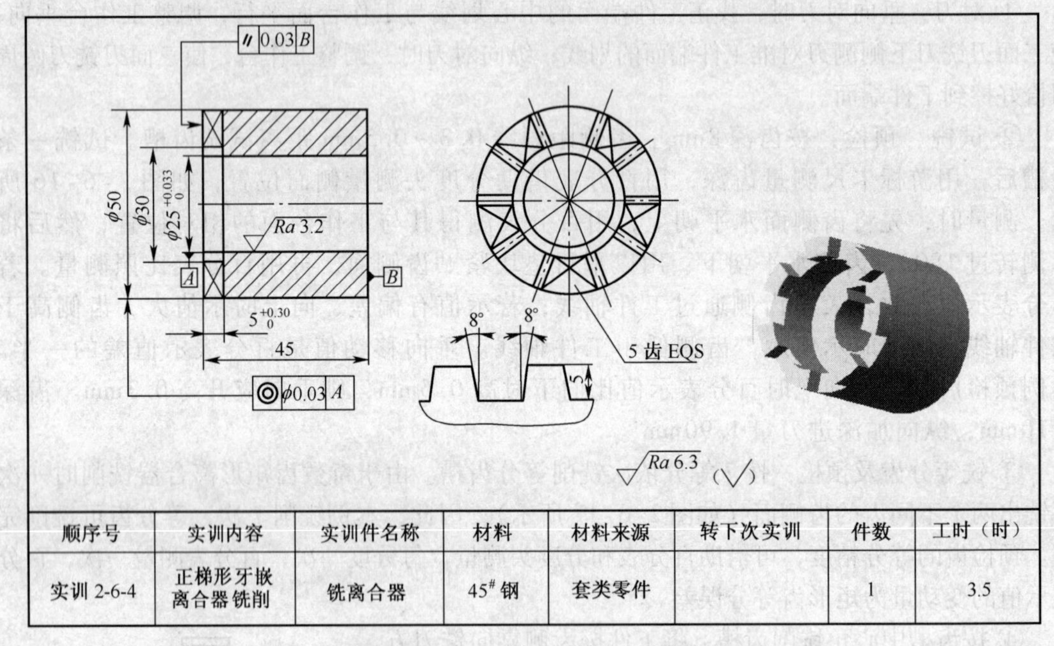


| 顺序号 | 实训内容 | 实训件名称 | 材料 | 材料来源 | 转下次实训 | 件数 | 工时（时） |
|---|---|---|---|---|---|---|---|
| 实训 2-6-4 | 正梯形牙嵌离合器铣削 | 铣离合器 | 45[#]钢 | 套类零件 | | 1 | 3.5 |

图 2-6-18　正梯形牙嵌离合器铣削

（1）图样分析

① 梯形齿齿数 $z=5$，在圆周上均布。

② 齿部孔径为$\phi$30mm，外径为$\phi$50mm，齿高为 5 $^{+0.30}_{0}$ mm。

③ 齿顶线 $b$ 与槽底线 $a$ 平行于中间线 $c$，齿侧斜面中间线 $c$ 通过工件中心，如图 2-6-19 所示。齿形角为 16°，齿侧斜角为 8°。

④ 材料为 45[#]钢，切削性能较好。

⑤ 该离合器为套类零件，采用三爪自定心卡盘装夹工件。

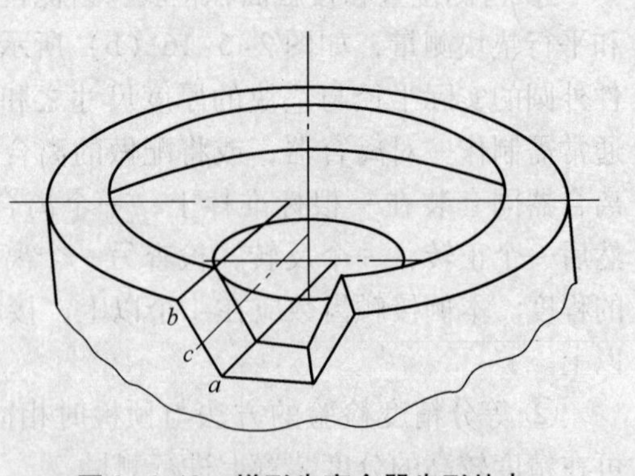


图 2-6-19　梯形齿离合器齿形特点

（2）拟定加工工艺

根据加工要求和工件外形，在立式铣床上用分度头加工。铣削加工工序过程为：预制件检验→安装并调整分度头→安装三爪自定心卡盘→装夹和找正工件→工件表面划偏离中心 $e$ 尺寸的齿侧线→计算、选择和安装三面刃铣刀→对刀并调整进刀量→试切、预检齿侧偏离位置→等分铣削齿槽→调整立铣头转角→齿侧对刀、依次铣削齿侧→奇数梯形齿离合器铣削工序检验。

（3）选择铣床和工件装夹方法

选用 X5032 型等类似的立式铣床加工，用 F11125 型分度头分度，采用三爪自定心卡盘装夹工件。

（4）选择刀具

奇数梯形齿离合器铣刀厚度受齿部孔径、工件齿数、齿深和齿形角的限制。与矩形齿类似，按公式计算：

$$L \leqslant b = \frac{d_1}{2}\sin\alpha = \frac{d_1}{2}\sin\frac{180°}{z} - 2\times\frac{T}{2}\tan\frac{\varepsilon}{2}$$

$$= \frac{30}{2}\sin\frac{180°}{5} - 2\times\frac{5}{2}\tan\frac{16}{2} = 8.114\ (\text{mm})$$

现选择 63mm×6mm×22mm 的错齿三面刃铣刀。

（5）选择检验测量方法

测量方法与矩形齿离合器基本相同。

（6）正梯形牙嵌离合器加工准备

① 预制件检验：具体方法与矩形离合器相同。

② 安装分度头和三爪自定心卡盘：安装分度头，找正分度头主轴与纵向进给方向和工作台面平行。计算分度手柄转数：

$$n = \frac{40}{z} = \frac{40}{5} = 8\ (\text{r})$$

③ 装夹、找正工件：使工件内孔与分度头主轴同轴，端面圆跳动在 0.03mm 以内。

④ 工件端面划线，计算铣刀侧刃偏离中心的距离 $e$ 尺寸：

$$e = \frac{T}{2}\tan\frac{\varepsilon}{2} = \frac{5}{2}\times\tan\frac{16}{2} = 0.3514\ (\text{mm})$$

在工件端面先划出中心线，然后按 0.35mm 升高或降低游标高度尺，划出偏离中心的对刀线。

⑤ 安装铣刀：用短刀杆安装三面刃铣刀，本例采用横向进给铣削。

⑥ 检查立铣头转盘的零位是否对准。

（7）正梯形牙嵌离合器加工

① 铣削底槽：垂向对刀时，找正工件端面的对刀划线与工作台面平行，调整工作台垂向，使三面刃铣刀侧刃对准工件端面的划线，如图 2-6-20 所示。

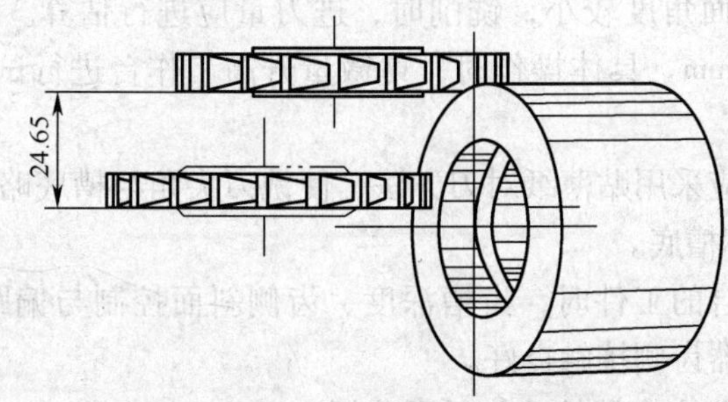


图 2-6-20　梯形齿底槽铣削对刀

纵向对刀时，调整工作台，使三面刃铣刀圆周刃恰好擦到工件端面。

② 试铣、预检：按齿深4mm、铣刀侧刃距划线0.3～0.5mm距离试铣齿侧。试铣齿侧后，用与矩形齿离合器铣削预检方法预检。本例预检后，侧面百分表示值比升降规高0.4mm，则垂向调整后应使齿侧铣除0.4mm，以使齿侧高于工件轴线0.35mm。齿深3.9mm，纵向加深进刀量1.10mm。

③ 依次铣削底槽：按5等分依次铣削留有斜面余量的过渡齿侧和底槽，与奇数齿矩形离合器相同，铣刀可通过整个端面，5次横向进给可铣出全部齿槽。

④ 铣削齿侧斜面：根据齿侧斜度（8°）扳转立铣头角度。槽底对刀时，将已铣出的槽底和过渡侧面涂色，纵向调整工作台，使三面刃铣刀的尖角处恰好与槽底接平，也可以稍留一些缝隙，如图2-6-21（a）所示。

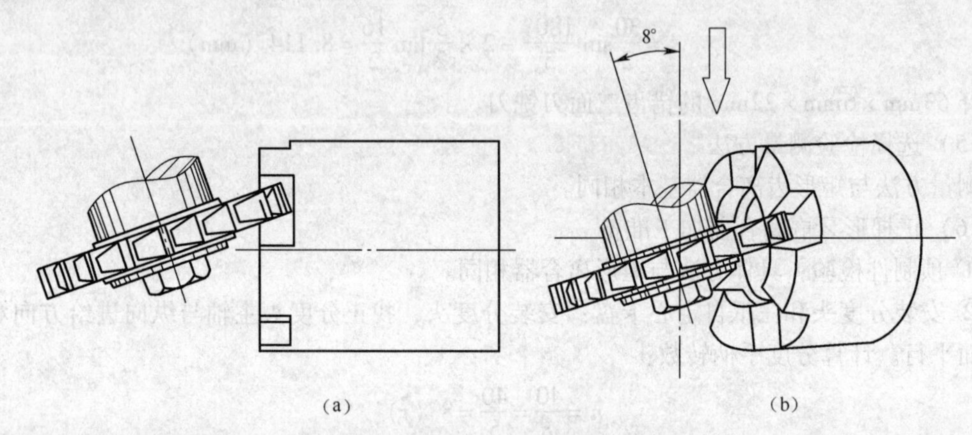


图2-6-21　槽底与齿侧对刀示意

垂向调整工作台，使三面刃铣刀的侧刃接触过渡侧面与端面的交线，如图2-6-21（b）所示。

铣齿侧斜面时，调整工作台垂向位置，使三面刃铣刀尖角处与槽底线 $a$ 重合（如图2-6-19所示），然后用铣削底槽相同的方法，铣削全部齿侧斜面，同时也形成了图2-6-19中的齿顶线 $b$。

⑤ 铣削注意事项如下。

第一，按偏距 $e$ 调整铣刀侧刃铣削位置时，实际铣削出的过渡侧面与工件轴线的距离应略大于 $e$，以使等高梯形牙嵌离合器的齿顶略大于槽底，可保证齿侧斜面在啮合时接触良好。

第二，由于齿侧斜面角度较小，铣削时，进刀量应进行估算。本例垂向升高0.1mm，斜面沿轴向增大约0.75mm。具体操作时，可微量升高工作台进行试铣，若齿侧对刀准确，总升高量约为 $2e$。

第三，槽底对刀时应采用贴薄纸对刀方法，使铣刀尖角与槽底略有间距（约在0.05mm以内），以免对刀时铣坏槽底。

第四，铣削两个啮合的工件时，齿槽深度、齿侧斜面控制与偏距 $e$ 的调整应尽可能一致，以使两个梯形离合器齿侧接触良好。

（8）等高奇数梯形齿离合器检验与质量分析

① 奇数梯形齿离合器检验：检验项目和方法与矩形离合器基本相同，其中齿形角可用样板或角度量具测量。

② 奇数梯形齿离合器加工质量分析：除与矩形离合器类同的质量问题外，常见的有以下两点。

其一，啮合后齿顶间隙较大的主要原因偏距：$e$ 值计算错误或对刀不准确等使实际偏距过大。

其二，齿侧间隙过大的主要原因：单个离合器配做时，斜面角度与原件偏差较大、偏距 $e$ 值计算错误或实际偏距过小、铣削齿侧斜面过量等。

# 项目七　圆柱孔与椭圆孔的加工

## 实训一　垂直单孔加工

加工如图 2-7-1 所示工件的垂直单孔。

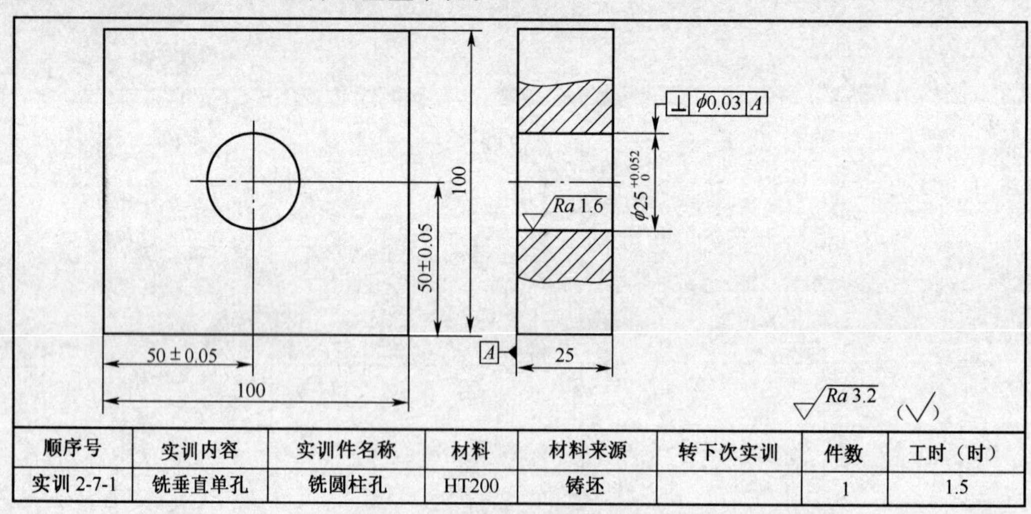


| 顺序号 | 实训内容 | 实训件名称 | 材料 | 材料来源 | 转下次实训 | 件数 | 工时（时） |
|---|---|---|---|---|---|---|---|
| 实训 2-7-1 | 铣垂直单孔 | 铣圆柱孔 | HT200 | 铸坯 |  | 1 | 1.5 |

**图 2-7-1　垂直单孔零件**

（1）图样分析

① 孔的坐标尺寸为（50 ±0. 05）mm，（50 ±0. 05）mm。

② 孔径尺寸为$\phi25^{+0.052}_{0}$mm，孔的圆度和圆柱度误差应包容在孔径公差内。

③ 孔轴线对基准 *A* 的垂直度误差为$\phi$0. 03mm。

④ 孔的坐标基准面边长与孔长度比为 100:25（4:1）。

⑤ 孔壁表面粗糙度为 *Ra*1. 6μm，基准面粗糙度为 *Ra*3. 2μm。

⑥ 零件材料为铸铁 HT200，切削性能较好。

⑦ 工件是 100mm × 100mm × 25mm 的长方体，便于装夹、找正。

（2）拟定孔加工工艺

孔加工工序为：预制件检验→表面划线→钻孔$\phi$20mm→扩孔（粗镗孔）$\phi$24mm→铰孔（精镗孔）$\phi$25mm。

（3）选择铣床

根据工件形体分析，在立式铣床上加工比较方便，选择 X5032 立式铣床。

（4）选择工件装夹方式

选用机用平口钳装夹工件。

（5）选择刀具

钻、扩、铰工艺选用标准规格$\phi$2.5mm 中心钻、$\phi$20mm 麻花钻、$\phi$24mm 扩孔钻与$\phi$25mm 机用硬质合金铰刀；钻、粗镗、精镗工艺选用标准规格$\phi$2.5mm 中心钻、$\phi$20mm 麻花钻、$\phi$18mm 的镗杆与硬质合金焊接式镗刀，硬质合金的牌号为 YG3X。

（6）选择检验测量方法

孔径尺寸在加工过程中采用内径千分尺测量，检验时可使用内径百分表与外径千分尺配合测量；孔距在加工过程中采用 0.02mm 精度的游标卡尺测量，检验时采用套钢珠的外径千分尺测量。

（7）垂直单孔工件加工准备

① 预制工序检验：用游标卡尺检验工件尺寸 100mm × 100mm × 25mm，并检验连接面平行度、垂直度及基准面的平面度。

② 工件表面划线：根据图样，在划线平板或工作台面上，用游标高度尺安装划线头，在工件表面划出孔中心线，用圆规划出孔加工圆周参照线，并用样冲在孔中心与孔轮廓线打样冲眼。

③ 找正铣床主轴轴线位置：为保证孔与基准面的垂直度和形状精度，须按图 2-7-2 所示的方法找正立式铣床主轴轴线与工作台面的垂直度。找正时，将百分表及接杆固定在铣床主轴轴端上，使百分表接触工作台面一侧较平整的部位。然后用手扳动主轴，使百分表接触工作台面的另一侧（约回转 180°），如两侧接触的百分表示值有偏差，应略松开立铣头的紧固螺母，按偏差值的 1/2 调整主轴位置，再次校验两侧的百分表示值，直至示值相同。值得注意的是，紧固立铣头后，应最后再复核一次。

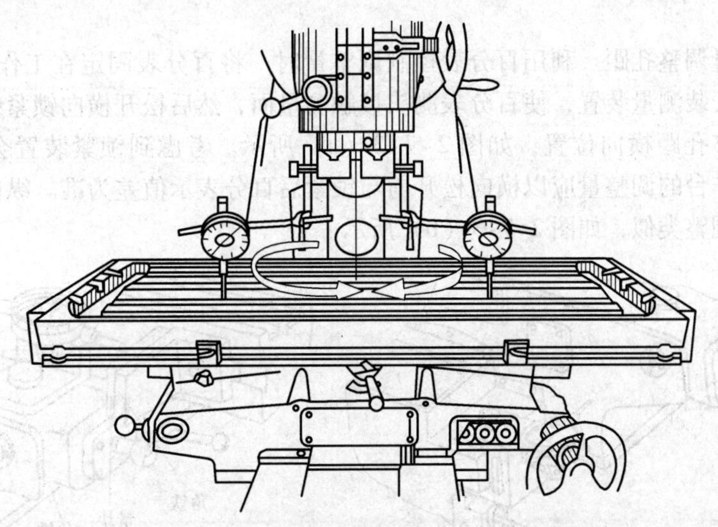

图 2-7-2　找正铣床主轴轴线与工作台面的位置

④ 装夹工件：安装机用平口钳，若有回转底盘的，为充分利用机床垂向进给行程，应将回转底盘拆去。找正时，用百分表找正固定钳口侧面与工作台纵向平行，虎钳导轨定位面与工作台面平行。工件装夹时，用等高平行垫块垫放在工件基准底面上，装夹高度应使工件顶面高于钳口 5mm 左右，以便于加工过程中的测量。工件装夹后，应复核顶面与工作台面的平行度，以及侧面与工作台纵向的平行度。

⑤ 钻孔。其操作步骤如下。

第一，安装变径套、钻夹头与中心钻，利用中心钻的外圆，采用侧面碰刀法找正钻孔加工位置。在移动工作台时要记住工作台间隙方向，在刻度盘上做好标记，并锁紧工作台横向与纵向。

第二，用中心钻定位锥坑，主轴转速 $n$ 为750r/min。操作时，垂向进给应连续缓慢，防止中心钻头部折断。

第三，刃磨麻花钻时，按工件材料 HT200 选后角为 10°，偏角为 59°，横刃斜角为 55°。

第四，钻孔$\phi$20mm。钻孔开始时，可检查钻头刃磨质量，若发现单刃切削，可拆下钻头重新修磨后再予以使用。

⑥ 安装镗刀杆：在铣床主轴上安装铣夹头，选用$\phi$18mm 弹性套安装直柄镗刀杆。

⑦ 刃磨镗刀：选用绿色碳化硅砂轮刃磨镗刀，前角 10°，主副后角 15°，主偏角 60°，副偏角 30°，刃倾角 0°（粗镗时 10°），刀尖圆弧精镗时为 0.5mm，粗镗时可略小一些。

（7）单孔加工

按钻、粗镗、精镗工艺，本例单孔在预钻孔后应按以下步骤加工。

第一，安装调整镗刀。采用试镗调整法，在按预钻孔对刀的基础上，使刀尖外伸 0.5mm 左右，在孔口试镗 5mm 左右深度，用游标卡尺或内径千分尺测量孔径以确定镗刀当前加工位置。

第二，预检孔径、孔距。用游标卡尺按试镗实测孔径预检单孔位置尺寸，若有偏差，应利用工作台刻度盘调整孔加工位置。调整时应注意消除工作台传动机构间隙。

第三，粗镗孔。按$\phi$24mm 尺寸粗镗孔。主轴转速 $n$ 为 235r/min，进给速度 $v_f$ = 37.5mm/min。

第四，复核孔的位置。用内径千分尺测量孔径，以孔的实际尺寸折算后测量孔距，复核孔的位置精度。

第五，微量调整孔距。利用百分表控制调整量时，将百分表固定在工作台横向导轨上，在工作台外侧安装测量装置，使百分表测头接触测量面，然后松开横向锁紧螺钉，根据百分表示值微量调整孔距横向位置，如图 2-7-3（a）所示。考虑到锁紧装置会微量带动工作台，因此，工作台的调整量应以横向松开前与锁紧后百分表示值差为准。纵向微量调整的操作方法与横向调整类似，如图 2-7-3（b）所示。

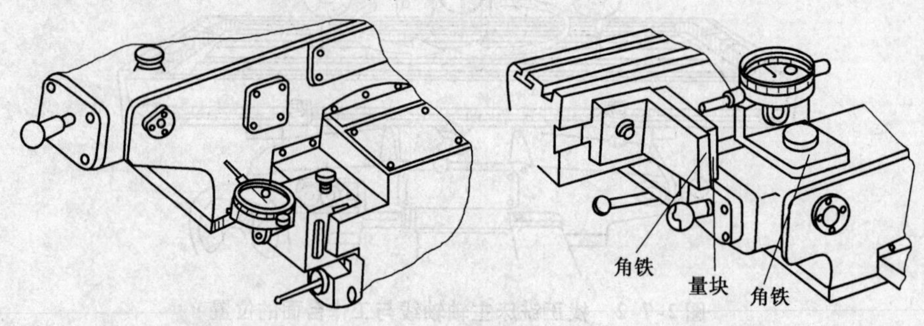


(a) 横向微量调整法　　(b) 纵向微量调整法

图 2-7-3　用百分表控制微量调整孔距

第六，控制孔径尺寸。粗镗后，根据余量，可分半精镗、精镗，以达到孔的加工精度。初学者一般借助百分表调整镗刀刀尖伸出距离。其具体操作方法如图 2-7-4 所示。将百分表测头装夹在磁性表座上，利用立铣头伸缩或工作台升降，调整百分表测头与刀尖的接触位置，并用手扳动使刀尖反向转动，找到刀尖与测头接触的最高点，然后松开镗刀锁紧螺钉，以百分表示值为准，调整镗刀位置，伸出量为实际（当前）孔径与图样（目标）孔径差值的1/2 。

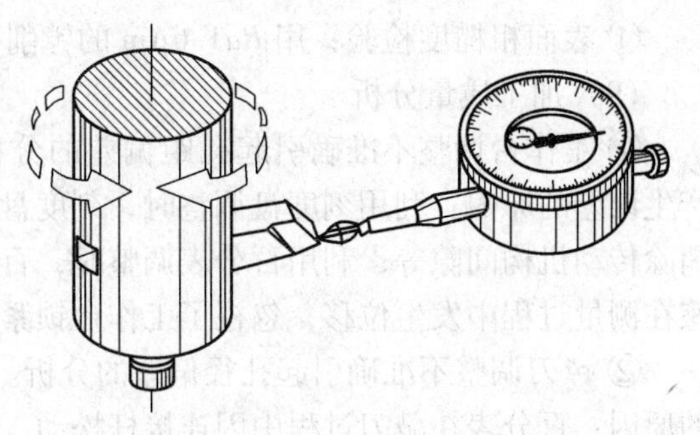
图 2-7-4　用百分表控制镗刀伸出尺寸

第七，精镗孔。调整好孔的位置后，一般留 0. 3 ~0. 4mm 精镗余量。精镗时的主轴转速调整为 300r/min，进给速度调整为30mm/min。

第八，退刀。镗孔退刀时应使主轴停转，并把刀尖对准操作者，然后下降工作台，使镗刀退离工件。因工作台在下降时朝操作者方向略有些倾斜，因而可避免刀尖划伤孔加工表面。

（8）垂直单孔加工检验

检验项目按图样包括孔径、孔距（孔坐标位置）、孔轴线对基准面 *A* 的垂直度，以及孔加工表面粗糙度。

① 孔径尺寸检验：用内径百分表检验时，应预先与外径千分尺比照，调整测杆的位置和百分表的指针位置，然后使测杆进入孔内。测量时，应注意沿轴向和径向摆动，寻找直径测量点。同时，应注意沿轴向多选几个圆周，一个圆周多测几个直径尺寸。其操作方法如图2-7-5所示。

② 孔距（坐标尺寸）检验：采用安装钢珠的外径千分尺检验孔的坐标尺寸，如图2-7-6所示。检验时注意选用精度较高的钢珠，同时应对孔的两端进行测量，并按孔径的实际尺寸计算测量尺寸。操作时，测量力不能过大，避免因钢珠压入孔壁等因素影响测量精度。

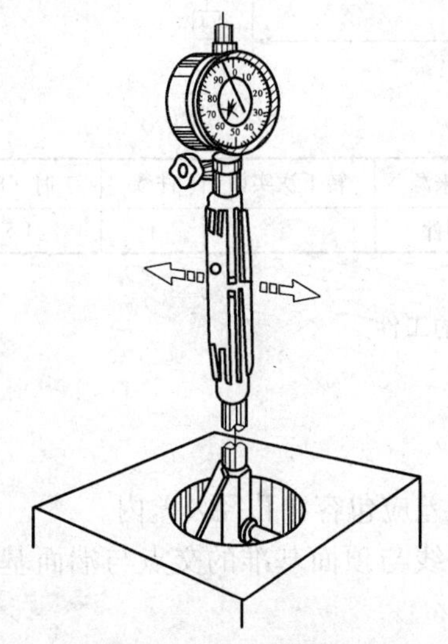
图 2-7-5　用内径百分表检验孔径尺寸

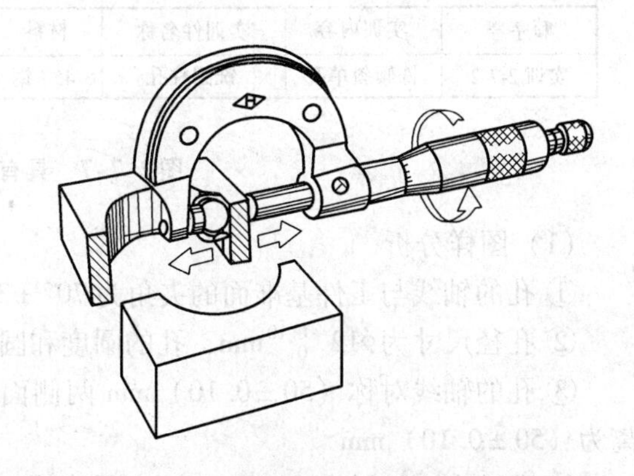
图 2-7-6　用带钢珠的外径千分尺检验孔距

③ 垂直度检验：把工件装夹在六面角铁上，直接用杠杆百分表测头测量孔两端孔壁最低点示值偏差，将六面角铁转过 90°，再测量孔两端最低点的示值偏差，即可得到两个方位的垂直度误差值。

④ 表面粗糙度检验：用 $Ra1.6\mu m$ 的镗削标准样规比照检验。

（9）加工质量分析

① 工作台调整不准确引起孔距偏差的分析。本例采用刻度盘与百分表控制调整精度，产生误差的原因：利用刻度盘调整时，刻度盘松动，机床工作台传动机构精度差，调整时未消除传动机构间隙等；利用百分表调整时，百分表复位精度差，测头接触量值过大，磁性表座在测量过程中发生位移，忽视了工作台锁紧机构带动工作台微量移动的因素等。

② 镗刀调整不准确引起孔径偏差的分析。本例使用百分表控制的“敲刀法”，产生误差的原因：百分表在敲刀过程中因连接杆松动、表座磁性不足等因素发生位移；百分表测头球面较难对准镗刀刀尖的回转最高点；调整时刀尖有微小的损坏。

## 实训二　倾斜单孔加工

加工如图 2-7-7 所示具有倾斜单孔的工件。

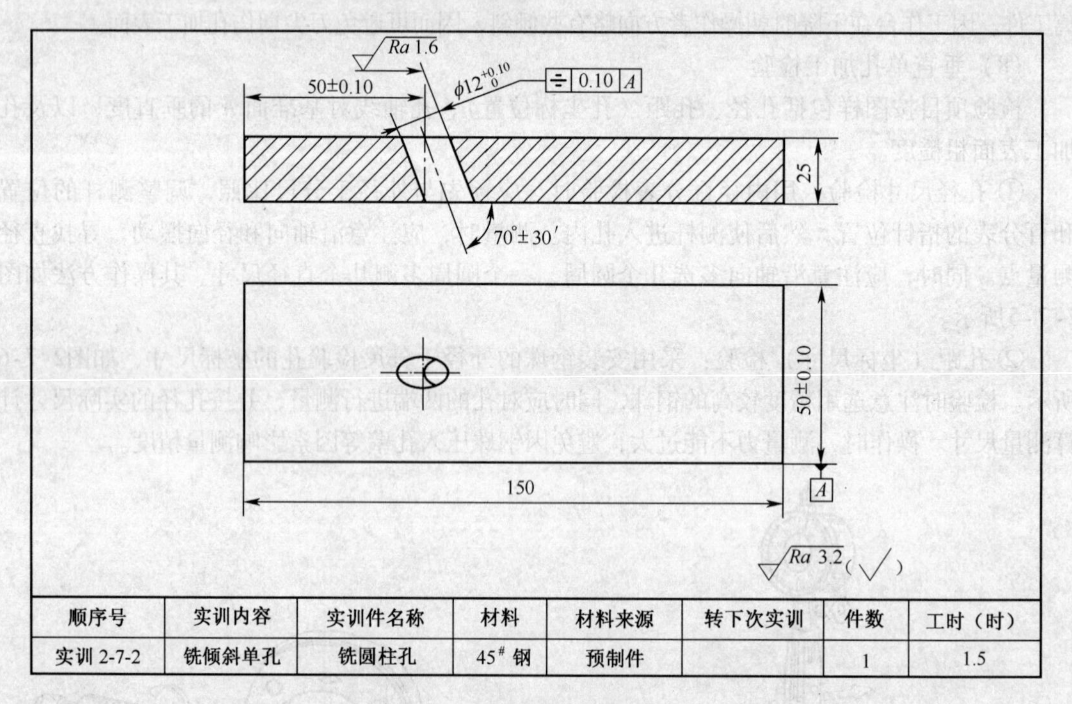


| 顺序号 | 实训内容 | 实训件名称 | 材料 | 材料来源 | 转下次实训 | 件数 | 工时（时） |
|---|---|---|---|---|---|---|---|
| 实训 2-7-2 | 铣倾斜单孔 | 铣圆柱孔 | 45# 钢 | 预制件 | | 1 | 1.5 |

**图 2-7-7　具有倾斜孔的工件**

（1）图样分析

① 孔的轴线与工件基准面的夹角为 70° ±30′。

② 孔径尺寸为 $\phi12^{+0.10}_{0}$mm，孔的圆度和圆柱度误差应包容在孔径公差内。

③ 孔的轴线对称（50 ±0.10）mm 两侧面；孔轴线与顶面基准的交点与端面基准的距离为（50 ±0.10）mm 。

④ 孔壁表面粗糙度为 $Ra1.6\mu m$，其余表面粗糙度为 $Ra3.2\mu m$。

⑤ 材料为 45#钢，切削性能较好。

⑥ 工件是 150mm ×50mm ×25mm 的长方体，便于装夹、找正。

⑦ 加工难点。倾斜孔的位置尺寸 50mm 对刀与测量比较困难。

（2）拟定斜孔加工工艺

斜孔加工工序为：预制件检验→表面划线→铣钻孔平面→钻斜孔$\phi$9.7mm→铰斜孔$\phi$10mm$^{+0.10}_{0}$→预检验斜孔位置尺寸精度→扩斜孔$\phi$11.7mm→铰斜孔$\phi$12$^{+0.10}_{0}$mm→斜孔加工工序检验。

（3）选择铣床

根据工件图样分析，加工斜孔可选择立式铣床，也可以选择卧式铣床。用立式铣床加工时观察与测量比较方便，但工件装夹定位使用机用平口钳不够稳固。当工件数量较多时，可采用主轴倾斜，并用主轴套筒进给来加工。若选用卧式铣床加工，观察与测量比较困难，但工件可直接装夹在工作台面上，比较稳固。本例选用 X5032 立式铣床加工。

（4）选择装夹方式

选用较大规格的机用平口钳装夹工件，钳口宽度 $B=60$mm，高度 $h=50$mm，钳口工作面带有网纹。

（5）选择刀具

铣孔加工定心表面选用$\phi$10mm、$\phi$12mm 键槽铣刀，铣刀端面刃须进行修磨，使垂向进给铣出的表面为一平面。键槽铣刀端面刃修磨前后的形状如图 2-7-8 所示；钻、扩、铰工序选用标准规格$\phi$2.5mm 中心钻、$\phi$9.7mm 麻花钻、$\phi$11.7mm 扩孔钻与$\phi$10mm、$\phi$12mm 高速钢机用铰刀。

（6）选择检验测量方法

孔径尺寸在加工过程采用游标卡尺测量。检验时采用内径千分尺和$\phi$10mm、$\phi$12mm 精度对应的标准塞规；孔距在加工过程中采用游标卡尺测量，检验时孔与侧面的对称度用百分表比较测量；斜孔与端面的尺寸采用标准棒与深度千分尺配合测量，测量方法示意如图 2-7-9所示。测量时，把直径与斜孔孔径相同的标准棒 1 插入斜孔，再用另一根圆棒 2（本例为$\phi$6mm）嵌入夹角中，测出尺寸 $h$，然后通过下列公式计算孔距 $H$：

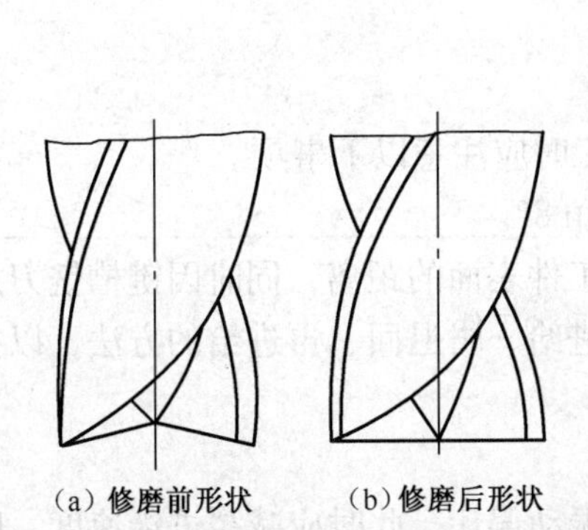

图 2-7-8 键槽铣刀端面刃修磨前后的形状

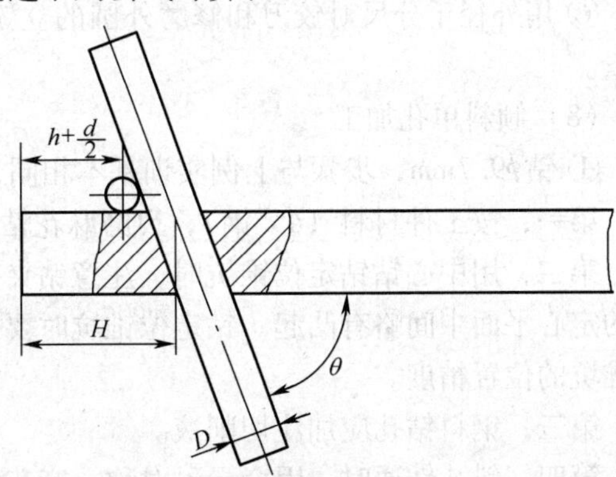

图 2-7-9 测量斜孔至端面的尺寸

$$H=h+\frac{d}{2}\left(1+\frac{1}{\tan\dfrac{\theta}{2}}\right)+\frac{D}{2}/\sin\theta \qquad (2\text{-}7\text{-}1)$$

式中，$H$——被测件斜孔至端面基准的孔距，mm；

$h$——圆棒 2 至基准端面的距离，mm；

$d$——圆棒 2 直径，mm；

$D$——圆棒 1 直径，mm；

θ——斜孔轴线与基准顶面的夹角,°。

（7）倾斜单孔工件加工准备

① 预制件检验：用游标卡尺检验工件外形尺寸 150mm × 50mm × 25mm，并检验基准面之间的垂直度、平行度，以及基准面的平面度。

② 工件表面划线：根据图样，在工件侧面划出与基准顶面夹角为 20°的找正辅助线，并打上较浅的样冲眼；在基准顶面划出斜孔中心线，并按$\phi$10mm、$\phi$12mm 的孔径划出对称孔中心的 10mm × 10.64mm、10mm × 12.77mm（其中 10.64mm 与 12.77mm 均为椭圆长轴）矩形框，（如图 2-7-10 所示），并在框线与孔中心线交点打上样冲眼，以便于斜孔中心位置对刀参考。

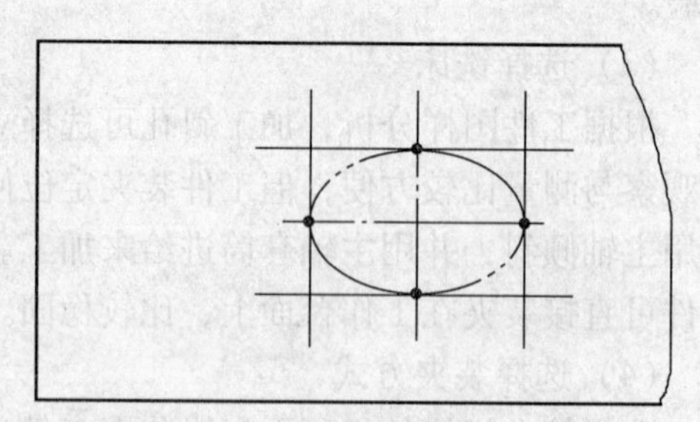

**图 2-7-10　划斜孔位置对刀线**

③ 找正铣床主轴轴线位置：方法与上例实训相同。

④ 装夹找正工件：安装机用平口钳，找正固定钳口侧面与工作台纵向平行，顶面与工作台面平行。工件装夹时，先以固定钳口顶面为基准，按侧面 20°斜度的找正辅助线目测找正，随后可用正弦规与量块组、百分表找正工件，方法与铣削斜面时相同，本例量块组的尺寸为 100mm × sin20° = 34.20mm。装夹位置应使工件加工部位靠近钳口顶面，避免加工时工件位移，便于孔的测量，且工件下部留出孔加工刀具的伸出距离，以免损坏平口钳。

⑤ 铣削钻孔定心平面：斜孔加工前，须用弹性套安装$\phi$10mm 键槽铣刀，铣削钻孔定心平面。对刀时参照图 1-7-10 所示，采用侧面对刀法调整工作台纵向，使铣刀月牙形切痕外圆弧最高点由内向外逐步与矩形框 10.64mm 的长轴端点重合。若切痕外端与长轴端点重合，两侧对称矩形框，可锁紧工作台纵横向，手动垂直进给，铣削钻孔定心平面。此时，工件顶面形成的椭圆应处于矩形框 10mm × 10.64mm 的中间。

⑥ 用外径千分尺对铰刀和修磨外圆的立铣刀外径进行预检，目测检查铰刀与铣刀刃口质量。

（8）倾斜单孔加工

① 钻$\phi$9.7mm，步骤与上例实训基本相同，加工时应注意以下事项。

第一，按工件材料（45#钢），刃磨麻花钻选后角 8°。

第二，用中心钻钻定位锥坑时，注意钻夹头与工件表面的距离，同时因键槽铣刀加工而成的定心平面中间略有凸起。钻定位锥坑时要采用进给、略退回、再进给的方法，以提高定位锥坑的位置精度。

第三，钢料钻孔应加注切削液。

第四，斜孔钻通时，因余量不对称，麻花钻会振动偏让，此时应减缓进给速度，以免损坏孔壁，甚至折断麻花钻。斜孔钻通时，也可采用外圆修磨至$\phi$9.7mm 立铣刀铣削残留部分，立铣刀的外圆刃不必修磨后角。

② 铰$\phi$10mm 孔：首先，安装$\phi$10mm 铰刀，因是固定连接，须用百分表找正铰刀与主轴的同轴度；其次，调整主轴转速为 150r/min，进给速度为 $v_f$ = 60mm/min。再次，垂向进给铰$\phi$10mm 孔，注意观察孔端下部铰通时铰刀引导部分须超过孔壁最低点。

③ 预检孔距。测量斜孔对侧面的对称度时，用游标卡尺测量孔壁至侧面的距离。若测

得外形的实际尺寸为 49.90mm，斜孔直径为$\phi$10.08mm，则孔壁至侧面的尺寸应为$\frac{49.90-10.08}{2}=19.91$mm。

测量斜孔轴线与顶面交点至端面的距离时，须注意以下事项：将$\phi$10mm 的标准棒插入斜孔，若孔与标准棒之间间隙为 0.08mm，则可用 0.03mm 薄纸包裹在标准棒外塞入斜孔；在夹角内放置时，因与插入孔中的标准棒为点接触，为避免测量时发生位移，可在$\phi$6mm 标准棒的端面安装一定位块，测量时定位块紧贴工件侧面，从而限制了测量标准棒的自由度；在用深度千分尺测量端面至$\phi$6mm 标准棒距离时，注意将测杆端面中心对准两棒的交点，如图 2-7-11 所示。

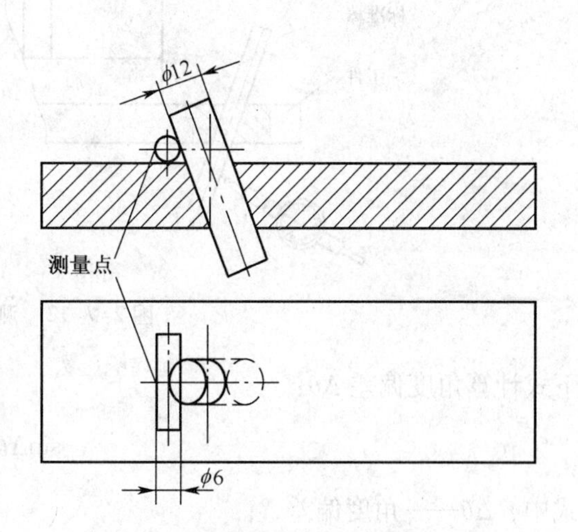


图 2-7-11 用标准棒测量斜孔孔距示意

若测得的 $h_{实}=15.20$mm，按公式计算标准 $h$ 值（如图 2-7-9 所示）：

$$h=H-\frac{d}{2}\left(1+\frac{1}{\tan\frac{\theta}{2}}\right)-\frac{D}{2}\sin\theta$$

$$=50-\frac{6}{2}\left(1+\frac{1}{\tan10^\circ}\right)-\frac{10}{2}/\sin20^\circ$$

$$=15.367\ (\text{mm})$$

按偏差方向调整工作台纵、横向，纵向按实际误差值调整，横向按误差的 1/2 调整。调整时注意误差的方向，可采用百分表控制微量调整值。

④ 扩、铰$\phi$12mm 孔。具体步骤、方法与前相似。

换装$\phi$12mm 键槽铣刀，铣出整孔前部分圆弧。

换装$\phi$11.7mm 扩孔钻，扩钻斜孔。

换装$\phi$12mm 铰刀，铰斜孔至图样尺寸。

（9）倾斜单孔加工检验

检验项目按图样检验，包括孔径、孔坐标位置、孔轴线与基准面夹角，以及孔加工表面粗糙度。

① 用塞规或内径千分尺检验孔径尺寸，测量时应注意测量孔两端孔径尺寸。用塞规检验还可以使塞规在斜孔中全部通过，以测量孔的圆柱度（斜孔的圆柱度会因两端口加工余量不均匀发生误差）。

② 用百分表测量孔轴线与两侧面的对称度，测量方法如图 2-7-12 所示。测量孔轴线与顶面交点对端面基准的尺寸采用$\phi$6mm、$\phi$12mm 标准棒测量方法，具体操作与预检方法相同。关键是通过$\phi$6mm 标准棒侧面定位板，使标准棒轴线与侧面垂直，深度千分尺的测杆端面中心对准两标准棒交点。测得 $h$ 值后，应用公式计算得出 $H$ 值。

③ 用百分表、正弦规和量块检验斜孔角度。测量时，把工件装夹在六面角铁上，先用正弦规与量块找正工件与测量平板成 20°倾斜角，然后将六面角铁转过 90°，测量斜孔两端的最低点，若示值相同，即斜孔轴线与基准夹角恰好为 70°；若两端示值有误差 $\Delta$，可通过

图 2-7-12　测量斜孔对称度

下式计算角度偏差 $\Delta\theta$：

$$\sin\Delta\theta = \frac{\Delta}{L} \qquad (2\text{-}7\text{-}2)$$

式中，$\Delta\theta$——角度偏差，°；

$\Delta$——孔两端测量示值差，mm；

$L$——孔两端测量点间长度，mm。

斜孔的实际角度 $\theta = 70° \pm \Delta\theta$，正负值视角度偏差方向确定。

④ 表面粗糙度用 $Ra1.6\mu m$ 的铰削标准样规比照检验。

（10）加工质量分析

① 斜孔轴线与基准夹角误差产生原因：工件找正时量块尺寸计算错误；在加工过程中工件受切削力影响发生微量位移；刀具细长，加工时发生偏让。

② 孔圆柱度误差大产生原因：切削用量选择不当；工作台锁紧装置有故障，在加工中发生微量位移；加工两端孔口时，刀具发生偏让。

③ 孔距（孔与端面位置尺寸）误差产生原因：划线、对刀目测误差；测量时，$\phi6$mm 标准棒端面定位块作用面与标准棒轴线不垂直，产生测量误差；测量值 $h$、$H$ 计算错误；工作台调整方向错误。

## 实训三　椭圆单孔加工

加工如图 2-7-13 所示的椭圆单孔工件。

（1）图样分析

① 椭圆孔长轴为 $\phi200^{+0.115}_{0}$ mm，椭圆孔短轴为 $\phi160^{+0.10}_{0}$ mm。

② 椭圆孔对外形尺寸的对称度公差为 0.10mm。

③ 孔轴线对底面基准的垂直度误差为 0.05mm。

④ 孔壁表面粗糙度为 $Ra1.6\mu m$，基准面粗糙度为 $Ra3.2\mu m$。

⑤ 材料为 HT200，切削性能较好。

⑥ 工件是 200mm × 280mm × 20mm 的板状矩形工件，宜采用螺栓压板装夹。

（2）拟定椭圆孔加工工艺

椭圆孔加工工序为：预制件检验→表面划线→安装镗刀杆、调整镗刀回转半径→装夹找正工件→找正机床主轴与工件相对位置→计算和调整立铣头偏转角→试镗、预检→镗椭圆孔→检验测量、质量分析。

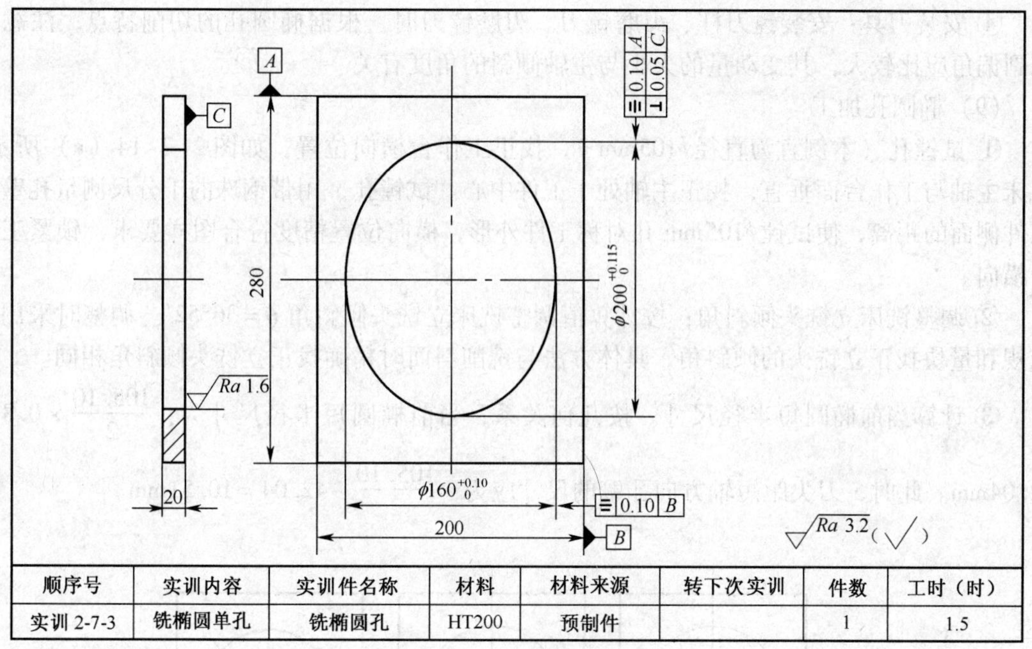


| 顺序号 | 实训内容 | 实训件名称 | 材料 | 材料来源 | 转下次实训 | 件数 | 工时（时） |
| --- | --- | --- | --- | --- | --- | --- | --- |
| 实训 2-7-3 | 铣椭圆单孔 | 铣椭圆孔 | HT200 | 预制件 |  | 1 | 1.5 |

**图 2-7-13　椭圆单孔工件**

（3）选择铣床

选择 X5032 立式铣床。

（4）选择工件装夹方式

工件用平行等高垫块衬垫，螺栓压板压紧工件。

（5）计算立铣头偏转角

$$\cos\theta=\frac{b}{a}=\frac{80}{100}=0.8;\ \theta=36°52'$$

（6）选择刀具与辅具

① 计算确定镗刀杆直径：

$$d\leqslant 2a\cos 2\theta-2H\sin\theta=200\cos 73°44'-2\times 20\sin 36°52'$$

$$=56.02-23.998$$

$$=32.022\ (\text{mm})$$

本例选取镗刀杆直径 $d=32\text{mm}$。

② 选择硬质合金焊接式镗刀，硬质合金的牌号为 YG3X。

（7）选择检验测量方法

用带钢珠的外径千分尺测量孔的位置，用内径千分尺测量椭圆孔的半径。

（8）椭圆孔加工准备

① 预制件检验：主要检验侧面与基准面的垂直度，基准面的平面度，以及预加工孔的直径（本例直径为φ100mm）。

② 工件表面划线：根据图样在工件表面划出椭圆孔中心线、椭圆孔对称外形、与椭圆孔相切的矩形框线，并在中心线与矩形框线的交点处打样冲眼。

③ 装夹、找正工件：工件的垫块应足够高，以免镗刀刀尖切到工作台面；工件上椭圆长轴应与工作台横向进给方向平行；找正工件底面与工作台面平行，侧面与工作台横向平行。

④ 安装刀具：安装镗刀杆、刃磨镗刀。刃磨镗刀时，根据椭圆孔的切削特点，注意静态副偏角应比较大，其变动量的大小与主轴倾斜的角度有关。

（9）椭圆孔加工

① 试镗孔（本例宜为直径$\phi$105mm），找正工作台横向位置，如图2-7-14（a）所示。机床主轴与工作台面垂直，找正主轴处于工件中心。试镗孔，用带钢珠的千分尺测量孔壁至工件侧面的距离，使试镗$\phi$105mm孔对称工件外形，横向位置精度符合图样要求，锁紧工作台横向。

② 调整铣床立铣头倾斜角：按计算值调整铣床立铣头倾斜角$\theta = 36°52'$。调整时采用正弦规和量块找正立铣头的倾斜角，具体方法与铣削斜面时精确找正立铣头倾斜角相同。

③ 计算当前椭圆短半径尺寸。按几何关系，当前椭圆短半径尺寸为：$\frac{105.10}{2} \times 0.8 = 42.04$mm。此时，刀尖距短轴方向孔壁的尺寸应为：$\frac{105.10}{2} - 42.04 = 10.51$mm。

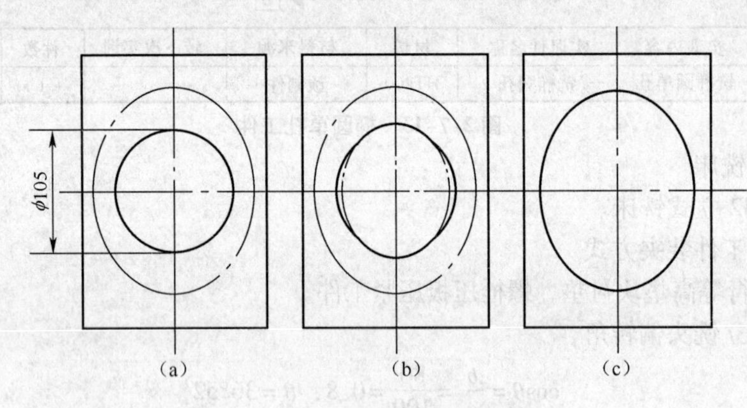


**图2-7-14　椭圆单孔加工步骤**

④ 纵向对刀调整椭圆加工位置：将镗刀对准工件顶面试镗孔与短轴线的交点，沿刀尖退离孔壁的方向移动工作台纵向，移动距离为10.51mm，此时，倾斜的镗刀杆镗出的椭圆中心大致处于工件中心。

⑤ 试镗椭圆，如图2-7-14（b）所示。逐渐增加镗刀尖的回转半径，此时，长半轴方向逐步镗出两端圆弧，椭圆弧逐渐扩大，待长轴达到131.375mm左右，椭圆弧延伸至短轴两端，形成完整的椭圆，如图2-7-14（c）所示。

⑥ 预检椭圆孔。预检以下3项内容。

其一，预检长轴和短轴尺寸，以便调整镗削余量。

其二，按预检测得的实际尺寸，计算短轴和长轴的比值，验证倾斜角的正确性。

其三，测量孔壁至端面、侧面的尺寸，预检椭圆孔对外形的对称度，确定工作台微量调整数据。

⑦ 根据预检的结果，微量调整工作台纵、横向，使椭圆对称工件外圆中心；合理分配余量，逐步精镗至图样要求的椭圆长、短半径尺寸要求。

（10）铣削加工注意事项

① 在工件装夹时，垫块应足够高，还应具有一定的宽度，以使铣削时工件比较稳固。垂向的铣出位置应预先做好记号，以免镗刀切到工作台面。

② 镗刀伸出比较长，因此应选择柄部尺寸较大的镗刀。若有条件，可采用端部较大的镗刀杆，如图2-7-15所示。

③ 因动态位置随圆弧的方位而变化，镗刀的切削角度可以在试镗后予以修磨确定。

④ 镗刀的转速及进给量也应在试切后予以确定，主要根据工件、刀具的振动情况予以调整。

⑤ 椭圆孔的测量与一般孔不同，沿径向测量时，长轴测量最大尺寸，短轴测量最小尺寸。具体操作时，可将测量点落在椭圆孔与轴线的交点位置上。测量椭圆对外形的对称度时，也存在类似的情况。

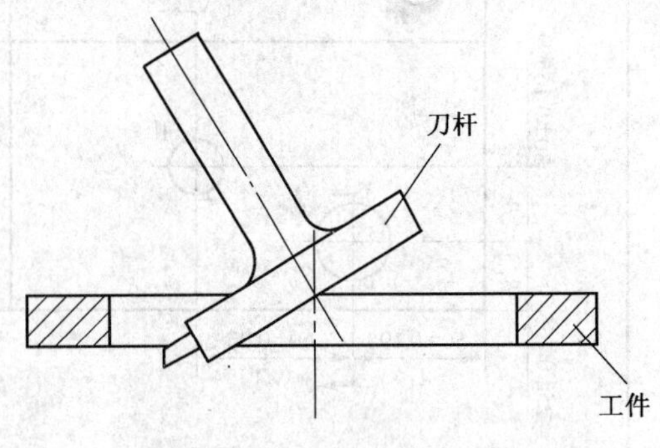

图2-7-15　改进后的镗刀杆

⑥ 镗椭圆孔时，对立铣头的倾斜角精度要求比较高，倾斜角涉及长、短轴的尺寸是否能同时进入公差范围，因此，通常必须用正弦规进行找正。

(11) 检验与测量

① 用带钢珠的千分尺测量椭圆孔对外形的对称度。短轴方向和长轴方向两侧孔壁至侧面的距离应相等。

② 用内径千分尺测量椭圆孔的长轴和短轴应同时达到尺寸精度要求。测量时，短轴在径向和轴向均为最小尺寸；长轴径向为最大尺寸，轴向为最小尺寸。

③ 测量椭圆孔与基准面的垂直度方法与单孔测量相同。

(12) 加工质量分析

除了与前述相同的孔加工内容外，还应注意以下质量要点。

① 产生孔径尺寸误差的原因：铣床主轴倾斜角度不准确，短轴与长轴尺寸比例不对；镗刀调整失误；孔径预检测量方法不正确，测量数据不准确。

② 产生椭圆孔位置误差的原因：粗镗孔位置偏差大；椭圆孔位置预检误差大；立铣头倾斜角度后，纵向对刀操作误差过大；工作台微量调整方向、数据差错。

③ 孔壁表面粗糙度误差的原因：切削用量选择不当；镗刀修磨质量差，几何角度选择不当；刀杆、刀柄强度和刚性差，镗削振动；工件装夹时垫块过高、较窄，装夹不够稳固。

## 实训四　多孔加工

### 1. 孔距标注方向与基准平行的多孔加工

加工如图2-7-16所示多孔工件。

(1) 图样分析

① 孔Ⅰ中心至基准面坐标尺寸为(50±0.195)mm、(25±0.165)mm；孔Ⅱ中心以孔Ⅰ中心为基准，增量坐标为(60±0.23)mm、(30±0.165)mm。

② 孔Ⅰ孔径尺寸为$\phi30^{+0.052}_{0}$mm，孔Ⅱ孔径尺寸为$\phi20^{+0.033}_{0}$mm，孔的圆度和圆柱度误差应包容在孔径公差内。

③ 孔Ⅰ轴线对底面$A$的垂直度误差为0.03mm，孔Ⅱ与孔Ⅰ轴线的平行度误差为0.015mm。

④ 两孔表面粗糙度为$Ra1.6\mu m$，其余粗糙度为$Ra3.2\mu m$。

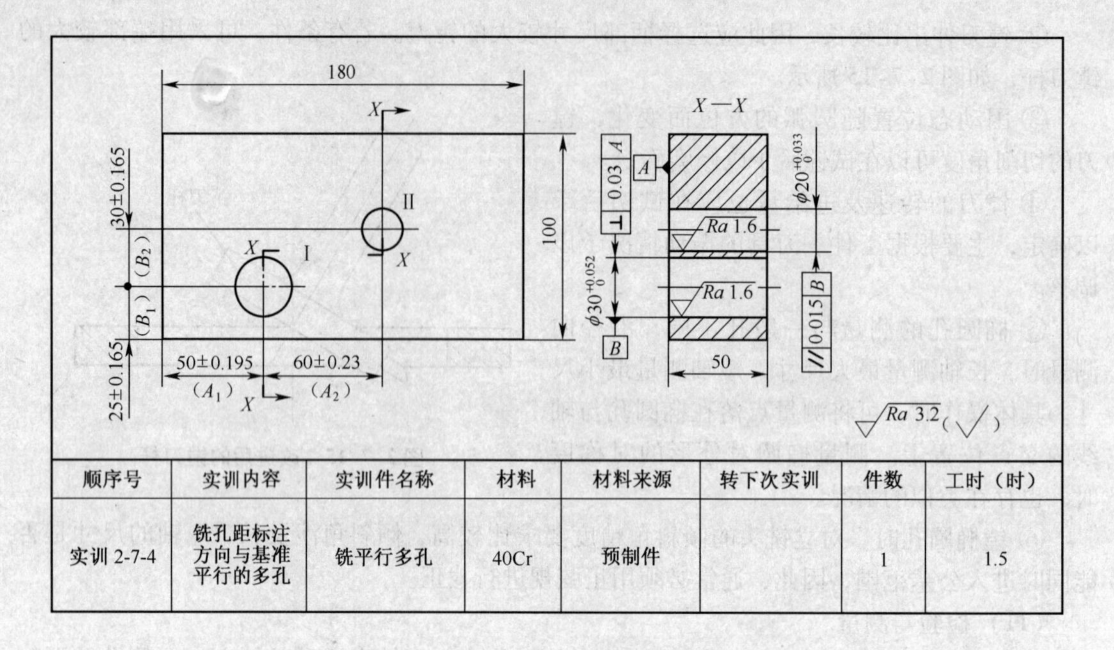


| 顺序号 | 实训内容 | 实训件名称 | 材料 | 材料来源 | 转下次实训 | 件数 | 工时（时） |
|---|---|---|---|---|---|---|---|
| 实训 2-7-4 | 铣孔距标注方向与基准平行的多孔 | 铣平行多孔 | 40Cr | 预制件 | | 1 | 1.5 |

**图 2-7-16　孔距标注方向与基准平行的多孔工件**

⑤ 工件材料为 40Cr，切削性能较好，与 45#钢相比，韧性较大。

⑥ 工件是 180mm × 100mm × 50mm 的长方体，便于装夹、找正。

⑦ 工件加工难点：高度 50mm 与孔径的长径比比较大，因此加工时形位精度控制比较困难。

（2）拟定多孔加工工艺

多孔加工工序：预制件检验→表面划线→钻孔 $\phi$25mm 、镗孔 $\phi$29.60mm、铰孔 $\phi$30mm→预检孔 $\phi$30mm 孔径和形位精度→工件复位、移距→钻孔 $\phi$18mm、扩孔 $\phi$19.5mm、铰孔 $\phi$20mm→检验测量、质量分析。

（3）选择铣床

选择 X5032 立式铣床。

（4）选择工件装夹方式

选用螺栓压板装夹工件，工件下面衬垫等高平行垫块。

（5）选择刀具与辅具

选用标准规格 $\phi$2.5mm 中心钻、$\phi$25mm 与 $\phi$18mm 麻花钻、$\phi$19.5mm 扩孔钻、$\phi$20mm 和 $\phi$30mm 机用高速钢铰刀、$\phi$22mm 的镗杆与硬质合金焊接式镗刀。镗刀的主偏角为 65°，副偏角为 15°，前角为 10°，后角为 8°，刃倾角为 0°。为保证孔的圆柱度，以及与基准面的垂直度，铰孔时采用浮动连接辅具，如图 2-7-17 所示。

（6）选择移距方法与检验测量方法

孔径尺寸在加工中选用游标卡尺和内径千分尺测量；孔距过程控制采用游标卡尺，检验时用壁厚千分尺或带钢珠的千分尺测量。在测量孔Ⅱ至端面的尺寸时，须进行尺寸换算，具体计算如下。

① 按图 2-7-16 水平方向尺寸计算时，孔Ⅰ位置尺寸 $A_1$、孔Ⅰ～Ⅱ位置尺寸 $A_2$ 与孔Ⅱ至端面基准的位置尺寸 $A_3$ 构成直线尺寸链，如图 2-7-18（a）所示。因 $A_2$ 尺寸是间接获得

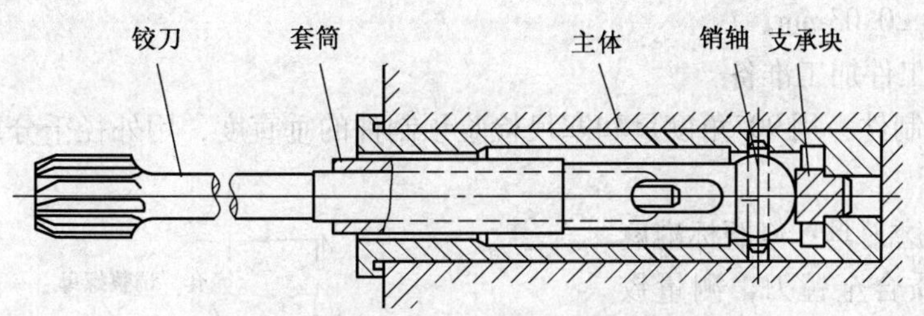


图 2-7-17　安装铰刀的浮动连接辅具

的尺寸为封闭环（$A_0$），组成环 $A_1$ 为减环，$A_3$ 为增环。

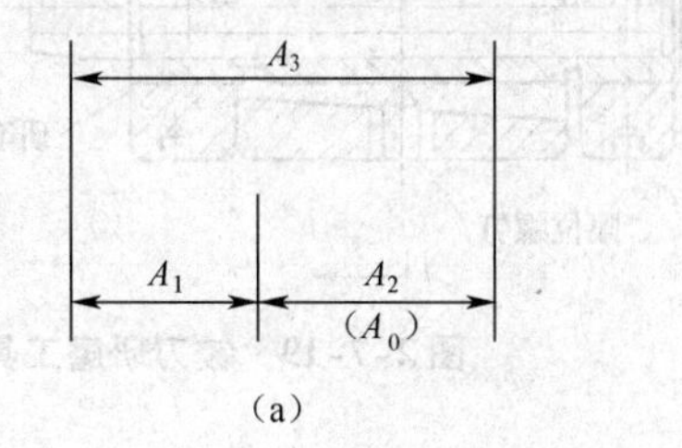


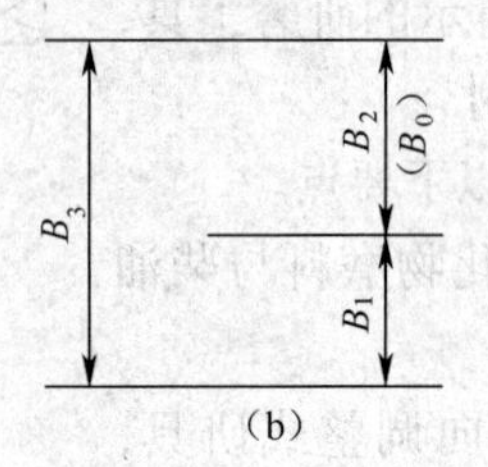


图 2-7-18　孔距尺寸链计算

计算基本尺寸：增环传递系数 $\xi_3=-1$，减环传递系数 $\xi_1=+1$。

$$A_0=\sum_{i=1}^{m}\xi_i A_i=60=-50+A_3$$

$$A_3=110$$

计算中间偏差：$\Delta_1=0$；$\Delta_0=0$；故 $\Delta_3=0$。

计算公差：$T_1=0.39\text{mm}$；$T_0=0.46\text{mm}$。

$$T_0=\sum_{i=1}^{m}|\xi_i|T_i=0.46\text{mm}=0.39+T_3$$

$$T_3=0.46-0.39=0.07\text{mm}$$

计算上下偏差：

$$ES_3=\Delta_3+\frac{T_3}{2}=0+\frac{0.07}{2}=0.035\text{mm}$$

$$EI_3=\Delta_3-\frac{T_3}{2}=0-\frac{0.07}{2}=-0.035\text{mm}$$

即 $A_3=110\pm0.035\text{mm}$。

② 同理，如图 2-7-18（b）所示，垂直方向的尺寸计算：

$$B_0=25=-30+B_3$$

$$B_3=25+30=55\text{mm}$$

$$\Delta_0=\Delta_1+\Delta_3=0,\ \Delta_1=0,\ \Delta_3=0$$

$$T_0=T_1+T_3=0.33+T_3=0.39$$

$$T_3=0.06\text{mm}$$

$$ES_3=\Delta_3+\frac{T_3}{2}=\frac{0.06}{2}=0.03\text{mm}$$

$$EI_3=\Delta_3-\frac{T_3}{2}=-\frac{0.06}{2}=-0.03\text{mm}$$

即 $B_3 = 55 \pm 0.03\text{mm}$。

（7）多孔工件加工准备

① 检验预制件：用90°角度尺和塞尺检验预制件的垂直度，用外径千分尺检验工件的平行度。

② 检验修磨刀具：修磨标准麻花钻和YT硬质合金镗刀，测量铰刀的直径，应按孔径的尺寸精度选择铰刀直径，若铰刀直径偏大，可使用如图2-7-19所示的研磨工具，修研铰刀的外径尺寸。

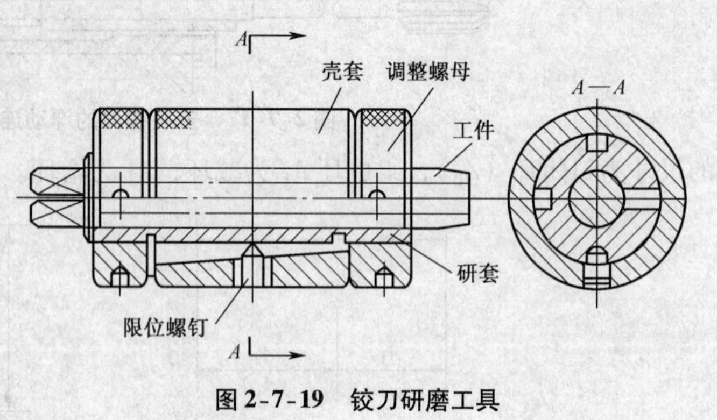

**图2-7-19　铰刀研磨工具**

修研时应掌握以下要点。

第一，选用氧化物磨料与柴油调成的研磨膏。

第二，选用轴向调整式研具，研磨时调整尺寸比较精确。

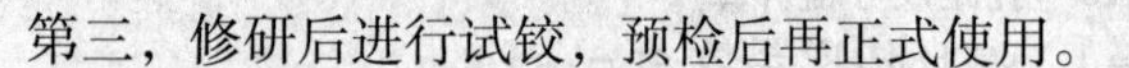
第三，修研后进行试铰，预检后再正式使用。

③ 检查与调整铣床。其操作步骤如下。

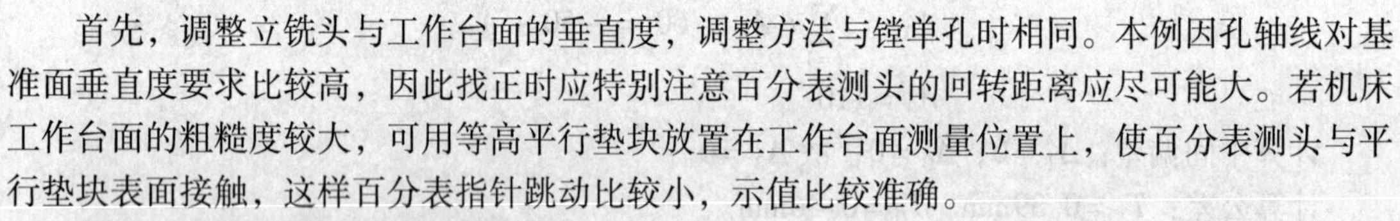
首先，调整立铣头与工作台面的垂直度，调整方法与镗单孔时相同。本例因孔轴线对基准面垂直度要求比较高，因此找正时应特别注意百分表测头的回转距离应尽可能大。若机床工作台面的粗糙度较大，可用等高平行垫块放置在工作台面测量位置上，使百分表测头与平行垫块表面接触，这样百分表指针跳动比较小，示值比较准确。

其次，检测铣床垂直进给时工作台的倾斜偏差，测量方法如图2-7-20所示。

再次，检测工作台刻度的准确性，在加工前，应对机床的纵横进给丝杠做清洁工作，并调整工作台的镶条，使导轨有合适的间隙。同时可用钟表式百分表校核工作台刻度的准确性，检测的范围主要是加工使用的区间。

最后，检测垂向自动进给时是否有爬行等不正常现象。

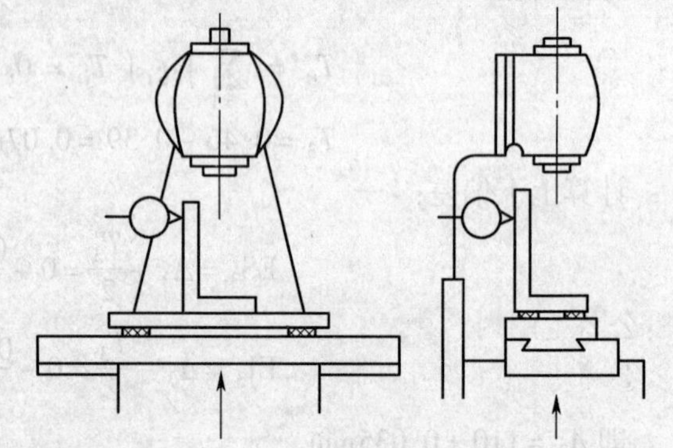
**图2-7-20　检测垂向进给工作台面倾斜度**

④ 工件表面划线：在划出孔的位置线后，用划规划孔圆周线时，按工序尺寸划出钻孔加工线，以便于加工观察。

⑤ 找正和装夹工件：工件基准面用等高垫块垫高，垫块的高度为20mm左右，以便观察。纵向和横向安装定位圆柱，如图2-7-21所示，工件在装夹时形成侧面二点、端面一点、底面三点的完全定位。

（8）多孔加工

① 加工孔Ⅰ。孔Ⅰ的加工方法与单孔加工相似，具体操作时应注意以下两点。

第一，因长径比比较大，镗孔后应注意测量孔的圆柱度，特别是铰前孔的测量，应尽可能使余量一致。

第二，铰孔时采用浮动连接，应在铰刀导向部分进入孔前启动自动进给，以保证孔的精度。

② 加工孔Ⅱ。具体操作时应注意以下两点。

第一，在孔Ⅰ加工完毕后，应按原工作台移动方向，利用刻度盘移动孔Ⅰ～Ⅱ坐标尺寸，不必重新从侧面对刀移动绝对坐标值。微量调整孔距时，可借助百分表提高精度。

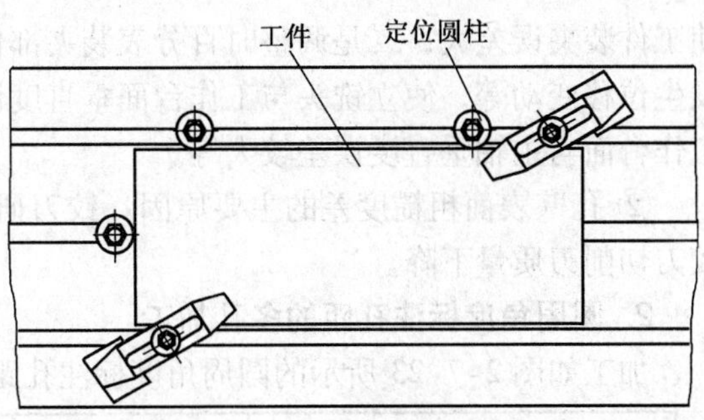


图 2-7-21　用定位圆柱定位示意

第二，在钻孔$\phi$18mm、扩孔$\phi$19mm、$\phi$19.5mm 过程中，利用百分表微量调整工作台与基准面的位置尺寸，使孔逐步达到换算得到的（110 ± 0.035）mm、（55 ± 0.03）mm 坐标尺寸。

③ 扩孔两次的作用是为了保证孔Ⅱ与基准底面的垂直度。扩孔时切削用量应重新调整，切削速度取钻孔时的1/2，进给量是钻孔时的1.5倍。因扩孔钻的齿数比较多，若为4齿，每齿进给量为0.10mm/z，扩孔时切削平稳，可使铰前孔达到较高的精度。

（9）多孔工件的检验

① 孔径检验。由于长径比比较大，用内径千分尺检验时，须与塞规配合进行，也可使用三爪内径千分尺测量，如图 2-7-22 所示。在测量内径的同时，检测孔的圆柱度。

② 孔的垂直度检验。本例孔深 50mm，用六面角铁装夹工件测量轴线与基准面垂直度时，需配做与孔间隙为 0.01mm 左右的标准棒，长度为 100mm。测量时，将标准棒插入孔内露出部分 50mm，然后用百分表测量其上（或下）素线示值差。将六面角铁转过 90°放置，再用百分表测量其素线的高度偏差，测得的偏差值应在垂直度公差范围内。

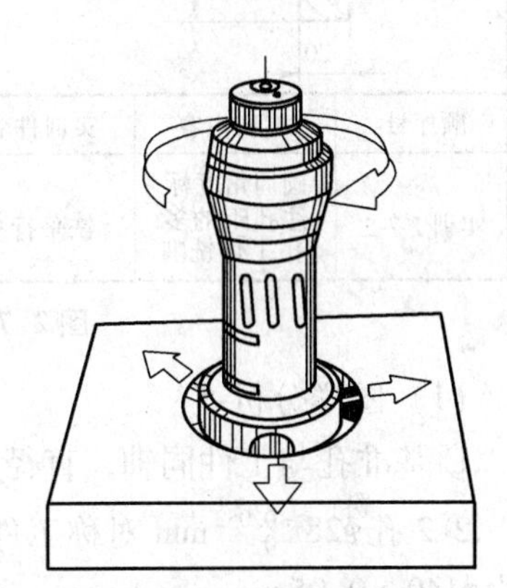

图 2-7-22　用三爪内径千分尺测量孔径

③ 检验孔Ⅰ与孔Ⅱ轴线的平行度。测量方法与垂直度检验基本相同，测量时可在六面角铁底面垫薄纸，使基准孔Ⅰ的轴线以素线代替与平板平行，然后测量孔Ⅱ的轴线（以素线代替）与测量平板的平行度误差，此误差即为孔Ⅰ、孔Ⅱ一个方位的平行度误差。将六面角铁转过 90°，重复以上方法，测得孔Ⅰ、孔Ⅱ另一方位的平行度误差，两个方位的误差均应在 0.03mm 以内。操作时，百分表测头测量点之间的距离仍应大于等于 50mm。

④ 检验孔距。由于孔距的公差比较大，可采用示值为 0.02mm 的游标卡尺或带钢珠的外径千分尺测量，具体方法与单孔加工测量相同。孔Ⅰ与孔Ⅱ之间的尺寸通过计算得到。若（水平方向）孔Ⅰ至端面尺寸为 50.08mm，孔Ⅱ至端面的尺寸为 110.03mm，则孔Ⅰ～Ⅱ的尺寸为 59.95mm；若（垂直方向）孔Ⅰ至侧面尺寸为 25.10mm，孔Ⅱ至侧面的尺寸为 55.02mm，则孔Ⅰ～Ⅱ的尺寸为 29.92mm。

（10）加工质量分析

① 孔垂直度产生误差的原因：一是等高垫块精度差、工件压板位置和压紧力不适当等

使工件装夹误差大；二是调整时百分表装夹部位松动、百分表精度差、找正后紧固立铣头时发生位移变动等，使立铣头与工作台面垂直度调整精度差；三是垂向导轨间隙较大，进给中工作台面与主轴垂直度误差较大等。

② 孔壁表面粗糙度差的主要原因：铰刀研磨质量不好，初学者常因操作方法不当引起铰刀切削刃质量下降。

**2. 圆周角度标注孔距的多孔加工**

加工如图 2-7-23 所示的圆周角度标注孔距的多孔工件。

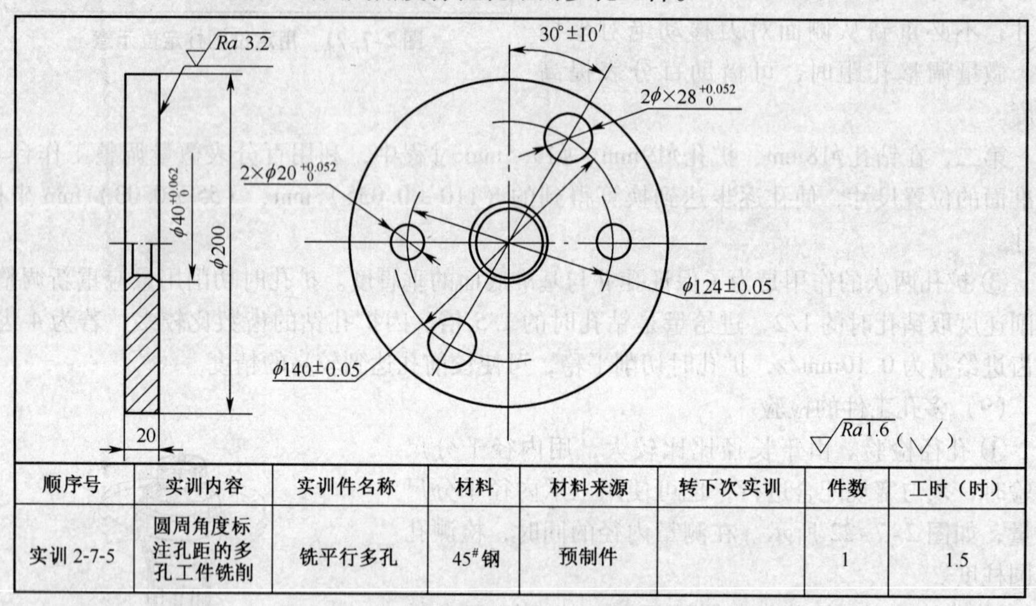


| 顺序号 | 实训内容 | 实训件名称 | 材料 | 材料来源 | 转下次实训 | 件数 | 工时（时） |
|---|---|---|---|---|---|---|---|
| 实训 2-7-5 | 圆周角度标注孔距的多孔工件铣削 | 铣平行多孔 | 45# 钢 | 预制件 | | 1 | 1.5 |

图 2-7-23　圆周角度标注孔距的多孔铣削

（1）图样分析

① 基准孔与工件同轴，直径为 $\phi40^{+0.062}_{0}$ mm。

② 2 孔 $\phi28^{+0.052}_{0}$ mm 对称工件轴线，与工件垂直中心线的夹角为 30° ±10′，分布圆周直径为 $\phi140\pm0.05$mm。

③ 2 孔 $\phi20^{+0.052}_{0}$ mm 对称工件轴线，孔中心处于工件水平中心线上，分布圆周直径为 $\phi124\pm0.05$mm。

④ 孔的表面粗糙度为 $Ra1.6\mu m$，基准面粗糙度为 $Ra3.2\mu m$。

⑤ 工件材料为 45# 钢，切削性能较好。

⑥ 工件是 $\phi200$mm × 20mm 的圆盘，宜采用螺栓压板装夹。

（2）拟定孔加工工艺

孔加工工序：预制件检验→表面划线→安装回转工作台和螺栓压扳→装夹找正工件→找正机床主轴与回转中心位置→移距，分度钻、扩、铰 2 孔 $\phi20$mm→移距，分度钻、镗、铰 2 孔 $\phi28$mm→检验测量、质量分析。

（3）选择铣床

根据工件形体分析，在立式铣床上加工比较方便，选择 X5032 立式铣床。

（4）选择工件装夹方式

选用 T12400 型回转工作台，工件用平行等高垫块衬垫，用专用芯轴定位，螺栓压板压紧工件。

（5）选择刀具与辅具

选用标准规格$\phi$2.5mm 中心钻钻孔定中心锥坑；$\phi$19mm 麻花钻、$\phi$19.5mm 扩孔钻与$\phi$20mm 机用铰刀加工$\phi$20mm 孔；$\phi$22mm 麻花钻、$\phi$20mm 过渡式直柄镗杆与硬质合金焊接式镗刀与$\phi$28mm 机用铰刀加工$\phi$28mm 孔。

（6）选择移距方法与检验测量方法

分布圆直径采用百分表、量块移距方法，角度位移用回转工作台做角度分度。孔径尺寸采用内径千分尺测量，孔距采用游标尺或标准棒、外径千分尺测量。

（7）多孔工件加工准备

① 预制件检验：主要检验基准孔与基准面的垂直度，基准面的平面度。

② 工件表面划线：根据图样在工件表面划出孔中心线及孔加工圆周参照线，并用样冲在孔中心与孔轮廓线打样冲眼。

③ 安装回转工作台。其操作包括以下几点。

第一，按规范安装回转工作台。

第二，在回转工作台手柄处换装分度手柄和分度盘。

第三，按角度分度法计算孔距中心角：

$$n=\frac{30°}{4°}=7\frac{1}{2}=7\frac{33}{66}\text{（r）或 }n=\frac{60°}{4°}=15\text{（r）}$$

第四，找正机床主轴与回转台主轴的同轴度，找正时将百分表固定在主轴刀杆上，用手扳转机床主轴，使百分表测头接触回转台主轴基准孔内壁，调整工作台，使百分表示值相同，操作方法如图2-7-24所示。

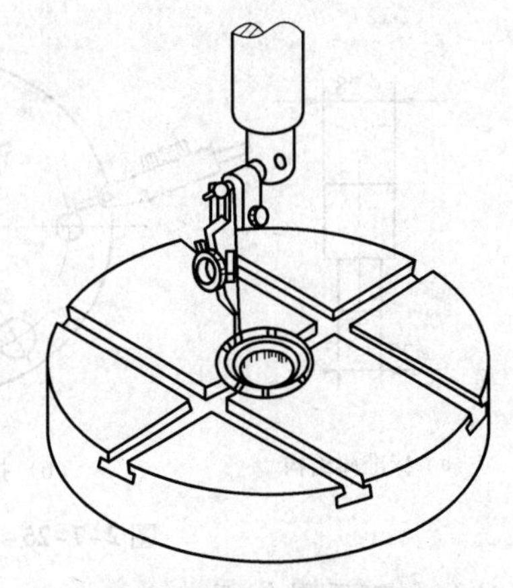

图 2-7-24　找正机床主轴与回转台主轴同轴

④ 装夹、找正工件。用专用芯轴定位，使工件基准孔与回转工作台同轴，工件底面垫高30mm，用压板螺栓压紧工件，注意压板、垫块避开孔加工位置。工件装夹后复核基准面与工作台面的平行度。

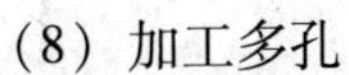

（8）加工多孔

① 加工 2 孔$\phi$20mm。其主要操作步骤如下。

第一，以机床主轴与回转工作台（工件基准孔）同轴的位置为基准，锁紧工作台横向，用量块和百分表精确纵向移动孔距 62.00mm。

第二，采用钻、扩、铰的工艺，按单孔加工方法，加工一侧孔$\phi$20mm 达到图样要求。

第三，预检孔距和孔径尺寸，若孔的实际孔径尺寸为$\phi$40.02mm、$\phi$20.03mm，则孔$\phi$20mm 至基准孔壁的实测尺寸应为$\frac{124}{2}-\frac{40.02+20.03}{2}=31.975$mm。

第四，回转工作台准确转过 180°，加工对称孔$\phi$20mm。

② 加工 2 孔$\phi$28mm。其操作步骤如下。

第一，以机床主轴与回转工作台（工件基准孔）同轴的位置为基准，锁紧工作台横向，用量块和百分表精确纵向移动孔距为 70.00mm。

第二，以加工$\phi$20mm孔的圆周位置为基准，回转工作台顺时针准确转过60°。

第三，采用钻、镗、铰的工艺，按单孔加工方法，加工一侧孔$\phi$28mm达到图样要求。

第四，预检孔距和孔径尺寸，若孔的实际孔径尺寸为$\phi$40.02mm、$\phi$28.04mm，则孔为$\phi$28mm至基准孔壁的实测尺寸应为$\frac{140}{2}-\frac{40.02+28.04}{2}=35.97\text{mm}$。

第五，回转工作台准确转过180°，加工对称孔$\phi$28mm。

（9）检验

检验与测量孔径与孔距的测量与前述基本相同。本例具有圆周角度位置，测量时采用以下方法。

① 制作阶梯标准棒，一端直径与$\phi$20mm的实际孔径配合，本例为20.03mm、20.02mm，另一端直径与$\phi$28mm的实际孔径配合，本例为28.04mm、28.03mm。标准棒结构如图2-7-25（a）所示。

② 工件安装在回转台上，基准孔与回转中心同轴。

③ 找正工件的2孔$\phi$20mm中心连线与纵向平行。找正时可将标准棒插入孔内，用百分表测头找正芯轴侧面最高点位置连线与纵向平行，如图2-7-25（b）所示。

④ 将标准棒插入2孔$\phi$28mm中，回转台按角度分度准确转过60°，用百分表测量标准棒同侧最高点连线与纵向的平行度，如图2-7-25（c）所示，若示值误差为0.05mm，则角度误差为：$\Delta\theta=\arctan\frac{0.05}{140}\approx1'14''$。

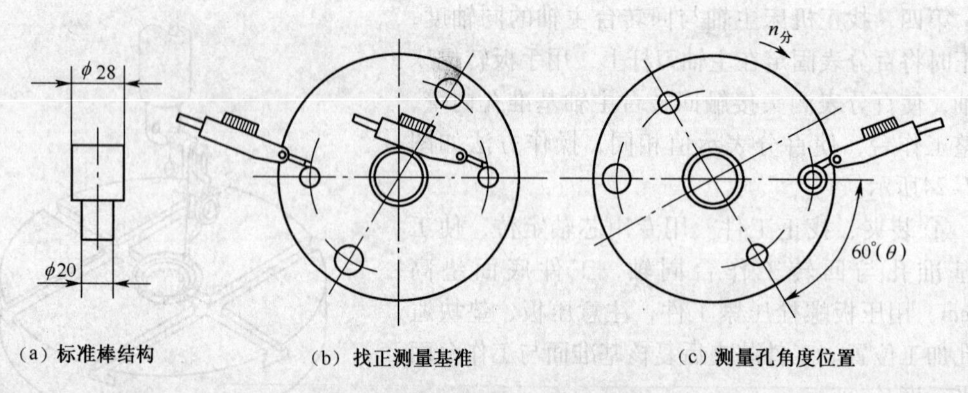


（a）标准棒结构　（b）找正测量基准　（c）测量孔角度位置

图2-7-25　用标准棒测量孔圆周角度位置

（10）加工质量分析

除了与前述相同的孔加工内容外，还应注意以下质量问题。

① 本例采用以机床主轴与回转工作台（工件基准孔）同轴的位置为基准移距，产生误差的原因：回转工作台与铣床主轴同轴度找正误差大；移距前未复核找正原始位置；孔距预检操作失误；回转工作台主轴间隙较大。

② 本例采用回转工作台角度分度保证孔圆周角度位置，产生误差的原因：回转台分度精度差；分度计算错误；分度操作失误；分度盘、分度手柄换装时不稳固；分度机构间隙较大；回转台主轴锁紧机构失灵。

# 项目八　齿轮和齿条的铣削

## 实训一　直齿圆柱齿轮铣削

铣削直齿圆柱齿轮，如图 2-8-1 所示。

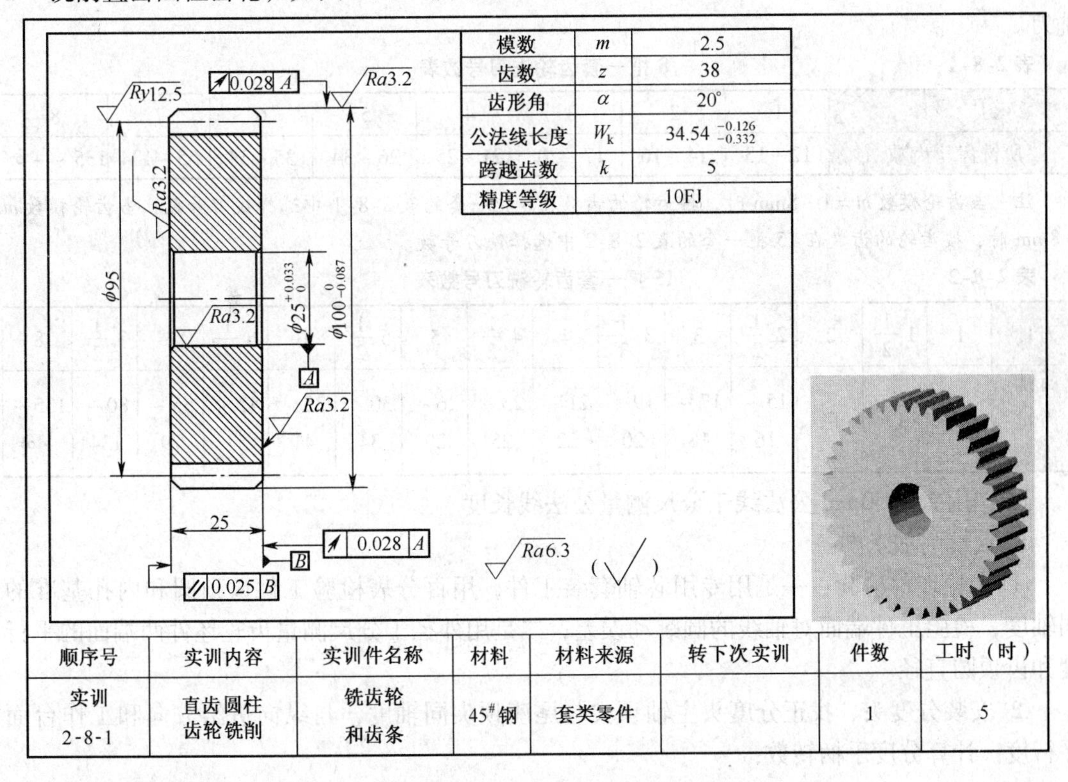

| 模数 | $m$ | 2.5 |
|---|---|---|
| 齿数 | $z$ | 38 |
| 齿形角 | $\alpha$ | 20° |
| 公法线长度 | $W_k$ | $34.54^{-0.126}_{-0.332}$ |
| 跨越齿数 | $k$ | 5 |
| 精度等级 | | 10FJ |



| 顺序号 | 实训内容 | 实训件名称 | 材料 | 材料来源 | 转下次实训 | 件数 | 工时（时） |
|---|---|---|---|---|---|---|---|
| 实训 2-8-1 | 直齿圆柱齿轮铣削 | 铣齿轮和齿条 | 45#钢 | 套类零件 | | 1 | 5 |

图 2-8-1　直齿圆柱齿轮铣削

（1）图样分析

① 齿轮模数 $m=2.5$，齿数 $z=38$，齿形角 $\alpha=20°$。

② 齿顶圆直径 $d_a=\phi100^{\ 0}_{-0.087}$mm，分度圆直径 $d=\phi95$mm，齿宽 $b=25$mm。

③ 齿轮精度等级为 10FJ，公法线长度 $W_k=34.54^{-0.126}_{-0.332}$mm，跨齿数 $k=5$。

④ 基准内孔的精度较高，齿顶圆和基准端面对基准孔轴线的圆跳动允差 0.028mm，两端面的平行度允差 0.025mm。

⑤ 齿轮齿面粗糙度要求为 $Ry=12.5\mu m$。

⑥ 齿轮材料为45#钢，热处理T235HBS，具有较高硬度。

⑦ 该齿轮为套类零件，宜采用专用芯轴装夹工件。

(2) 拟定加工工艺

拟定在卧式铣床上用分度头加工。铣削加工工序过程：齿轮坯件检验→安装并调整分度头→装夹和找正工件→工件表面划中心线→计算、选择和安装齿轮铣刀→对刀并调整进刀量→试切、预检公法线长度→准确调整进刀量→依次准确分度和铣削→直齿圆柱齿轮铣削工序检验。

(3) 选择铣床

选用X6132型等类似的卧式铣床。

(4) 选择装夹方式

工件装夹在F11125型分度头上用两顶尖、鸡心夹头和拨盘装夹芯轴与工件，芯轴的形式如图2-8-2所示。

(5) 选择刀具

根据齿轮的模数、齿数和齿形角查表2-8-1选择刀具：$m=2.5\text{mm}$、$\alpha=20°$的6号齿轮铣刀。

**表2-8-1　　8把一套齿轮铣刀号数表**

| 刀　具 | 1 | 2 | 3 | 4 | 5 | 6 | 7 | 8 |
|---|---|---|---|---|---|---|---|---|
| 所铣齿轮齿数 | 12 ~ 13 | 14 ~ 16 | 17 ~ 20 | 21 ~ 25 | 26 ~ 34 | 35 ~ 54 | 55 ~ 134 | 135 ~ +∞ |

注：当齿轮模数$m=1\sim8\text{mm}$时，按齿轮的齿数在8把一套的表2-8-1中选择铣刀号数；当齿轮模数$m>8\text{mm}$时，按齿轮的齿数在15把一套的表2-8-2中选择铣刀号数。

**表2-8-2　　15把一套齿轮铣刀号数表**

| 刀具 | 1 | $1\frac{1}{2}$ | 2 | $2\frac{1}{2}$ | 3 | $3\frac{1}{3}$ | 4 | $4\frac{1}{2}$ | 5 | $5\frac{1}{2}$ | 6 | $6\frac{1}{2}$ | 7 | $7\frac{1}{2}$ | 8 |
|---|---|---|---|---|---|---|---|---|---|---|---|---|---|---|---|
| 所铣齿轮齿数 | 12 | 13 | 14 | 15 ~ 16 | 17 ~ 18 | 19 ~ 20 | 21 ~ 22 | 23 ~ 25 | 26 ~ 29 | 30 ~ 34 | 35 ~ 41 | 42 ~ 54 | 55 ~ 79 | 80 ~ 134 | 135 ~ +∞ |

(6) 用25 ~ 50mm公法线千分尺测量公法线长度

(7) 铣削加工准备

① 齿轮坯件检验：一是用专用芯轴套装工件，用百分表检验工件齿顶圆和内孔基准的同轴度，检验工件端面对轴线的圆跳动误差；二是用外径千分尺测量齿轮坯件两端面的平行度和齿顶圆直径。

② 安装分度头、找正分度头主轴顶尖与尾座顶尖同轴度，与纵向进给方向和工作台面平行度。计算分度手柄转数：

$$n=\frac{40}{z}=\frac{40}{38}=1\frac{3}{57}\ (\text{r})$$

调整分度销、分度盘及分度叉。

③ 使工件外圆与分度头主轴同轴，端面圆跳动在0.03mm以内，如图2-8-3所示。

④ 在工件圆柱面划出对称中心，间距3mm的两条齿槽对刀线。

⑤ 铣刀安装在刀杆中间部位，主轴的转速

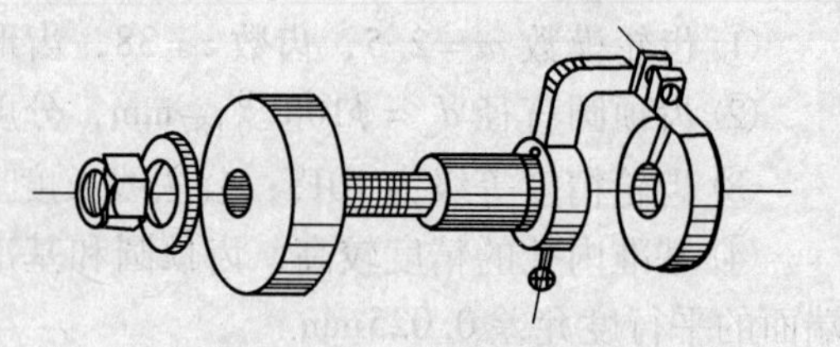
图2-8-2　工件的装夹

调整为 $n=75\mathrm{r/min}$，进给速度 $v_f=37.5\mathrm{mm/min}$。

（8）直齿圆柱齿轮铣削加工

① 对刀。横向对刀时，分度头准确转过 90°，使划线位于工件上方，调整工作台横向，使齿轮铣刀刀尖位于划线中间，铣出切痕，并进行微量调整，使切痕处于对刀线中间。垂向对刀时，调整工作台，使齿轮铣刀恰好擦到工件圆柱面最高点。

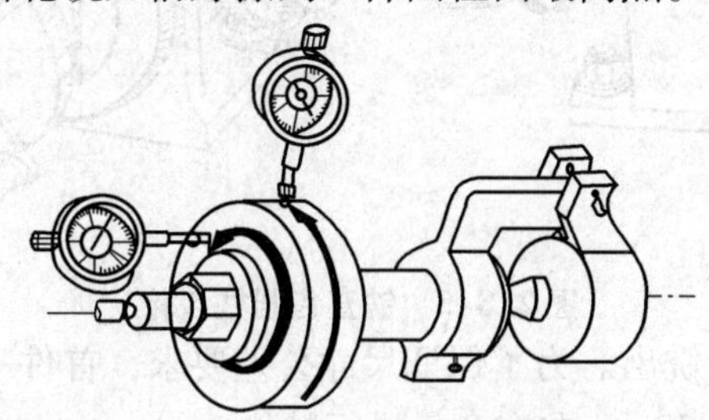

**图 2-8-3　用百分表检查齿坯同轴度和垂直度**

② 试铣、验证齿槽位置。垂向上升 $1.5m=1.5\times2.5\mathrm{mm}=3.75\mathrm{mm}$ 铣出一条齿槽。工件退刀后，将工件转过 90°，使齿槽处于水平位置，在齿槽中放入 $\phi6\mathrm{mm}$ 的标准圆棒，用百分表测量圆棒；然后将工件转过 180°，用同样方法进行比较测量，如图 2-8-4 所示。若百分表的示值不一致，则按示值差的 1/2 微量调整工作台横向，调整的方向应使铣刀靠向百分表示值低的一侧。

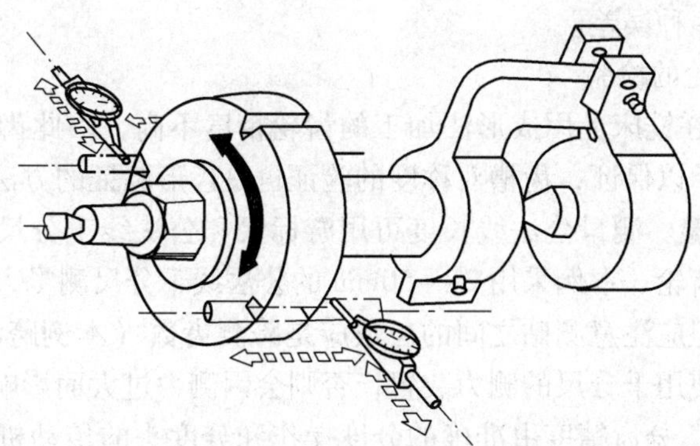

**图 2-8-4　验证齿槽对称度**

③ 调整齿槽深度及预检。将工件转过 90°，使齿槽处于铣削位置，根据垂向对刀记号，工作台上升 $2.25m=2.25\times2.5=5.625\mathrm{mm}$，先上升 5.40mm 进行试铣。根据铣削距离，调整好纵向自动挡铁，铣削时使用切削液。试铣 6 个齿槽后，用公法线千分尺预检，测量公法线长度后，第二次铣削层深度 $\Delta t=1.46\ (W_c-W_t)$。

本例预检时若测得 $W_c=34.68\mathrm{mm}$，根据图样给定的公差值，则 $\Delta t=1.46\ (W_c-W_t)=1.46\times(34.68-34.54-0.12)=0.0292\mathrm{mm}$。

④ 粗、精铣齿槽，如图 2-8-5 所示。

按原铣削位置，逐齿粗铣齿槽；按计算得到的 $\Delta t$ 值调整工作台垂向，准确分度精铣齿槽；铣出 6 个齿槽后，可再次测量公法线长度是否符合图样要求，然后依次精铣全部齿槽。

⑤ 铣削注意事项如下。

第一，若图样给定的数据是分度圆弦齿厚，预检后决定第二次的铣削层深度 $\Delta t$ 应按式 $\Delta t=1.46\ (W_c-W_t)$ 计算。

第二，若齿轮齿面质量要求较高，需分粗铣、精铣两次进给铣削，对齿面要求不高或齿

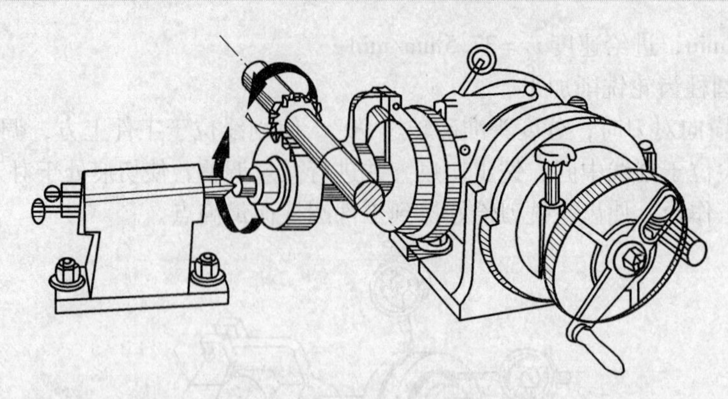

图 2-8-5　铣直齿圆柱齿轮

轮模数较小，也可一次进给铣出。为了保证尺寸公差要求，首件一般需要经过两次调整铣削层深度，第一次铣削后留 0.50mm 左右余量进行精铣。

第三，在预检后第二次升高工作台时，应将公差值考虑进去，否则会使铣出的轮齿变厚而无法正确啮合使用。

第四，齿轮的齿槽必须对称工件中心，否则会发生齿形偏斜，影响齿轮的传动平稳性，因此，对刀后验证齿槽的对称度是加工中的重要环节。

第五，若使用的机床是万能卧式铣床，应注意检查铣床工作台零位是否对准，若未对准时铣削齿轮，会产生多种误差。

（9）直齿圆柱齿轮的检验

① 齿形的检验。在铣床上用成形法加工的齿轮精度不高，因此齿形一般由正确选择铣刀和准确的对刀操作予以保证，齿槽对称度的验证也是齿形验证的方法和内容之一。

② 公法线长度检验。测量公法线长度可用游标尺和公法线千分尺。前者适用于齿槽较宽，测量精度较低的齿轮。本例采用 25 ~ 50mm 的公法线千分尺测量，测量的方法与使用外径千分尺基本相同，但应注意测砧之间的齿数应是跨测齿数（本例跨测齿数是 5），测砧与侧面的测量接触力应使用千分尺的测力装置，否则会因测力过大而影响测量准确性。

③ 分齿精度检验。分齿精度由准确的分度操作和分度头的传动机构精度保证。通常的检验方法是选择多个测量公法线长度或分度圆弦齿厚的部位，以间接地检测分齿精度。若公法线长度或分度圆弦齿厚的变动量比较小，分齿精度相应也比较高。

（10）直齿圆柱齿轮加工质量分析

① 齿槽偏斜的主要原因：对刀不准确、铣削时工作台横向未锁紧等。

② 齿厚（或公法线长度）不等、齿距误差较大的原因：分度操作不准确（少转或多转圈孔）、工件径向圆跳动过大、分度时未消除分度间隙、铣削时未锁紧分度头主轴、铣削过程中工件微量角位移等。

③ 齿厚（公法线）超差的原因：测量不准确、铣刀选择不正确、分度失误、调整铣削层深度错误、工作台零位不准（使齿槽铣宽）、工件装夹不稳固（铣削时工件松动）等。

④ 齿形误差较大的原因：选错铣刀号数、工作台零位不准确等。

⑤ 齿向误差大的原因：芯轴垫圈不平行、工件装夹后未找正端面圆跳动、分度头和尾座轴线与进给方向不平行等。

⑥ 齿面粗糙的原因：铣削用量选择不当、工件装夹刚度差、铣刀安装精度差（圆跳动大）、分度头主轴间隙较大等。

# 实训二　直齿条铣削

直齿条铣削如图 2-8-6 所示。

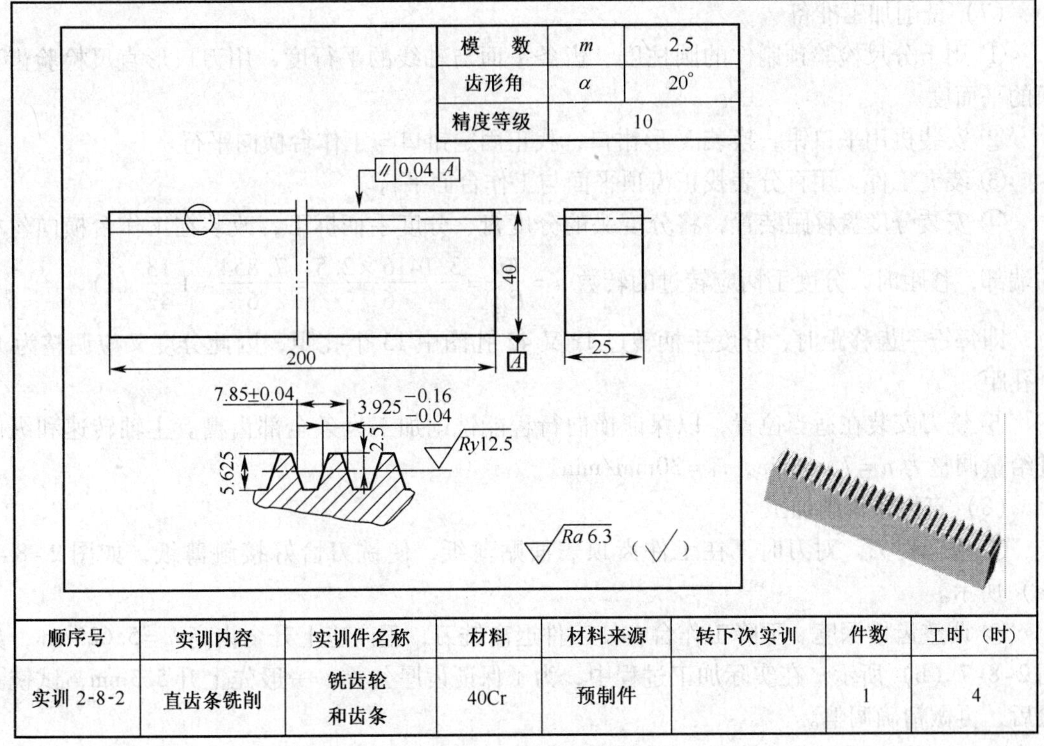


| 顺序号 | 实训内容 | 实训件名称 | 材料 | 材料来源 | 转下次实训 | 件数 | 工时（时） |
|---|---|---|---|---|---|---|---|
| 实训 2-8-2 | 直齿条铣削 | 铣齿轮和齿条 | 40Cr | 预制件 | | 1 | 4 |

**图 2-8-6　直齿条铣削**

（1）图样分析

① 齿条模数 $m=2.5$，齿形角 $\alpha=20°$，齿厚 $s=3.925$mm，齿距 $P=7.85\pm0.04$mm。

② 齿顶高 $h_a=2.5$mm，全齿高 $h=5.625$mm，齿宽 $b\approx56$mm。

③ 齿条精度等级 10FJ 。

④ 坯件基准外圆的精度较高，齿条部分的有效长度为 200mm。

⑤ 齿面粗糙度要求分析齿轮齿面 $Ry=12.5\mu$m。

⑥ 齿条材料为 40Cr，具有较高强度。

⑦ 齿条为轴类零件，可用机床用平口钳装夹工件。

（2）拟定加工工艺

拟定在万能卧式铣床上用横向移距进行加工。

铣削加工工序过程：预制件检验→安装、找正轴用虎钳→安装找正工件→安装铣刀→安装移距辅助装置→对刀、试铣→预检、铣削齿条→齿条轴铣削工序检验。

（3）选择铣床

选用 X6132 型等类似的卧式铣床。

（4）选择装夹方式

工件装夹采用机床用平口虎钳换装 V 形钳口装夹。

（5）选择刀具

选用 $m=2.5$ 的 8 号盘形齿轮铣刀。

(6) 选择检验测量方法

齿厚用齿厚游标卡尺测量，齿距用标准圆棒和外径千分尺测量，也可用齿厚游标卡尺测量。

(7) 铣削加工准备

① 用千分尺检验预制件的圆柱度、齿条平面与轴线的平行度，用刀口形直尺检验齿顶面的平面度。

② 安装机用平口钳，换装 V 形钳口，找正固定钳口与工作台横向平行。

③ 装夹工件，用百分表找正齿顶平面与工作台面平行。

④ 安装分度盘移距装置，将分度头的分度盘、分度手柄拆下，改装在工作台横向丝杠的端部，移距时，分度手柄应转过的转数 $n=\frac{\pi n}{P_{丝}}=\frac{3.1416\times 2.5}{6}=\frac{7.854}{6}\approx 1\frac{13}{42}$ (r)。

即每铣一齿移距时，分度手柄转过 1r 又 42 孔圈中 13 个孔距，因此分度叉应调整为 13 个孔距。

⑤ 铣刀安装在适当位置，以保证横向行程能铣削加工齿条全部齿槽。主轴转速和纵向进给量调整为 $n=75$ r/min，$v_f=30$mm/min。

(8) 直齿条铣削加工

① 垂向对刀。对刀时，在工件齿顶表面贴薄纸，使铣刀恰好接触薄纸，如图 2-8-7 (a) 所示。

② 调整齿槽深度。下降工作台，使工件退离铣刀，垂向应上升全齿高 $h=5.625$mm，如图 2-8-7 (b) 所示。在实际加工过程中，为了保证齿厚公差，一般先上升 5.3mm，试铣预检后，再做精确调整。

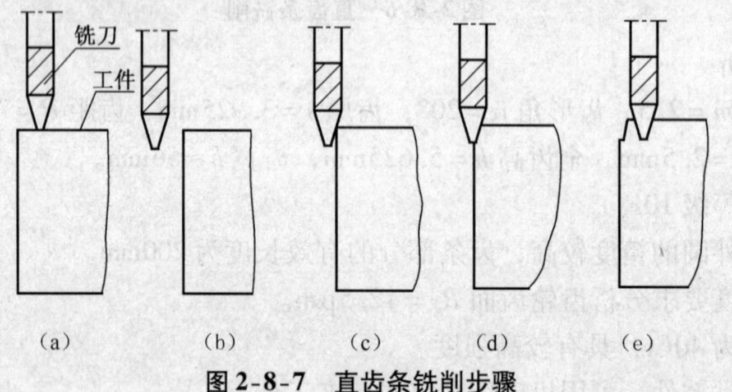


**图 2-8-7　直齿条铣削步骤**

③ 调整横向铣削位置。调整工作台，使铣刀侧刃与工件端面与齿顶面的交线恰好接触，如图 2-8-7 (c) 所示。纵向退刀，工作台横向移动距离：

$$s\leqslant\frac{p}{4}+m\tan\alpha=\frac{7.85}{4}+2.5\times\tan 20^\circ=2.8724\ (\text{mm})$$

横向按计算值移动 2.8724mm 后（约 42 孔圈中转过 20 个孔距），紧固工作台横向，铣削第一刀，如图 2-8-7 (d) 所示。

④ 试铣预检。用分度盘移距，铣削第二刀，如图 2-8-7 (e) 所示。铣削第二刀后，对已铣成的齿进行预检。测量时，将齿高游标尺调整为齿顶高 2.5mm，并将测量面与齿顶面贴合，然后移动齿厚尺，使两测量爪与齿面接触，即可测出齿厚尺寸。测量时，注意尺身与齿顶面、齿向垂直，两齿厚量爪与齿面平行。若测得的齿厚为 3.90mm，则 $\Delta t=1.37$

$(s_c - s) = 1.37 \times (3.90 - 3.70) = 0.274$mm。

⑤ 铣削齿条。横向回复到第一刀铣削位置，按 $\Delta t$ 准确调整工作台垂向。依次准确移距，铣削齿条。

(9) 直齿条的检验

齿厚检验方法与预检时相同。齿距的检验方法有以下两种。

① 用齿厚游标卡尺测量齿距，如图 2-8-8（a）所示。测量时将齿高尺调整到 2.5mm，齿厚游标卡尺两测量爪之间的尺寸为 $P+s$，本例为 $7.854+3.927=11.781$mm。

② 用标准圆棒、千分尺测量齿距，如图 2-8-8（b）所示。测量时选用两根直径相同的圆棒，其直径 $D \approx 2.4m = 2.4 \times 2.5 = 6$mm。

将圆棒放入齿槽中，用千分尺测量两圆棒间距离为 $L = P + D = 7.85 + 6 = 13.85$mm。

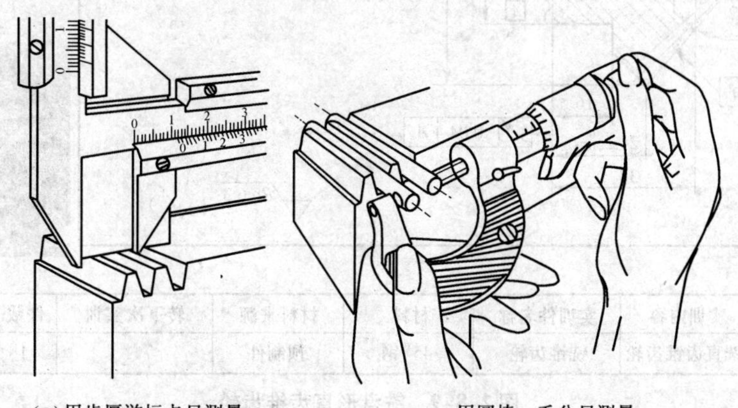

(a) 用齿厚游标卡尺测量　　(b) 用圆棒、千分尺测量

图 2-8-8　直齿条齿距测量

(10) 直齿条铣削加工质量分析

除与直齿圆柱齿轮相似的内容外，还有以下几点。

① 齿厚与齿距误差较大的原因：齿顶面与工作台面不平行，预检测量不准确，移距计算错误或操作失误，铣削层深度调整计算错误，工作台丝杠精度不够及各段磨损不均等。

② 齿向误差大的原因：工件轴线与工作台横向不平行。

## 实训三　盘形直齿锥齿轮铣削

盘形直齿锥齿轮铣削，如图 2-8-9 所示。

(1) 图样分析

① 齿轮模数 $m = 2.5$，齿数 $z = 34$，齿形角 $\alpha = 20°$。

② 齿顶圆直径 $d_a = \phi 88.535_{-0.087}^{\ 0}$ mm，分度圆直径 $d = \phi 85$mm，齿宽 $b = 20$mm。

③ 分锥角 $\delta = 45°$，根锥角 $\delta_f = 42°10'$，分锥面对基准孔轴线的圆跳动允差范围为 0.115mm。

④ 齿轮精度要求为 12aGB11365，大端弦齿厚 $\bar{s} = 3.962_{-0.22}^{-0.02}$ mm，大端弦齿厚 $\bar{h}_a = 2.53$mm。

⑤ 坯件基准内孔的精度较高，顶锥面和基准端面对基准孔轴线的圆跳动允差 0.04mm，两端面具有较好的平行度。

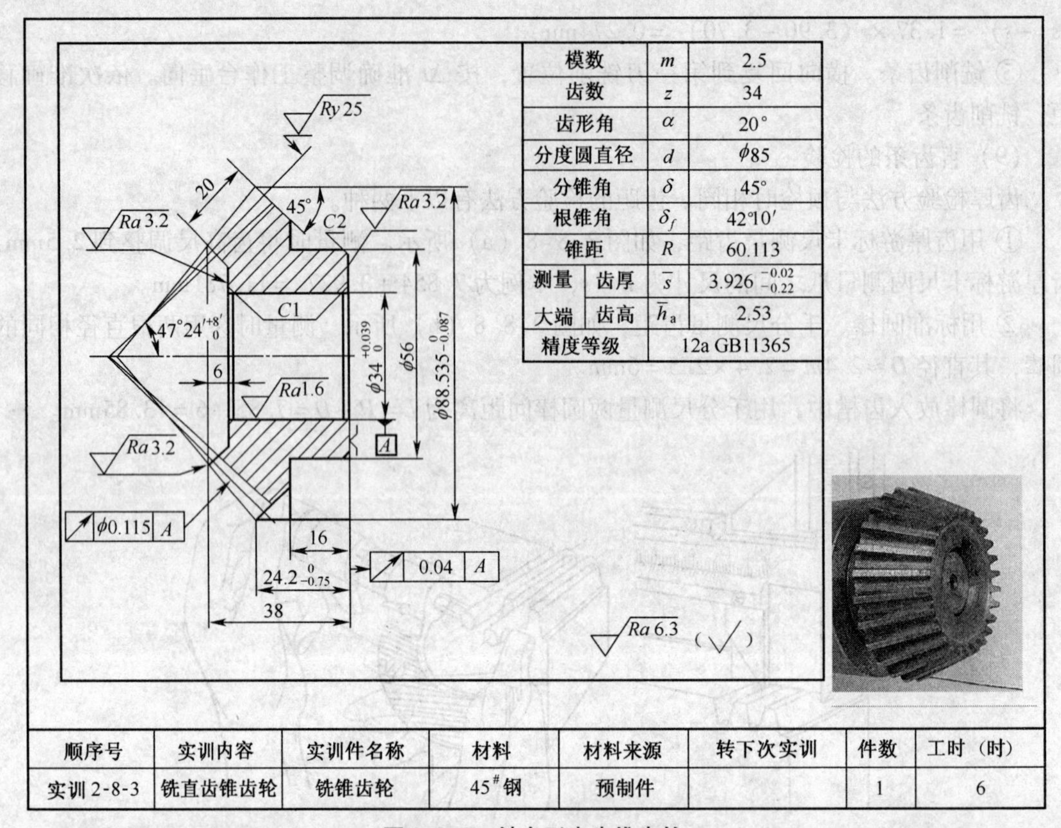


| 模数 | | $m$ | 2.5 |
|---|---|---|---|
| 齿数 | | $z$ | 34 |
| 齿形角 | | $\alpha$ | 20° |
| 分度圆直径 | | $d$ | $\phi$85 |
| 分锥角 | | $\delta$ | 45° |
| 根锥角 | | $\delta_f$ | 42°10′ |
| 锥距 | | $R$ | 60.113 |
| 测量 | 齿厚 | $\bar{s}$ | $3.926^{-0.02}_{-0.22}$ |
| 大端 | 齿高 | $\bar{h}_a$ | 2.53 |
| 精度等级 | | | 12a GB11365 |

| 顺序号 | 实训内容 | 实训件名称 | 材料 | 材料来源 | 转下次实训 | 件数 | 工时（时） |
|---|---|---|---|---|---|---|---|
| 实训 2-8-3 | 铣直齿锥齿轮 | 铣锥齿轮 | 45#钢 | 预制件 | | 1 | 6 |

**图 2-8-9　铣盘形直齿锥齿轮**

⑥ 齿轮齿面粗糙度为 $Ry25\mu m$。

⑦ 坯件材料为 45#钢，切削性能较好。

⑧ 坯件形体为套类零件，宜采用专用芯轴装夹工件。

（2）拟定加工工艺

根据齿轮的外形与齿数，拟定在卧式铣床上用分度头装夹工件，水平纵向进给铣削加工。铣削加工工序过程：齿轮坯件检验→安装并调整分度头→装夹和找正工件→工件表面划线→计算、选择和安装齿轮铣刀→对刀并调整齿深铣削中间齿槽→按 $N$、$s$ 调整分度头和工作台铣削齿一侧→按 $2N$、$2s$ 反向调整分度头和工作台铣削齿另一侧→直齿锥齿轮铣削工序检验。

（3）选择铣床

选用 X6132 型等类似的卧式铣床。

（4）选择工件装夹方式

在 F11125 型分度头上用专用锥柄芯轴装夹工件，采用这种芯轴装夹比较稳固，而且使工作台垂向行程留有较大的调整余地。芯轴形式和工件装夹如图 2-8-10 所示。

（5）选择刀具

根据齿轮的模数、齿数和齿形角，按当量齿数计算公式计算选择铣刀：$z_v = \frac{z}{\cos\delta} = \frac{34}{\cos45°} \approx 48$。按齿数查表 2-8-1，选择 $m = 2.5mm$、$\alpha = 20°$的 6 号锥齿轮铣刀。注意铣刀上锥齿轮的标记，以防与直齿圆柱齿轮铣刀搞错。

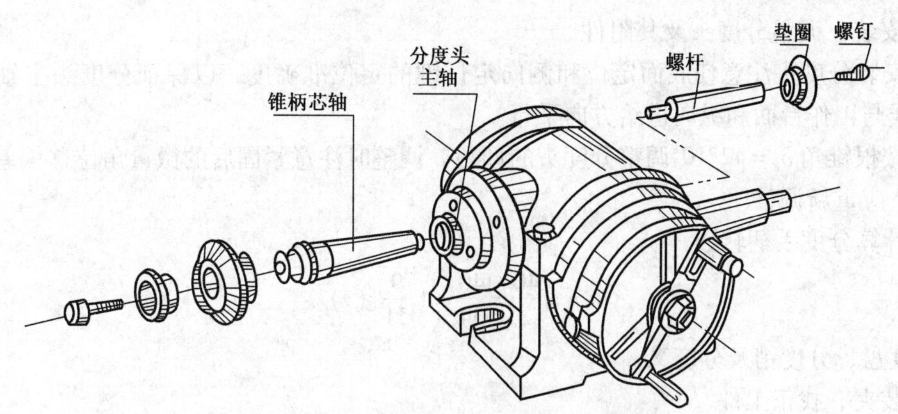


图 2-8-10　锥齿轮专用芯轴和工件装夹

（6）选择检验测量方法

用齿厚游标卡尺测量弦齿厚；用标准圆棒分别嵌入多个齿槽，用百分表测量齿圈径向跳动误差；用一对量针嵌入对应齿槽测量齿向误差。

（7）盘形直齿锥齿轮铣削加工准备

① 安装专用芯轴

将分度头水平放置在工作台面上安装专用芯轴，具体方法如图 2-8-10 所示。

a. 将螺杆旋入芯轴锥柄内螺纹。

b. 擦净芯轴外锥面和分度头主轴前端内锥面，将芯轴锥柄推入主轴内锥使锥面配合，用百分表检测芯轴定位圆柱面与分度头主轴的同轴度，台阶端面的圆跳动误差。

c. 在分度头主轴后端装入垫圈，旋入拧紧螺钉，将芯轴紧固在分度头主轴上。

② 齿轮坯件检验

a. 用内径千分尺测量基准孔直径，用专用芯轴套装工件，用百分表检验工件顶圆锥面与基准内孔的同轴度，检验工件端面对轴线的圆跳动误差。

b. 用外径千分尺测量齿顶圆直径，本例测得齿顶圆的实际直径尺寸为$\phi$88.47～88.51mm。

c. 用游标角度尺测量顶锥角，本例用基准端面定位测量，具体方法如图 2-8-11 所示。操作时，注意尺身在工件锥面的素线位置测量，根据圆锥面的几何特征，过锥顶的轴向截面与圆锥面的交线是素线位置，素线是直线，而偏离中心的轴向截面与圆锥面的交线是曲线。因此寻找素线位置时，可将尺身目测对准工件中心，然后前后移动，观察尺身与圆锥面的缝隙，若两端大、中间小，说明尚未找准素线位置；若缝隙大小一致，说明已找准素线测量位置；此时再读出角度值。

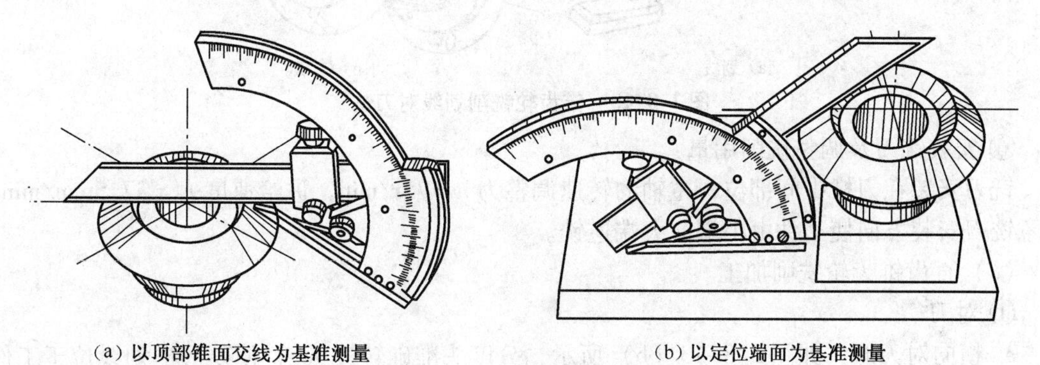

（a）以顶部锥面交线为基准测量　　（b）以定位端面为基准测量

图 2-8-11　检验锥齿轮顶锥角

③ 安装、调整分度头及其附件

a. 安装分度头注意使底面定位和侧向定位键的定位准确度，以保证分度头主轴水平位置时轴线与工作台面和纵向进给方向平行。

b. 按根锥角 $\delta_f = 42°10'$ 调整分度头的仰角，调整时注意紧固后的微量角位移偏差，若偏差较大，应重新调整。

c. 计算分度手柄转数：

$$n = \frac{40}{z} = \frac{40}{34} = 1\frac{9}{51}\ (\mathrm{r})$$

调整分度盘、分度销及分度叉。

④ 装夹、找正工件

将工件装夹在专用芯轴上（如图 2-8-12 所示），并用百分表检测顶圆锥面对分度头主轴的圆跳动误差在 0.08mm 以内。若误差较大，可将工件松夹后，转过一个角度夹紧后再找正，直至符合要求。

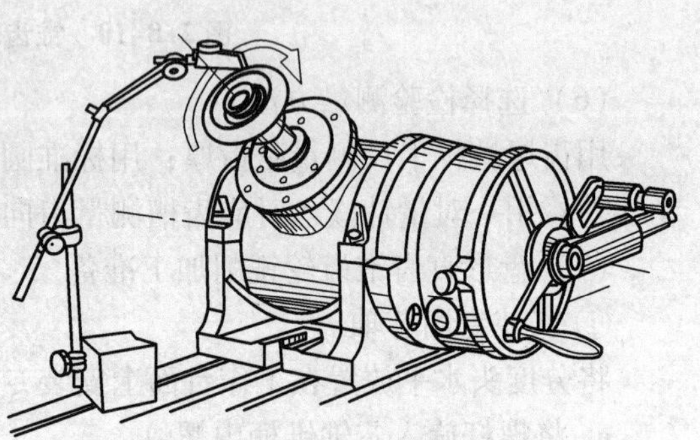

图 2-8-12　锥齿轮工件找正

⑤ 工件顶圆锥面划线

在工件顶圆锥面用游标高度尺划出对称中心的菱形框，如图 2-8-13（a）所示。具体操作时，先将划线尺目测对准工件锥面中部的中心位置，在锥面划出一条弧线，分度头准确转过 180°，在工件同一侧，再划出一条弧线，两线相交一点，若交点偏向工件小端，应将高度尺下降 3mm 左右，按上述方法划出另两条弧线，此时形成的菱形框处于工件顶圆锥面上。若第一次划出的弧线交点偏向大端，则应将划线尺升高 3mm 左右划另两条弧线。如果划线时高度尺的升降方向不对，可能会使工件定圆锥面上的菱形框不完整，以致影响对刀操作。

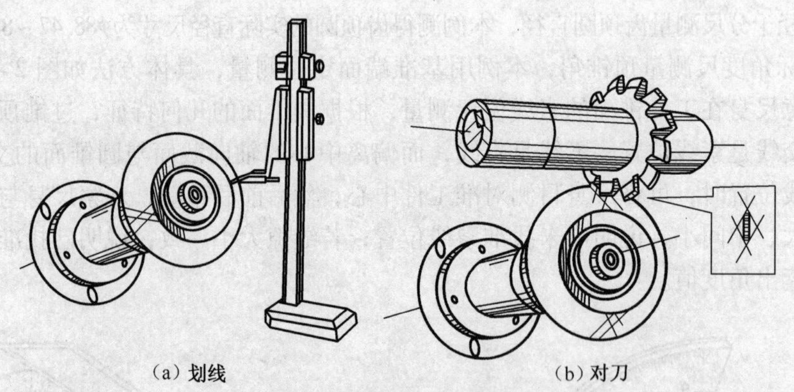

（a）划线　　（b）对刀

图 2-8-13　锥齿轮铣削划线对刀法

⑥ 安装铣刀及调整铣削用量

铣刀安装在刀杆中间部位，主轴的转速调整为 $n = 75\mathrm{r/min}$，进给速度 $v_f = 37.5\mathrm{mm/min}$。注意铣刀安装方向使工件由小端向大端逆铣。

（8）直齿锥齿轮铣削加工

① 对刀

a. 横向对刀时，如图 2-8-13（b）所示，分度头准确转过 90°，使菱形框划线位于工件上方，调整工作台横向，使齿轮铣刀刀尖位于划线中间，铣出切痕，并进行微量调整，使切痕处于菱形框中间。

b. 垂向对刀时，调整工作台，使齿轮铣刀恰好擦到工件大端的最高点。操作时，应往复移动工作台纵向，及时发现对刀切痕出现。

② 铣削中间齿槽

垂向上升 $2.2m = 2.2 \times 2.5 = 5.5$mm，按分度计算值准确分度，依次铣削所有中间齿槽。铣削时，注意由小端向大端逆铣，以便于偏铣的调整与对刀。中间槽铣好后，应检测大端齿厚余量。

③ 铣削齿一侧余量

本例采用先确定分度头主轴转角、再移动工作台横向的方法铣削齿侧余量，以达到大端齿厚要求。具体操作步骤如下。

a. 按经验公式确定分度头主轴转角：

$$N = \left(\frac{1}{8} \sim \frac{1}{6}\right) n = \left(\frac{1}{8} \sim \frac{1}{6}\right) \times 60 = (7.5 \sim 10) \text{ 孔}$$

b. 根据中间槽铣削位置，将分度手柄在 51 孔圈顺时针转过 8 个孔距。

c. 在齿槽中涂色，将铣床主轴转速调整为 475r/min，并将电器开关转至停止位置。

d. 调整工作台横向，目测使铣刀齿形对准工件小端齿槽，调整工作台纵向，使工件端齿槽处于刀杆的中心位置下方，用手转动刀杆，观察铣刀是否恰好擦到小端齿槽两侧面；若两侧不均匀，应微量调整横向，使铣刀靠向工件小端未擦到的一侧。铣刀对准小端齿槽后，可根据横向中间槽铣削位置刻度和偏移后的刻度，得出偏移量 $s$。

e. 将铣床主轴转速和电器开关复原，由小端向大端机动进给铣削齿一侧余量，铣好一齿后，用齿厚游标卡尺测量大端齿厚，若余量恰好为偏铣前齿厚余量的 1/2，则可依次准确分度铣削全部齿的同一侧。若余量小于 1/2，可在 7.5～10 孔范围内多转一些角度，微量调整工作台重新使铣刀对准小端齿槽，然后依次铣削全部齿的一侧余量。

④ 铣削齿另一侧余量

根据最后调整数据 $N$、$s$，分度手柄反向转过 $2N$，工作台反向移动 $2s$。调整时注意消除分度机构和工作台传动机构的间隙，并进行小端齿槽对刀复核。铣削第一齿后，可用齿厚卡尺测量大端齿厚进行预检，待预检合格，纵向进给依次铣削齿另一侧余量。

⑤ 铣削注意事项

a. 为使铣出的齿形正确，并与工件轴线对称，两侧偏铣的余量应相等，不允许为达到齿厚尺寸而单面铣除余量。

b. 铣削齿侧余量时，若出现分度手柄多转一孔，齿厚减小超差，而少转一孔，则又会使齿厚增大超差。此时，可松开分度盘紧固螺钉，使分度盘相对分度手柄微量转动，并使分度手柄转过合适的孔距。不宜采用横向单独移动来达到齿厚要求，以免小端齿厚减薄。

c. 如齿宽小于 1/3 锥距时，因小端齿厚也有余量，可计算出小端的弦齿厚和弦齿高，在铣削齿侧余量时，将小端的余量也铣出，同时保证大小端的齿厚达到图样要求。

d. 如齿宽略大于 1/3 锥距时，小端齿厚已减薄超差，铣削时，小端齿厚不应再被铣去。

e. 铣刀由工件小端向大端铣削时，须待工件切入刀具中心后机动进给，以免工件被拉起。当工件伸出较长时，可由大端向小端铣削，以使铣削力将工件向下压。

f. 工件数量较多而锥齿轮模数不大时，第一件试切预检后，可按 $N$、$s$ 调整工作台，直接铣削齿槽两侧，以简便操作，提高工效。

（9）直齿锥齿轮的检验

① 齿厚检验

用齿厚游标卡尺测量大端齿厚方法，如图 2-8-14（a）所示。测量时，注意测量点的位置。如图 2-8-15 所示，齿高游标卡尺的测量点在轮齿大端的齿顶的中间，齿厚游标卡尺的测量点在大端齿形与分圆锥的交点上。

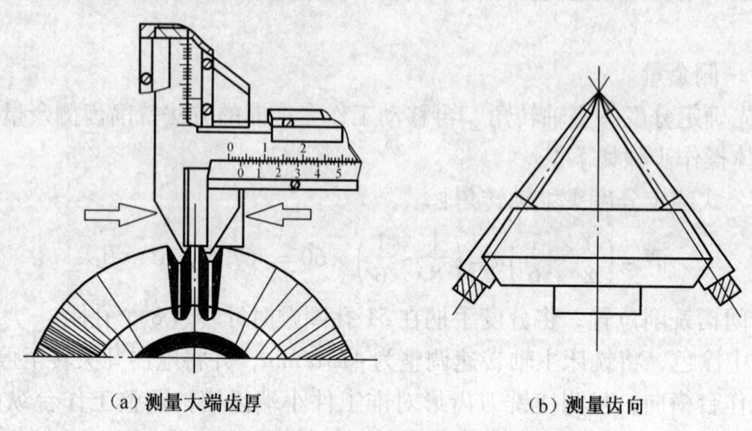

（a）测量大端齿厚　（b）测量齿向

图 2-8-14　锥齿轮的齿厚和齿向检验

② 齿向误差检验

齿向误差测量方法如图 2-8-14（b）所示。测量时，应注意检验量针的精度，主要检验针尖与嵌入齿槽的圆柱部分的同轴度。简便的检验方法是将量针圆柱面用手在平板上按住并滚动，观察针尖的跳动，若跳动不明显，说明同轴度较好；若跳动明显，应更换后再用于测量。

③ 齿圈径向跳动检验

测量操作如图 2-8-16 所示，将工件套入芯轴，本例用 $\phi$4mm 的标准圆棒嵌入齿槽，用手转动工件，用百分表测量大端圆棒处最高点，测得每个齿的示值，百分表示值的变动量为大端齿圈跳动误差。

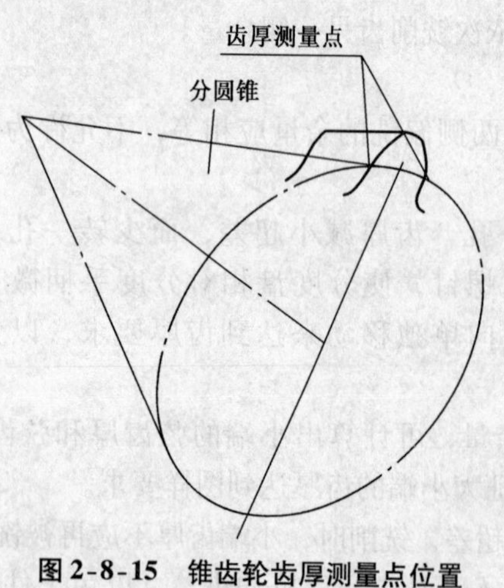


图 2-8-15　锥齿轮齿厚测量点位置

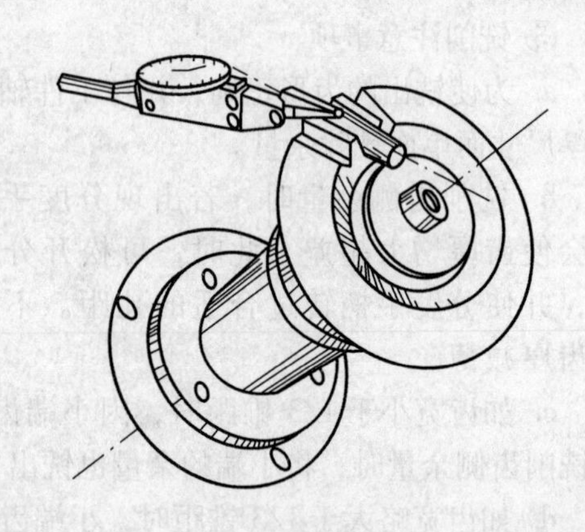

图 2-8-16　锥齿轮大端齿圈跳动误差测量示意图

（10）直齿锥齿轮加工质量分析

① 齿向误差超差的原因：对刀不准确，铣削齿侧余量时横向偏移量不相等，工件装夹后与分度头同轴度较差等。

② 齿厚不等、齿距误差较大的原因：分度头精度差，分度操作不准确（少转或多转圈孔），工件径向圆跳动过大，分度时未消除分度间隙，铣削时未锁紧分度头主轴，铣削过程中工件微量角位移等。

③ 齿厚超差的原因：测量或读数不准确，铣刀选择不正确，分度操作失误，调整铣削层深度错误，回转量 $N$ 与横向偏移量 $s$ 控制不好等。

④ 齿圈径向跳动超差的原因：齿坯锥面与基准孔同轴度差，未找正工件顶圆锥面与分度头主轴的同轴度。

⑤ 齿面粗糙度超差的原因：铣削用量选择不当，工件装夹刚度差，铣刀安装精度差（圆跳动大），分度头主轴间隙较大，机床导轨镶条间隙大等。

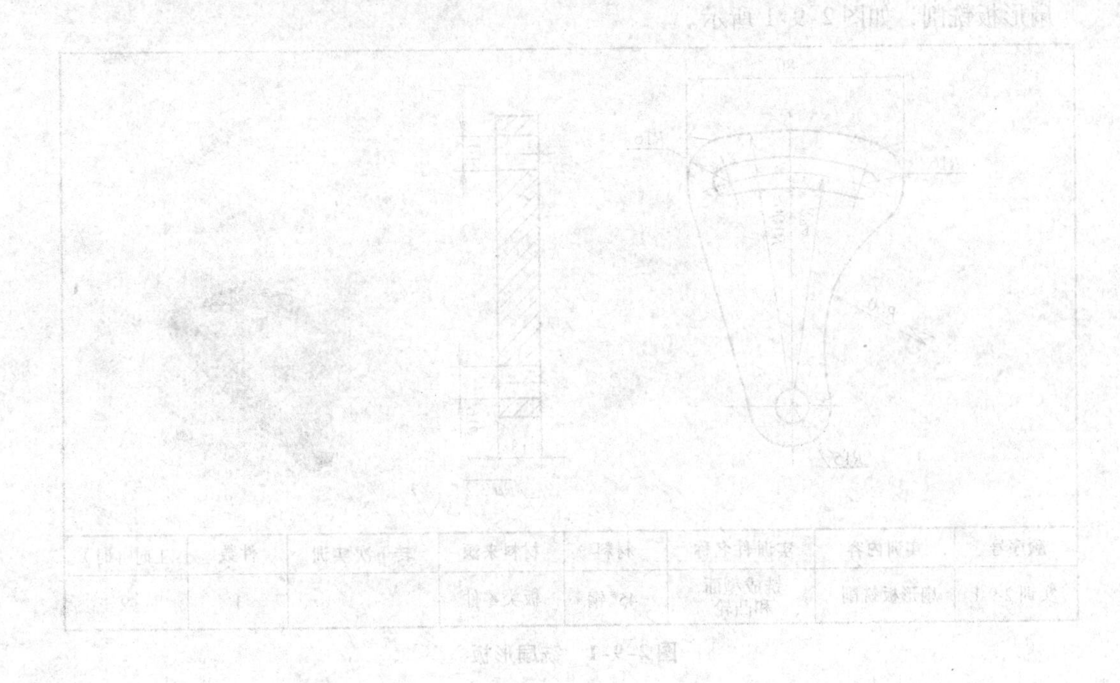

# 项目九　成型面和凸轮的铣削

## 实训一　成型面铣削

扇形板铣削，如图 2-9-1 所示。

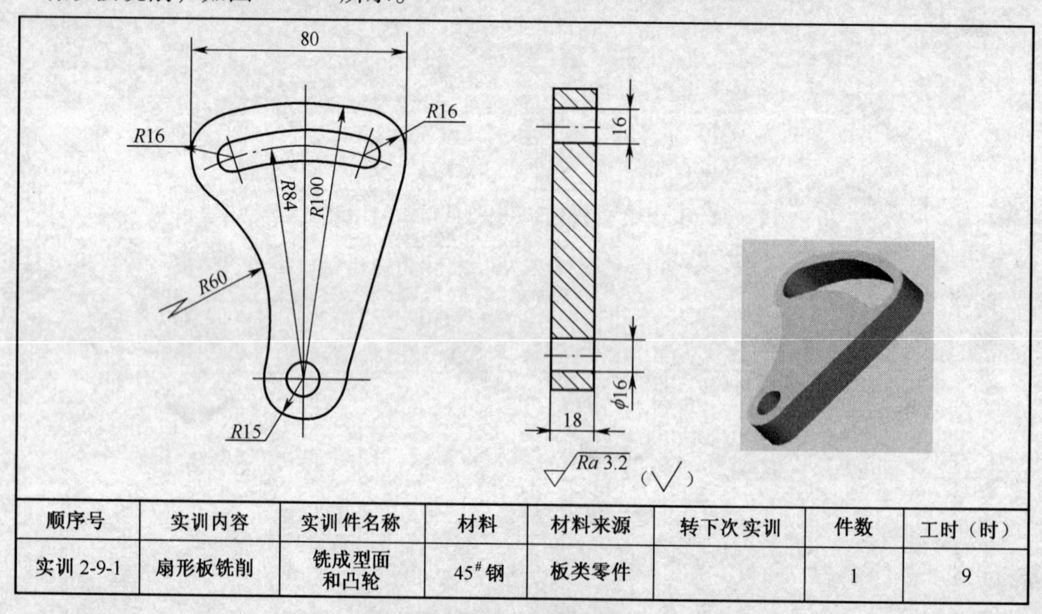


| 顺序号 | 实训内容 | 实训件名称 | 材料 | 材料来源 | 转下次实训 | 件数 | 工时（时） |
|---|---|---|---|---|---|---|---|
| 实训 2-9-1 | 扇形板铣削 | 铣成型面和凸轮 | 45# 钢 | 板类零件 | | 1 | 9 |

图 2-9-1　铣扇形板

（1）图样分析

① 按端面形状，成型面包括 $R=16$mm、$R=100$mm、$R=15$mm 的凸圆弧；$R=60$mm 的凹圆弧；中心圆弧 $R=84$mm、宽度 16mm 的弧形键槽（中心夹角约 32°）以及与外圆弧相切的直线部分等。工件的素线比较短，属于盘状直线成型面零件。

② 工件的基准为 $\phi$16mm 的圆柱孔。

③ 工件材料为 45# 钢，切削性能较好。

④ 该扇形板的形体为板状矩形零件，宜采用专用芯轴定位，压板螺栓夹紧工件。

（2）拟定加工工艺

根据加工要求和工件外形，拟定在立式铣床上采用回转工作台装夹工件，用立铣刀和键槽铣刀铣削加工。铣削加工工序过程：坯件检验→安装回转工作台和压板、螺栓→制作芯轴和垫块→工件表面划线→安装工件→安装立铣刀铣削 $R=60$mm 的凹圆弧→铣削直线部分→铣削 $R=100$mm 的凸圆弧→铣削宽度为 16mm、$R=84$mm 的圆弧槽→铣削 $R=15$mm 的凸圆弧→铣削 $R=16$mm 的两个凸圆弧→扇形板检验。

（3）选择铣床

为操作方便，选用 X5032 型等类似的立式铣床。

（4）选择工件装夹方式

选择 T12320 型回转工作台，工件下面衬垫平行垫块，用专用阶梯芯轴定位，以划线为参照找正工件，用压板螺栓夹紧工件。工件装夹定位如图 2-9-2 所示。

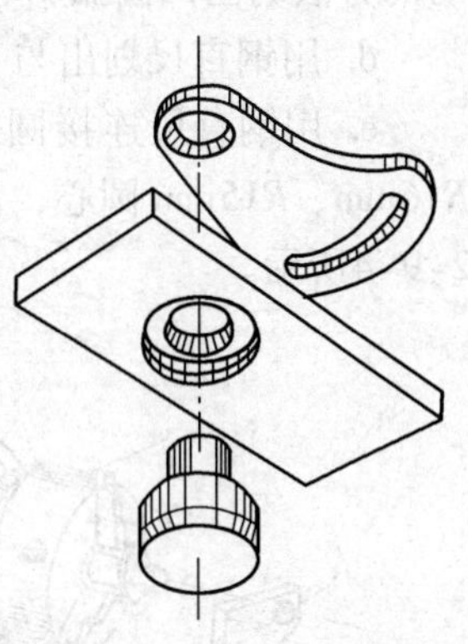

图 2-9-2　工件定位装夹示意

（5）选择刀具及安装方式

① 铣削宽度 16mm 的圆弧键槽选用直径为 $\phi$16mm 的锥柄键槽铣刀。

② 铣削凹、凸圆弧选用直径为 $\phi$16mm 的粗齿锥柄立铣刀。

③ 用过渡套（变径套）和拉紧螺杆安装立铣刀和键槽铣刀，以便于观察、操作。

（6）选择检验测量方法

① 圆弧采用样板和游标卡尺配合检验测量。

② 键槽宽度采用塞规或内径千分尺测量。

③ 圆弧槽的中心角采用百分表、塞规和回转工作台配合检测。

④ 连接质量和表面粗糙度用目测比较检测。

（7）扇形板加工准备

① 预制件检验

a. 用游标卡尺检验预制件 130mm × 90mm × 18mm 的各项尺寸。

b. 检验基准孔的尺寸精度和位置精度，孔的中心位置应保证各部位均有铣削余量，即应对称 90mm 两侧面，与工件一端尺寸大于 100mm，与另一端尺寸大于 15mm。

c. 检验基准平面与基准孔轴线的垂直度，检验两平面的平行度，误差均应在 0.05mm 之内。

② 制作垫块和定位芯轴

垫块和定位芯轴的形式如图 2-9-2 所示。垫块上有定位穿孔，穿孔的直径与工件基准孔直径相同，以备穿装芯轴。垫块上有旋装压板螺杆用的螺纹孔 M14 ×2，垫块自身用螺栓压板压紧在回转工作台上，其位置按加工部位确定。阶梯芯轴的大外圆柱直径与回转工作台的主轴定位孔配合，小外圆柱直径与工件基准孔直径配合，以使工件基准孔与回转工作台回转中心同轴。

③ 安装回转工作台

按规范把回转工作台安装在工作台面上，并用百分表找正铣床主轴与回转工作台回转中心同轴，在工作台刻度盘上做记号，以作为调整铣刀铣削位置的依据。

④ 工件表面划线和连接位置测定

a. 在工件表面涂色，用专用芯轴定位，把工件放置在回转工作台台面的平行垫块上，利用芯轴端部的中芯孔，用划规划出 $R$15mm、$R$84mm、$R$100mm 圆弧线及圆弧槽两侧的圆弧线。

b. 用专用芯轴将工件安装在划线分度头上（如图 2-9-3 所示），用游标高度划线尺划出基准孔中心线，并按计算尺寸 $\frac{80-16-16}{2}=24$mm 调整高度尺，划出与中心线对称平行、间距为48mm的平行线，与圆弧槽的圆弧中心线相交，获得圆弧槽两端的中心位置，打上样冲眼，并以此为圆心，用划规划出圆弧槽两端圆弧和R16mm两凸圆弧。

c. 在工件R60mm凹圆弧中心位置处放置一块与工件等高的平行垫块，用划规按圆弧相切的方法划出凹圆弧中心，然后划出与R16mm、R15mm相切的R60mm圆弧。

d. 用钢直尺划出与R16mm和R15mm圆弧相切的直线部分。

e. 用钢直尺连接圆弧中心，分别得出切点位置1、2、3、4。用90°角度尺划出通过R16mm、R15mm圆心，与直线部分的垂直线，获得直线部分与两圆弧的切点5、6，如图2-9-4所示。

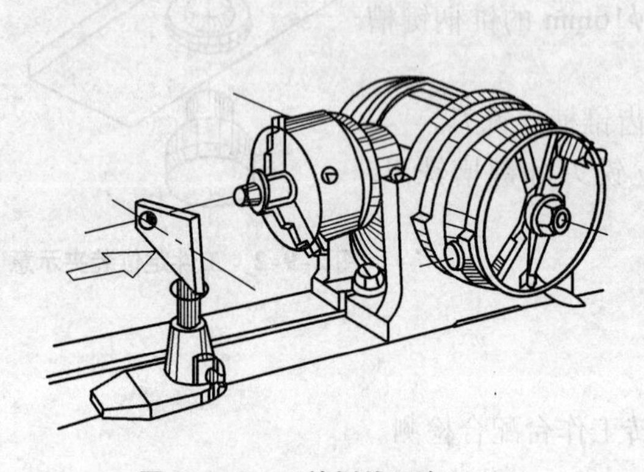

图2-9-3　工件划线示意（一）

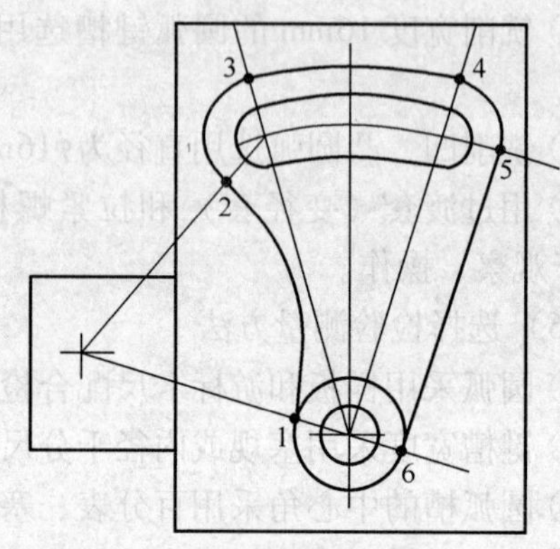


图2-9-4　工件划线示意（二）

f. 在划线轮廓上打样冲眼，注意在各连接切点位置上打样冲眼。

（8）扇形板铣削加工

① 粗铣外形

把工件装夹在工作台面上，下面衬垫块，用压板压紧，按划线手动进给粗铣外形，注意留有5mm左右精铣余量。

② 铣削R60mm凹圆弧

如图2-9-5（a）所示，把工件装夹在回转工作台上，垫上垫块，按划线找正R60mm圆弧。找正时可先把找正用的针尖位置调整至距回转中心60mm处，然后移动工件，使工件上划线与回转工作台R60mm圆弧重合，采用直径为$\phi$16mm的立铣刀，铣刀中心应偏离回转台中心52mm，铣削凹圆弧，如图2-9-6所示。

③ 铣削直线部分

如图2-9-5（b）所示，以基准孔定位，使工件与回转台同轴，并找正直线部分与工作台纵向平行，铣刀沿横向偏离回转台中心23mm，铣削直线部分。

④ 铣削R100mm凸圆弧

如图2-9-5（c）所示，以基准孔定位，铣刀偏离回转中心108mm，铣削R100mm凸圆弧。

⑤ 铣削R84mm的圆弧槽

如图2-9-5（d）所示，以基准孔定位，铣刀偏离回转中心84mm（在以上步骤位置减少24mm），换装直径为$\phi$16mm的键槽铣刀，铣削R84圆弧槽。铣削时，也可先用直径$\phi$12mm的键槽铣刀粗铣，然后用直径为$\phi$16mm的键槽铣刀精铣。

⑥ 铣削R15mm凸圆弧

如图2-9-5（e）所示，以基准孔为中心，换装直径$\phi$16mm的立铣刀，铣刀偏离回转中心23mm，铣削$R$15mm凸圆弧。注意切点位置一定在所铣圆弧中心、铣刀中心和所相切圆弧中心成一条直线的位置上。而与直线部分相切，若铣刀沿横向偏离中心，则当直线部分与纵向平行时，铣削点与切点重合。

⑦ 铣削$R$16mm凸圆弧

如图2-9-5（f）所示，分别以圆弧槽两端半圆为定位面，铣刀偏离回转中心24mm，铣削两凸圆弧。注意切点位置在所铣圆弧中心、铣刀中心和所相切圆弧中心成一条直线的位置上。

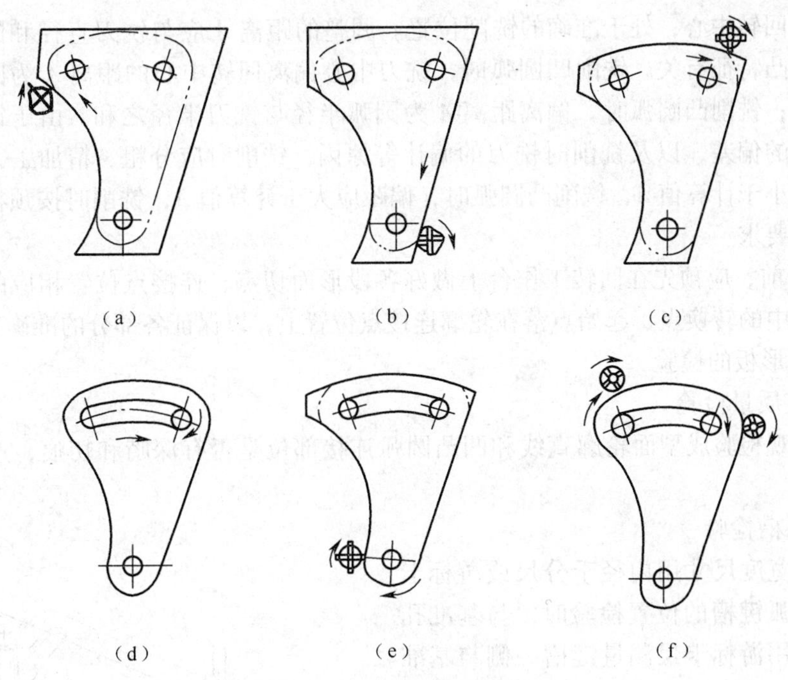


图2-9-5　扇形板铣削步骤

⑧ 铣削注意事项

a. 用立铣刀铣削直线成型面，铣刀切削部分长度应大于工件形面母线长度；对有凹圆弧的工件，铣刀直径应小于或等于最小凹圆弧直径，否则无法铣成全部成型面轮廓。对没有凹圆弧的工件，可选择较大直径的铣刀，以使铣刀有较大的刚度。

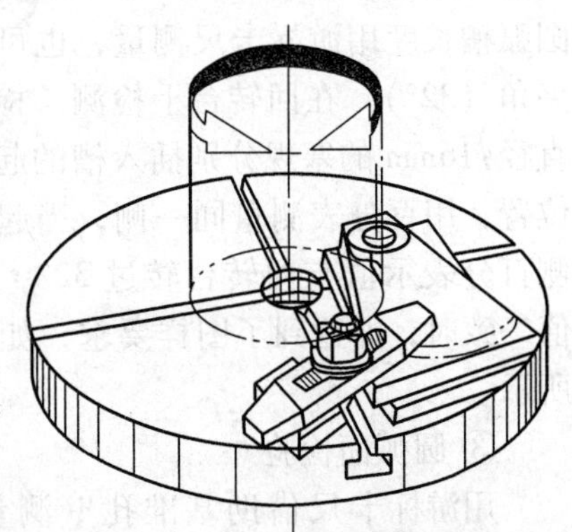

图2-9-6　找正工件凹圆弧铣削位置

b. 铣削直线、圆弧连接的成型面轮廓时，为便于操作，提高连接质量，应按下列次序进行铣削：凸圆弧与凹圆弧相切的部分，应先加工凹圆弧面；凸圆弧与凸圆弧相切的部分，应先加工半径较大的凸圆弧面；凹圆弧与凹圆弧相切的部分，应先加工半径较小的凹圆弧面。

直线部分可看做直径无限大的圆弧面。若直线与圆弧相切连接，应尽可能连续铣削，转换点在连接点位置。若分开铣削，凹圆弧与直线连接，应先铣削凹圆弧后铣削直线部分；凸圆弧与直线连接，应先铣削直线部分后铣削凸圆弧。

c. 铣削时，铣床工作台和回转工作台的进给方向都必须处于逆铣状态，以免立铣刀折断。对回转工作台周向进给，铣削凹圆弧时，回转工作台转向与铣刀转向相反；铣削凸圆弧

时，两者旋转方向应相同。在用按划线手动进给粗铣工件外形时，切削力的方向应与复合进给方向相反，始终保持逆铣状态，如图 2-9-7 所示。

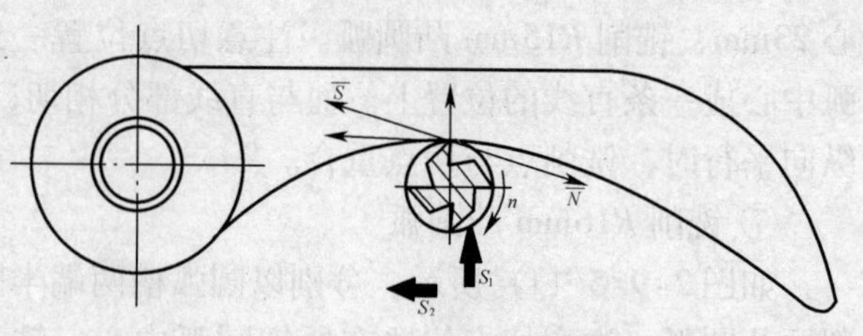

图 2-9-7 复合进给时的逆铣

d. 调整铣刀与工件铣削位置时，应以找正后的铣床主轴与回转工作台同轴的位置为基准，纵向或横向调整工作台，使铣刀偏离回转中心，处于准确的铣削位置。调整的距离 *A* 应与铣刀直径和圆弧半径，以及圆弧的凹凸特征有关。铣削凹圆弧时，铣刀中心偏离回转中心的距离 *A* 为圆弧半径与铣刀半径之差；铣削凸圆弧时，偏离距离 *A* 为圆弧半径与铣刀半径之和。由于铣刀实际直径与标准半径的偏差，以及铣削时铣刀的偏让等原因，铣削时应分粗、精加工，铣削凹圆弧时，偏距应小于计算值 *A*，铣削凸圆弧时，偏距应大于计算值 *A*，铣削时按预检测量值逐步铣削至图样要求。

e. 铣削前，应预先在回转工作台上做好各段形面切点、连接点位置相应的标记，使铣刀铣削过程中的转换点、起始点落在轮廓连接点位置上，以保证各部分的准确连接。

（9）扇形板的检验

① 连接质量检验

目测外观检验成型面轮廓直线和凹凸圆弧连接部位是否有深啃和切痕，连接部位是否圆滑。

② 圆弧槽检验

圆弧槽宽度尺寸用内径千分尺或游标卡尺检验。圆弧键槽的位置检验时，与基准孔中心的距离用游标卡尺测量键槽一侧与基准孔壁的距离，本例为 84mm－16mm＝68mm。圆弧槽长度用游标卡尺测量，也可根据中心夹角（32°），在回转台上检测。检测时，将直径 $\phi$16mm 的塞规分别插入槽的起始和终止位置，用百分表测量同一侧，当起始位置一侧百分表示值与回转台转过 32°，百分表示值一致时，即达到了图样要求，如图 2-9-8 所示。

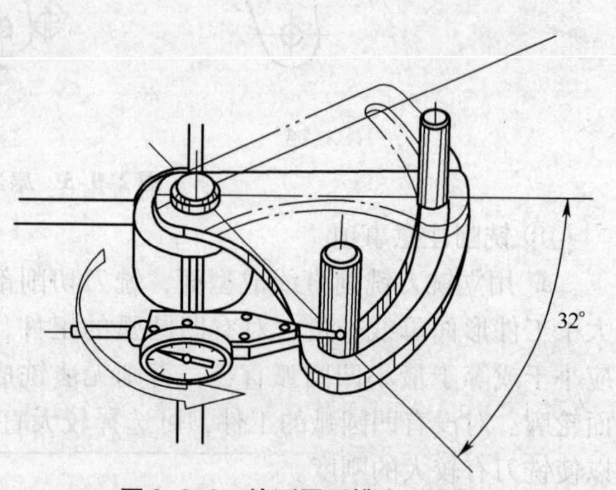

图 2-9-8 检测圆弧槽中心夹角

③ 圆弧面检验

用游标卡尺借助基准孔壁测量 *R*15mm、*R*16mm 和 *R*100mm 圆弧，测量尺寸分别为 7mm、8mm 和 92mm。用直径为 $\phi$120mm 的套圈或圆柱外圆测量 *R*60 凹圆弧，测量时通过观察缝隙进行检测。

④ 形面素线检验

形面素线应垂直于工件两平面，检验时用 90° 角尺检测素线与端面是否垂直，同时检验素线的直线度。

（10）扇形板加工质量分析

① 圆弧尺寸不准确的主要原因是铣刀偏离回转中心的铣削位置调整不准确，如铣床主

轴与回转工作台回转中心同轴度误差大；铣刀实际直径与标准直径误差大；偏移距离计算错误；偏移操作失误；铣削过程中预检不准确等。

② 圆弧槽尺寸与位置不准确的原因：铣削位置调整不准确；预检不准确；划线不准确；铣刀刃磨质量差或铣削过程中偏让；进给速度过快等。

③ 表面粗糙度不符合要求的原因：铣削用量选择不当；铣刀粗铣磨损后未及时更换；铣削方向错误引起梗刀；手动圆周进给时速度过大或进给不均匀等。

④ 连接部位不圆滑的原因：连接点位置测定错误或不准确；回转工作台连接点标记错误；铣削操作时失误超过连接位置；铣削次序不对等。

## 实训二　凸轮铣削

凸轮铣削，如图 2-9-9 所示。

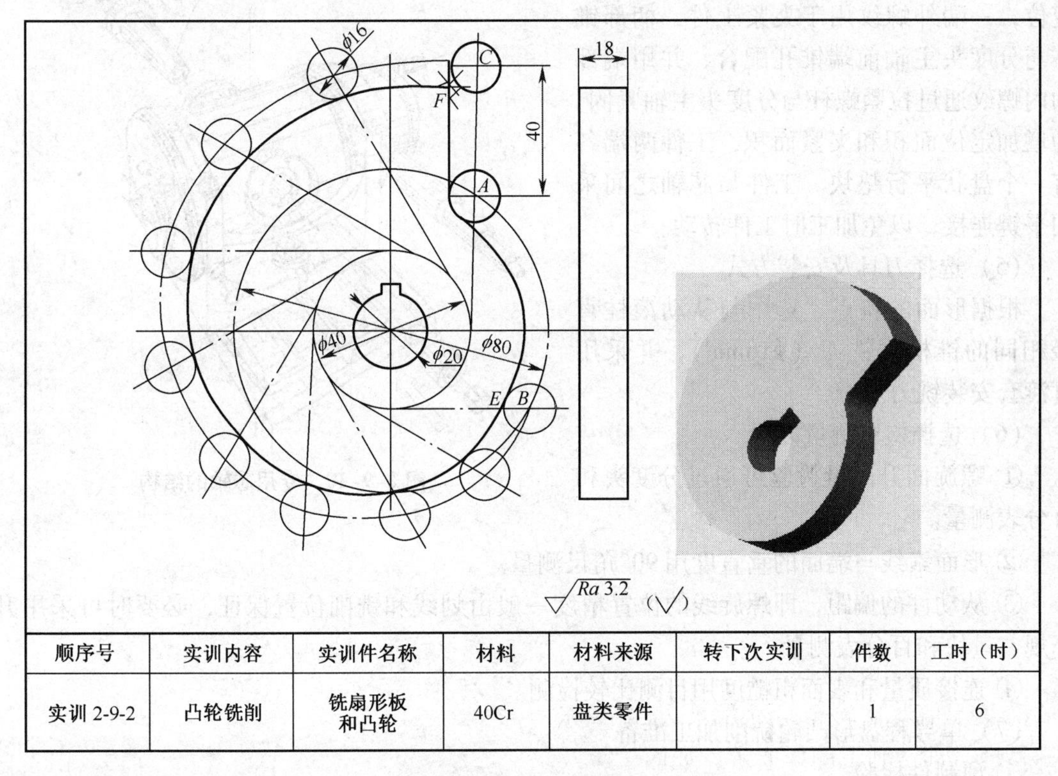


| 顺序号 | 实训内容 | 实训件名称 | 材料 | 材料来源 | 转下次实训 | 件数 | 工时（时） |
|---|---|---|---|---|---|---|---|
| 实训 2-9-2 | 凸轮铣削 | 铣扇形板和凸轮 | 40Cr | 盘类零件 |  | 1 | 6 |

图 2-9-9　凸轮铣削

（1）图样分析

① 按端面轮廓形状，圆盘凸轮的形面包括径向升高量为 40mm、中心角为 270°的等速平面螺旋线 *BC* 段，直径为 $\phi$80mm、中心角 90°的圆弧线 *AB* 段以及连接螺旋线和圆弧的直线部分 *AC* 段。

② 工件素线长为 18mm，属于盘状直线成型面。

③ 凸轮的从动件为直径 $\phi$16mm 的滚柱，偏心距离为 20mm。

④ 工件的基准为 $\phi$20mm 的圆柱孔。

⑤ 工件的材料为 40Cr 钢，切削性能较好。

⑥ 工件为盘状带孔零件，宜采用专用芯轴装夹工件。

（2）拟定加工工艺

根据工件外形和加工要求，拟定在立式铣床上采用分度头装夹工件，用立铣刀铣削加工。铣削加工工序过程：坯件检验→安装分度头和芯轴→工件表面划线→装夹、找正工件→安装立铣刀→计算、配置交换齿轮→铣削直线部分→铣削凸轮工作形面→单导程盘形凸轮检验。

（3）选择铣床

为操作方便，选用 X5032 型的立式铣床。

（4）选择工件装夹方式

选择 F11125 型万能分度头，工件用专用阶梯芯轴装夹。专用芯轴的结构如图 2-9-10 所示。芯轴的圆柱部分和台阶用作定位，一端外螺纹用于夹紧工件，柄部锥体与分度头主轴前端锥孔配合，并用端部的内螺纹通过拉紧螺杆与分度头主轴紧固。为增加定位面积和夹紧面积，工件两端各有一个盘状平行垫块。工件与芯轴之间采用平键连接，以免加工时工件转动。

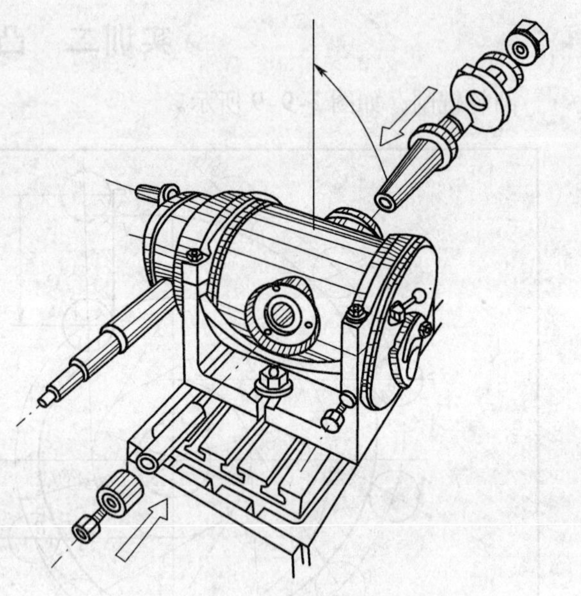
图 2-9-10　专用芯轴的结构

（5）选择刀具及安装方式

根据形面的特点，选用与从动滚柱直径相同的锥柄立铣刀（$\phi$16mm），并采用过渡套安装铣刀。

（6）选择检验测量方法

① 螺旋面升高量检验可通过分度头和百分表测量。

② 形面素线与端面的垂直度用 90°角尺测量。

③ 从动件的偏距，即螺旋线的位置精度一般由划线和铣削位置保证，必要时可采用升降规、量块和百分表测量。

④ 连接质量和表面粗糙度用目测比较检测。

（7）单导程盘形凸轮铣削加工准备

① 预制件检验

a. 用内径千分尺测量预制件基准孔的直径，并用百分表检验孔与端面的垂直度误差应在 0.03mm 以内。

b. 用外径千分尺测量预制件两端面的平行度误差应在 0.03mm 以内。

② 安装分度头和芯轴

分度头安装在工作台右端，以便配置交换齿轮。芯轴安装在分度头主轴前端锥孔内，并用拉紧螺杆紧固。用百分表检测芯轴与分度头主轴的同轴度。

③ 工件表面划线

分度头主轴水平放置，用芯轴装夹工件，按图样给定尺寸和凸轮作图方法画出成型面轮廓线，在轮廓线上打样冲眼。考虑到复合进给方向的逆铣因素，画线图形位置应采用图样的背视位置，即滚柱在直线部分的左侧。

④ 计算配置交换齿轮

a. 计算螺旋线导程 $P_h$。按螺旋线的中心角 $\theta=270°$，升高量 $H=40$mm，螺旋线导程 $P_h=\frac{360°H}{\theta}=\frac{360°\times40}{270°}=\frac{160}{3}$（mm）。

b. 计算交换齿轮。$i=\frac{z_1z_3}{z_2z_4}=\frac{HP_{丝}}{P_h}=\frac{40\times6}{160/3}=\frac{90\times60}{40\times30}$，即 $z_1=90$、$z_2=40$、$z_3=60$、$z_4=30$。

c. 配置交换齿轮的操作方法与铣削螺旋槽基本相同，由于分度头垂直安装，铣刀与工件位置较远，因此，侧轴上应接长轴。

⑤ 找正工件

调整分度头主轴处于垂直工作台面位置，用百分表找正工件端面与工作台面平行。

（8）单导程盘形凸轮铣削加工

① 粗铣凸轮形面

a. 转动分度手柄，找正工件的直线部分与工作台纵向进给方向平行，锁紧分度头主轴，拔出分度销。

b. 调整工作台横向，使铣刀轴线偏离工件中心 20mm。

c. 安装直径为 $\phi$12mm 的键槽铣刀。

d. 工作台纵向进给粗铣直线段 $CA$。

e. 停止工作台移动，松开分度头主轴锁紧手柄，手摇分度手柄，工件转过 90°，粗铣圆弧段 $AB$。

f. 将分度销插入分度盘圈孔中，启动机床，粗铣螺旋段 $BC$。

② 精铣凸轮形面

换装直径为 $\phi$16mm 的立铣刀，按粗铣的步骤，精铣凸轮形面。凸轮直线成型面铣削步骤如图 2-9-11 所示。

③ 铣削注意事项

a. 用立铣刀铣削凸轮成型面时，铣刀与工件的相对位置应根据凸轮从动件与凸轮中心的位置确定。

b. 工件表面的划线和装夹，应使铣削保持逆铣关系。

c. 铣削时，从动件是滚柱型的，铣刀的直径必须与滚柱的直径相等。若凸轮需分粗、精铣削时，可选用直径较小的铣刀进行粗铣，但必须注意，铣刀中心相对凸轮形面的运行轨迹，应是从动件滚柱的运行轨迹，如图 2-9-11 所示。

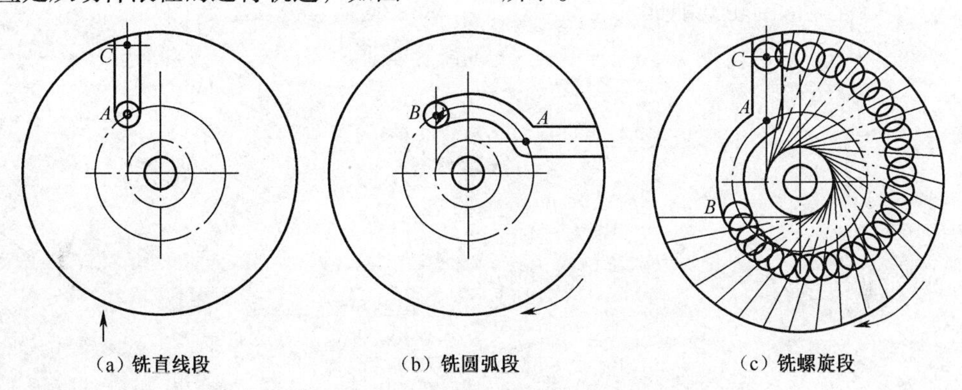


图 2-9-11　凸轮直线成型面的铣削步骤

（9）单导程凸轮的检验

① 连接质量检验

目测外观检验凸轮成型面轮廓直线和凹凸圆弧连接部位是否有深啃和切痕，连接部位是否圆滑。

② 成型面导程检验

通常由验证交换齿轮时进行检验，也可在铣床上用百分表测头接触加工表面，接触的位置应与滚柱的偏置位置一致，然后沿成型面进行测量，如图 2-9-12 所示；若交换齿轮配置正确，百分表的示值变动量很小，则说明成型面导程准确。

③ 从动件位置检测

除了用测量成型面的导程进行判断外，本例还可通过检测圆弧段的直径尺寸，以及直线段与中心的偏距尺寸。圆弧段尺寸可直接用游标卡尺测量，本例圆弧与基准孔壁的尺寸为 22mm。直线段与基准孔的偏距用游标高度尺装夹百分表，将工件装夹在分度头芯轴上，用百分表找正直线段与测量平板平行，本例直线段与$\phi$20mm 芯轴最高点的距离尺寸为 2mm。

④ 形面素线检验

形面素线应垂直于工件两平面，检验方法与前述相同。

（10）单导程凸轮加工质量分析

① 螺旋面导程不准确的主要原因：计算错误；交换齿轮配置差错（如齿轮齿数不对、主从位置差错）等。

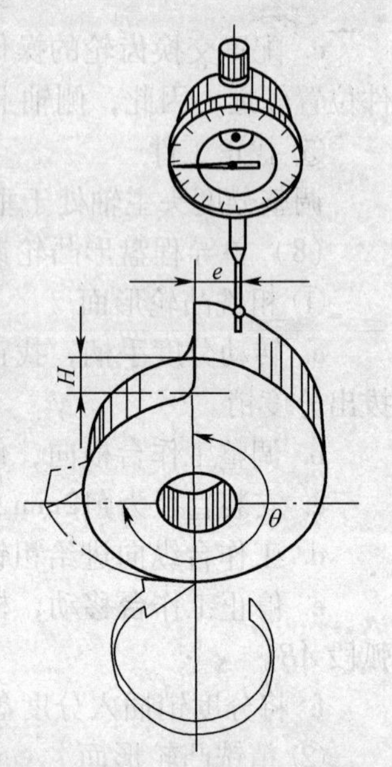

**图 2-9-12　用百分表检验成型面**

② 形面与基准孔位置不准确的原因：铣刀偏离基准孔位置调整不准确；铣刀直径与从动件滚柱的直径不一致；划线不准确等。

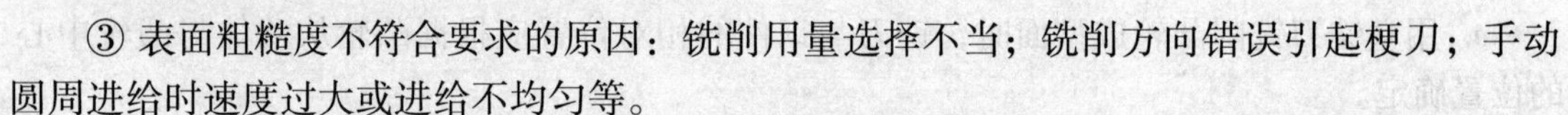

③ 表面粗糙度不符合要求的原因：铣削用量选择不当；铣削方向错误引起梗刀；手动圆周进给时速度过大或进给不均匀等。

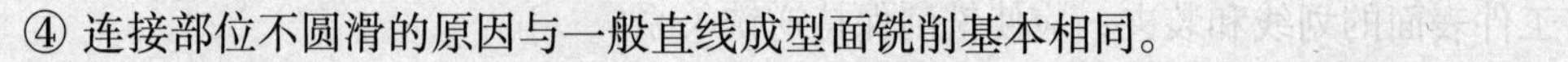

④ 连接部位不圆滑的原因与一般直线成型面铣削基本相同。